T0275856

Industria e imperio

Eric Hobsbawm
Industria e imperio
Historia de Gran Bretaña desde 1750 hasta nuestros días

Edición revisada y puesta al día con la colaboración de Chris Wrigley

Traducción castellana de Gonzálo Pontón

CRÍTICA

Obra editada en colaboración con Editorial Planeta - España

Industria e imperio. Historia de Gran Bretaña desde 1750 hasta nuestros días
Eric Hobsbawm

Título original: *Industry and Empire. From 1750 to the Present Day*

© Eric Hobsbawm, 1968, 1969, 1999
© del capítulo 16, C. J. Wrigley, 1999
© de la traducción, Gonzalo Pontón, revisada y puesta al día por Ferran Pontón, 2001

© 2023, Editorial Planeta, S. A. – Barcelona, España

Derechos reservados

© 2024, Ediciones Culturales Paidós, S.A. de C.V.
Bajo el sello editorial CRÍTICA M.R.
Avenida Presidente Masarik núm. 111,
Piso 2, Polanco V Sección, Miguel Hidalgo
C.P. 11560, Ciudad de México
www.planetadelibros.com.mx
www.paidos.com.mx

Primera edición impresa en España: abril de 2023
ISBN: 978-84-9199-517-3

Primera edición impresa en México: marzo de 2024
ISBN: 978-607-569-673-7

Impreso en los talleres de Impregráfica Digital, S.A. de C.V.
Av. Coyoacán 100-D, Valle Norte, Benito Juárez
Ciudad De Mexico, C.P. 03103
Impreso en México - *Printed in Mexico*

Para Marlene

PREFACIO

Algunos estudiantes acudirán a este libro porque desean aprobar uno u otro de los numerosos exámenes que en historia económica y social se les exige hoy en día. Yo espero, desde luego, que les sea de utilidad. Sin embargo, no lo he concebido tan sólo como manual, ni será demasiado provechoso como libro de referencia. Esta obra trata de describir y atestiguar la aparición de Gran Bretaña como primera potencia industrial, su decadencia, tras el dominio temporal que le cupo en calidad de iniciadora, sus especiales relaciones con el resto del mundo, y algunos de los efectos que estas circunstancias produjeron en la vida de los británicos. Todas estas cuestiones han de interesar a cualquier persona inteligente, y por ello he tratado de escribir del modo menos técnico posible, partiendo del supuesto de que el lector carece de conocimientos en cualquiera de las ciencias sociales. Esto no significa que las cuestiones aquí planteadas (y espero que resueltas) en prosa ordinaria no puedan ser reformuladas en el lenguaje más técnico de las distintas disciplinas. En cambio, he dado por supuesto un conocimiento elemental de las líneas fundamentales de la historia de Gran Bretaña desde 1750. Sería reconfortante que los lectores que no sepan lo que fueron las guerras napoleónicas o ignoren nombres como Peel y Gladstone estuvieran dispuestos a aprenderlo por sus propios medios.

Puesto que ni las preguntas ni las respuestas sobre historia económica y social de Gran Bretaña gozan de un consenso universal, no puedo afirmar que este libro represente el parecer unánime de los estudiosos. Es agradable observar cómo la economía y la historia social británicas de los últimos 200 años se han convertido, ahora, en materia de constante investigación y de intenso debate, pero, qué duda cabe, esto dificulta la tarea del historiador que desea dar una interpretación general de todo el período. Parte de esta dificultad se debe a la curiosa situación de la historia económica que, como campo especializado de investigación, sirve tanto a las necesidades *del historiador como a las del economista, cuyos caminos, o al menos cuyas necesidades, han ido divergiendo paulatinamente. La economía se ha ido convirtiendo poco a poco en una disciplina matemática especializada. Desde la primera publicación de este libro, ha ido ocupando un lugar más prominente una rama de la historia económica conocida como «nueva historia económica» o «cliometría», que usa esencialmente operaciones de cuantificación técnicamente complejas para verificar o desmentir las proposiciones de la teoría económica referentes a la historia económica. Al mismo tiempo, el desarrollo de un mal definido pero cada vez mayor campo de «historia social» ha llevado una parte del material que concierne a la historia económica, tal y como se ha practicado tradicionalmente, en una dirección distinta, mientras que campos nuevos e importantes, como el de la historia de las mujeres, han surgido de la misma área general; pero con intereses más especializados. Desde los años 60, la historia económica ha sido observada cada vez con mayor escepticismo por investigadores cada vez menos interesados en saber qué ocurrió y por qué, y más interesados en saber cómo la gente y los historiadores «construyen» sus teorías sobre ello. Afortunadamente la mayoría de la gente interesada en la historia económica creen que esta plantea preguntas que necesitan respuestas, mientras que cada uno de los campos mencionados se ocupa de preguntas específicas a las que hay que dar, también, respuestas específicas.*

Así que el lector debería tener claro qué preguntas se están formulando y (esperamos) respondiendo en este libro. El autor asume que el tema central de la historia económica del mundo moderno es el del desarrollo y las transformaciones de la economía del mundo capitalista. Gran Bretaña no fue sólo la primera nación industrial sino también, desde el siglo XVIII hasta principios del siglo XX, el pilar central de la construcción de la economía mundial. Por qué fue así, cuales fueron las relaciones británicas con el mundo imperial y de dependencia económica, cómo se vio afectado el país tanto por sus logros pioneros como por el despertar de otras potencias industriales más modernas: éstas son algunas de las preguntas con las que lidia Industria e Imperio. *Si las respuestas que aporta este libro son correctas está por ver, aunque naturalmente espero que lo sean. Si tienen sentido dentro de un todo coherente es algo que el lector deberá juzgar por sí mismo.*

Un autor que revisa un libro publicado por primera vez hace casi un tercio de siglo debe preguntarse si los intereses del lector, hoy, son tan diferentes a los que se presumieron originalmente como para que el libro ya no les interese. Cuando se escribió Industria e Imperio *los historiadores económicos estaban preocupados por los problemas del desarrollo económico y la industrialización. Y aún lo están, aunque de un modo distinto. Estaban también preocupados, bajo el impacto de los grandes movimientos de descolo-*

nización, por la creciente división entre el mundo «desarrollado» y el «sub-desarrollado» o el mundo «emergente» de fuera de Europa, que carecía tanto del nombre como de la realidad de los «países recién industrializados» («Newly Industrialized Countries»). Y aún están también preocupados por ello, pero de un modo distinto. El problema del declive de Gran Bretaña y de su papel en la economía mundial es uno de los temas principales del libro y es aún un tema de gran interés. Por lo tanto Industria e Imperio *tiene todavía algo que decir a los lectores del nuevo milenio.*

Ésta es una obra de síntesis, no de investigación original, y por lo tanto se apoya en los trabajos de otros muchos estudiosos. Incluso sus afirmaciones son a veces las formuladas por otros. Reconocer plenamente todas mis deudas requeriría un elaborado y extenso aparato de referencias que, si bien hubiera sido un acto de cortesía hacia mis colegas, tendría escaso valor para los lectores en general. Por lo tanto he limitado las referencias a las fuentes de citas directas y ocasionalmente a hechos tomados de fuentes poco accesibles. Tampoco me cuido de dar referencias completas cuando, como sucede en algunas partes del libro, he basado mi trabajo en fuentes de primera mano y no en obras secundarias. La guía para lecturas complementarias y las notas bibliográficas a pie de página mencionan algunas de las obras que he utilizado, señalándose con un asterisco aquellas a las que he acudido más asiduamente. Estas guías no constituyen una bibliografía propiamente dicha. Las otras que contienen buenas referencias bibliográficas aparecen señaladas con una (B).

Una última advertencia. La historia económica es esencialmente cuantitativa, y por lo tanto utiliza mucho la estadística. Sin embargo, las cifras tienen limitaciones que con frecuencia no las comprende el lego y a veces las desdeña el especialista quien, como sea que las necesita, las acepta con menos reparos de los que debiera tener. Creo que vale la pena relacionar algunas de estas limitaciones. No hay estadísticas si antes alguien no ha realizado los cálculos pertinentes. Nos encontramos frecuentemente con que nadie lo ha hecho hasta hace muy poco. (Por ejemplo, no existen datos sobre la producción de carbón anterior a 1854, ni cifras adecuadas sobre el paro antes de 1921.) En tales casos no disponemos de estadísticas, sino tan sólo de cálculos aproximados o conjeturas más o menos groseras. Lo más que podemos esperar son órdenes de magnitud, y por ello no hay que pedir mucho más a estas cifras, porque no nos será posible obtenerlo. Nadie puede construir un puente para vehículos pesados con unos tablones podridos. Las estadísticas recogidas con cualquier finalidad tienen un margen de error, y cuanto más tiempo haga que han sido recogidas, serán tanto menos dignas de confianza. Todas las estadísticas son respuestas a cuestiones específicas y muy limitadas, y si se utilizan para contestar otros interrogantes,

*ya sea en su forma primigenia o tras manipulaciones más o menos sofisti-
cadas, deben manejarse con exquisita prudencia. En otras palabras, los lectores deben aprender a recelar de la aparente solidez y rigor de las tablas
de estadística histórica, especialmente cuando se ofrecen desnudas, sin la
elaborada envoltura descriptiva y definitoria de que las rodea el estadístico
especializado. Las estadísticas son esenciales. Nos permiten expresar ciertas cosas con gran concisión y —para algunos de nosotros— viveza. Pero no
son necesariamente más fiables que las aproximaciones de la prosa. Las
que yo he utilizado provienen sobre todo de ese admirable compendio titulado* Abstracto of British Historical Statistics, *de Mitchell y Deane y de su
sucesor* British Historical Statistics *de B. R. Mitchell.*

*Kenneth Berrill leyó el manuscrito original de este libro, eliminando al-
gunos errores sin que sea por ello responsable de los que han quedado. Como
el texto original finalizó, por cuestiones prácticas, con el advenimiento del
gobierno laborista de 1964, pese a que en ocasiones otee más allá, el profesor Chris Wrigley ha añadido un nuevo capítulo que ha actualizado la historia de los acontecimientos económicos entre 1960 y finales de la década
de los 90. Ha actualizado algunas de las estadísticas, las notas y la guía de
lecturas complementarias. Yo he escrito una nueva conclusión. El resto del
texto ha sido modificado en varios grados, para eliminar afirmaciones que
ya no son ciertas, tomar en cuenta investigaciones más recientes, sacar partido del conocimiento que proporciona la perspectiva histórica e intentar, al
menos de forma testimonial, llenar un vacío inexcusable de la primera edición: la total falta de atención a las mujeres.*

*Mis agradecimientos a Penguin Books y a un ejército de lectores anóni-
mos por mantener vivo este libro desde 1968 y por darme, con la ayuda de
Chris Wrigley, la oportunidad de llevarlo hasta el siglo XXI.*

E.J.H.

INTRODUCCIÓN

La Revolución industrial señala la transformación más fundamental experimentada por la vida humana en la historia del mundo, registrada en documentos escritos. Durante un corto período esta revolución coincidió con la historia de un solo país, Gran Bretaña. Sobre él; o mejor dicho en torno a él, se edificó toda una economía mundial, que le permitió alcanzar, temporalmente, una influencia y un poder desconocidos con anterioridad por cualquier estado de sus dimensiones y que no parece pueda llegar a conocer cualquier otro estado en un próximo futuro. Hay un momento en la historia universal en que Gran Bretaña puede ser descrita como el único taller del mundo, su único importador y exportador masivo, su único transportista, su único poder imperialista, casi su único inversor extranjero; y por esa misma razón su única potencia naval y el único país con una política mundial propia. A la soledad del pionero, señor de cuanto deslindaba a falta de otros competidores, se debe gran parte de ese monopolio que terminó automáticamente cuando otros países se industrializaron, aunque la estructura de transacciones económicas mundiales que construyó Gran Bretaña y en términos británicos fue durante largo tiempo indispensable para el resto del globo. Sin embargo, para la mayoría del mundo, la era de industrialización «británica» fue simplemente una fase —la inicial o una de las primeras— de la historia contemporánea. Para Gran Bretaña misma fue mucho más que eso: la experiencia de su obra de adelantada económica y social la marcó profundamente y aún sigue haciéndolo hoy en día. Esta situación histórica, única de Gran Bretaña, constituye el tema del presente libro.

Economistas e historiadores de la economía han analizado extensamente y con distintas conclusiones, las características, ventajas e inconvenientes que reporta la primacía industrial. Las distintas conclusiones obtenidas están en función del tipo de explicación que se buscaba: por qué las economías no desarrolladas de hoy en día no han podido alcanzar a las desarrolladas, o

por qué las potencias iniciadoras de la industrialización —principalmente
Gran Bretaña— han permitido que estas últimas las dejaran atrás. Las ventajas de realizar una revolución industrial en el siglo XVIII y principios
del XIX eran grandes; algunas las analizaremos en los capítulos que tratan de
este período. Los inconvenientes —por ejemplo una tecnología y estructura
comercial arcaicas con el riesgo de que se afirmaran tan profundamente que
luego resultara difícil abandonarlas o incluso modificarlas— debían aparecer en un estadio posterior; en Gran Bretaña entre la década de 1860-1870
y las postrimerías del siglo XIX. También los analizaremos brevemente en los
capítulos dedicados a ese período. La tesis de este libro es que el relativo declive de Gran Bretaña se debe, en términos amplios, a su temprana eclosión,
que había de mantener largo tiempo, como potencia industrial. Pero no hay que
analizar este factor aisladamente. Tan importante por lo menos como él es la
peculiar posición, única en realidad, de este país en la economía mundial, lo
que fue en parte causa de su temprano éxito, al tiempo que este mismo éxito reforzaba su posición. Gran Bretaña se convirtió gradualmente en agencia
de intercambio económico entre los países adelantados y los atrasados, los
industriales y los que aportaban materias primas, las metrópolis y las zonas coloniales o cuasi-coloniales del mundo entero. Es posible que, por haber
sido construida en torno a Gran Bretaña, la economía mundial del capitalismo decimonónico se desarrollara como un sistema único de intercambios libres, en el que las transferencias internacionales de capital y bienes de consumo pasaban fundamentalmente por manos e instituciones británicas, los
transportaban barcos ingleses intercontinentales y se calculaban en términos
de la libra esterlina. Como sea que Gran Bretaña tenía las inmensas ventajas de partida de ser indispensable tanto para las zonas subdesarrolladas
(bien porque la necesitaban o bien porque no se les permitía prescindir de
ella), como para los sistemas de comercio y pagos del mundo desarrollado,
dispuso siempre de una vía de repliegue cuando el reto de otras economías
se hizo agobiante. Gran Bretaña podía resguardarse tanto en el imperio como
en el librecambio, en su monopolio de las zonas hasta entonces no desarrolladas, que en sí mismo coadyuvaba a que no se industrializaran, y en sus
funciones de pivote del comercio, navegación y transacciones financieras
mundiales. Tal vez no podía competir, pero podía evadirse. Esa capacidad de
evasión contribuyó a perpetuar la arcaica y cada vez más inservible estructura industrial y social de la primera etapa.

La economía liberal mundial, en teoría autorreguladora pero que requería en la práctica el conmutador semiautomático de Gran Bretaña, llegó al
colapso en el período de entreguerras. El sistema político correspondiente,
en el que un número limitado de estados capitalistas occidentales disfrutaba
del monopolio de la industria, de la fuerza militar y del control político en el

mundo no desarrollado, inició también su colapso tras la Revolución rusa de 1917, progresando rápidamente hacia él después de la segunda guerra mundial. A otras economías industriales les fue más fácil adaptarse a la nueva situación ya que la economía liberal decimonónica no había sido más que un episodio en su desarrollo. Su aparición misma era una razón para la quiebra del sistema. Gran Bretaña quedó afectada mucho más profundamente. Ya no era esencial para el mundo. En el sentido decimonónico no había ya ningún mundo único al que poder ser indispensable. ¿Qué nuevo soporte podía hallar para sostener su economía?

El país mismo se adaptó asistemáticamente y, con frecuencia, sin intencionalidad, pasando con rapidez de una economía incontrolada a escala insólitamente pequeña, a una economía monopolista y controlada por el estado; de apoyarse en industrias básicas para la exportación a industrias orientadas al consumo interno y, aunque más lentamente, de viejas tecnologías y formas de organización industrial a otras nuevas. No obstante, la gran pregunta seguía sin respuesta: ¿cómo encajaría una economía nacional de este tipo en la economía mundial del siglo XXI? Este tipo de economía no sólo había reducido severamente el estatus de Gran Bretaña que pasó de ser la tercera economía nacional más importante (como lo era aún en 1960), a ser la sexta en 1995, sino que también redujo el papel de la economía de todos los países, excepto en los estados nación más enormes, ¿cuál había de ser el futuro de Gran Bretaña en la unidad económica supranacional de la Unión Europea y en la economía transnacional o global que parece haberse convertido en dominante desde 1970?

Los historiadores sociales no han analizado con tanta frecuencia como los economistas las peculiaridades de la temprana primacía industrial británica. Sin embargo el tema les afecta profundamente, ya que Gran Bretaña combina, como es sabido, dos fenómenos a primera vista incompatibles. Sus instituciones y prácticas sociales y políticas conservan una notable continuidad, por superficial que sea, con el pasado preindustrial, continuidad simbolizada por aquello que, dada su rareza en el mundo moderno, atrae la atención foránea y una cifra por fortuna creciente de divisas por turismo: la reina y los lores, los ceremoniales de instituciones arcaicas o arrumbadas y todas esas cosas. Al mismo tiempo, Gran Bretaña es el país que, en muchos aspectos, ha roto más radicalmente con todas las etapas previas de la historia humana: el campesinado ha desaparecido casi por completo, el porcentaje de hombres y mujeres que se ganan la vida por medio de un salario es más elevado que en ninguna otra parte, y otro tanto sucede con la urbanización, realizada en fecha más temprana y probablemente con mayor intensidad que en ningún otro país. En consecuencia, Gran Bretaña es también el país donde las divisiones de clase fueron, por lo menos hasta fecha reciente, más simplificadas que en ningún otro lugar (cosa que sucedió también con las divisiones regionales). Pese a la habitual existencia de una amplia gama de niveles de renta, nivel y presunción social, la mayoría de la gente parte de la base de que sólo dos clases cuentan: la «clase obrera» y la «clase media», y el sistema bipartidista británico reflejó considerablemente esta dualidad hasta finales de los 90, cuando el descenso numérico de la clase obrera y el incremento de una gran minoría de parados permanentes, pobres, provocó que todos los grandes partidos centraran su atención en la clase media.

Ambos fenómenos están relacionados con el pronto despegue económico británico, aunque sus raíces se remontan, cuando menos parcialmente, a un período anterior al que se estudia en este libro. Tres factores determinan el grado en que se transforman las instituciones formales políticas y sociales de un país en el proceso de conversión en un estado industrial y capitalista: la flexibilidad, adaptabilidad o resistencia de sus viejas instituciones, la urgencia de la necesidad de transformación que prive en el momento y los riesgos inherentes a las grandes revoluciones. En Gran Bretaña, la resistencia al desarrollo capitalista dejó de ser efectiva hacia fines del siglo XVII. La misma aristocracia era, atendiendo a patrones continentales, casi una forma de «burguesía» y un par de revoluciones enseñaron adaptabilidad a la monarquía. Debido a que Gran Bretaña se convirtió en el modelo del capitalismo industrial y en imperio económico mundial, el argumento de que el capitalismo británico hubiera sido más entusiasta de no haberse encontrado con unas viejas instituciones deseosas de adaptarse a él —si, por ejemplo, la república de Oliver Cromwell hubiera durado más— no es plausible. De forma harto extraña, ha sido propuesta, por razones políticamente opuestas, tanto por una facción de la extrema izquierda como por la extrema derecha defensora del mercado libre.

Como veremos más adelante, los problemas técnicos de la industrialización fueron extraordinariamente fáciles y los costos extra e ineficacias de manejarlos con un equipo institucional atrofiado (y especialmente con un sistema legal tremendamente decrépito) eran fácilmente tolerables. De igual modo, cuando el mecanismo de adaptación pacífica funcionó peor y la necesidad de un cambio radical pareció apremiante —como sucedió en la primera mitad del siglo pasado—, los riesgos de revolución fueron también insólitamente grandes, porque si se perdía su control podía convertirse en una revolución de la nueva clase obrera. Ningún gobierno británico podía apoyarse, como cualquier gobierno decimonónico francés, alemán o norteamericano, en la movilización de las fuerzas políticas del campo contra la ciudad, de vastas masas de campesinos y tenderos u otros pequeño-burgueses contra una minoría —con frecuencia una minoría dispersa y localizada— de proletarios. La primera potencia industrial del mundo era también la única en que la clase de trabajadores manuales era numéricamente dominante. Ya no sólo aconsejable, sino esencial había de ser mantener amortiguadas las tensiones sociales y prevenir que las disensiones entre los diversos sectores de las clases dirigentes quedaran sin control. Con raras excepciones, esto resultó totalmente viable.

Así desarrolló Gran Bretaña la característica combinación de una base social revolucionaria y, por lo menos en un momento determinado —el período del liberalismo económico militante—, un amplio triunfo de la ideología doctrinaria, con una superestructura institucional aparentemente tradicionalista de lento progresar en el cambio. La inmensa barrera de poder y beneficios levantada en el siglo XIX protegió al país contra aquellas catástrofes políticas y económicas que podían haber forzado a realizar cambios radicales. Gran Bretaña nunca fue derrotada en la guerra y, menos aún, destruida. Hasta el impacto del mayor cataclismo no político del siglo XX, la gran depresión de 1929-1933, no fue tan repentino, agudo y generalizado como en otros países, incluidos los Estados Unidos. El *status quo* se vio con frecuencia amenazado, pero jamás destruido totalmente. Llegó a sufrir la erosión, pero no llegó al colapso. Y cuando las crisis amenazaron con hacerse inmanejables, la clase dirigente británica siempre tuvo presente los riesgos de permitir que se les fueran de la mano. Hasta la era de Mrs Thatcher —quien descubrió que parte de la clase obrera, ya en vías de perder su estatus de mayoría, podía ser atraída políticamente al conservadurismo— apenas si ha habido algún momento en el que sus dirigentes políticos en el gobierno hayan olvidado el hecho político fundamental de la Gran Bretaña moderna, a saber, que este país no puede gobernarse enfrentado abiertamente a su mayoría trabajadora, y que siempre puede sufragar los modestos costes de reconciliarse con una parte importante de esa mayoría. En comparación con los niveles del resto de los principales países industrializados, en más de 100 años, apenas si se ha derramado sangre en Gran Bretaña (otra cosa son las colonias y dependencias) en defensa del sistema político o económico.[1]

Esta huida de las confrontaciones drásticas, la preferencia por sellar nuevos recipientes con viejas etiquetas, no debe confundirse con la ausencia de cambios. Tanto en términos de estructura social como de instituciones políticas, los cambios sobrevenidos desde 1750 han sido profundos y, en determinados momentos, rápidos y espectaculares. Estos cambios han sido enmascarados por la tendencia de los reformistas moderados a etiquetar minúsculas modificaciones del pasado como revoluciones «pacíficas» o «silenciosas»,[2] porque toda la opinión respetable ha presentado los cambios importantes como puras adiciones a los precedentes, y por el mismo talante fuertemente tradicionalista y conservador de tantas instituciones británicas.

Este tradicionalismo es real, pero el vocablo cubre dos fenómenos completamente distintos.

El primero de ellos es la preferencia por mantener la *forma* de viejas instituciones con un contenido profundamente modificado; en muchos casos ha supuesto la creación de una pseudotradición y de una legitimidad pseudoconsuetudinaria para instituciones completamente nuevas. Las funciones de la monarquía de hoy tienen poco en común con las de la monarquía de 1750, en tanto que las hoy denominadas «escuelas públicas» casi no existían antes de mediado el siglo xix y su capa de tradición es casi totalmente victoriana. El segundo fenómeno es la clara tendencia de las que fueron innovaciones revolucionarias a adquirir una pátina de tradición a través de su misma existencia. Como que Gran Bretaña fue el primer país capitalista industrial y durante largo tiempo los cambios que experimentó fueron comparativamente lentos, ha ofrecido grandes oportunidades para ese tradicionalismo industrializado. Lo que pasa por ser conservadurismo británico, ideológicamente no es más que el liberalismo del *laissez-faire* que triunfó entre 1820 y 1850, y, excepto en lo formal, ése es también el contenido de la venerable y consuetudinaria *Common Law*, en todo lo que respecta a la propiedad y al contrato. Por lo que concierne al contenido de sus decisiones, la mayoría de los jueces británicos deberían tocarse con chisteras y lucir patillas victorianas en lugar de usar largas pelucas. Por lo que respecta a la forma de vida de las clases medias británicas, su aspecto más característico, la casa y el jardín en las afueras de la ciudad, se remonta simplemente a la primera fase de la industrialización, cuando sus antepasados comenzaron a desplazarse a las colinas y campos vecinos huyendo del denso humo y de la neblina de los contaminados centros urbanos. En cuanto a la clase obrera, lo que se llama su forma de vida «tradicional» es, como veremos, todavía más reciente. Difícilmente puede apreciarse en su totalidad antes de la década de 1880. Y el modo de vida «tradicional» del intelectual profesional —casita con jardín en las afueras, casa de campo, semanario intelectual, etc.— es todavía más reciente, ya que esa clase apenas si existió con conciencia de grupo con anterioridad al período eduardiano. En estos sentidos, la «tradición» no es un serio obstáculo para el cambio. Es, con frecuencia, una forma británica de poner una etiqueta a cualesquiera hechos moderadamente duraderos, especialmente en el momento en que estos mismos hechos comienzan a cambiar. Luego que una generación los haya cambiado, serán a su vez etiquetados como «tradicionales».

No quiero negar el poder autónomo de instituciones y costumbres acumuladas y fosilizadas para actuar como freno sobre el cambio. Hasta cierto punto pueden actuar así, aunque se ven contrarrestadas, por lo menos potencialmente, por esa otra arraigada «tradición» británica, que no se opone nunca a los cambios irresistibles, sino que trata de absorberlos con tanta rapidez y sigilo como le es posible. Lo que pasa por ser el poder del «conservadurismo» o del «tradicionalismo» es, con frecuencia, algo completamente distinto: viejos intereses y falta de una presión suficiente. En sí misma Gran Bretaña no es más tradicionalista que otros países; por ejemplo lo es menos en hábitos sociales que los franceses, mucho menos en la inflexibilidad oficial de instituciones caducas (como lo es una constitución dieciochesca) que los Estados Unidos. Si ha sido más conservadora es simplemente porque el viejo interés por el pasado ha sido excepcionalmente fuerte; más complaciente por mejor protegida; y quizá también menos dispuesta a buscar nuevos caminos para su economía, porque ningún nuevo camino parecía conducir a un futuro la mitad de prometedor que los viejos. Éstos tal vez hoy sean intransitables, pero tampoco parecen más seguras otras vías.

Este libro trata de la historia de Gran Bretaña. Sin embargo, como habrán puesto de relieve las pocas páginas que preceden, una historia insular de Gran Bretaña (y son muchas ya las que se han hecho) es totalmente inadecuada. En primer lugar, Gran Bretaña se desarrolló como una pieza esencial de una economía global, y específicamente como centro de aquel vasto «imperio» formal o informal sobre el que durante tanto tiempo se han apoyado sus fortunas. Sería irreal pretender escribir sobre ese país sin hacer referencia a las Indias occidentales, a la India, a Argentina, a Australia. Sin embargo, como que no trato de escribir la historia de la economía mundial o la de su sector imperial británico, mis referencias al mundo exterior a Gran Bretaña serán marginales. Ya veremos en capítulos posteriores cuáles eran sus relaciones con ese mundo, cómo los cambios que en él sobrevinieron afectaron a Gran Bretaña y, ocasionalmente, en un par de frases, cómo la dependencia de Gran Bretaña afectó a aquellas partes del mundo exterior que pertenecían directamente al sistema colonial británico. Por ejemplo, de qué modo la industrialización del Lancashire prolongó y desarrolló la esclavitud en América, o cómo algunas de las cargas de la crisis económica británica podían transferirse a los países productores de materias primas para cuyas exportaciones Gran Bretaña (u otros países industrializados) constituía la única salida. Pero la finalidad de semejantes observaciones es recordar constantemente al lector las interrelaciones entre Gran Bretaña y el resto del mundo, sin lo cual no es posible comprender la historia de este país. Sólo se trata de eso.

Sin embargo, no es posible eludir otro tipo de referencia internacional. La historia de la sociedad industrial británica es un caso particular —el primero y en tiempos el más importante— del fenómeno general de industrialización conocido bajo el capitalismo, y si partimos de un punto de vista aún más amplio, del fenómeno general de cualquier industrialización. Es inevitable que nos planteemos cuán típico es el ejemplo británico de este fenómeno; o en términos más prácticos —ya que el mundo de hoy está constituido por países que tratan de industrializarse rápidamente— qué pueden aprender otros países de la experiencia británica. La respuesta es que pueden aprender mucho en cuanto a la teoría, pero más bien poco en cuanto a la práctica concreta. La misma prioridad del desarrollo británico hace que su caso sea, en muchos aspectos, único y sin par. Ningún otro país tuvo que hacer su revolución industrial prácticamente solo, imposibilitado de beneficiarse de la existencia de un sector industrial ya establecido en la economía mundial o de sus recursos de experiencia, tecnología o capital. Es posible que esta situación sea en gran medida responsable de los dos extremos a que fue impelido el desarrollo social británico (por ejemplo, la práctica eliminación del campesinado y de la producción artesanal a pequeña escala) y del modelo extraordinariamente peculiar de las relaciones económicas británicas con el mundo subdesarrollado. Por el contrario, el hecho de que Gran Bretaña hiciese su revolución industrial en el siglo xviii, y estuviera razonablemente bien preparada para realizarla, minimizó determinados problemas que fueron muy importantes en países de industrialización posterior, o en aquellos que tuvieron que afrontar un salto inicial mayor desde el atraso hasta el adelanto económico. La tecnología con que deben operar hoy en día los países desarrollados es más compleja y costosa que aquella con la que Gran Bretaña llevó a cabo su revolución industrial. Las formas de organización económica son diferentes: hoy en día los países no están confinados a la empresa privada o al modelo capitalista, sino que pueden también elegir un modelo socialista. El contexto político es diferente.

La historia de Gran Bretaña no es, pues, un modelo para el desarrollo económico del mundo de hoy. Si buscamos razones para estudiarla y analizarla que no respondan al automático interés que el pasado, y especialmente la pasada grandeza, tiene para mucha gente, tan sólo podemos encontrar dos realmente convincentes. El pasado británico desde la Revolución industrial aún pesa considerablemente sobre el presente, y la solución práctica de los problemas actuales de la economía y sociedad británicas requiere que comprendamos algo de él. En términos más generales, la historia de la primera potencia capitalista e industrial puede esclarecer el desarrollo de la industrialización como un fenómeno en la historia del mundo. Para el planificador, el sociólogo, el economista práctico (en tanto que no concentran su atención en problemas británicos), Gran Bretaña no es más que un «caso a estudiar» y no el más interesante o importante para los objetivos del siglo xx. Sin embargo, su interés es único para el historiador del progreso humano desde el hombre de las cavernas hasta los celadores del poder atómico y los navegantes cósmicos. En la vida humana no ha habido ningún cambio tan profundo desde la invención de la agricultura, la metalurgia y las ciudades en el Neolítico, como el advenimiento de la industrialización. Éste se produjo, de modo inevitable y temporal, en forma de una economía y sociedad capitalistas, y probablemente también fue inevitable que lo hiciera en forma de una sola economía mundial «liberal» que dependió durante algún tiempo de un solo país pionero y adalid. Tal país fue Gran Bretaña y como tal destaca en la historia.

NOTAS

1. Las pocas excepciones —Trafalgar Square 1887, Featherstone 1893, Tonypandy 1911— sobresalen dramáticamente en la historia del trabajo británico.

2. Por ejemplo, los logros de los gobiernos laboristas de 1945-1951, que señalaron, como máximo, una retirada de la economía de guerra socialista de Gran Bretaña, fueron en tiempos proclamados como tal «revolución», y otro tanto sucedió con los progresos educativos de Gran Bretaña en la primera mitad del siglo xx, que llaman la atención del observador por excepcionalmente vacilantes.

1. GRAN BRETAÑA EN 1750[1]

Lo que ve el observador contemporáneo no es necesariamente la verdad, pero, a veces, el historiador suele olvidarlo peligrosamente. Gran Bretaña —o, mejor, Inglaterra— era en el siglo XVIII un país muy observado y, si nos proponemos averiguar qué sucedió en él desde la Revolución industrial, bien podemos comenzar tratando de observarlo con los ojos de sus numerosos y estudiosos visitantes extranjeros, siempre ansiosos de aprender, generalmente ávidos de admirar y con el tiempo suficiente y necesario para prestar atención al ambiente. El viajero que hacia 1750 llegaba a Dover o Harwich después de una travesía arriesgada y con frecuencia muy larga (digamos que más de treinta horas desde Holanda) obraría con acierto al elegir para pasar la noche una de las caras, pero notablemente cómodas, posadas inglesas que siempre habían de impresionarle muy favorablemente. Al día siguiente debería viajar quizás unos 80 km en calesa y tras descansar otra noche en Rochester o Chelmsford entraría en Londres hacia el mediodía siguiente. Desde luego viajar en estas condiciones requería disponer de tiempo libre. La alternativa del pobre —caminar o utilizar la navegación de cabotaje— era más barata y más lenta, o más barata pero de resultados impredecibles. Algunos años más tarde los nuevos coches correo, más rápidos, podían llevarlo de Londres a Portsmouth entre la mañana y el atardecer, o desde Londres a Edimburgo en sesenta y dos horas, pero en 1750 el viaje requería aún de diez a doce días.

Al viajero le impresionaría en seguida el verdor, la pulcritud y prosperidad de la campiña inglesa y también las aparentes comodidades del «campesino». «Todo el condado —escribió el conde Kielmansegge de Hanover en 1761 refiriéndose a Essex— no difiere de un cuidado jardín»,[2] opinión que podía ser puesta en boca de muchos otros visitantes. Dado que el viaje habitual de estos visitantes se reducía a las áreas meridional y central de Inglaterra, semejante impresión no era completamente exacta, pero aun así el contraste con la mayor parte del continente era bastante real. De modo paralelo, al viajero iba a impresionarle profundamente el inmenso tamaño de Londres y con razón, ya que con sus tres cuartos de millón de habitantes era de lejos la mayor ciudad de todo el orbe cristiano, duplicando quizás el tamaño de su más cercana rival: París. Cierto es que no era hermosa. Incluso podía parecer lúgubre a ojos extranjeros. «Después de haber visto Italia —observó el abate Le Blanc en 1747— no veréis nada en los edificios de Londres que os sea agradable. La ciudad tan sólo maravilla por su colosalismo.» (Pero tanto a él, como a los demás, le impresionaron «las bellezas del campo, el cuidado que se tiene en la mejora de las tierras, la riqueza de los pastos, los numerosos rebaños que los cubren y el clima de abundancia y limpieza que reina hasta en las más pequeñas aldeas».)[3] Londres no era una ciudad limpia ni bien iluminada, aunque incomparablemente mejor que centros industriales como Birmingham, donde «las gentes parecen estar tan embebidas en sus asuntos de puertas adentro, que no se cuidan del aspecto externo que pueden ofrecer. Las calles no tienen pavimento ni iluminación».[4]

Ninguna otra ciudad inglesa podía compararse a Londres ni de lejos, aunque los puertos y los centros comerciales o manufactureros de las provincias, a diferencia de lo que sucedió en el siglo XVII, crecían con rapidez y prosperaban a ojos vistas. Ninguna otra ciudad inglesa llegaba a 50.000 habitantes. Pocas de ellas hubieran llamado la atención del visitante extranjero no comerciante, aunque de haber ido a Liverpool en 1750 (aún no llegaba allí la diligencia de Londres) sin duda le habría impresionado el bullicio de aquel puerto en rápido crecimiento, cimentado, como Bristol y Glasgow, en el tráfico de esclavos y de productos coloniales —azúcar, té, tabaco y algodón en cantidades cada vez mayores—. Las ciudades del siglo XVIII se jactaban de sus sólidos y recientes muelles y de la elegancia provinciana de sus edificios públicos, que constituían lo que el visitante podía aceptar como «una agradable réplica de la metrópoli».[5] En la vida de sus menos atildados habitantes se reflejaba mejor la tosca brutalidad de la ciudad portuaria, infestada de tabernas y prostitutas que engullían el incansable flujo de marineros, víctimas de los manejos de los contrabandistas de trabajadores o de la recluta engañosa para servir en la marina de Su Majestad. Los barcos y el comercio ultramarino eran, como sabía todo el mundo, la savia de Gran Bretaña y la marina real su arma más poderosa. Hacia mediados del siglo XVIII el país disponía de unos 6.000 barcos mercantes de medio millón de toneladas, varias veces el tamaño de la marina mercante francesa, su principal competidor. Esta flota representaba, en 1700, la décima parte de todas las inversiones fijas de capital (salvo los bienes raíces), en tanto que sus 100.000 marinos constituían el mayor grupo de trabajadores no agrícolas.

Hacia mediados del siglo XVIII el viajero dedicaría probablemente menos atención a las manufacturas y a las minas, aunque le impresionara la calidad (ya que no el gusto) de la artesanía británica, y apreciara el ingenio con que las gentes complementaban hábilmente su duro trabajo e industria. Los ingleses ya eran famosos por sus máquinas que, como hizo notar el abate Le Blanc, «realmente multiplican a los hombres al disminuir su trabajo… En los pozos mineros de Newcastle una sola persona, utilizando un aparato tan sorprendente como sencillo, puede elevar quinientas toneladas de agua a una altura de 55 m».[6] La máquina de vapor, en su forma primitiva, ya estaba presente. Si el talento inglés para utilizar invenciones se debía a su propia capacidad inventiva o a su capacidad para sacar partido de los inventos de otros era materia opinable. Probablemente obedecía a esto último, pensaba el sagaz Wendeborn de Berlín, quien viajó por Inglaterra en la década de 1780 cuando la industria era ya objeto de muchísimo más interés. Como a muchos otros viajeros, la palabra «manufacturado» le recordaba principalmente ciudades como Birmingham con su variedad de pequeños artículos metálicos, Sheffield, con sus admirables cuchillerías, las alfarerías de Staffordshire y la industria lanera ampliamente distribuida por toda la campiña de East Anglia, el West Country y el Yorkshire, pero no la asociaba con ciudades de gran tamaño a excepción de la declinante Norwich. Ésta era, después de todo, la manufactura básica y tradicional de Inglaterra. Wendeborn casi no menciona Lancashire y aun lo hace de pasada.

Aunque la agricultura y las manufacturas eran prósperas y en expansión, a ojos foráneos eran claramente mucho menos importantes que el comercio. Inglaterra era «la nación de tenderos», y el comerciante, no el industrial, su ciudadano más característico. «Hay que tener presente —escribió el abate Le Blanc— que los productos naturales del país no llegan, como máximo, a la cuarta parte de su riqueza: el resto lo debe a sus colonias y a la industria de sus habitantes quienes, mediante el transporte e intercambio de las riquezas de otros países, aumentan continuamente la propia.»[7] En el marco mundial del siglo XVIII el comercio de los ingleses constituía un fenómeno muy notable. Era tan práctico como belicoso, como observó Voltaire en la década de 1720, cuando sus *Lettres anglaises* implantaron la moda de admirar reportajes extranjeros de las islas. Era más que eso: el comercio estaba íntimamente ligado con el sistema político único de Gran Bretaña en el que los reyes estaban subordinados al Parlamento. Los historiadores británicos nos recuerdan atinadamente que el Parlamento estaba controlado por una oligarquía de aristócratas terratenientes en lugar de estarlo por lo que aún no se conocía como clases medias. Pero si los comparamos con sus equivalentes continentales ¡qué nobles tan poco aristocráticos! De qué modo tan extraño —tan ridículo pensaba el abate Le Blanc— se sentían inclinados a imitar a sus inferiores: «En Londres los señores se visten como sus criados, y las duquesas imitan a sus doncellas». Qué alejados estaban en su ánimo de la aristocrática ostentación de las sociedades realmente nobiliarias:

> No se advierte en los ingleses deseos de hacer un buen papel en sociedad, ni en sus ropas ni en sus equipajes; su ajuar es tan sencillo como puedan prescribir las leyes suntuarias... y si las mesas de los ingleses no son notables por su frugalidad, lo son al menos por su sencillez.[8]

Todo el sistema inglés estaba basado, a diferencia de aquellos otros países menos adelantados y, ciertamente, menos prósperos, en un gobierno preocupado por las necesidades de lo que el abate Coyer llamaba «la honesta clase media, esa parte preciosa de las naciones».[9] «El comercio —escribió Voltaire— que ha enriquecido a los súbditos de Inglaterra les ha ayudado a hacerlos libres, y esa libertad, a su vez, ha hecho crecer el comercio. Ése es el fundamento de la grandeza del estado.»[10]

Así pues, Inglaterra impresionaba al visitante extranjero principalmente como un país rico y ello sobre todo por su comercio y sus empresas; como un estado poderoso y formidable, pero cuyo poder descansaba fundamentalmente en aquella arma basada en el comercio y mentalizada por él: la flota; como un estado de libertad y tolerancia excepcionales, ambas también estaban vinculadas estrechamente con el comercio y la clase media. Aunque tal vez remisa para los aristocráticos placeres de la vida, el ingenio y la *joie de vivre*, y dada a lo religioso y a otras excentricidades, Inglaterra constituía incuestionablemente la más floreciente y progresiva de las economías, que además brillaba con luz propia en la ciencia y la literatura, por no hablar de la tecnología. Su pueblo llano, insular, vanidoso, competente, brutal y dado a la greña, estaba bien alimentado y era próspero, si pensamos en las condiciones de los pobres de la época. Sus instituciones eran estables, a pesar de la notable endeblez del aparato estatal para mantener el orden público, o para planificar y administrar los asuntos económicos del país. Quienes desearan situar a sus propios países en la ruta del progreso económico, debían aprender la lección del apreciable éxito conseguido por un país basado esencialmente en la empresa privada. «Meditad sobre ello —proclamaba el abate Coyer en 1779— oh vosotros que todavía apoyáis un sistema de regulaciones y de privilegio exclusivo»,[11] al observar que incluso caminos y canales se construían y conservaban con fines lucrativos.[12]

Progreso económico y técnico, empresa privada y lo que ahora llamaríamos liberalismo: todo eso era evidente. Sin embargo nadie esperaba la inminente transformación del país por una revolución industrial, ni siquiera los viajeros que pasaron por Inglaterra en los primeros años de la década de 1780, cuando ya sabemos que se había iniciado. Pocos esperaban su inminente explosión demográfica que iba a elevar la población de Inglaterra y Gales desde unos 6,5 millones de habitantes en 1750 a más de nueve millones en 1801, y a 16 millones hacia 1841. A mediados del siglo xviii, e incluso algunas décadas más tarde, la gente aún discutía si la población inglesa crecía o se mantenía igual; hacia fines de siglo Malthus daba como cosa hecha que estaba creciendo demasiado.

Si nos remontamos a 1750 veremos sin duda muchas cosas que habían pasado por alto a los contemporáneos, no evidentes para ellos (o, por el contrario, demasiado obvias para que las advirtieran), pero no entraremos en desacuerdo en lo fundamental. Observaremos, por encima de todo, que Inglaterra (Gales y grandes zonas de Escocia aún eran algo distintas: cf. capítulo 15) era ya una economía monetaria y de mercado a escala nacional. Una «nación de tenderos» significa una nación de productores para la venta en el mercado, además de una nación de clientes. En las ciudades esto era bastante natural, ya que una economía cerrada y autosuficiente es imposible en ciudades que sobrepasen unas dimensiones determinadas, e Inglaterra era lo bastante afortunada —económicamente hablando— como para poseer la mayor de todas las ciudades occidentales (y, en consecuencia, el mayor de todos los mercados centrales de artículos de consumo) en Londres, la cual contaba, hacia mediado el siglo, con un 15 por ciento de la población inglesa y cuya insaciable demanda de alimentos y combustible transformó toda la agricultura del sur y del este, atrajo suministros regulares por vías fluvial y terrestre de los lugares más remotos de Gales y el norte y estimuló las minas de carbón de Newcastle. Las variaciones regionales de los precios de artículos alimenticios no perecederos y de fácil transporte, como el queso, eran pequeñas, y. además Inglaterra no tenía que pagar ya el oneroso coste de las economías locales y regionales autosuficientes: el hambre. La «carestía», bastante común en el continente, de reciente memoria en las Lowlands escocesas, ya no era un problema grave, aunque las malas cosechas determinaran a veces elevadas alzas en el coste de la vida con los consiguientes disturbios en amplias zonas del país, como sucedió en 1740-1741, 1757 y 1767.

Lo que alarmaba en el campo británico era la ausencia de un campesinado en el sentido continental. No se trataba tan sólo de que el crecimiento de una economía de mercado ya hubiese socavado gravemente la autosuficiencia local y regional, y atrapado incluso a las aldeas en la red de compra-venta en metálico, lo que ya era, atendiendo a patrones contemporáneos, bastante obvio. El uso creciente de artículos exclusivos de importación como el té, el azúcar y el tabaco nos da la pauta no sólo de la expansión del comercio ultramarino, sino de la comercialización de la vida rural. Hacia mediados del siglo, se importaban legalmente unos 270 g de té *per capita*, más

una importante cantidad pasada de contrabando, y hay pruebas de que esa
bebida no era infrecuente en el campo, incluso entre los jornaleros (o, con
mayor precisión, entre sus mujeres e hijas). Los ingleses, calculaba Wendeborn, consumen el triple de té que todo el resto de Europa. El pequeño cul-
tivador propietario, que vivía fundamentalmente del producto de sus tierras
trabajadas en familia, se hizo mucho menos común que en otros países (excepto en la atrasada franja céltica y otras zonas reducidas, principalmente
del norte y del oeste). El siglo que siguió a la Restauración de 1660 había
contemplado una importante concentración de la propiedad de la tierra en
manos de una clase limitada de terratenientes latifundistas, a expensas tanto
del hidalgo rural como de los campesinos. No disponemos de datos fiables,
pero hacia 1750 la estructura característica de la propiedad de la tierra en Inglaterra ya era discernible: unos millares de propietarios arrendaban sus tierras a unas decenas de miles de aparceros, quienes a su vez contaban con
el trabajo de varios cientos de miles de jornaleros, servidores o minúsculos
propietarios que se contrataban por la mayor parte de su tiempo. Este hecho
supone, por sí mismo, un sistema muy sustancial de ingresos y ventas en
metálico.

Además, buena parte —quizá la mayoría— de las industrias y manufacturas de Gran Bretaña eran rurales, y el trabajador típico lo constituía una
suerte de artesano rural o pegujalero que se iba especializando cada vez más
en la elaboración de un producto determinado —principalmente tejidos, medias, y una cierta variedad de utensilios metálicos— con lo que se iba convirtiendo gradualmente de pequeño campesino o artesano en obrero asalariado. Los villorrios donde la gente dedicaba su tiempo libre o el paro
estacional a tejer, hilar, o a la minería, tendieron a convertirse en centros industriales de tejedores, hiladores o minero *fulltime*, y con el tiempo, algunos
de estos pueblos —de ninguna forma todos— se convirtieron en ciudades
industriales. O lo que es más probable, los pequeños centros de mercado
de donde salían los mercaderes para acaparar los productos de los pueblos,
o para distribuir *(put out)* el material en bruto y alquilar telares y bastidores
a los jornaleros agrícolas, se convirtieron en ciudades, se llenaron de talleres
o factorías primitivas para preparar y, acaso, terminar el material y productos recogidos de los distintos trabajadores «a manos». La naturaleza de
este sistema de industria doméstica rural *(putting-out)* se esparció ampliamente por todo el campo británico, y sirvió para espesar la red de transacciones dinerarias que se extendió por él. Toda villa que se especializara en
manufacturas, cualquier área rural que se convirtiera en industrial (como sucedió con el Black Country, las regiones mineras y la mayor parte de las
zonas textiles), implicaba alguna otra zona que se especializara en venderle
los alimentos que ya no producía.

Esta amplia dispersión de la industria por todo el campo tuvo dos consecuencias conexas e importantes: proporcionó a la clase de terratenientes que contaba políticamente un interés directo en las minas que se encontraban bajo sus tierras (y de las cuales, a diferencia del continente, ellos y no el rey obtuvieron «regalías») y en los centros manufactureros de sus aldeas. El señalado interés de la nobleza alta y baja local en inversiones como canales y caminos de peaje no se debía tan sólo a la esperanza de poder abrir mercados más amplios para sus productos agrícolas, sino a las anticipadas ventajas de un transporte mejor y más barato para sus minas y manufacturas.[13] Pero en 1750 estas mejoras en el transporte tierra adentro apenas si se habían iniciado: se constituían «compañías de portazgos» a un promedio inferior a diez cada año (entre 1750 y 1770 se sucedieron a un promedio de más de 40 anuales) y la construcción de canales no se inició hasta 1760.

La segunda consecuencia fue que los intereses manufactureros podían ya *determinar la política del gobierno*, a diferencia de lo que sucedía en el otro gran país comercial, Holanda, donde lo que contaba era el supremo interés de los comerciantes. Y ello a pesar de la modesta riqueza e influencia de los industriales en ciernes. Así se calculaba que en 1760 la clase más pobre de los «comerciantes» ganaba tanto como la más rica de los «dueños de manufacturas» (la más rica ganaba por término medio tres veces más), y que incluso la capa superior de los mucho más modestos «tratantes» ganaba el doble que el estrato equivalente de los «dueños de manufacturas». Las cifras son aproximativas, pero indican los niveles relativos del comercio y la industria en la opinión de los contemporáneos.[14] Desde todos los aspectos, el comercio parecía ser más lucrativo, más importante, más prestigioso que las manufacturas, y en especial el comercio ultramarino. Y sin embargo, cuando hubo que elegir entre los intereses del comercio (que descansaban en la libertad de importar, exportar y reexportar) y los de la industria (que reposaban en aquel estadio en la protección del mercado interior británico contra los productos extranjeros y en la captura del mercado de exportación para los productos británicos), prevaleció el productor doméstico, ya que el comerciante sólo pudo movilizar Londres y algunos puertos en defensa de sus intereses, en tanto que el manufacturero contó con los intereses políticos de amplios sectores del país y del gobierno. La cuestión quedó decidida a fines del siglo XVII, cuando los fabricantes de tejidos, apoyándose en la tradicional importancia de los paños de lana para la hacienda británica, obtuvieron la prohibición de importar indianas extranjeras. La industria británica pudo crecer a sus anchas en un mercado interior protegido hasta hacerse lo suficientemente fuerte como para pedir libre entrada en los mercados de otros pueblos, es decir, el «librecambio».

Pero ni la industria ni el comercio podían haber florecido sino por las insólitas circunstancias políticas que con tanta razón impresionaban a los extranjeros. Nominalmente, Inglaterra no era un estado «burgués». Era una oligarquía de aristócratas terratenientes, encabezada por una nobleza cerrada que se autoperpetuaba, de unas 200 personas, un sistema de poderosos matrimonios familiares bajo la égida de las testas ducales de las grandes familias *whig*: los Russells, los Cavendishes, los Fitzwilliams, los Pelhams y demás. ¿Quién se les podía comparar en riquezas? (Joseph Massie calculó en 1760 las rentas de diez familias nobles en 20.000 libras anuales, de otras veinte en 10.000 y de otras 12 entre 6.000 y 8.000, o más de diez veces de lo que se suponía ganaba la clase de comerciantes más adinerada.) ¿Quién se les podía comparar en influencia, en un sistema político que, de desearlo, concedía casi automáticamente a un duque o conde un puesto en la dirección del gobierno y un séquito automático de parientes, clientes y partidarios en ambas cámaras del Parlamento, y que hacía que el ejercicio del menor derecho político dependiera de la propiedad de la tierra que cada vez era más difícil conseguir para aquellos que no dispusieran ya de patrimonio personal? Sin embargo, como los extranjeros observaron con mucha mayor claridad de lo que nosotros podemos hacer ahora, los «grandes» de Inglaterra no constituían una nobleza comparable a las jerarquías feudales y absolutistas del continente. Eran una elite postrevolucionaria, heredera de los puritanos. El honor, la gallardía, la elegancia y largueza, virtudes de una aristocracia feudal o cortesana, ya no gobernaba sus vidas. Un *junker* alemán de medio pelo podía disponer de un séquito de servidores y criados mucho mayor que el del mismo duque de Bedford. Sus parlamentos y gobiernos hacían la guerra y la paz en función del beneficio comercial, colonias y mercados, y con el fin de derrocar a los competidores comerciales. Cuando una auténtica reliquia del tiempo pasado irrumpió en Inglaterra, como Carlos Eduardo Estuardo, el «Joven Pretendiente» en 1745, con su ejército de montañeses leales, pero desprovistos de todo interés por el comercio, la distancia entre la Inglaterra *whig*, aunque aristocrática, y otras sociedades más arcaicas se hizo evidente. Los próceres *whig* (aunque no tanto los hidalgos rurales *tory* [los *squires*]) sabían muy bien que el poder del país, y el suyo propio, descansaban en la facilidad de obtener dinero por la guerra y el comercio. Si bien en 1750 no pudieron obtener grandes beneficios en la industria, cuando éstos fueron posibles no tardaron en adaptarse a la nueva situación.

Si tratamos de situarnos frente a la Inglaterra de 1750, sin la perspectiva que da el tiempo ¿hubiéramos profetizado la inminencia de la Revolución industrial? A buen seguro que no. Al igual que los visitantes extranjeros, nos habría impresionado la naturaleza esencialmente «burguesa», comercial, del país. Hubiéramos admirado su dinamismo y su progreso económico, tal vez su agresivo expansionismo, y nos habría llamado poderosamente la atención los notables resultados obtenidos por sus empresarios privados, numerosos y apenas controlados. Hubiéramos predicho para Inglaterra un futuro poderoso y cada vez más próspero. Pero ¿hubiéramos esperado su transformación o, mucho menos aún, la transformación del mundo? ¿Hubiéramos esperado que en menos de un siglo el hijo de un «manufacturero» —un manufacturero, que en el año 1750 acaba de abandonar el campo de sus mayores, agricultores independientes acomodados *(yeomen)* para asentarse en una pequeña ciudad del Lancashire— llegaría a primer ministro de Inglaterra? Seguro que no. ¿Hubiéramos creído que la tranquila Inglaterra de 1750 iba a ser desgarrada por el radicalismo, el jacobinismo, el cartismo y el socialismo? Echando la vista atrás, comprobamos que ningún otro país se hallaba tan bien preparado para realizar la Revolución industrial. Pero aún debemos preguntarnos por qué esta revolución sobrevino en las décadas finales del siglo XVIII, con uno resultados que, para bien o para mal, se han hecho irreversibles.

Notas

1. Ver las obras de Cole y Postgate, Ashton, Wilson, Deane y Cole, relacionados en el apartado de «lecturas complementarias«, 2 y 3. Ver también las figuras 1, 3, 10, 14, 16, 26, 28, 37.

2. Conde Friedrich Kielmansegge, *Diary of a Journey to England 1761-1762*, Londres, 1902, p. 18.

3. Mons. L'Abbé Le Blanc, *Letters on the English and French Nations*, Londres, 1747, vol. I, p. 177.

4. *A tour through England, Wales and part of Ireland made during the summer of 1791*, Londres, 1793, p. 373.

5. *Ibidem*, p. 354.

6. Le Blanc, *p. cit.*, I, p. 48.

7. *Ibidem*, II, p. 345.

8. *Ibidem*, I, p. 18; II, p. 90.

9. Abbé Coyer, *Nouvelles observations sur l'Angleterre* (1779), p. 15.

10. Voltaire, *Lettres philosophiques*, carta X.

11. Abbé Coyer, *op. cit.*, p. 27.

12. Todo el mundo no estaba de acuerdo, sobre todo cuando, al igual que a la «celebrada Madam Du Bocage» se les decía que la suciedad de Londres se debía a que «en una nación libre, los ciudadanos pavimentan sus calles como creen conveniente, cada uno ante su propia puerta». La libertad, dijo el abate Le Blanc, «según parece es la bendición que les impide tener un buen pavimento o una buena administración en Londres».

13. No se esperaba que las compañías de canales y de portazgos consiguieran más allá de cubrir gastos, tal vez con algún modesto rendimiento.

14. Hacia 1760 disponemos de las cifras siguientes (en £ anuales):

Ocupación	Número de familias	Ganancias
Comerciantes	1.000	600
	2.000	400
	10.000	200
Tratantes	2.500	400
	5.000	200
	10.000	100
	20.000	70
	125.000	40
«Dueños de manufacturas»	2.500	200
	5.000	100
	10.000	70
	62.500	40

En comparación, el promedio de ingresos de abogados y posaderos se calculaba en 100 £, el de los agricultores más ricos en 150 £, y el de los «labradores» y jornaleros provinciales en 5 o 6 chelines por semana.

2. EL ORIGEN DE LA REVOLUCIÓN INDUSTRIAL[1]

Afrontar el origen de la Revolución industrial no es tarea fácil, pero la dificultad aumentará si no conseguimos clarificar la cuestión. Empecemos, por tanto, con una aclaración previa.

Primero: La Revolución industrial no es simplemente una aceleración del crecimiento económico, sino una aceleración del crecimiento determinada y conseguida por la transformación económica y social. A los primeros estudiosos, que concentraron su atención en los medios de producción cualitativamente nuevos —las máquinas, el sistema fabril, etc.— no les engañó su instinto, aunque en ocasiones se dejaron llevar por él sin rigor crítico. No fue Birmingham, una ciudad que producía mucho más en 1850 que en 1750, aunque esencialmente según el sistema antiguo, la que hizo hablar a los contemporáneos de revolución industrial, sino Manchester, una ciudad que producía más de una forma más claramente revolucionaria. A fines del siglo XVIII esta transformación económica y social se produjo en una economía capitalista y a través de ella. Como sabemos ahora, en el siglo XX, no es éste el único camino que puede seguir la Revolución industrial, aunque fue el primitivo y posiblemente el único practicable en el siglo XVIII. La industrialización capitalista requiere en determinadas formas un análisis algo distinto de la no capitalista, ya que debemos explicar por qué la persecución del beneficio privado condujo a la transformación tecnológica, ya que no es forzoso que deba suceder así de un modo automático. No hay duda de que en otras cuestiones la industrialización capitalista puede tratarse como un caso especial de un fenómeno más general, pero no está claro hasta qué punto esto sirve para el historiador de la Revolución industrial británica.

Segundo: La Revolución industrial fue la primera de la historia. Eso no significa que partiera de cero, o que no puedan hallarse en ella fases primitivas de rápido desarrollo industrial y tecnológico. Sin embargo, ninguna de ellas inició la característica fase moderna de la historia, el crecimiento económico autosostenido por medio de una constante revolución tecnológica y transformación social. Al ser la primera, es también por ello distinta en importantes aspectos a las revoluciones industriales subsiguientes. No puede explicarse básicamente, ni en cierta medida, en términos de factores externos tales como, por ejemplo, la imitación de técnicas más avanzadas, la importación de capital o el impacto de una economía mundial ya industrializada. Las revoluciones industriales que siguieron pudieron utilizar la experiencia, el ejemplo y los recursos británicos. Gran Bretaña sólo pudo aprovechar las de los otros países en proporción mucho menor y muy limitada. Al mismo tiempo, como hemos visto, la Revolución industrial inglesa fue precedida por lo menos por doscientos años de constante desarrollo económico que echó sus cimientos. A diferencia de la Rusia del siglo XIX o XX, Inglaterra entró preparada en la industrialización.

Sin embargo, la Revolución industrial no puede explicarse sólo en términos puramente británicos, ya que Inglaterra formaba parte de una economía más amplia, que podemos llamar «economía europea» o «economía mundial de los estados marítimos europeos». Formaba parte de una red más extensa de relaciones económicas que incluía varias zonas «avanzadas», algunas de las cuales eran también zonas de potencial industrialización o que aspiraban a ella, áreas de «economía dependiente», así como economías extranjeras marginales no relacionadas sustancialmente con Europa. Estas economías dependientes consistían, en parte, en colonias formales (como en las Américas) o en puntos de comercio y dominio (como en Oriente) y, en parte, en sectores hasta cierto punto económicamente especializados en atender las demandas de las zonas «avanzadas» (como parte de Europa oriental). El mundo «avanzado» estaba ligado al dependiente por una cierta división de la actividad económica: de una parte una zona relativamente urbanizada, de otra zonas que producían y exportaban abundantes productos agrícolas o materias primas. Estas relaciones pueden describirse como un sistema de intercambios —de comercio, de pagos internacionales, de transferencias de capitales, de migraciones, etc.—. Desde hacía varios siglos, la «economía europea» había dado claras muestras de expansión y desarrollo dinámico, aunque también había experimentado notables retrocesos o desvíos económicos, especialmente entre los siglos XIV al XV y XVII.

No obstante, es importante advertir que esta economía europea tendía también a escindirse, por lo menos desde el siglo XIV, en unidades político-económicas independientes y concurrentes («estados» territoriales) como Gran Bretaña y Francia, cada uno con su propia estructura económica y social, y que contenía en sí misma zonas y sectores adelantados y atrasados o dependientes. Hacia el siglo XVI era totalmente claro que si la Revolución industrial había de producirse en algún lugar, debía serlo en alguno que formara parte de la economía europea. Por qué esto era así no es cosa que vayamos a analizar ahora, ya que la cuestión corresponde a una etapa anterior a la que trata este libro. Sin embargo, no era evidente cuál de las unidades concurrentes había de ser la primera en industrializarse. El problema sobre los orígenes de la Revolución industrial que aquí esencialmente nos concierne es por qué fue Gran Bretaña la que se convirtió en el primer «taller del mundo». Una segunda cuestión relacionada con la anterior es por qué este hecho ocurrió hacia fines del siglo XVIII y no antes o después.

Antes de estudiar la respuesta (que sigue siendo tema de polémicas y fuente de incertidumbre), tal vez sea útil eliminar cierto número de explicaciones o pseudoexplicaciones que han sido habituales durante largo tiempo y que todavía hoy se mantienen de vez en cuando. Muchas de ellas aportan más interrogantes que soluciones.

Esto es cierto, sobre todo, de las teorías que tratan de explicar la Revolución industrial en términos de clima, geografía, cambio biológico en la población u otros factores exógenos. Si, como se ha dicho, el estímulo para la revolución procedía digamos que del excepcional largo período de buenas cosechas que tuvo lugar a principios del siglo XVIII, entonces tendríamos que explicar por qué otros períodos similares anteriores a esta fecha (períodos que se sucedieron de vez en cuando en la historia) no tuvieron consecuencias semejantes. Si han de ser las grandes reservas de carbón de Gran Bretaña las que expliquen su prioridad, entonces bien podemos preguntarnos por qué sus recursos naturales, comparativamente escasos, de otras materias primas industriales, por ejemplo, mineral de hierro) no la dificultaron otro tanto o, alternativamente, por qué las extensas carboneras silesianas no produjeron un despegue industrial igualmente precoz. Si el clima húmedo del Lancashire hubiera de explicar la concentración de la industria algodonera, entonces deberíamos preguntarnos por qué las otras zonas igualmente húmedas de las islas británicas no consiguieron o provocaron tal concentración. Y así sucesivamente. Los factores climáticos, la geografía, la distribución de los recursos naturales no actúan independientemente, sino sólo dentro de una determinada estructura económica, social e institucional... Esto es válido incluso para el más poderoso de estos factores, un fácil acceso al mar o a ríos navegables, es decir, para la forma de transporte más barata y más práctica de la era preindustrial (y en el caso de productos en gran cantidad la única realmente económica). Es casi inconcebible que una zona totalmente cerrada por tierra pudiera encabezar la Revolución industrial moderna; aunque tales regiones son más escasas de lo que uno piensa. Sin embargo, aun aquí los factores no geográficos no deben ser descuidados: las Hébridas, por ejemplo, tienen más accesos al mar que la mayor parte del Yorkshire.

El problema de la población es algo distinto, ya que sus movimientos pueden explicarse por factores exógenos, por los cambios que experimenta la sociedad humana, o por una combinación de ambos. Nos detendremos en él algo más adelante. Por ahora nos contentaremos con observar que hoy en día los historiadores no defienden sustancialmente las explicaciones puramente exógenas que tampoco se aceptan en este libro.

También deben rechazarse las explicaciones de la Revolución industrial que la remiten a «accidentes históricos». El simple hecho de los grandes descubrimientos de los siglos xv y xvi no explican la industrialización, como tampoco la «revolución científica» del siglo xvi.[2] Tampoco puede explicar por qué la Revolución industrial tuvo lugar a fines del siglo xviii y no, pongamos por caso, a fines del xvii cuando tanto el conocimiento europeo del mundo externo y la tecnología científica eran potencialmente adecuados para el tipo de industrialización que había de desarrollarse más tarde. Tampoco puede hacerse responsable a la reforma protestante ya fuera directamente o por vía de cierto «espíritu capitalista» especial u otro cambio en la actitud económica inducido por el protestantismo; y tampoco por qué tuvo lugar en Inglaterra y no en Francia. La Reforma protestante tuvo lugar más de dos siglos antes que la Revolución industrial. De ningún modo todos los países que se convirtieron al protestantismo fueron luego pioneros de esa revolución y —por poner un ejemplo fácil— las zonas de los Países Bajos que permanecieron católicas (Bélgica) se industrializaron antes que las que se hicieron protestantes (Holanda).[3]

Finalmente, también deben rechazarse los factores puramente políticos. En la segunda mitad del siglo xviii prácticamente todos los gobiernos de Europa querían industrializarse, pero sólo lo consiguió el británico. Por el contrario, los gobiernos británicos desde 1660 en adelante estuvieron firmemente comprometidos en políticas que favorecían la persecución del beneficio por encima de cualesquiera otros objetivos, y sin embargo la Revolución industrial no apareció hasta más de un siglo después.

Rechazar estos factores como explicaciones simples, exclusivas o primarias no es, desde luego, negarles *toda* importancia. Sería una necedad. Simplemente lo que se quiere es establecer escalas de importancia relativas, y, de paso, clarificar algunos de los problemas de países que inician hoy en día su industrialización, en tanto en cuanto puedan ser comparables.

Las principales condiciones previas para la industrialización ya estaban presentes en la Inglaterra del xviii o bien podían lograrse con facilidad. Atendiendo a las pautas que se aplican generalmente a los países hoy en día «subdesarrollados», Inglaterra no lo estaba, aunque sí lo estaban determinadas zonas de Escocia y Gales y desde luego toda Irlanda. Los vínculos económicos, sociales e ideológicos que inmovilizaron a la mayoría de las gentes preindustriales en situaciones y ocupaciones tradicionales ya eran débiles y podían ser desterrados con facilidad. Veamos un ejemplo fácil: hacia 1750 es dudoso, tal como ya hemos visto, que se pudiera hablar con propiedad de un campesino propietario de la tierra en extensas zonas de Inglaterra, y es cierto que ya no se podía hablar de agricultura de subsistencia.[4] De ahí que no hubieran obstáculos insalvables para la transferencia de gentes ocupadas en menesteres no industriales a industriales. El país había acumulado y estaba acumulando un excedente lo bastante amplio como para permitir la necesaria inversión en un equipo no muy costoso, antes de los ferrocarriles, para la transformación económica. Buena parte de este excedente se concentraba en manos de quienes deseaban invertir en el progreso económico, en tanto que una cifra reducida pertenecía a gentes deseosas de invertir sus recursos en otras instancias (económicamente menos deseables) como la mera ostentación. No existió escasez de capital ni en términos absolutos ni en términos relativos. El país no era simplemente una economía de mercado —es decir, una economía en la que se compran y venden la mayoría de bienes y servicios—, sino que en muchos aspectos constituía un solo mercado nacional. Y además poseía un extenso sector manufacturero altamente desarrollado y un aparato comercial todavía más desarrollado.

Es más: problemas que hoy son graves en los países subdesarrollados que tratan de industrializarse eran poco importantes en la Gran Bretaña del XVIII. Tal como hemos visto, el transporte y las comunicaciones eran relativamente fáciles y baratos, ya que ningún punto del país dista mucho más allá de los 100 km del mar, y aún menos de algunos canales navegables. Los problemas tecnológicos de la primera Revolución industrial fueron francamente sencillos. No requirieron trabajadores con cualificaciones científicas especializadas, sino meramente los hombres suficientes, de ilustración normal, que estuvieran familiarizados con instrumentos mecánicos sencillos y el trabajo de los metales, y poseyeran experiencia práctica y cierta dosis de iniciativa. Los años posteriores a 1500 habían proporcionado ese grupo de hombres. Muchas de las nuevas inversiones técnicas y establecimientos productivos podían arrancar económicamente a pequeña escala, e irse engrosando progresivamente por adición sucesiva. Es decir, requerían poca inversión inicial y su expansión podía financiarse con los beneficios acumulados. El desarrollo industrial estaba dentro de las capacidades de una multiplicidad de pequeños empresarios y artesanos cualificados tradicionales. Ningún país del siglo XX que emprenda la industrialización tiene, o puede tener, algo parecido a estas ventajas.

Esto no quiere decir que no surgieran obstáculos en el camino de la industrialización británica, sino sólo que fueron fáciles de superar a causa de que ya existían las condiciones sociales y económicas fundamentales, porque el tipo de industrialización del siglo XVIII era comparativamente barato y sencillo, y porque el país era lo suficientemente rico y floreciente como para que le afectaran ineficiencias que podían haber dado al traste con economías menos dispuestas. Quizá sólo una potencia industrial tan afortunada como Gran Bretaña podía aportar aquella desconfianza en la lógica y la planificación (incluso la privada), aquella fe en la capacidad de salirse con la suya tan característica de los ingleses del siglo XIX. Ya veremos más adelante cómo se superaron algunos de los problemas de crecimiento. Ahora lo importante es advertir que nunca fueron realmente graves.

El problema referido al origen de la Revolución industrial que aquí nos concierne no es, por tanto, cómo se acumuló el material de la explosión económica, sino cómo se prendió la mecha; y podemos añadir, qué fue lo que evitó que la primera explosión abortara después del impresionante estallido inicial. Pero ¿era en realidad necesario un mecanismo especial? ¿No era inevitable que un período suficientemente largo de acumulación de material explosivo produjera, más pronto o más tarde, de alguna manera, en alguna parte, la combustión espontánea? Tal vez no. Sin embargo, los términos que hay que explicar son «de alguna manera» y «en alguna parte»; y ello tanto más cuanto que el modo en que una economía de empresa privada suscita la Revolución industrial, plantea un buen número de acertijos. Sabemos que eso ocurrió en determinadas partes del mundo; pero también sabemos que fracasó en otras, y que incluso la Europa occidental necesitó largo tiempo para llevar a cabo tal revolución.

El acertijo reside en las relaciones entre la obtención de beneficios y las innovaciones tecnológicas. Con frecuencia se acepta que una economía de empresa privada tiene una tendencia automática hacia la innovación, pero esto no es así. Sólo tiende hacia el beneficio. Revolucionará la fabricación tan sólo si se pueden conseguir con ellos mayores beneficios. Pero en las sociedades preindustriales éste apenas puede ser el caso. El mercado disponible y futuro —el mercado que determina lo que debe producir un negociante— consiste en los ricos, que piden artículos de lujo en pequeñas cantidades, pero con un elevado margen de beneficio por cada venta, y en los pobres —si es que existen en la economía de mercado y no producen sus propios bienes de consumo a nivel doméstico o local— quienes tienen poco dinero, no están acostumbrados a las novedades y recelan de ellas, son reticentes a consumir productos en serie e incluso pueden no estar concentrados en ciudades o no ser accesibles a los fabricantes nacionales. Y lo que es más, no es probable que el mercado de masas crezca mucho más rápidamente que la tasa relativamente lenta de crecimiento de la población. Parecería más sensato vestir a las princesas con modelos *haute couture* que especular con las oportunidades de atraer a las hijas de los campesinos a la compra de medias de seda artificial. El negociante sensato, si tenía elección, fabricaría relojes-joya carísimos para los aristócratas y no baratos relojes de pulsera, y cuanto más caro fuera el proceso de lanzar al mercado artículos baratos revolucionarios, tanto más dudaría en jugarse su dinero en él. Esto lo expresó admirablemente un millonario francés de mediados del siglo XIX, que actuaba en un país donde las condiciones para el industrialismo moderno eran relativamente pobres: «Hay tres maneras de perder el dinero —decía el gran Rothschild—, las mujeres, el juego y los ingenieros. Las dos primeras son más agradables, pero la última es con mucho la más segura».[5] Nadie podía acusar a Rothschild de desconocer cuál era el mejor camino para conseguir los mayores beneficios. En un país no industrializado no era por medio de la industria.

La industrialización cambia todo esto permitiendo a la producción —dentro de ciertos límites— que amplíe sus propios mercados, cuando no crearlos. Cuando Henry Ford fabricó su modelo «T», fabricó también algo que hasta entonces no había existido: un amplio número de clientes para un automóvil barato, de serie y sencillo. Por supuesto que su empresa ya no era tan descaradamente especulativa como parecía. Un siglo de industrialización había demostrado que la producción masiva de productos baratos puede multiplicar sus mercados, acostumbrar a la gente a comprar mejores artículos que sus padres y descubrir necesidades en las que sus padres ni siquiera habían soñado. La cuestión es que *antes* de la Revolución industrial, o en países que aún no hubieran sido transformados por ella, Henry Ford no habría sido un pionero económico, sino un chiflado condenado al fracaso.

¿Cómo se presentaron en la Gran Bretaña del siglo XVIII las condiciones que condujeron a los hombres de negocios a revolucionar la producción? ¿Cómo se las apañaron los empresarios para prever no ya la modesta aunque sólida expansión de la demanda que podía ser satisfecha del modo tradicional, o por medio de una pequeña extensión y mejora de los viejos sistemas, sino la rápida e ilimitada expansión que la revolución requería? Una revolución pequeña, sencilla y barata, según nuestros patrones, pero no obstante una revolución, un salto en la oscuridad. Hay dos escuelas de pensamiento sobre esta cuestión. Una de ellas hace hincapié sobre todo en el mercado *interior*, que era con mucho la mayor salida para los productos del país; la otra se fija en el mercado exterior o de *exportación*, que era mucho más dinámico y ampliable. La respuesta correcta es que probablemente ambos eran esenciales de forma distinta, como también lo era un tercer factor, con frecuencia descuidado: el *gobierno*.

El mercado interior, amplio y en expansión, sólo podía crecer de cuatro maneras importantes, tres de las cuales no parecían ser excepcionalmente rápidas. Podía haber crecimiento de la población, que creara más consumidores (y, por supuesto, productores); una transferencia de las gentes que recibían ingresos no monetarios a monetarios que creara más clientes; un incremento de la renta *per capita*, que creara mejores clientes; y que los artículos producidos industrialmente sustituyeran a las formas más anticuadas de manufactura o a las importaciones.

La cuestión de la *población* es tan importante, y en años recientes ha estimulado tan gran cantidad de investigaciones, que debe ser brevemente analizada aquí. Plantea tres cuestiones de las cuales sólo la tercera atañe directamente al problema de la expansión del mercado, pero todas son importantes para el problema más general del desarrollo económico y social británico. Estas cuestiones son: 1) ¿Qué sucedió a la población británica y por qué? 2) ¿Qué efecto tuvieron estos cambios de población en la economía? 3) ¿Qué efecto tuvieron en la estructura del pueblo británico?

Apenas si existen cómputos fiables de la población británica antes de 1840, cuando se introdujo el registro público de nacimientos y muertes, pero no hay grandes dudas sobre su movimiento general. Entre finales del siglo XVII, cuando Inglaterra y Gales contaban con unos cinco millones y cuarto de habitantes, y mediados del siglo XVIII, la población creció muy lentamente y en ocasiones puede haberse estabilizado o incluso llegado a declinar. Después de la década de 1740 se elevó sustancialmente y a partir de la década de 1770 lo hizo con gran rapidez para las cifras de la época, aunque no para las nuestras.[6] Se duplicó en cosa de 50 o 60 años después de 1780, y lo hizo de nuevo durante los 60 años que van desde 1841 a 1901, aunque de hecho tanto las tasas de nacimiento como las de muerte comenzaron a caer rápidamente desde la década de 1870. Sin embargo, estas cifras globales esconden variaciones muy sustanciales, tanto cronológicas como regionales. Así, por ejemplo, mientras que en la primera del siglo XVIII, e incluso hasta 1780, la zona de Londres hubiera quedado despoblada a no ser por la masiva inmigración de gentes del campo, el futuro centro de la industrialización, el noroeste y las Midlands orientales ya estaban aumentando rápidamente. Después del inicio real de la Revolución industrial, las tasas de crecimiento natural de las regiones principales (aunque no de migración) tendieron a hacerse similares, excepto por lo que respecta al insano cinturón londinense.

Estos movimientos no se vieron afectados, antes del siglo XIX, por la migración internacional, ni siquiera por la irlandesa. ¿Se debieron a variaciones en el índice de nacimientos o de mortalidad? Y si es así ¿cuáles fueron las causas? Estas cuestiones, de gran interés, son inmensamente complicadas aun sin contar con que las informaciones que poseemos al respecto son muy deficientes.[7] Nos preocupan aquí tan sólo en cuanto que pueden arrojar luz sobre la cuestión. En qué grado el aumento de población fue causa, o consecuencia, de factores económicos; esto es, hasta qué punto la gente se casó o concibió hijos más pronto, porque tuvo mejores oportunidades de conseguir un trozo de tierra para cultivar, o un empleo, o bien —como se ha dicho— por la demanda de trabajo infantil. Hasta qué punto declinó su mortalidad porque estaban mejor alimentados o con más regularidad, o a causa de mejoras ambientales. (Ya que uno de los pocos hechos que sabemos con alguna certeza es que la caída de los índices de mortalidad se debió a que morían menos lactantes, niños y quizá adultos jóvenes antes que a una prolongación real de la vida más allá del cómputo bíblico de setenta años,[8] tales disminuciones pudieron acarrear un aumento en el índice de nacimientos. Por ejemplo, si morían menos mujeres antes de los treinta años, la mayoría de ellas es probable que tuvieran los hijos que podían esperar entre los treinta años y la menopausia.)

No podemos responder a estas preguntas con total certeza, pero parece bastante claro que un crecimiento demográfico como el que tuvo lugar —rápido para los niveles occidentales anteriores, pero no según los criterios del siglo xx— se debió primordialmente al aumento de la natalidad. Las mujeres jóvenes se casaron antes —con 23 años de edad como media entre 1825-1849, frente a más de 26 años entre 1700-1724— y por lo tanto aumentó el período de fertilidad. Hubo además un aumento en los nacimientos ilegítimos. Pero parece claro que la gente, al casarse y tener hijos, fue más sensible ante factores económicos de lo que a veces se ha creído, y que algunos cambios sociales (como por ejemplo, el descenso en la práctica de los patronos de albergar a sus empleados) promovieron o incluso exigieron, familias más tempranas e incluso mayores. Así mismo está claro que una economía familiar que sólo podía sostenerse con el trabajo de sus miembros y unos modos de producción que empleaban trabajo infantil también impulsaron el crecimiento demográfico. Los contemporáneos probablemente concibieron la demografía como algo que respondía a cambios en la demanda laboral. La mortalidad, especialmente la infantil, no descendió de forma significativa hasta bien entradas las postrimerías del siglo xix, y cuando lo hizo, lo fue ciertamente por razones económicas, sociales o del entorno. Los progresos médicos no jugaron ningún papel en dicho descenso, excepto, tal vez, en la reducción de muertes por viruela.

¿Cuáles fueron los efectos económicos de estos cambios? Más gente quiere decir más trabajo y más barato, y con frecuencia se supone que esto es un estímulo para el crecimiento económico en el sistema capitalista. Pero por lo que podemos ver hoy en día en muchos países subdesarrollados, esto no es así. Lo que sucederá simplemente es el hacinamiento y el estancamiento, o quizá una catástrofe, como sucedió en Irlanda y en las Highlands escocesas a principios del siglo xix (ver *infra*, p. 339). La mano de obra barata puede retardar la industrialización. Si en la Inglaterra del siglo xviii una fuerza de trabajo cada vez mayor coadyuvó al desarrollo fue porque la economía ya era dinámica, no porque alguna extraña inyección demográfica la hubiera hecho así. La población creció rápidamente por toda la Europa septentrional, pero la industrialización no tuvo lugar en todas partes. Además, más gente significa más consumidores y se sostiene firmemente que esto proporciona un estímulo tanto para la agricultura (ya que hay que alimentar a esa gente) como para las manufacturas.

Sin embargo, la población británica creció muy gradualmente en el siglo anterior a 1750, y su rápido aumento coincidió con la Revolución industrial, pero (excepto en unos pocos lugares) no la precedió. Si Gran Bretaña hubiera sido un país menos desarrollado, podían haberse realizado súbitas y amplias transferencias de gente digamos que desde una economía de subsistencia a una economía monetaria, o de la manufactura doméstica y artesana a la industria. Pero, como hemos visto, el país era ya una economía de mercado con un amplio y creciente sector manufacturero. Los ingresos medios de los ingleses aumentaron sustancialmente en la primera mitad del siglo XVIII, gracias sobre todo a una población que se estancaba y a la falta de trabajadores. La gente estaba en mejor posición y podía comprar más; además en esta época es probable que hubiera un pequeño porcentaje de niños (que orientaban los gastos de los padres pobres hacia la compra de artículos indispensables) y una proporción más amplia de jóvenes adultos pertenecientes a familias reducidas (con ingresos para ahorrar). Es muy probable que en este período muchos ingleses aprendieran a «cultivar nuevas necesidades y a establecer nuevos niveles de expectación»,[9] y por lo que parece, hacia 1750 comenzaron a dedicar su productividad extra a un mayor número de bienes de consumo que al ocio. Este incremento se asemeja más a las aguas de un plácido río que a los rápidos saltos de una catarata. Explica por qué se reconstruyeron tantas ciudades inglesas (sin revolución tecnológica alguna) con la elegancia rural de la arquitectura clásica, pero no por qué se produjo una revolución industrial.

Quizá tres casos especiales sean excepción: el transporte, los alimentos y los productos básicos, especialmente el carbón.

Desde principios del siglo XVIII se llevaron a cabo mejoras muy sustanciales y costosas en el transporte tierra adentro —por río, canal e incluso carretera—, con el fin de disminuir los costos prohibitivos del transporte de superficie: a mediados del siglo, treinta kilómetros de transporte por tierra podían doblar el costo de una tonelada de productos. No podemos saber con certeza la importancia que estas mejoras supusieron para el desarrollo de la industrialización, pero no hay duda de que el impulso para realizarlas provino del mercado interior, y de modo muy especial de la creciente demanda urbana de alimentos y combustible. Los productores de artículos domésticos que vivían en zonas alejadas del mar en las Midlands occidentales (alfareros de Staffordshire, o los que elaboraban utensilios metálicos en la región de Birmingham) presionaban en busca de un transporte más barato. La diferencia en los costos del transporte era tan brutal que las mayores inversiones eran perfectamente rentables. El costo por tonelada entre Liverpool y Manchester o Birmingham se veía reducido en un 80 por ciento recurriendo a los canales.

Las industrias alimenticias compitieron con las textiles como avanzadas de la industrialización de empresa privada, ya que existía para ambas un amplio mercado (por lo menos en las ciudades) que no esperaba más que ser explotado. El comerciante menos imaginativo podía darse cuenta de que todo el mundo, por pobre que fuese, comía, bebía y se vestía. La demanda de alimentos y bebidas manufacturados era más limitada que la de tejidos, excepción hecha de productos como harina, y bebidas alcohólicas, que sólo se preparan domésticamente en economías primitivas, pero, por otra parte, los productos alimenticios eran mucho más inmunes a la competencia exterior que los tejidos. Por lo tanto, su industrialización tiende a desempeñar un papel más importante en los países atrasados que en los adelantados. Sin embargo, los molinos harineros y las industrias cerveceras fueron importantes pioneros de la revolución tecnológica en Gran Bretaña, aunque atrajesen menos la atención que los productos textiles porque no transformaban tanto la economía circundante pese a su apariencia de gigantescos monumentos de la modernidad, como las cervecerías Guinness en Dublín y los celebrados molinos de vapor Albion (que tanto impresionaron al poeta William Blake) en Londres. Cuanto mayor fuera la ciudad (y Londres era con mucho la mayor de la Europa occidental) y más rápida su urbanización, mayor sería el objetivo para tales desarrollos. ¿No fue la invención de la espita manual de cerveza, conocida por cualquier bebedor inglés, uno de los primeros triunfos de Henry Maudslay, uno de los grandes pioneros de la ingeniería?

El mercado interior proporcionó también una salida importante para lo que más tarde se convirtieron en productos básicos. El consumo de *carbón* se realizó casi enteramente en el gran número de hogares urbanos, especialmente londinenses; el hierro —aunque en mucha menor cantidad— se refleja en la demanda de enseres domésticos como pucheros, cacerolas, clavos, estufas, etc. Dado que las cantidades de carbón consumidas en los hogares ingleses eran mucho mayores que la demanda de hierro (gracias en parte a la ineficacia del hogar-chimenea británico comparado con la estufa continental), la base preindustrial de la industria del carbón fue más importante que la de la industria del hierro. Incluso antes de la Revolución industrial, su producción ya podía contabilizarse en millones de toneladas, primer artículo al que podían aplicarse tales magnitudes astronómicas. Las máquinas de vapor fueron producto de las minas: en 1769 ya se habían colocado un centenar de «máquinas atmosféricas» alrededor de Newcastle-on-Tyne, de las que 57 estaban en funcionamiento. (Sin embargo, las máquinas más modernas, del tipo Watt, que fueron realmente las fundadoras de la tecnología industrial, avanzaban muy lentamente en las minas.)

Por otra parte, el consumo total británico de hierro en 1720 era inferior a 50.000 toneladas, e incluso en 1788, después de iniciada la Revolución industrial, no puede haber sido muy superior a las 100.000. La demanda de acero era prácticamente despreciable al precio de entonces. El mayor mercado civil para el hierro era quizá todavía el agrícola —arados y otra herramientas, herraduras, coronas de ruedas, etc.— que aumentaba sustancialmente, pero que apenas era lo bastante grande como para poner en marcha una transformación industrial. De hecho, como veremos, la auténtica Revolución industrial en el hierro y el carbón tenía que esperar a la época en que el ferrocarril proporcionara un mercado de masas no sólo para bienes de consumo, sino para las industrias de base. El mercado interior preindustrial, e incluso la primera fase de la industrialización, no lo hacían aún a escala suficiente.

La principal ventaja del mercado interior preindustrial era, por lo tanto, su gran tamaño y estabilidad. Es posible que su participación en la Revolución industrial fuera modesta pero es indudable que promovió el crecimiento económico y, lo que es más importante, siempre estuvo en condiciones de desempeñar el papel de amortiguador para las industrias de exportación más dinámicas frente a las repentinas fluctuaciones y colapsos que eran el precio que tenían que pagar por su superior dinamismo. Este mercado acudió al rescate de las industrias de exportación en la década de 1780, cuando la guerra y la revolución americana las quebrantaron y quizá volvió a hacerlo tras las guerras napoleónicas. Además, el mercado interior proporcionó la base para una economía industrial *generalizada*. Si Inglaterra había de pensar mañana lo que Manchester hoy, fue porque el resto del país estaba dispuesto a seguir el ejemplo del Lancashire. A diferencia de Shanghai en la China precomunista, o Ahmedabad en la India colonial, Manchester no constituyó un enclave moderno en el atraso general, sino que se convirtió en modelo para el resto del país. Es posible que el mercado interior no proporcionara la chispa, pero suministró el combustible y el tiro suficiente para mantener el fuego.

Las industrias para exportación trabajaban en condiciones muy distintas y potencialmente mucho más revolucionarias. Estas industrias fluctuaban extraordinariamente —más del 50 por ciento en un solo año—, por lo que el empresario que andaba lo bastante listo como para alcanzar las expansiones podía hacer su agosto. A la larga, estas industrias se extendieron más, y con mayor rapidez, que las de los mercados interiores. Entre 1700 y 1750 las industrias domésticas aumentaron su producción en un siete por ciento, en tanto que las orientadas a la exportación lo hacían en un 76 por ciento; entre 1750 y 1770 (que podemos considerar como el lecho del *take-off* industrial) lo hicieron en otro 7 por ciento y 80 por ciento respectivamente. La demanda interior crecía, pero la exterior se multiplicaba. Si era precisa una chispa, de aquí había de llegar. La manufactura del algodón, primera que se industrializó, estaba vinculada esencialmente al comercio ultramarino. Cada onza de material en bruto debía ser importada de las zonas subtropicales o tropicales, y, como veremos, sus productos habían de venderse mayormente en el exterior. Desde fines del siglo xvIII ya era una industria que exportaba la mayor parte de su producción total, tal vez dos tercios hacia 1805.

Este extraordinario potencial expansivo se debía a que las industrias de exportación no dependían del modesto índice «natural» de crecimiento de cualquier demanda interior del país. Podían crear la ilusión de un rápido crecimiento por dos medios principales: controlando una serie de mercados de exportación de otros países y destruyendo la competencia interior dentro de otros, es decir, a través de los medios políticos o semipolíticos de guerra y colonización. El país que conseguía concentrar los mercados de exportación de otros, o monopolizar los mercados de exportación de una amplia parte del mundo en un período de tiempo lo suficientemente breve, podía desarrollar sus industrias de exportación a un ritmo que hacía la Revolución industrial no sólo practicable para sus empresarios, sino en ocasiones virtualmente compulsoria. Y esto es lo que sucedió en Gran Bretaña en el siglo xvIII.[10]

La conquista de mercados por la guerra y la colonización requería no sólo una economía capaz de explotar esos mercados, sino también un gobierno dispuesto a financiar ambos sistemas de penetración en beneficio de los manufactureros británicos. Esto nos lleva al tercer factor en la génesis de la Revolución industrial: el *gobierno*. Aquí la ventaja de Gran Bretaña sobre sus competidores potenciales es totalmente obvia. A diferencia de algunos (como Francia), Inglaterra está dispuesta a subordinar *toda* la política exterior a sus fines económicos. Sus objetivos bélicos eran comerciales, es decir, navales. El Gran Chatham dio cinco razones en un memorándum en el que abogaba por la conquista de Canadá: las cuatro primeras eran puramente económicas. A diferencia de otros países (como Holanda), los fines económicos de Inglaterra no respondían exclusivamente a intereses comerciales y financieros, sino también, y con signo creciente, a los del grupo de presión de los manufactureros; al principio la industria lanera de gran importancia fiscal, luego las demás. Esta pugna entre la industria y el comercio (que ilustra perfectamente la Compañía de las Indias Orientales) quedó resuelta en el mercado interior hacia 1700, cuando los productores ingleses obtuvieron medidas proteccionistas contra las importaciones de tejidos de la India; en el mercado exterior no se resolvió hasta 1813, cuando la Compañía de las Indias Orientales fue privada de su monopolio en la India, y este subcontinente quedó sometido a la desindustrialización y a la importación masiva de tejidos de algodón del Lancashire. Finalmente, a diferencia de todos sus demás rivales, la política inglesa del siglo xviii era de agresividad sistemática, sobre todo contra su principal competidor: Francia. De las cinco grandes guerras de la época, Inglaterra sólo estuvo a la defensiva en una.[11] El resultado de este siglo de guerras intermitentes fue el mayor triunfo jamás conseguido por ningún estado; los monopolios virtuales de las colonias ultramarinas y del poder naval a escala mundial. Además, la guerra misma, al desmantelar los principales competidores de Inglaterra en Europa, tendió a aumentar las exportaciones; la paz, por el contrario, tendía a reducirlas.

La guerra —y especialmente aquella organización de clases medias fuertemente mentalizada por el comercio: la flota británica— contribuyó aún más directamente a la innovación tecnológica y a la industrialización. Sus demandas no eran despreciables: el tonelaje de la flota pasó de 100.000 toneladas en 1685 a unas 325.000 en 1760, y también aumentó considerablemente la demanda de cañones, aunque no de un modo tan espectacular. La guerra era, por supuesto, el mayor consumidor de hierro, y el tamaño de empresas como Wilkinson, Walkers y Carron Works obedecía en buena parte a contratos gubernamentales para la fabricación de cañones, en tanto que la industria de hierro de Gales del Sur dependía también de las batallas. Los contratos del gobierno, o los de aquellas grandes entidades cuasigubernamentales como la Compañía de las Indias Orientales, cubrían partidas sustanciosas que debían servirse a tiempo. Valía la pena para cualquier negociante la introducción de métodos revolucionarios con tal de satisfacer los pedidos de semejantes contratos. Fueron muchos los inventores o empresarios estimulados por aquel lucrativo porvenir. Henry Cort, que revolucionó la manufactura del hierro, era en la década de 1760 agente de la flota, deseoso de mejorar la calidad del producto británico «para suministrar hierro a la flota».[12] Henry Maudslay, pionero de las máquinas-herramienta, inició su carrera comercial en el arsenal de Woolwich y sus caudales (al igual que los del gran ingeniero Mark Isambard Brunel, que había prestado servicio en la flota francesa) estuvieron estrechamente vinculados a los contratos navales.[13]

El papel de los tres principales sectores de demanda en la génesis de la industrialización puede resumirse como sigue: las exportaciones, respaldadas por la sistemática y agresiva ayuda del gobierno, proporcionaron la chispa, y —con los tejidos de algodón— el «sector dirigente» de la industria. Dichas exportaciones indujeron también mejoras de importancia en el transporte marítimo. El mercado interior proporcionó la base necesaria para una economía industrial generalizada y —a través del proceso de urbanización— el incentivo para mejoras fundamentales en el transporte terrestre, así como una amplia plataforma para la industria del carbón y para ciertas innovaciones tecnológicas importantes. El gobierno ofreció su apoyo sistemático al comerciante y al manufacturero y determinados incentivos, en absoluto despreciables, para la innovación técnica y el desarrollo de las industrias de base.

Si volvemos a nuestras preguntas previas —¿por qué Gran Bretaña y no otro país? ¿por qué a fines del siglo XVIII y no antes o después?—, la respuesta ya no es tan simple. Es cierto que hacia 1750 era bastante evidente que si algún estado iba a ganar la carrera de la industrialización ése sería Gran Bretaña. Los holandeses se habían instalado cómodamente en los negocios al viejo estilo, la explotación de su vasto aparato financiero y comercial, y sus colonias; los franceses, aunque su desarrollo corría parejas con el de los ingleses (cuando éstos no se lo impedían con la guerra), no pudieron reconquistar el terreno perdido en la gran época de depresión económica, el siglo XVII. En cifras absolutas y hasta la Revolución industrial ambos países podían aparecer como potencias de tamaño equivalente, pero aun entonces tanto el comercio como los productos *per capita* franceses estaban muy lejos de los británicos.

Pero esto no explica por qué el estallido industrial sobrevino cuando lo hizo, en el último tercio o cuarto del siglo XVIII. La respuesta precisa a esta cuestión aun es incierta, pero es claro que sólo podemos hallarla volviendo la vista hacia la economía general europea o «mundial» de la que Gran Bretaña formaba parte;[14] es decir, a las zonas «adelantadas» (la mayor parte) de la Europa occidental y sus relaciones con las economías coloniales y semicoloniales dependientes, los asociados comerciales marginales, y las zonas aún no involucradas sustancialmente en el sistema europeo de intercambios económicos.

El modelo tradicional de expansión europea —mediterráneo, y cimentado en comerciantes italianos y sus socios, conquistadores españoles y portugueses, o báltico y basado en las ciudades-estado alemanes— había periclitado en la gran depresión económica del siglo XVII. Los nuevos centros de expansión eran los estados marítimos que bordeaban el Mar del Norte y el Atlántico Norte. Este desplazamiento no era sólo geográfico, sino también estructural. El nuevo tipo de relaciones establecido entre las zonas «adelantadas» y el resto del mundo tendió constantemente, a diferencia del viejo, a intensificar y ensanchar los flujos del comercio. La poderosa, creciente y dinámica corriente de comercio ultramarino que arrastró con ella a las nacientes industrias europeas —y que, de hecho, algunas veces las *creó*— era difícilmente imaginable sin este cambio, que se apoyaba en tres aspectos: en Europa, en la constitución de un mercado para productos ultramarinos de uso diario, mercado que podía ensancharse a medida que estos productos fueran disponibles en mayores cantidades y a más bajo costo; en ultramar en la creación de sistemas económicos para la producción de tales artículos (como, por ejemplo, plantaciones basadas en el trabajo de esclavos), y en la conquista de colonias destinadas a satisfacer las ventajas económicas de sus propietarios europeos.

Para ilustrar el primer aspecto: hacia 1650 un tercio del valor de las mercancías procedentes de la India vendidas en Amsterdam consistía en pimienta —el típico producto en el que se hacían los beneficios «acaparando» un pequeño suministro y vendiéndolo a precios monopolísticos—; hacia 1780 esta proporción había descendido el 11 por ciento. Por el contrario, hacia 1780 el 56 por ciento de tales ventas consistía en productos textiles, té y café, mientras que en 1650 estos productos sólo constituían el 17,5 por ciento. Azúcar, té, café, tabaco y productos similares, en lugar de oro y especias, eran ahora las importaciones características de los Trópicos, del mismo modo que en lugar de pieles ahora se importaba del este europeo trigo, lino, hierro, cáñamo y madera. El segundo aspecto puede ser ilustrado por la expansión del comercio más inhumano, el tráfico de esclavos. En el siglo XVI menos de un millón de negros pasaron de África a América; en el siglo XVII quizá fueron tres millones —principalmente en la segunda mitad, ya que antes se les condujo a las plantaciones brasileñas precursoras del posterior modelo colonial—; en el siglo XVIII el tráfico de esclavos negros llegó quizá a siete millones.[15] El tercer aspecto apenas si requiere clarificación. En 1650 ni Gran Bretaña ni Francia eran aún potencias imperiales, mientras que la mayor parte de los viejos imperios español y portugués estaba en ruinas o eran sólo meras siluetas en el mapa mundial. El siglo XVIII no contempló tan sólo el resurgir de los imperios más antiguos (por ejemplo en Brasil y México), sino la expansión y explotación de otros nuevos: el británico y el francés, por no mencionar ensayos ya olvidados a cargo de daneses, suecos y otros. Lo que es más, el tamaño total de estos imperios como economías aumentó considerablemente. En 1701 los futuros Estados Unidos tenían menos de 300.000 habitantes; en 1790 contaban con casi cuatro millones, e incluso Canadá pasó de 14.000 habitantes en 1695 hasta casi medio millón en 1800.

Al espesarse la red del comercio internacional, sucedió otro tanto con el comercio ultramarino en los intercambios con Europa. En 1680 el comercio con las Indias orientales alcanzó un ocho por ciento del comercio exterior total de los holandeses, pero en la segunda mitad del siglo XVIII llegó a la cuarta parte. La evolución del comercio francés fue similar. Los ingleses recurrieron antes al comercio colonial. Hacia 1700 se elevaba ya a un quince por ciento de su comercio total, y en 1775 llegó a un tercio. La expansión general del comercio en el siglo XVIII fue bastante impresionante en casi todos los países, pero la expansión del comercio conectado con el sistema colonial fue espléndida. Por poner un solo ejemplo: tras la guerra de Sucesión española, salían cada año de Inglaterra con destino a África entre dos y tres mil toneladas de barcos ingleses, en su mayoría esclavistas; después de la guerra de los Siete Años entre quince y diecinueve mil, y tras la guerra de Independencia americana (1787) veintidós mil.

Esta extensa y creciente circulación de mercancías no sólo trajo a Europa nuevas necesidades y el estímulo de manufacturar en el interior importaciones de materias primas extranjeras: «Sajonia y otros países de Europa fabrican finas porcelanas chinas —escribió el abate Raynal en 1777—,[16] Valencia manufactura peniques superiores a los chinos; suiza imita las ricas muselinas e indianas de Bengala; Inglaterra y Francia estampan linos con gran elegancia; muchos objetos antes desconocidos en nuestros climas dan trabajo a nuestros mejores artistas, ¿no estaremos, pues, por todo ello, en deuda con la India?».[17] Además de esto, la India significaba un horizonte ilimitado de ventas y beneficios para comerciantes y manufactureros. Los ingleses —tanto por su política y su fuerza como por su capacidad empresarial e inventiva— se hicieron con el mercado.

Detrás de la Revolución industrial inglesa, está esa proyección en los mercados coloniales y «subdesarrollados» de ultramar y la victoriosa lucha para impedir que los demás accedieran a ellos. Gran Bretaña les derrotó en Oriente: en 1766 las ventas británicas superaron ampliamente a los holandeses en el comercio con China. Y también en Occidente: hacia 1780 más de la mitad de los esclavos desarraigados de África (casi el doble del tráfico francés) aportaba beneficios a los esclavistas británicos. Todo ello en beneficio de las mercancías *británicas*. Durante unas tres décadas después de la guerra de Sucesión española, los barcos que zarpaban rumbo a África aún transportaban principalmente mercancías extranjeras (incluidas indias), pero desde poco después de la guerra de Sucesión austríaca transportaban sólo mercancías británicas. La economía industrial británica creció a partir del comercio, y especialmente del comercio con el mundo subdesarrollado. A todo lo largo del siglo XIX iba a conservar este peculiar modelo histórico: el comercio y el transporte marítimo mantenían la balanza de pagos británica y el intercambio de materias primas ultramarinas para las manufacturas británicas iba a ser la base de la economía internacional de Gran Bretaña.

Mientras aumentaba la corriente de intercambios internacionales, en algún momento del segundo tercio del siglo XVIII pudo advertirse una revitalización general de las economías internas. Este no fue un fenómeno específicamente británico, sino que tuvo lugar de modo muy general, y ha quedado registrado en los movimientos de los precios (que iniciaron un largo período de lenta inflación, después de un siglo de movimientos fluctuantes e indeterminados), en lo poco que sabemos sobre la población, la producción y otros aspectos. La Revolución industrial se forjó en las décadas posteriores a 1740, cuando este masivo pero lento crecimiento de las economías internas se combinó con la rápida (después de 1750 extremadamente rápida) expansión de la economía internacional, y en el país que supo movilizar las oportunidades internacionales para llevarse la parte del león en los mercados de ultramar.

Notas

1. El debate moderno sobre la Revolución industrial y el desarrollo económico se inicia con Karl Marx, *El Capital*, libro primero, sección VII, caps. 23-24 (edición castellana del Fondo de cultura Económica, México, 1946). Para opiniones marxistas recientes véase M. H. Dobb, *Studies in Economic Development* (1946) (hay traducción castellana: *Estudios sobre el desarrollo del capitalismo*, Buenos Aires, 1971), * *Some Aspects of Economic Development* (1951), y la estimulante obra de * K. Polanyi, *Origins of our Time* (1945). * D. S. Landes, *Cambridge Economic History of Europe*, vol. VI, 1965, ofrece una penetrante introducción a tratamiento académicos modernos del tema; véase también Phyllis Deane, *The First Industrial Revolution* (1965) (B) (hay traducción castellana: *La primera revolución industrial*, Barcelona, 1968). Para comparaciones anglo-americanas y anglo-francesas, ver * H. J. Habbakuk, *American and British Technology in the 19th Century* (1962), P. Bairoch, *Révolution industrielle et sous-développement* (1963) (hay traducción castellana: *Revolución industrial y subdesarrollo*, Madrid, 1967).

Para un conspecto de las teorías académicas sobre el desarrollo económico en general, pueden verse algunos manuales, entre ellos B. Higgins, *Economic Development* (1959). Para aproximaciones más sociológicas, ver Bert Hoselitz, *Sociological Aspects of Economic Growth* (1960); Wilvert Moore, *Industrialization and Labour* (1951); Everett Hagen, *On the Theory of Social Change* (1964) (B). Ver también las figuras 1-3, 14, 23, 26, 28, 37.

Sobre Gran Bretaña en la economía mundial del siglo XVIII, véase F. Mauro, *L'expansion européenne 1600-1870* (1964) (hay traducción castellana: *La expansión europea (1600-1870)*, Barcelona, 1968); Ralph Davis, «English Foreign Trade 1700-1774», en *Economic History Review* (1962).

2. Para nuestros fines es irrelevante si ello fue puramente fortuito o (como es mucho más probable) resultado de primitivos logros económicos y sociales europeos.

3. Además, la teoría de que el desarrollo económico francés en el siglo XVIII fue abortado por la expulsión de los protestantes a fines del XVI, hoy en día no está aceptada generalmente o, como mínimo, es muy controvertida.

4. Cuando los escritores de principios del siglo XIX hablaban del «campesinado», solían referirse a los «jornaleros agrícolas».

5. C. P. Kindleberger, *Economic Growth in France and Britain* (1964), p. 158.

6. En 1965 la población del continente que crecía con mayor rapidez, Latinoamérica, aumentaba a un ritmo no muy alejado del doble de este índice.

7. Para una guía sobre estos problemas, véase D. V. Glass y E. Grebenik, «World Population 1800-1950», en *Cambridge Economic History of Europe*, VI, I, pp. 60-138.

8. Esto aún es así. Mucha gente sobrevive a su cómputo bíblico, pero en conjunto los viejos no mueren de mayor edad que en el pasado.

9. De un documento inédito «Population and Labour Supply», por H. C. Pentland.

10. Se sigue de ello que si un país lo lograba, difícilmente podrían desarrollar otros la base para la Revolución industrial. En otras palabras: es probable que en condiciones preindustriales sólo fuera viable un único pionero de la industrialización nacional (Gran Bretaña) y no la industrialización simultánea de varias «economías adelantadas». En consecuencia, pues —al menos por algún tiempo—, sólo fue posible un único «taller del mundo».

11. La guerra de Sucesión española (1702-1713), la de Sucesión austríaca (1739-1748), la guerra de los Siete Años (1756-1763), la de Independencia americana (1776-1783) y las guerras revolucionarias y napoleónicas (1793-1815).

12. Samuel Smiles, *Industrial Biography*, p. 114.

13. No hay que olvidar el papel pionero de los propios establecimientos del gobierno. Durante las guerras napoleónicas fueron los precursores de las cintas transportadoras y la industria conservera, entre otras cosas.

14. Esto ha de entenderse solamente como indicativo de que la economía europea era el centro de una red a escala mundial, pero *no* debe deducirse que todas las partes del mundo estuvieran unidas por esta red.

15. Aunque probablemente estas cifras son exageradas, los órdenes de magnitud son realistas.

16. Abbé Raynal, *The Philosophical and Political History of the Settlements and Trade of the European in the East and West Indies* (1776), vol. II, p. 288 (título de la obra original: *Histoire philosophique et politique des établissements et du commerce des européens dans les deux Indes*; hay traducción castellana de los cinco primeros libros: *Historia política de los establecimientos ultramarinos de las naciones europeas*, Madrid, 1784-1790).

17. Sólo unos pocos años después no hubiera dejado de mencionar a los más felices imitadores de los indios: Manchester.

3. LA REVOLUCIÓN INDUSTRIAL, 1780-1840[1]

Hablar de Revolución industrial, es hablar de algodón. Con él asociamos inmediatamente, al igual que los visitantes extranjeros que por entonces acudían a Inglaterra, a la revolucionaria ciudad de Manchester, que multiplicó por diez su tamaño entre 1760 y 1830 (de 17.000 a 180.000 habitantes). Allí «se observan cientos de fábricas de cinco o seis pisos, cada una con una elevada chimenea que exhala negro vapor de carbón»; Manchester, la que proverbialmente «pensaba hoy lo que Inglaterra pensaría mañana» y había de dar su nombre a la escuela de economía liberal famosa en todo el mundo. No hay duda de que esta perspectiva es correcta. La Revolución industrial británica no fue de ningún modo *sólo* algodón, o el Lancashire, ni siquiera sólo tejidos, y además el algodón perdió su primacía al cabo de un par de generaciones. Sin embargo, el algodón fue el iniciador del cambio industrial y la base de las primeras regiones que no hubieran existido a no ser por la industrialización ,y que determinaron una nueva forma de sociedad, el capitalismo industrial, basada en una nueva forma de producción, la «fábrica». En 1830 existían otras ciudades llenas de humo y de máquinas de vapor, aunque no como las ciudades algodoneras (en 1838 Manchester y Salford contaban por lo menos con el triple de energía de vapor que Birmingham),[2] pero las *fábricas* no las colmaron hasta la segunda mitad del siglo. En otras regiones industriales existían empresas a gran escala, en las que trabajaban masas proletarias, rodeadas por una maquinaria impresionante, minas de carbón y fundiciones de hierro, pero su ubicación rural, frecuentemente aislada, el respaldo tradicional de su fuerza de trabajo y su distinto ambiente social las hizo menos típicas de la nueva época, excepto en su capacidad para transformar edificios y paisajes en un inédito escenario de fuego, escorias y máquinas de hierro. Los mineros eran —y lo son en su mayoría— aldeanos, y sus sistemas de vida y trabajo eran extraños para los no mineros, con quienes tenían pocos contactos. Los dueños de las herrerías o forjas, como los Crawshays de Cyfartha, podían reclamar —y a menudo recibir— lealtad política de «sus» hombres, hecho que más recuerda la relación entre terratenientes y campesinos que la esperable entre patrones industriales y sus obreros. El nuevo mundo de la industrialización, en su forma más palmaria, no estaba aquí, sino en Manchester y sus alrededores.

La manufactura del algodón fue un típico producto secundario derivado de la dinámica corriente de comercio internacional, sobre todo colonial, sin la que, como hemos visto, la Revolución industrial no puede explicarse. El algodón en bruto que se usó en Europa mezclado con lino para producir una versión más económica de aquel tejido (el fustán) era casi enteramente colonial. La única industria de algodón puro conocida por Europa a principios del siglo XVIII era la de la India, cuyos productos (indianas o calicoes) vendían las compañías de comercio con Oriente en el extranjero y en su mercado nacional, donde debían enfrentarse con la oposición de los manufactureros de la lana, el lino y la seda. La industria lanera inglesa logró que en 1700 se prohibiera su importación, consiguiendo así accidentalmente para los futuros manufactureros nacionales del algodón una suerte de vía libre en el mercado interior. Sin embargo, éstos estaban aún demasiado atrasados para abastecerlo, aunque la primera forma de la moderna industria algodonera, la estampación de indianas, se estableciera como sustitución parcial para las importaciones en varios países europeos. Los modestos manufactureros locales se establecieron en la zona interior de los grandes puertos coloniales y del comercio de esclavos, Bristol, Glasgow y Liverpool, aunque finalmente la nueva industria se asentó en las cercanías de esta última ciudad. Esta industria fabricó un sustitutivo para la lana, el lino o las medias de seda, con destino al mercado interior, mientras destinaba al exterior, en grandes cantidades, una alternativa a los superiores productos indios, sobre todo cuando las guerras u otras crisis desconectaban temporalmente el suministro indio a los mercados exteriores. Hacia el año 1770 más del 90 por ciento de las exportaciones británicas de algodón fueron a los mercados coloniales, especialmente a África. La notabilísima expansión de las exportaciones a partir de 1750 dio su ímpetu a esta industria: entre entonces y 1770 las exportaciones de algodón se multiplicaron por diez.

Fue así como el algodón adquirió su característica vinculación con el mundo subdesarrollado, que retuvo y estrechó pese a las distintas fluctuaciones a que se vio sometido. Las plantaciones de esclavos de las Indias occidentales proporcionaron materia prima hasta que en la década de 1790 el algodón obtuvo una nueva fuente, virtualmente ilimitada, en las plantaciones de esclavos del sur de los Estados Unidos, zona que se convirtió fundamentalmente en una economía dependiente del Lancashire. El centro de producción más moderno conservó y amplió, de este modo, la forma de explotación más primitiva. De vez en cuando la industria del algodón tenía que resguardarse en el mercado interior británico, donde ganaba puestos como sustituto del lino, pero a partir de la década de 1790 exportó la mayor parte de su producción: hacia fines del siglo XIX exportaba alrededor del 90 por ciento. El algodón fue esencialmente y de modo duradero una industria de exportación. Ocasionalmente irrumpió en los rentables mercados de Europa y de los Estados Unidos, pero las guerras y el alza de la competición nativa frenó esta expansión y la industria regresó a determinadas zonas, viejas o nuevas, del mundo no desarrollado. Después de mediado el siglo XIX encontró su mercado principal en la India y en el Extremo Oriente. La industria algodonera británica era, en esta época, la mejor del mundo, pero acabó como había empezado al apoyarse no en su superioridad competitiva, sino en el monopolio de los mercados coloniales subdesarrollados que el imperio británico, la flota y su supremacía comercial le otorgaban. Tras la primera guerra mundial, cuando indios, chinos y japoneses fabricaban o incluso exportaban sus propios productos algodoneros y la interferencia política de Gran Bretaña ya no podía impedirles que lo hicieran, la industria algodonera británica tenía los días contados.

Como sabe cualquier escolar, el problema técnico que determinó la naturaleza de la mecanización en la industria algodonera fue el desequilibrio entre la eficiencia del hilado y la del tejido. El torno de hilar, un instrumento mucho menos productivo que el telar manual (especialmente el ser acelerado por la «lanzadera volante» inventada en los años 30 y difundida, en los 60 del siglo XVIII), no daba abasto a los tejedores. Tres invenciones conocidas equilibraron la balanza: la *spinning-jenny* de la década de 1760, que permitía a un hilador «a manos» hilar a la vez varias mechas; la *water-frame* de 1768 que utilizó la idea original de la *spinning* con una combinación de rodillos y husos; y la fusión de las dos anteriores, la *mule* de 1780;[3] a la que se aplicó en seguida el vapor. Las dos últimas innovaciones llevaban implícita la producción en fábrica. Las factorías algodoneras de la Revolución industrial fueron esencialmente hilanderías (y establecimientos donde se cardaba el algodón para hilarlo).

El tejido se mantuvo a la par de esas innovaciones multiplicando los telares y tejedores manuales. Aunque en los años 80 se había inventado un telar mecánico, ese sector de la manufactura no fue mecanizado hasta pasadas las guerras napoleónicas, mientras que los tejedores que habían sido atraídos con anterioridad a tal industria, fueron eliminados de ella recurriendo al puro expediente de sumirlos en la indigencia y sustituirlos en las fábricas por mujeres y niños. Entretanto, sus salarios de hambre retrasaban la mecanización del tejido. Así pues, los años comprendidos entre 1815 y la década del 40 conocieron la difusión de la producción fabril por toda la industria, y su perfeccionamiento por la introducción de las máquinas automáticas *(self-acting)* y otras mejores en la década de 1820. Sin embargo, no se produjeron nuevas revoluciones técnicas. La *mule* siguió siendo la base de la hilatura británica en tanto que la continua de anillos *(ring-spinning)* —inventada hacia 1840 y generalizada actualmente— se dejó a los extranjeros. El telar mecánico dominó el tejido. La aplastante superioridad mundial conseguida en esta época por el Lancashire había empezado a hacerlo técnicamente conservador aunque sin llegar al estancamiento.

La tecnología de la manufactura algodonera fue pues muy sencilla, como también lo fueron, como veremos, la mayor parte del resto de los cambios que colectivamente produjeron la Revolución industrial. Esa tecnología requería pocos conocimientos científicos o una especialización técnica superior a la mecánica práctica de principios del sigo XVIII. Apenas si necesitó la potencia del vapor ya que, aunque el algodón adoptó la nueva máquina de vapor con rapidez y en mayor extensión que otras industrias (excepto la minería y la metalurgia), en 1838 una cuarta parte de su energía procedía aún del agua. Esto no significa ausencia de capacidades científicas o falta de interés de los nuevos industriales en la revolución técnica; por el contrario, abundaba la innovación científica, que se aplicó rápidamente a cuestiones prácticas por científicos que aún se negaban a hacer distinción entre pensamiento «puro» y «aplicado». Los industriales aplicaron estas innovaciones con gran rapidez, donde fue necesario o ventajoso, y, sobre todo, elaboraron sus métodos de producción a partir de un racionalismo riguroso, hecho señaladamente característico de una época científica. Los algodoneros pronto aprendieron a construir sus edificios con una finalidad puramente funcional (un observador extranjero reñido con la modernidad sostuvo que «a menudo a costa de sacrificar la belleza externa»)[4] y a partir de 1805 alargaron la jornada laboral iluminando sus fábricas con gas. (Los primeros experimentos de iluminación con gas no se remontan a más allá de 1792.) Blanquearon y tiñeron los tejidos echando mano de las invenciones más recientes de la química que floreció en Escocia hacia 1800 sobre esta base se remonta a Berthollet, quien en 1786 había sugerido a James Watt el uso del cloro para blanquear los tejidos.

La primera etapa de la Revolución industrial fue técnicamente un tanto primitiva no porque no se dispusiera de mejor ciencia y tecnología, o porque la gente no tuviera interés en ellas, o no se les convenciera de aceptar su concurso. Lo fue tan sólo porque, en conjunto, la aplicación de ideas y recursos sencillos (a menudo ideas viejas de siglos), normalmente nada caras, podía producir resultados sorprendentes. La novedad no radicaba en las innovaciones, sino en la disposición mental de la gente práctica para utilizar la ciencia y la tecnología que durante tanto tiempo habían estado a su alcance y en el amplio mercado que se abría a los productos, con la rápida caída de costos y precios. No radicaba en el florecimiento del genio inventivo individual, sino en la situación práctica que encaminaba el pensamiento de los hombres hacia problemas solubles.

Esta situación fue muy afortunada ya que dio a la Revolución industrial inicial un impulso inmenso, quizá esencial, y la puso al alcance de un cuerpo de empresarios y artesanos cualificados, no especialmente ilustrados o sutiles, ni ricos en demasía que se movían en una economía floreciente y en expansión cuyas oportunidades podían aprovechar con facilidad. En otras palabras, esta situación minimizó los requisitos básicos de especialización, de capital, de finanzas a gran escala o de organización y planificación gubernamentales sin lo cual ninguna industrialización es posible. Consideremos, por vía de contraste, la situación del país del Tercer Mundo que se apresta a realizar su propia revolución industrial. La andadura más elemental —digamos, por ejemplo, la construcción de un adecuado sistema de transporte— precisa un dominio de la ciencia y la tecnología impensable hasta hace cuatro días para las capacidades habituales de no más de una pequeña parte de la población. Los aspectos más característicos de la producción moderna —por ejemplo la fabricación de vehículos a motor— son de unas dimensiones y una complejidad desconocidas para la experiencia de la mayoría de la pequeña clase de negociantes locales aparecida hasta ese momento, y requieren una inversión inicial muy alejada de sus posibilidades independientes de acumulación de capital. Aun las menores capacidades y hábitos que damos por descontados en las sociedades desarrolladas, pero cuya ausencia las desarticularía, son escasos en tales países: alfabetismo, sentido de la puntualidad y la regularidad, canalización de las rutinas, etc. Por poner un solo ejemplo: en el siglo XVIII aún era posible desarrollar una industria minera del carbón socavando pozos relativamente superficiales y galerías laterales, utilizando para ello hombres con zapapicos y transportando el carbón a la superficie por medio de vagonetas a mano o tiradas por jamelgos y elevando el mineral en cestos.[5] Hoy en día sería completamente imposible explotar de este modo los pozos petrolíferos, en competencia con la gigantesca y compleja industria petrolera internacional.

De modo similar, el problema crucial para el desarrollo económico de un país atrasado hoy en día es, con frecuencia, el que expresaba Stalin, gran conocedor de esta cuestión: «Los cuadros son quienes lo deciden todo». Es mucho más fácil encontrar el capital para la construcción de una industria moderna que dirigirla; mucho más fácil montar una comisión central de planificación con el puñado de titulados universitarios que pueden proporcionar la mayoría de países, que adquirir la gente con capacidades intermedias, competencia técnica y administrativa, etc., sin las que cualquier economía moderna se arriesga a diluirse en la ineficacia. Las economías atrasadas que han logrado industrializarse han sido aquellas que han hallado el modo de multiplicar esos cuadros, y de utilizarlos en el contexto de una población general que aún carecía de las capacidades y hábitos de la industria moderna. En este aspecto, la historia de la industrialización de Gran Bretaña ha sido irrelevante para sus necesidades, porque a Gran Bretaña el problema apenas la afectó. En ninguna etapa conoció la escasez de gentes competentes para trabajar los metales, y tal como se infiere del uso inglés de la palabra «ingeniero» (*engineer* = maquinista) los técnicos más cualificados podían reclutarse rápidamente de entre los hombres con experiencia práctica de taller.[6] Gran Bretaña se las arregló incluso sin un sistema de enseñanza elemental estatal hasta 1870, ni de enseñanza media estatal hasta después de 1902.

La vía británica puede ilustrarse mejor con un ejemplo. El más grande de los primeros industriales del algodón fue sir Robert Peel (1750-1830), quien a su muerte dejó una fortuna de casi millón y medio de libras —una gran suma para aquellos días— y un hijo a punto de ser nombrado primer ministro. Los Peel eran una familia de campesinos *yeomen* de mediana condición quienes, como muchos otros en las colinas del Lancashire, combinaron la agricultura con la producción textil doméstica desde mediados del siglo XVII. El padre de sir Robert (1723-1795) vendía aún sus mercancías en el campo, y no se fue a vivir a la ciudad de Blackburn hasta 1750, fecha en que todavía no había abandonado por completo las tareas agrícolas. Tenía algunos conocimientos no técnicos, cierto ingenio para los proyectos sencillos y para la invención (o, por lo menos, el buen sentido de apreciar las invenciones de hombres como su paisano James Hargreaves, tejedor, carpintero e inventor de la *spinning-jenny*), y tierras por un valor aproximado de 2.000 a 4.000 libras esterlinas, que hipotecó a principios de la década de 1760 para construir una empresa dedicada a la estampación de indianas con su cuñado Haworth y un tal Yates, quien aportó los ahorros acumulados de sus negocios familiares como fondista en el Black Bull. La familia tenía experiencia: varios de sus miembros trabajaban en el ramo textil, y el futuro de la estampación de indianas, hasta entonces especialidad londinense, parecía excelente. Y, en efecto, lo fue. Tres años después —a mediados de la década de 1760— sus necesidades de algodón para estampar fueron tales que la firma se dedicó ya a la fabricación de sus propios tejidos; hecho que, como observaría un historiador local, «es buena prueba de la facilidad con que se hacía dinero en aquellos tiempos».[7] Los negocios prosperaron y se dividieron: Peel permaneció en Blackburn, mientras que sus dos socios se trasladaron a Bury donde se les asociaría en 1772 el futuro sir Robert con algún respaldo inicial, aunque modesto, de su padre.

Al joven Peel apenas le hacía falta esta ayuda. Empresario de notable energía, sir Robert no tuvo dificultades para obtener capital adicional asociándose con prohombres locales ansiosos de invertir en la creciente industria, o simplemente deseosos de colocar su dinero en nuevas ciudades y sectores de la actividad industrial. Sólo la sección de estampados de la empresa iba a obtener rápidos beneficios del orden de unas 70.000 libras al año durante largos períodos, por lo que nunca hubo escasez de capital. Hacia mediados de la década de 1780 era ya un negocio muy sustanciosos, dispuesto a adoptar cualesquiera innovaciones provechosas y útiles, como las máquinas de vapor. Hacia 1790 —a la edad de cuarenta años y sólo dieciocho meses después de haberse iniciado en los negocios— Robert Peel era baronet, miembro del Parlamento y reconocido representante de una nueva clase: los industriales.[8] Peel difería de otros esforzados empresarios del Lancashire, incluyendo algunos de sus socios, principalmente en que no se dejó mecer en la cómodo opulencia —cosa que podía haber hecho perfectamente hacia 1785—, sino que se lanzó a empresas cada vez más atrevidas como capitán de industria. Cualquier miembro de la clase media rural del Lancashire dotado de modestos talento y energía comerciales que se metiera en los negocios de algodón cuando lo hizo Peel, difícilmente hubiera esperado conseguir mucho dinero con rapidez. Es quizá característico del sencillo concepto de los negocios de Peel el hecho de que durante muchos años después de que su empresa iniciase la estampación de indianas, no dispusiera de un «taller de dibujo»; es decir, Peel se contentó con el mínimo imprescindible para diseñar los patrones sobre los que se asentaba su fortuna. Cierto es que en aquella época se vendía prácticamente todo, especialmente al cliente nada sofisticado nacional y extranjero.

Entre los lluviosos campos y aldeas del Lancashire apareció así, con notable rapidez y facilidad, un nuevo sistema industrial basado en una nueva tecnología, aunque, como hemos visto, surgió por una combinación de la nueva y de la antigua. Aquélla prevaleció sobre ésta. El capital acumulado en la industria sustituyó a las hipotecas rurales y a los ahorros de los posaderos, los ingenieros a los inventivos constructores de telares, los telares mecánicos a los manuales, y un proletariado fabril a la combinación de unos pocos establecimientos mecanizados con una masa de trabajadores domésticos dependientes. En las décadas posteriores a las guerras napoleónicas los viejos elementos de la nueva industrialización fueron retrocediendo gradualmente y la industria moderna pasó a ser, de conquista de una minoría pionera, a la norma de vida del Lancashire. El número de telares mecánicos de Inglaterra pasó de 2.400 en 1813 a 55.000 en 1829, 85.000 en 1833 y 224.000 en 1850, mientras que el número de tejedores manuales, que llegó a alcanzar un máximo de 250.000 hacia 1820, disminuyó hasta unos

100.000 hacia 1840 y a poco más de 50.000 a mediados de la década de 1850. No obstante, sería desatinado despreciar el carácter aún relativamente primitivo de esta segunda fase de transformación y la herencia de arcaísmo que dejaba atrás.

Hay que mencionar dos consecuencias de lo que antecede. La primera hace referencia a la descentralizada y desintegrada estructura comercial de la industria algodonera (al igual que la mayoría de las otras industrias decimonónicas británicas), producto de su emergencia a partir de las actividades no planificadas de unos pocos. Surgió, y así se mantuvo durante mucho tiempo, como un complejo de empresas de tamaño medio altamente especializadas (con frecuencia muy localizadas): comerciantes de varias clases, hiladores, tejedores, tintoreros, acabadores, blanqueadores, estampadores, etc., con frecuencia especializados incluso dentro de sus ramos, vinculados entre sí por una compleja red de transacciones comerciales individuales en «el mercado». Semejante forma de estructura comercial tiene la ventaja de la flexibilidad y se presta a una rápida expansión inicial, pero en fases posteriores del desarrollo industrial, cuando las ventajas técnicas y económicas de planificación e integración son mucho mayores, genera rigideces e ineficacias considerables. La segunda consecuencia fue el desarrollo de un fuerte movimiento de asociación obrera en una industria caracterizada normalmente por una organización laboral inestable o extremadamente débil, ya que empleaba una fuerza de trabajo consistente sobre todo en mujeres y niños, inmigrantes no cualificados, etc. Las sociedades obreras de la industria algodonera del Lancashire se apoyaban en una minoría de hiladores (de *mule*) cualificados masculinos que no fueron, o no pudieron ser, desalojados de su fuerte posición para negociar con los patronos por fases de mecanización más avanzadas —los intentos de 1830 fracasaron— y que con el tiempo consiguieron organizar a la mayoría no cualificada que les rodeaba en asociaciones subordinadas, principalmente porque éstas estaban formadas por sus mujeres e hijos. Así pues el algodón evolucionó como industria fabril organizada a partir de una suerte de métodos gremiales de artesanos, métodos que triunfaron porque en su fase crucial de desarrollo la industria algodonera fue un tipo de industria fabril muy arcaico.

Sin embargo, en el contexto del siglo xviii fue una industria revolucionaria, hecho que no debe olvidarse una vez aceptadas sus características transicionales y persistente arcaísmo. Supuso una nueva relación económica entre las gentes, un nuevo sistema de producción, un nuevo ritmo de vida, una nueva sociedad, una nueva era histórica. Los contemporáneos eran conscientes de ello casi desde el mismo punto de partida:

Como arrastradas por súbita corriente, desaparecieron las constituciones y
limitaciones medievales que pesaban sobre la industria, y los estadistas se ma-
ravillaron del grandioso fenómeno que no podían comprender ni seguir. La máquina obediente servía la voluntad del hombre. Pero como la maquinaria redujo
el potencial humano, el capital triunfó sobre el trabajo y creó una nueva forma
de esclavitud [...] La mecanización y la minuciosa división del trabajo dismi-
nuyen la fuerza e inteligencia que deben tener las masas, y la concurrencia
reduce sus salarios al mínimo necesario para subsistir. En tiempos de crisis aca-
rreadas por la saturación de los mercados, que cada vez se dan con más frecuencia, los salarios descienden por debajo de este mínimo de subsistencia.
A menudo el trabajo cesa totalmente durante algún tiempo [...] y una masa de
hombres miserables queda expuesta al hambre y a las torturas de la penuria.[9]

Estas palabras —curiosamente similares a las de revolucionarios socialistas tales como Friedrich Engels— son las de un negociante liberal alemán
que escribía hacia 1840. Pero aun una generación antes otro industrial algodonero había subrayado el carácter revolucionario del cambio en sus *Observations on the Effect of the Manufacturing System* (1815):

La difusión general de manufacturas a través de un país [escribió Robert
Owen] engendra un nuevo carácter en sus habitantes; y como que este carácter
está basado en un principio completamente desfavorable para la felicidad individual o general, acarreará los males más lamentables y permanentes, a no ser
que su tendencia sea contrarrestada por la ingerencia y orientación legislativas.
El sistema manufacturero ya ha extendido tanto su influencia sobre el Imperio
británico como para efectuar un cambio esencial en el carácter general de la
masa del pueblo.

El nuevo sistema que sus contemporáneos veían ejemplificado sobre
todo en el Lancashire, se componía, o eso les parecía a ellos, de tres elementos. El primero era la división de la población industrial entre empresarios capitalistas y obreros que no tenían más que su fuerza de trabajo, que
vendían a cambio de un salario. El segundo era la producción en la «fábrica»,
una combinación de máquinas especializadas con trabajo humano especializado, o, como su primitivo teórico, el doctor Andrew Ure, las llamó, «un gigantesco autómata compuesto de varios órganos mecánicos e intelectuales,
que actúan en ininterrumpido concierto [...] y todos ellos subordinados a
una fuerza motriz que se regula por sí misma».[10] El tercero era la sujeción de
toda la economía —en realidad de toda la vida— a los fines de los capitalistas y la acumulación de beneficios. Algunos de ellos —aquellos que no veían
nada fundamentalmente erróneo en el nuevo sistema— no se cuidaron de
distinguir entre sus aspectos técnicos y sociales. Otros —aquellos que se ve-

ían atrapados en el nuevo sistema contra su voluntad y no obtenían de él otra cosa que la pobreza, como aquel tercio de la población de Blackburn que en 1833 vivía con unos ingresos *familiares* de cinco chelines y seis peniques semanales (o una cifra media de alrededor de un chelín por persona)—[11] estaban tentados de rechazar ambos. Un tercer grupo —Robert Owen fue su portavoz más caracterizado— separaba la industrialización del capitalismo. Aceptaba la Revolución industrial y el progreso técnico como portadores de saberes y abundancia para todos. Rechazaba su forma capitalista como generadora de la explotación y la pobreza extrema.

Es fácil, y corriente, criticar en detalle la opinión contemporánea, porque la estructura del industrialismo no era de ningún modo tan «moderna» como sugería incluso en vísperas de la edad del ferrocarril, por no hablar ya del año de Waterloo. Ni el «patrono capitalista» ni el «proletario» eran corrientes en estado puro. Las «capas medias de la sociedad» (no comenzaron a llamarse a sí mismas «clase-media» hasta el primer tercio del siglo XIX) estaban compuestas por gentes deseosas de hacer beneficios, pero sólo había una minoría dispuesta a aplicar a la obtención de beneficios toda la insensible lógica del progreso técnico y el mandamiento de «comprar en el mercado más barato y vender en el más caro». Estaban llenas de gentes que vivían tan sólo del trabajo asalariado, a pesar de un nutrido grupo compuesto aún por versiones degeneradas de artesanos antiguamente independientes, pegujaleros en busca de trabajo para sus horas libres, minúsculos empresarios que disponían de tiempo, etc. Pero había pocos operarios auténticos. Entre 1778 y 1830 se produjeron constantes revueltas contra la expansión de la maquinaria. Que esas revueltas fueran con frecuencia apoyadas cuando no instigadas por los negociantes y agricultores locales, muestra lo restringido que era aún el sector «moderno» de la economía, ya que quienes estaban dentro de él tendían a aceptar, cuando no a saludar con alborozo, el advenimiento de la máquina. Los que trataron de detenerlo fueron precisamente los que no estaban dentro de él. El hecho de que en conjunto fracasaran demuestra que el sector «moderno» estaba dominado en la economía.

Había que esperar a la tecnología de mediados del presente siglo para que fueran viables los sistemas semiautomáticos en la producción fabril que los filósofos del «talento del vapor» de la primera mitad del siglo XIX habían previsto con tanta satisfacción y que columbraban en los imperfectos y arcaicos obradores de algodón de su tiempo. Antes de la llegada del ferrocarril, probablemente no existió ninguna empresa (excepto quizá fábricas de gas o plantas químicas) que un ingeniero de producción moderno pudiera considerar con algún interés más allá del puramente arqueológico. Sin embargo, el hecho de que los obradores de algodón inspiraran visiones de obreros hacinados y deshumanizados, convertidos en «operarios» o «mano de obra» antes de ser eximidos en todas partes por la maquinaria automática, es igualmente significativo. La «fábrica», con su lógica dinámica de procesos —cada máquina especializada atendida por un «brazo» especializado, vinculados todos por el inhumano y constante ritmo de la «máquina» y la disciplina de la mecanización—, iluminada por gas, rodeada de hierros y humeante, *era* una forma revolucionaria de trabajar. Aunque los salarios de las fábricas tendían a ser más altos que los que se conseguían con las industrias domésticas (excepto aquellas de obreros muy cualificados y versátiles), los obreros recelaban de trabajar en ellas, porque al hacerlo perderían su más caro patrimonio: la independencia. Ésta es una razón que explica la captación de mujeres y niños —más manejables— para trabajar en las fábricas: en 1838 sólo un 23 por ciento de los obreros textiles eran adultos.

Ninguna otra industria podía compararse con la del algodón en esta primera fase de la industrialización británica. Su proporción en la renta nacional quizá no era impresionante —alrededor del siete o el ocho por ciento hacia el final de las guerras napoleónicas— pero sí mayor que la de otras industrias. La industria algodonera comenzó su expansión y siguió creciendo más rápidamente que el resto, y en cierto sentido su andadura midió la de la economía.[12] Cuando el algodón se desarrolló a la notable proporción del seis al siete por ciento anual, en los veinticinco años siguientes a Waterloo, la expansión industrial británica estaba en su apogeo. Cuando el algodón dejó de expansionarse —como sucedió en el último cuarto del siglo XIX al bajar su tasa de crecimiento al 0,7 por ciento anual— toda la industria británica se tambaleó. La contribución de la industria algodonera a la economía internacional de Gran Bretaña fue todavía más singular. En las décadas postnapoleónicas los productos de algodón constituían aproximadamente la *mitad* del valor de *todas* las exportaciones inglesas y cuando éstas alcanzaron su cúspide (a mediados de la década de 1830) la importación de algodón en bruto alcanzó el 20 por ciento de las importaciones netas totales. La balanza de pagos británica dependía propiamente de los azares de esta única industria, así como también del transporte marítimo y del comercio ultramarino en general. Es casi seguro que la industria algodonera contribuyó más a la acumulación de capital que otras industrias, aunque sólo fuera porque su rápida mecanización y el uso masivo de mano de obra barata (mujeres y niños) permitió una afortunada transferencia de ingresos del trabajo al capital. En los veinticinco años que siguieron a 1820 la producción neta de la industria creció alrededor del 40 por ciento (en valores), mientras que su nómina sólo lo hizo en un 5 por ciento.

Difícilmente hace falta poner de relieve que el algodón estimuló la industrialización y la revolución tecnológica en general. Tanto la industria química como la construcción de máquinas le son deudoras: hacia 1830 sólo los londinenses disputaban la superioridad de los constructores de máquinas del Lancashire. En este aspecto la industria algodonera no fue singular y careció de la capacidad directa de estimular lo que, como analistas de la industrialización, sabemos más necesitaba del estímulo, es decir, las industrias pesadas de base como carbón, hierro y acero, a las que no proporcionó un mercado excepcionalmente grande. Por fortuna el proceso general de urbanización aportó un estímulo sustancial para el *carbón* a principios del siglo XIX como había hecho en el XVIII. En 1842 los hogares británicos aún consumían dos tercios de los recursos internos de carbón, que se elevaban entonces a unos 30 millones de toneladas, más o menos dos tercios de la producción total del mundo occidental. La producción de carbón de la época seguía siendo primitiva: su base inicial había sido un hombre en cuclillas que picaba mineral en un corredor subterráneo, pero la dimensión misma de esa producción forzó a la minería a emprender el cambio técnico: bombear las minas cada vez más profundas y sobre todo transportar el mineral desde las vetas carboníferas hasta la bocamina y desde aquí a los puertos y mercados. De este modo la minería abrió el camino a la máquina de vapor mucho antes de James Watt, utilizó sus versiones mejoradas para caballetes de cabria a partir de 1790 y sobre todo inventó y desarrolló el *ferrocarril*. No fue accidental que los constructores, maquinistas y conductores de los primeros ferrocarriles procedieran con tanta frecuencia de las riberas del Tyne: empezando por George Stephenson. Sin embargo, el barco de vapor, cuyo desarrollo es anterior al del ferrocarril, aunque su uso generalizado llegará más tarde, nada debe a la minería.

El hierro tuvo que afrontar dificultades mayores. Antes de la Revolución industrial, Gran Bretaña no producía hierro ni en grandes cantidades ni de calidad notable, y en la década de 1780 su demanda total difícilmente debió haber superado las 100.000 toneladas.[13] La guerra en general y la flota en particular proporcionaron a la industria del hierro constantes estímulos y un mercado intermitente; el ahorro de combustible le dio un incentivo permanente para la mejora técnica. Por estas razones, la capacidad de la industria del hierro —hasta la época del ferrocarril— tendió a ir por delante del mercado, y sus rápidas eclosiones se vieron seguidas por prolongadas depresiones que los industriales del hierro trataron de resolver buscando desesperadamente nuevos usos para su metal, y de paliar por medio de cárteles de precios y reducciones en la producción (la Revolución industrial apenas si afectó al acero). Tres importante innovaciones aumentaron su capacidad: la fundición de hierro con carbón de coque (en lugar de carbón vegetal), las invenciones del pudelaje y laminado, que se hicieron de uso común hacia 1780, y el horno con inyección de aire caliente de James Neilson a partir de 1829. Asimismo estas innovaciones fijaron la localización de la industria junto a las carboneras. Después de las guerras napoleónicas, cuando la industrialización comenzó a desarrollarse en otros países, el hierro adquirió un importante mercado de exportación: entre el quince y el veinte por ciento de la producción ya podía venderse al extranjero. La industrialización británica produjo una variada demanda interior de este metal, no sólo para máquinas y herramientas, sino también para construir puentes, tuberías, materiales de construcción y utensilios domésticos, pero aun así la producción total siguió estando muy por debajo de lo que hoy consideraríamos necesario para una economía industrial, especialmente si pensamos que los metales no fervorosos eran entonces de poca importancia. Probablemente nunca llegó a medio millón de toneladas antes de 1820, y difícilmente a 700.000 en su apogeo previo al ferrocarril, en 1828.

El hierro sirvió de estimulante no sólo para todas las industrias que lo consumían sino también para el carbón (del que consumía alrededor de una cuarta parte de la producción en 1842), la máquina de vapor y, por las mismas razones que el carbón, el transporte. No obstante, al igual que el carbón, el hierro no experimentó su revolución industrial real hasta las décadas centrales del siglo XIX, o sea unos 50 años después del algodón; mientras que las industrias de productos para el consumo poseen un mercado de masas incluso en las economías preindustriales, las industrias de productos básicos sólo adquieren un mercado semejante en economías ya industrializadas o en vías de industrialización. La era del ferrocarril fue la que triplicó la producción de carbón y hierro en veinte años y la que creó virtualmente una industria del acero.[14]

Es evidente que tuvo lugar un notable crecimiento económico generalizado y ciertas transformaciones industriales, pero todavía no una *revolución* industrial. Un gran número de industrias, como las del vestido (excepto géneros de punto), calzado, construcción y enseres domésticos, siguieron trabajando según las pautas tradicionales, aunque utilizando esporádicamente los nuevos materiales. Trataron de satisfacer la creciente demanda recurriendo a un sistema similar al «doméstico», que convirtió a artesanos independientes en mano de obra sudorosa, empobrecida y cada vez más especializada, luchando por la supervivencia en los sótanos y buhardillas de las ciudades. La industrialización no creó fábricas de vestidos y ajuares, sino que produjo la conversión de artesanos especializados y organizados en obreros míseros, y levantó aquellos ejércitos de costureras y camiseras tuberculosas e indigentes que llegaron a conmover la opinión de la clase media, incluso en aquellos tiempos tan insensibles.

Otras industrias mecanizaron sumariamente sus pequeños talleres y los dotaron de algún tipo de energía elemental, como el vapor, sobre todo en la multitud de pequeñas industrias del metal tan características de Sheffield y de las Midlands, pero sin cambiar el carácter artesanal o doméstico de su producción. Algunos de estos complejos de pequeños talleres relacionados entre sí eran urbanos, como sucedía en Sheffield y Birmingham, otros rurales, como en las aldeas perdidas del «Black Country»; algunos de sus obreros eran viejos artesanos especializados, organizados y orgullosos de su gremio (como sucedía en las cuchillerías de Sheffield).[15] Hubo pueblos que degeneraron progresivamente hasta convertirse en lugares atroces e insanos de hombres y mujeres que se pasaban el día elaborando clavos, cadenas y otros artículos de metal sencillos. (En Dudley, Worcestershire, la esperanza media de vida al nacer era, en 1841-1850, de dieciocho años y medio.) Otros productos, como la alfarería, desarrollaron algo parecido a un primitivo sistema fabril o unos establecimientos a gran escala —relativa— basados en una cuidadosa división interior del trabajo. En conjunto, sin embargo, y a excepción del algodón y de los grandes establecimientos característicos del hierro y del carbón, el desarrollo de la producción en fábricas mecanizadas o en establecimientos análogos tuvo que esperar hasta la segunda mitad del siglo xix, y aun entonces el tamaño medio de la planta o de la empresa fue pequeño. En 1851, 1.670 industriales del algodón disponían de más establecimientos (en los que trabajaban cien hombres o más) que el total conjunto de los 41.000 sastres, zapateros, constructores de máquinas, constructores de edificios, constructores de carreteras, curtidores, manufactureros de lana, estambre y seda, molineros, encajeros y alfareros que indicaron al censo del tamaño de sus establecimientos.

Una industrialización así limitada, y basada esencialmente en un sector de la industria textil, no era ni estable ni segura. Nosotros, que podemos contemplar el período que va de 1780 a 1840 a la luz de evoluciones posteriores, la vemos simplemente como fase inicial del capitalismo industrial. ¿Pero no podía haber sido también su fase final? La pregunta parece absurda porque es evidente que no lo fue, pero no hay que subestimar la inestabilidad y tensión de esta fase inicial —especialmente en las tres décadas después de Waterloo— y el malestar de la economía y de aquellos que creían seriamente en su futuro. La Gran Bretaña industrial primeriza atravesó una crisis, que alcanzó su punto culminante en la década de 1830 y primeros años de 1840. El hecho de que no fuera en absoluto una crisis «final» sino tan sólo una crisis de crecimiento, no debe llevarnos a subestimar su gravedad, como han hecho con frecuencia los historiadores de la economía (no los de la sociedad).[16]

La prueba más clara de esta crisis fue la marea de descontento social que se abatió sobre Gran Bretaña en oleadas sucesivas entre los últimos años de las guerras y la década de 1840: luditas y radicales, sindicalistas y socialistas utópicos, demócratas y cartistas. En ningún otro período de la historia moderna de Gran Bretaña, experimentó el pueblo llano una insatisfacción tan duradera, profunda y, a menudo, desesperada. En ningún otro período desde el siglo XVII podemos calificar de revolucionarias a grandes masas del pueblo, o descubrir tan sólo un momento de crisis política (entre 1830 y la Ley de Reforma de 1832) en que hubiera podido surgir algo semejante a una situación revolucionaria. Algunos historiadores han tratado de explicar este descontento argumentando que simplemente las condiciones de vida de los obreros (excepción hecha de una minoría deprimida) mejoraban menos de prisa de lo que les había hecho esperar las doradas perspectivas de la industrialización. Pero la «revolución de las expectativas crecientes» es más libresca que real. Conocemos numerosos ejemplos de gentes dispuestas a levantar barricadas porque aún no han podido pasar de la bicicleta al automóvil (aunque es probable que su grado de militancia aumente si, una vez han conocido la bicicleta, se empobrecen hasta el extremo de no poder ya comprarla). Otros historiadores han sostenido, más convincentemente, que el descontento procede tan sólo de las dificultades de adaptación a un nuevo tipo de sociedad. Pero incluso para esto se requiere una excepcional situación de penuria económica —como pueden demostrar los archivos de emigración a Estados Unidos— para que las gentes comprendan que no ganan nada a cambio de lo que dan. Este descontento, que fue endémico en Gran Bretaña en estas décadas, no se da sin la desesperanza y el hambre. Por aquel entonces, había bastante de ambas.

La pobreza de los ingleses fue en sí misma un factor importante en las dificultades económicas del capitalismo, ya que fijó límites reducidos en el tamaño y expansión del mercado interior para los productos británicos. Esto se hace evidente cuando contrastamos el elevado aumento del consumo *per capita* de determinados productos de uso general después de 1840 (durante los «años dorados» de los victorianos) con el estancamiento de su consumo anterior. El inglés medio consumía entre 1815 y 1844 menos de 9 kg de azúcar al año; en la década de 1830 y primeros años de los cuarenta, alrededor de 7 kg, pero en los diez años que siguieron a 1844 su consumo se elevó a 15 kg anuales; en los treinta años siguientes a 1844 a 24 kg y hacia 1890 consumía entre 36 y 40 kg. Sin embargo, ni la teoría económica, ni la práctica económica de la primera fase de la Revolución industrial se cimentaban en el poder adquisitivo de la población obrera, cuyos salarios, según el consenso general, no debían estar muy alejados del nivel de subsistencia. Si por algún azar (durante los «booms» económicos) un sector de los obreros ganaba lo suficiente para gastar su dinero en el mismo tipo de productos que sus «mejores», la opinión de clase media se encargaba de deplorar o ridiculizar aquella presuntuosa falta de sobriedad. Las ventajas económicas de los salarios altos, ya como incentivos para una mayor productividad ya como adiciones al poder adquisitivo, no fueron descubiertas hasta después de mediado el siglo, y aun entonces sólo por una minoría de empresarios adelantados e ilustrados como el contratista de ferrocarriles Thomas Brassey. Hasta 1869 John Stuart Mill, cancerbero de la ortodoxia económica, no abandonó la teoría del «fondo de salarios», es decir una teoría de salarios de subsistencia.[17]

Por el contrario, tanto la teoría como la práctica económicas hicieron hincapié en la crucial importancia de la acumulación de capital por los capitalistas, es decir del máximo porcentaje de beneficios y la máxima transferencia de ingresos de los obreros (que no acumulaban) a los patronos. Los beneficios, que hacían funcionar la economía, permitían su expansión al ser reinvertidos: por lo tanto, debían incrementarse a toda costa.[18] Esta opinión descansaba en dos supuestos: a) que el progreso industrial requería grandes inversiones y b) que sólo se obtendrían ahorros insuficientes si no se mantenían bajos los ingresos de las masas no capitalistas. El primero de ellos era más cierto a largo plazo que en aquellos momentos. Las primeras fases de la Revolución industrial (digamos que de 1780 a 1815) fueron, como hemos visto, limitadas y relativamente baratas. La formación de capital bruto puede haber llegado a no más del siete por ciento de la renta nacional a principios del siglo xix, lo que está por debajo del índice del 10 por ciento que algunos economistas consideran como esencial para la industrialización hoy en día, y muy por debajo de las tasas de más del 30 por ciento que han podido hallarse en las rápidas industrializaciones de algunos países o en la modernización de los ya adelantados. Hasta las décadas de 1830 y 1840 la formación de capital bruto en Gran Bretaña no pasó el umbral del 10 por ciento, y por entonces la era de la industrialización (barata) basada en artículos como los tejidos había cedido el paso a la era del ferrocarril, del carbón, del hierro y del acero. El segundo supuesto de que los salarios debían mantenerse bajos era completamente erróneo, pero tenía alguna plausibilidad inicial dado que las clases más ricas y los mayores inversores potenciales del período —los grandes terratenientes y los intereses mercantiles y financieros— no invertían de manera sustancial en las nuevas industrias. Los industriales del algodón y otros industriales en ciernes se vieron pues obligados a reunir un pequeño capital inicial y a ampliarlo reinvirtiendo los beneficios, no por falta de capitales disponibles, sino tan sólo porque tenían poco acceso al dinero en grande. Hacia 1830, seguía sin haber escasez de capital en ningún sitio.[19]

Dos cosas, sin embargo, traían de cabeza a los negociantes y economistas del siglo xix: el monto de sus beneficios y el índice de expansión de sus mercados. Ambas les preocupaban por igual aunque hoy en día nos sintamos inclinados a prestar más atención a la segunda que a la primera. Con la industrialización la producción se multiplicó y el precio de los artículos acabàdos cayó espectacularmente. (Dada la tenaz competencia entre productores pequeños y a media escala, rara vez podían mantenerse artificialmente altos por cárteles o acuerdos similares para fijar los precios o restringir la producción.) Los costos de producción no se redujeron —la mayoría no se podían— en la misma proporción. Cuando el clima económico general pasó de una inflación de precios a largo término a una deflación subsiguiente a las guerras aumentó la presión sobre los márgenes de beneficio, ya que con la inflación los beneficios disfrutaron de un alza extra[20] y con la deflación experimentaron un ligero retroceso. Al algodón le afectó sensiblemente esta compresión de su tasa de beneficios:

Costo y precio de venta de una libra de algodón hilado[21]

Año	Materias primas		Precio de venta		Margen para otros costos y beneficios	
1784	2 s.		10 s.	11 d.	8 s.	11 d.
1812	1 s.	6 d.	2 s.	6 d.	1 s.	
1832		7 $^1/_2$ d.		11 $^1/_4$ d.		3 $^3/_4$ d.

Nota: £ = libra, s. = chelines, d. = peniques.

Por supuesto, cien veces cuatro peniques era más dinero que sólo once chelines, pero ¿qué pasaba cuando el índice de beneficios caía hasta cero, llevando así el vehículo de la expansión económica al paro a través del fracaso de su máquina y creando aquel «estado estacionario» que tanto temían los economistas?

Si se parte de una rápida expansión de los mercados, la perspectiva nos parece irreal, como también se lo pareció cada vez más (quizá a partir de 1830) a los economistas. Pero los mercados no estaban creciendo con la rapidez suficiente como para absorber la producción al nivel de crecimiento a que la economía estaba acostumbrada. En el interior crecían lentamente, lentitud que se agudizó, con toda probabilidad, en los hambrientos años treinta y principios de los cuarenta. En el extranjero los países en vías de desarrollo no estaban dispuestos a importar tejidos británicos (el proteccionismo británico aún les ayudó), y los no desarrollados, sobre los que se apoyaba la industria algodonera, o no eran lo bastante grandes o no crecían con la rapidez suficiente como mercados capaces de absorber la producción británica. En las décadas postnapoleónicas, las cifras de la balanza de pagos nos ofrecen un extraordinario espectáculo: la única economía industrial del mundo, y el único exportador importante de productos manufacturados, es incapaz de soportar un excedente para la exportación en su comercio de mercaderías (véase *infra*, cap. 7). Después de 1826 el país experimentó un déficit no sólo en el comercio, sino también en los servicios (transporte marítimo, comisiones de seguros, beneficios en comercio y servicios extranjeros, etc.).[22]

Ningún período de la historia británica ha sido tan tenso ni ha experimentado tantas conmociones políticas y sociales como los años 30 y principios del 40 del siglo pasado, cuando tanto la clase obrera como la clase media, por separado o unidas, exigieron la realización de cambios fundamentales. Entre 1829 y 1832 sus descontentos se coaligaron en la demanda de reforma parlamentaria, tras la cual las masas recurrieron a disturbios y algaradas y los hombres de negocios al poder del boicot económico. Después de 1832, una vez que los radicales de la clase media hubieron conseguido algunas de sus demandas, el movimiento obrero luchó y fracasó en solitario. A partir de la crisis de 1837, la agitación de clase media renació bajo la bandera de la liga contra la ley de cereales y la de las masas trabajadoras estalló en el gigantesco movimiento por la Carta del Pueblo, aunque ahora ambas corrientes actuaban con independencia y en oposición. En los dos bandos rivales, y especialmente durante la peor de las depresiones decimonónicas, entre 1841 y 1842, se alimentaba el extremismo: los cartistas iban tras la huelga general; los extremistas de clase media en pos de un *lock-out* nacional que, al llenar las calles de trabajadores hambrientos, obligaría al gobierno a pronunciarse. Las tensiones del período comprendido entre 1829 y 1846 se debieron en gran parte a esta combinación de clases obreras desesperadas porque no tenían lo suficiente para comer y fabricantes desesperados porque creían sinceramente que las medidas políticas y fiscales del país estaban asfixiando poco a poco la economía. Tenían motivo de alarma. En la década de 1830 el índice más tosco del progreso económico, la renta *per capita* real (que no hay que confundir con el nivel de vida medio) estaba descendiendo por primera vez desde 1700. De no hacer algo ¿no quedaría destruida la economía capitalista? ¿Y no estallaría la revuelta entre las masas de obreros empobrecidas y desheredadas, como empezaba a temerse hacia 1840 en toda Europa? En 1840 el espectro del comunismo se cernía sobre Europa, como señalaron Marx y Engels atinadamente. Aunque a este espectro se le temiera relativamente menos en Gran Bretaña, el de la quiebra económica aterraba por igual a la clase media.

Notas

1. Ver «lecturas complementarias» y la nota 1 del capítulo 2. La obra de *P Mantoux, *The Industrial Revolution in the 18th Century* (hay traducción castellana: *La Revolución industrial en el siglo XVIII*, Madrid, 1962) es todavía útil; la de T. S. Ashton, *The Industrial Revolution* (1948), breve y muy clara (hay traducción castellana: *La Revolución industrial, 1760-1830*, México, 1964). Para el algodón la obra de A. P. Wadsworth y J. L. Mann, *The Cotton Trade and Industrial Lancashire* (1931), es básica, pero termina en 1780. El libro de N. Smelser, *Social Change in the Industrial Revolution* (1959), toca el tema del algodón, pero analiza otros muchos. Sobre empresarios e ingeniería son indispensables las obras de Samuel Smiles, *Lives of the Engineers, Industrial Biography*, sobre el sistema de fábrica y *El Capital*, de K. Marx. Ver también A. Redford, *Labour Migration in England 1800-1850* (1926) y S. Pollard, *The Genesis of Modern Management* (1965). Ver también las figuras 1-3, 7, 13, 15-16, 22, 27-28, 37.

2. Las poblaciones de las dos áreas urbanas en 1841 eran de unos 280.000 y 180.000 habitantes, respectivamente.

3. No fue idea original del que la patentó, Richard Arkwright (1732-1792), un operario falto de escrúpulos que se hizo muy rico a diferencia de la mayoría de los auténticos inventores de la época.

4. *Fabriken-Kommissarius*, mayo de 1814, citado en J. Kuczynski, *Geschichte der Lage der Arbeiter unter Kapitalismus* (1964), vol. 23, p. 178.

5. No estoy diciendo con esto que para realizar tales trabajos no se requiriesen determinados conocimientos y algunas técnicas concretas, o que la industria británica del carbón no poseyera o desarrollase equipos más complicados y potentes, como la máquina de vapor.

6. Esto vale tanto para el obrero metalúrgico cualificado como para el técnico superior especializado, como por ejemplo el ingeniero «industrial».

7. T. Barton, *History of the Borough of Bury* (1874), p. 59.

8. «Fue un afortunado ejemplar de una clase de hombres que, en el Lancashire se aprovecharon de los descubrimientos de otros cerebros y de su propio ingenio y supieron sacar partido de las peculiares facilidades locales para fabricar y estampar artículos de algodón y de las necesidades y demandas que, desde hacía medio siglo o quizá más, se producían por artículos manufacturados, consiguiendo llegar a la opulencia sin poseer maneras refinadas, ni cultura, ni más allá de conocimientos comunes.» P. A. Whittle, *Blackburn as it is* (1852), p. 262.

9. F. Harkort, *Bemerkungen über die Hindernisse der Civilisation und Emancipation der unteren Klassen* (1844), citado en J. Kuczynski, *op. cit.*, vol. 9, p. 127.

10. Andrew Ure, *The Philosophy of Manufactures* (1835), citado en K. Marx, *El Capital*, p. 419 (edición británica de 1938).

11. «En 1833 se llevó a cabo un cálculo singular sobre la renta de determinadas familias: la renta total de 1.778 familias (todas obreras) de Blackburn, que comprendía a 9.779 individuos, llegaba sólo a 828 £ 19s. 7d.» (P. A. Whittle, *op. cit.*, p. 223). Ver también el próximo capítulo 4.

12. Tasa de crecimiento de la producción industrial británica (aumento porcentual por década):

1800 a 1810	22,9	1850 a 1860	27,8
1810 a 1820	38,6	1860 a 1870	33,2
1820 a 1830	47,2	1870 a 1880	20,8
1830 a 1840	37,4	1880 a 1890	17,4
1840 a 1850	39,3	1890 a 1900	17,9

La caída entre 1850 y 1860 se debe en buena parte al «hambre de algodón» ocasionado por la guerra de Secesión americana.

13. Pero el consumo británico *per capita* fue mucho más alto que el de los otros países comparables. Era, por ejemplo, unas tres veces y media el consumo francés de 1720-1740.

14. Producción (en miles de toneladas):

Año	Carbón	Hierro
1830	16,000	680
1850	49,000	2,250

15. Los describió como «organizados en gremios» un visitante alemán, quien se maravilló de encontrar allí un fenómeno continental familiar.

16. S. G. Checkland, *The Rise of Industrial Society in England* (1964), estudia esta cuestión; ver también R. C. O. Matthews, *A Study in Trade Cycle History* (1954).

17. Sin embargo, algunos economistas no se mostraron satisfechos con esta teoría por lo menos desde 1830.

18. Es imposible decir en qué grado se desarrollaron como parte de la renta nacional en este período, pero hay indicios de una caída del sector de los salarios en la renta nacional entre 1811 y 1842, y esto en una época en que la población asalariada crecía muy rápidamente con respecto al conjunto de la población. Sin embargo, la cuestión es difícil y el material sobre el que basar una respuesta completamente inadecuado.

19. Sin embargo, en Escocia sí se dio probablemente una ausencia de capital semejante, a causa de que el sistema bancario escocés desarrolló una organización y participación accionaria en la industria muy por delante de los ingleses, ya que un país pobre necesita un mecanismo para concentrar los numerosos picos de dinero procedentes de ahorros en una reserva accesible para la inversión productiva en gran escala, mientras que un país rico puede recurrir para conseguirlo a las numerosas fuentes de financiación locales.

20. Porque los salarios tienden a ir a remolque de los precios y en cualquier caso el nivel de precios cuando se vendían los productos, tendía a ser más alto de lo que había sido anteriormente, cuando fueron producidos.

21. T. Ellison, *The Cotton Trade of Great Britain* (1886), p. 61.

22. Para ser más precisos, esta balanza fue ligeramente negativa en 1826-1830, positiva en 1831-1835 y de nuevo negativa en todos los quinquenios que van desde 1836 a 1855.

4. LOS RESULTADOS HUMANOS DE LA REVOLUCIÓN INDUSTRIAL, 1750-1850[1]

La aritmética fue la herramienta fundamental de la Revolución industrial. Los que llevaron a cabo esta revolución la concibieron como una serie de adiciones y sustracciones: la diferencia de coste entre comprar en el mercado más barato y vender en el más caro, entre costo de producción y precio de venta, entre inversión y beneficio. Para Jeremy Bentham y sus seguidores, los campeones más consistentes de este tipo de racionalidad, incluso la moral y la política se manejaban con estos sencillos cálculos. El objeto de la política era la felicidad. Cualquier placer del hombre podía expresarse cuantitativamente (por lo menos en teoría) y también sus pesares. Deduciendo éstos de aquél se obtenía, como resultado neto, su felicidad. Sumadas las felicidades de todos los hombres y deducidos los infortunios, el gobierno que consiguiera la mayor felicidad para el mayor número de personas era el mejor. La contabilidad del género humano tendría sus saldos deudores o acreedores, como la mercantil.[2]

El análisis de los resultados humanos de la Revolución industrial no se ha liberado totalmente de este primitivo enfoque. Aún tenemos tendencia a preguntarnos: ¿mejoró o empeoró las condiciones de la gente? y, si fue así ¿en qué medida? Para ser más precisos: nos preguntamos qué poder adquisitivo, o bienes, servicios, etc., que pueden compararse con dinero, proporcionó la Revolución industrial y a qué número de individuos, admitiendo que la mujer que posee una lavadora vivirá mejor que la que no la posee (lo que es razonable), pero también: *a*) que la felicidad privada consiste en una acumulación de cosas tales como bienes de consumo y *b*) la felicidad pública consiste en la mayor acumulación de éstas para el mayor número de individuos (lo que no lo es). Estas cuestiones son importantes, pero también engañosas. Es natural que todo historiador se sienta interesado por conocer si la Revolución industrial obtuvo para la mayoría de la gente en términos absolutos o relativos más y mejor alimento, vestido y vivienda. Pero no logrará su objetivo si olvida que esta revolución no fue un simple proceso de adición y sustracción, sino un *cambio social fundamental* que transformó las vidas de los hombres de modo irreconocible. O, para ser más exactos, en sus fases iniciales destruyó sus viejos modos de vida y les dejó en libertad para que descubrieran o se construyeran otros nuevos si podían y sabían cómo hacerlo. No obstante, rara vez les enseñó a conseguirlo.

Queda claro que hay una relación entre la Revolución industrial como suministradora de comodidades y como transformadora social. Las clases cuyas vidas experimentaron menos transformaciones fueron, normalmente, las que más se beneficiaron en términos materiales (y al revés), en tanto que su inhibición ante los cambios que estaban afectando a los demás obedecía no sólo al conformismo material, sino también al moral. Nadie es más complaciente que un hombre acomodado y triunfante, satisfecho de un mundo que parece haber sido construido precisamente por personas de su misma mentalidad.

Así, pues, la industrialización británica afectó escasamente —salvo en las mejoras— a la aristocracia y pequeña nobleza. Sus rentas engrosaron con la demanda de productos del campo, la expansión de las ciudades (cuyo suelo poseían) y de las minas, forjas y ferrocarriles (que estaban situados en sus posesiones). Aun en los peores tiempos para la agricultura (como sucedió entre 1815 y la década de los 30), difícilmente podían verse reducidos a la penuria. Su predominio social permaneció intacto, su poder político en el campo completo, e incluso su poder a escala nacional no sufrió alteraciones sensibles, aunque a partir de 1830 hubieran de tener miramientos con las susceptibilidades de una clase media provinciana, poderosa y combativa. Es probable que a partir de 1830 apuntaran las primeras nubes en el limpio horizonte de la vida señorial, nubes que debieron parecer oscuros nubarrones para el inglés terrateniente y con título nobiliario que había conocido una era dorada en los primeros cincuenta años de industrialización. Si el siglo XVIII fue una edad gozosa para la aristocracia, la época de Jorge IV (como regente y como rey) debió ser el paraíso. Sus jaurías cruzaban los condados (el moderno uniforme para la caza del zorro refleja aún sus orígenes la época de la Regencia). Sus faisanes, protegidos por los pistolones de los guardabosques contra todo aquel que no dispusiera de una renta anual equivalente a 100 libras esterlinas, esperaban la batida. Sus casas de campo seudoclásicas o neoclásicas se multiplicaban como no lo habían hecho nunca desde la época isabelina ni volverían a hacerlo. Como que las actividades económicas de la aristocracia, a diferencia de su estilo social, ya se habían adaptado a los métodos comerciales de la clase media, la época del vapor y de las oficinas contables no les supuso grandes problemas de adaptación espiritual, excepto quizás para los que pertenecían a los últimos aledaños de la jerarquía hidalga, o para aquellos cuyas rentas procedían de la cruel caricatura de economía rural que era Irlanda. Los nobles no tuvieron que dejar de ser feudales, porque hacía ya mucho tiempo que habían dejado de serlo. Como mucho, algún rudo e ignorante baronet del interior tendría que encararse con la nueva necesidad de enviar a sus hijos a un colegio adecuado (las nuevas «escuelas públicas» se construyeron a partir de 1840 para educar a éstos y a los vástagos de los florecientes hombres de negocios) o disfrutar más asiduamente de los encantos de la vida londinense.

Plácida y próspera por igual era la vida de los numerosos parásitos de la sociedad aristocrática rural, alta y baja: aquel mundo rural y provinciano de funcionarios y servidores de la nobleza alta y baja, y las profesiones tradicionales, somnolientas, corrompidas y, a medida que progresaba la Revolución industrial, cada vez más reaccionarias; y también el mundo metropolitano de patronazgo gubernamental, intrigas, sinecuras y nepotismo. Lo que los radicales de la época atacaron como la «Vieja Corrupción» pudo generar una riqueza harto espectacular: el número de jueces millonarios cayó en picado tras el final de esta etapa. La iglesia y las universidades inglesas se dormían en los laureles de sus privilegios y abusos, bien amparados por sus rentas y sus relaciones con los pares. Su corrupción recibía más ataques teóricos que prácticos. Los abogados, y lo que pasaba por ser un cuerpo de funcionarios de la administración, seguían sin conocer la reforma. Una vez más el antiguo régimen alcanzó un punto culminante en la década posterior a las guerras napoleónicas, a partir del cual comenzaron a aparecer algunas olas en los tranquilos remansos del capítulo catedralicio, colegios universitarios, colegios de abogados, etc., que produjeron, a partir de la década de 1830, algunos tímidos cambios (los furibundos y desdeñosos ataques procedentes del exterior, ejemplificados por las novelas de Dickens, no fueron muy efectivos). Sin embargo, el respetable clero victoriano de las novelas de Trollope, aunque muy alejado de los hogarthianos clérigos-magistrados cazadores de la Regencia, era el producto de una adaptación cuidadosa y moderada, no de la ruptura. Las susceptibilidades de tejedores y jornaleros agrícolas no hallaron las mismas atenciones que las de los clérigos y preceptores, cuando hubo que introducirlos en un nuevo mundo.

Una consecuencia importante de esta continuidad —en parte reflejo del poder establecido de la vieja clase alta, en parte negativa deliberada a exacerbar las tensiones políticas entre las gentes acaudaladas o influyentes— fue que las nacientes clases comerciales hallaron un firme patrón de vida aguardándoles. El éxito social no iba a significar ninguna incógnita, ya que, a través de él, cualquiera podía elevarse a las filas de la clase superior. Podía convertirse en «caballero» *(gentleman)* con su correspondiente casa de campo, quizá con el tiempo ingresaría en las filas de la nobleza, tendría un escaño en el Parlamento para él o para su hijo educado en Oxford o Cambridge y un papel social firme y establecido. Su esposa se convertiría en una «dama», *(lady)* instruida en sus deberes por cientos de manuales sobre reglas de la etiqueta que se publicaron ininterrumpidamente desde 1840. Las dinastías más antiguas de negociantes se beneficiaron ampliamente de este proceso de asimilación, sobre todo los *comerciantes* y financieros y de forma específica el comerciante ocupado en el comercio colonial, que llegó a ser el tipo de empresario más respetado e importante después de que los molinos, fábricas y funciones hubieran llenado los cielos del norte de humo y neblina. Probablemente este tipo de negocios, concentrados en Londres y denominados «la City», continuó generando las más grandes acumulaciones de riqueza empresarial hasta el final del siglo XIX. La Revolución Industrial no supuso tampoco para el comerciante transformaciones esenciales excepto quizá las que pudieran experimentar los artículos que compraba y vendía. Como ya hemos visto, se insertó en la poderosa, extensa y próspera estructura comercial que fue la base del poderío británico en el siglo XVIII. Económica y socialmente sus actividades y nivel social eran familiares, cualquiera que fuese el peldaño alcanzado en la escala del éxito. Durante la Revolución industrial los descendientes de Abel Smith, banquero de Nottingham, disfrutaban ya de cargos oficiales, se sentaban en el Parlamento y habían realizado matrimonios con la pequeña nobleza (aunque todavía no con la realeza, como harían más tarde). Los Glyns habían pasado de regentar negocios de salazones en Hatton Garden a una posición similar a la descrita; los Barings, propietarios de una fábrica de tejidos en el West Country, estaban a punto de convertirse en gran potencia del comercio y las finanzas internacionales, y su ascenso social había corrido parejas con el económico. Tenían ya, o estaban a punto de conseguir, la dignidad de pares del reino. Nada más natural que otros tipos de negociantes, como Robert Peel, industrial del algodón, iniciaran la misma andadura de riquezas y honores públicos a cuyo fin se hallaba el gobierno e incluso (como sucedió con el hijo de Peel y también con el de Gladstone, comerciante de Liverpool) el cargo de primer ministro. En efecto, el llamado grupo «peelita» del Parlamento, en el segundo tercio del siglo XIX, representaba cabalmente este grupo de familias negociantes asimiladas a la oligarquía terrateniente, aunque estuvieran a matar con ella cuando chocaban los intereses económicos de la tierra y los negocios.

Sin embargo, la inserción en la oligarquía aristocrática es, por definición, sólo asequible a una minoría (en este caso para una minoría de excepcionalmente ricos o de los negociantes respetables por su tradición).[3] La gran masa de gentes que se elevaban desde inicios modestos —aunque rara vez de la estricta pobreza— a la opulencia comercial, y la mayor masa de los que, por debajo de ellos, pugnaban por entrar en las filas de la clase media y escapar de las humildes, eran demasiado numerosas para poder ser absorbidas, cosa que, además, en las primeras etapas de su progreso, no les preocupaba (tal vez sus mujeres eran menos neutrales). Este grupo fue adquiriendo cada vez mayor conciencia como «clase media» y no ya como una «capa media» de la sociedad, conciencia que se fue generalizando a partir de 1830. Como tal clase, exigía derechos y poder. Además —y sobre todo cuando sus componentes procedían de estirpes no anglicanas y de regiones carentes de una sólida estructura aristocrática tradicional— no estaba vinculada emocionalmente con el antiguo régimen. Tales fueron los pilares de la liga contra la ley de cereales, enraizada en el nuevo mundo comercial de Manchester: Henry Ashworth, John Bright de Rochdale (ambos cuáqueros), Potter, del *Manchester Guardian*, los Gregs, Brotherton, el cristiano bíblico ex industrial del algodón; George Wilson fabricante de colas y almidones, y el mismo Cobden, quien pronto cambió su no muy brillante carrera en el comercio de indianas por la de ideólogo *fulltime*.

Sin embargo, aunque la Revolución industrial cambió fundamentalmente sus vidas —o las vidas de sus padres— asentándoles en nuevas ciudades, planteándoles a ellos y al país nuevos problemas— no les desorganizó. Las sencillas máximas del utilitarismo y de la economía liberal, aún más desmenuzadas en los latiguillos de sus periodistas y propagandistas, les dotó de la guía que necesitaban, y si esto no era suficiente, la ética tradicional —protestante o la que fuera— del empresario ambicioso y emprendedor (sobriedad, trabajo duro, puritanismo moral) hizo el resto. Las fortalezas del privilegio aristocrático, la superstición y la corrupción, que aún debían derribarse para permitir a la libre empresa introducir su milenio, les protegían también de las incertidumbres y problemas que acechaban al otro lado de sus muros. Hasta la década de 1830, apenas si habían tenido que enfrentarse con el problema de qué hacer con el dinero sobrante después de vivir con cómodo dispendio y de reinvertir para la expansión del negocio. El ideal de una sociedad individualista, una unidad familiar privada que subvenía a todas sus necesidades materiales y morales sobre la base de un negocio privado, les convenía porque eran gentes que ya no necesitaban de la tradición. Sus esfuerzos les habían sacado del atolladero. En un cierto sentido su propia recompensa era el gusto por la vida, y si esto no les bastaba, siempre podían recurrir al dinero, la casa confortable alejada de la fábrica y de la oficina, la esposa modesta y devota, el círculo familiar, el encanto de los viajes, el arte, la ciencia, la literatura. Habían triunfado y se les respetaba. «Atacad cuanto queráis a las clases medias —decía el agitador de la liga contra la ley de cereales a un

auditorio cartista hostil— pero no hay un hombre entre vosotros con medio
penique a la semana que no esté ansioso por figurar en ellas.»[4] Sólo la pesadilla de la bancarrota o de las deudas se cernía, de vez en cuando, sobre sus
vidas, pesadilla atestiguada por las novelas de la época: la confianza traicio-
nada por un socio infiel; la crisis comercial; la pérdida del confort de clase
media; las mujeres reducidas a la miseria; quizás incluso la emigración a
aquel último reducto de indeseables y fracasados: las colonias.

La clase media triunfante y aquellos que aspiraban a emular estaban satisfechos. No así el trabajador pobre —la mayoría, dada la naturaleza de las
cosas— cuyo mundo y formas de vida tradicionales destruyó la Revolución
industrial, sin ofrecerle nada a cambio. Esta ruptura es lo esencial al plante-
arnos cuáles fueron los efectos sociales de la industrialización.

El trabajo en una sociedad industrial es, en muchos aspectos, completamente distinto del trabajo preindustrial. En primer lugar está constituido, sobre todo, por la labor de loa «proletarios», que no tienen otra fuente de ingresos digna de mención más que el salario en metálico que perciben por su
trabajo. Por otra parte, el trabajo preindustrial lo desempeñan fundamentalmente familias con sus propias tierras de labor, obradores artesanales, etc.,
cuyos ingresos salariales complementan su acceso directo a los medios de
producción o bien éste complementa a aquéllos. Además el proletario, cuyo
único vínculo con su patrono es un «nexo dinerario», debe ser distinguido del
«servidor» o dependiente preindustrial, que tenía una relación social y humana mucho más compleja con su «dueño», que implicaba obligaciones por
ambas partes, si bien muy desiguales. La Revolución industrial sustituyó al
servidor y al hombre por el «operario» y el «brazo» excepto claro está en
el servicio doméstico (principalmente mujeres), cuyo número multiplicó
para beneficio de la creciente clase media, que encontró en él el mejor
modo de distinguirse de los obreros.[5]

En segundo lugar, el trabajo industrial —y especialmente el trabajo mecanizado en las fábricas— impone una regularidad, rutina y monotonía completamente distintas de los ritmos de trabajo preindustriales, trabajo que
dependía de la variación de las estaciones o del tiempo, de la multiplicidad de tareas en ocupaciones no afectadas por la división racional del trabajo, los azares de otros seres humanos o animales, o incluso el mismo deseo de
holgar en vez de trabajar. Esto era así incluso en el trabajo asalariado preindustrial de trabajadores especializados, como por ejemplo el de los jornaleros artesanales, cuya tozudez por no empezar la semana de trabajo hasta el
martes (el lunes era «santo») era la desesperación de sus patronos. La industria trajo consigo la tiranía del reloj, la máquina que señalaba el ritmo de
trabajo y la compleja y cronometrada interacción de los procesos: la medi-
ción de la vida no ya en estaciones («por san Miguel» o «por la Cuaresma»)

o en semanas y días, sino en minutos, y por encima de todo una *regularidad* mecanizada de trabajo que entraba en conflicto no sólo con la tradición, sino con todas las inclinaciones de una humanidad aún no condicionada por ella. Y si las gentes no querían tomar espontáneamente los nuevos caminos, se les forzaba a ello por medio de la disciplina laboral y las sanciones, con leyes para patronos y empleados como la de 1823 que amenazaba a estos últimos con encerrarlos en la cárcel si quebrantaban su contrato (a sus patronos sólo con sanciones), y con salarios tan bajos que sólo el trabajo ininterrumpido y constante podía proporcionarles el suficiente dinero para seguir vivos, de modo que no les quedaba más tiempo libre que el de comer, dormir y, puesto que se trataba de un país cristiano, rezar en domingo.

En tercer lugar, el trabajo en la época industrial se realizaba cada vez con mayor frecuencia en los alrededores de la gran ciudad; y ello pese a que la más antigua de las revoluciones industriales desarrolló buena parte de sus actividades en pueblos industrializados de mineros, tejedores, productores de clavos y cadenas y otros obreros especialistas. En 1750 sólo dos ciudades de Gran Bretaña tenían más de 50.000 habitantes: Londres y Edimburgo; en 1801 ya había ocho; en 1851, veintinueve, y, de ellas, nueve tenían más de 100.000. Hacia esta época los ingleses vivían más en la ciudad que en el campo, y de ellos, por lo menos un tercio en ciudades con más de 50.000 habitantes. ¡Y qué ciudades! Ya no era sólo que el humo flotara continuamente sobre sus cabezas y que la mugre les impregnara, que los servicios públicos elementales —suministro de agua, sanitarios, limpieza de las calles, espacios abiertos, etc.— no estuvieran a la altura de la emigración masiva a la ciudad, produciendo así, sobre todo después de 1830, epidemias de cólera, fiebres tifoideas y un aterrador y constante tributo a los dos grandes grupos de aniquiladores urbanos del siglo XIX: la polución atmosférica y la del agua, es decir, enfermedades respiratorias e intestinales. No era sólo que las nuevas poblaciones urbanas, a veces totalmente desconocedoras de la vida no agraria, como los irlandeses, se apretujaran en barriadas obreras frías y saturadas, cuya sola contemplación era penosa. «La civilización tiene sus milagros —escribió sobre Manchester el gran liberal francés Tocqueville— y ha vuelto a convertir al hombre civilizado en un salvaje.»[6] Tampoco se trataba solamente de la concentración de edificios inflexible e improvisada, realizada por quienes los construían pensando tan sólo en los beneficios que Dickens supo reflejar en su famosa descripción de «Coketown» y que construyeron inacabables hileras de casas y almacenes, empedraron calles y abrieron canales, pero no fuentes ni plazas públicas, paseos o árboles, a veces ni siquiera iglesias. (La sociedad que construyó la nueva ciudad ferroviaria de Crewe, concedió graciosamente permiso a sus habitantes para que usaran de vez en cuando una rotonda para los servicios religiosos.) A partir de 1848 las ciudades comenzaron a dotarse de tales servicios públicos, pero en las primeras generaciones de la industrialización fueron muy escasos en las ciudades británicas, a no ser que por casualidad hubieran heredado la tradición de construir graciosos edificios públicos o consentir los espacios abiertos del pasado. La vida del hombre, fuera del trabajo, transcurría entre las hileras de casuchas, en las tabernas baratas e improvisadas y en las capillas también baratas e improvisadas donde se le solía recordar que no sólo de pan vive el hombre.

Era mucho más que todo esto: la ciudad destruyó la sociedad. «No hay ninguna otra ciudad en el mundo donde la distancia entre el rico y el pobre sea tan grande o la barrera que los separa tan difícil de franquear», escribió un clérigo refiriéndose a Manchester. «Hay mucha menos comunicación *personal* entre el dueño de una hilandería y sus obreros, entre el estampador de indianas y sus oficiales eternamente manchados de azul, entre el sastre y sus aprendices, que entre el duque de Wellington y el más humilde jornalero de sus tierras.»[7] La ciudad era un volcán cuyo retumbar oían con alarma los ricos y poderosos, y cuya erupción les aterrorizaba. Para sus habitantes pobres la ciudad era más que un testigo presencial de su exclusión de la sociedad humana: era un desierto pedregoso, que a costa de sus propios esfuerzos tenían que hacer habitable.

En cuarto lugar, la experiencia, tradición, sabiduría y moralidad preindustriales no proporcionaban una guía adecuada para el tipo de comportamiento idóneo en una economía capitalista. El trabajador preindustrial respondía a incentivos materiales, en tanto que deseaba ganar lo suficiente para disfrutar de lo que le correspondía en el nivel social que Dios había querido otorgarle, pero incluso sus ideas sobre la comodidad estaban determinadas por el pasado y limitadas por lo que era «idóneo» para uno de su condición social, o como mucho de la inmediata superior. Si ganaba más de lo que consideraba suficiente, podía —como el inmigrante irlandés, desespero de la racionalidad burguesa— gastarlo en ocios, juergas y alcohol. Su misma ignorancia material acerca de cuál era el mejor modo de vivir en una ciudad, o de comer alimentos industriales (tan distintos del alimento rural), podía hacerle más pobre de «lo necesario» (es decir, su propia idiosincrasia le hacía «más pobre» de lo que le hubiera correspondido). Este conflicto entre la «economía moral» del pasado y la racionalidad económica del presente capitalista era evidente en el ámbito de la seguridad social. La opinión tradicional, que aún sobrevivía distorsionada en todas las clases de la sociedad rural y en las relaciones internas de los grupos pertenecientes a la clase obrera, era que un hombre tenía derecho a ganarse la vida, y si estaba impedido de hacerlo, el derecho a que su comunidad le mantuviera. La opinión de los economistas liberales de la clase media era que las gentes debían ocupar los empleos que ofreciera el mercado, en cualquier parte y bajo cualesquiera condiciones, y que el individuo razonable crearía una reserva dineraria para accidentes, enfermedad o vejez, mediante el ahorro y el seguro individual o colectivo voluntario. Naturalmente no se podía dejar que los pobres de solemnidad se murieran de hambre, pero no debían percibir más que el mínimo absoluto —una cifra por supuesto inferior al salario mínimo ofrecido en el mercado— y en las condiciones más desalentadoras. El objetivo de la ley de pobres no era tanto ayudar a los desafortunados, como estigmatizar los vivientes fracasos de la sociedad. La clase media opinaba que las «sociedades fraternas» eran formas de seguridad racionales. Esta opinión era contrapuesta a la de la clase obrera, que tomó estas sociedades literalmente como comunidades de amigos en un desierto de individuos, y que, como era natural, también gastaban su dinero en reuniones sociales, festejos e «inútiles» atavíos y rituales a que eran tan adictos los Oddfellows, Foresters y las demás «órdenes» que surgieron por todo el norte en el período inmediatamente posterior a 1815. De modo parecido, los funerales y velatorios irracionalmente costosos que los trabajadores defendían como tradicional tributo a la muerte y a la reafirmación comunal en la vida, eran incomprensibles para los miembros de la clase media, que advertían que los trabajadores que abogaban por aquellos ritos, a menudo no podían pagarlos. Sin embargo la primera compensación que pagaba una asociación obrera o una «sociedad fraterna» era casi invariablemente un servicio funerario.

Mientras la seguridad social dependió de los propios esfuerzos de los trabajadores, solió ser económicamente ineficaz comparada con la situación de la clase media, cuando dependió de sus gobernantes, quienes determinaban el grado de asistencia pública, fue motor de degradación y opresión más que medio de ayuda material. Ha habido pocos estatutos más inhumanos que la ley de pobres de 1834, que hizo «menos elegible» cualquier beneficencia que el salario más mísero; confinó esta beneficencia a las casas de trabajo semicarcelario, separando a la fuerza a los hombres de sus mujeres y de sus hijos para castigarles por su indigencia y disuadirles de la peligrosa tentación de engendrar más pobres. Esta ley de pobres no se llegó a aplicar nunca en todo su tenor, ya que donde el pobre era fuerte huyó de su extremosidad y con el tiempo se hizo algo menos punitiva. Sin embargo, siguió siendo la base de la beneficencia inglesa hasta vísperas de la primera guerra mundial, y las experiencias infantiles de Charlie Chaplin demuestran que seguía siendo lo que había sido cuando el *Oliver Twist* de Dickens expresaba el horror popular por ella en la década de 1830.[8] Hacia esta fecha —en realidad hasta los años 50— un mínimo del 10 por ciento de la población inglesa estaba en la indigencia.

Hasta cierto punto la experiencia del pasado no era tan nimia como podía haberlo sido en un país que hiciera el tránsito de una época no industrial a otra industrial moderna de modo más radical y directo, como sucedió en Irlanda y las Highlands escocesas. La Gran Bretaña semiindustrial de los siglos XVII y XVIII preparó y anticipó en cierto modo la era industrial del XIX. Por ejemplo, la institución fundamental para la defensa de la clase obrera, la *trade unions*, existía ya *in nuce* en el siglo XVIII, parte en la forma asistemática pero no ineficaz de la «negociación colectiva por el disturbio» de carácter periódico y practicada por marineros, mineros, tejedores y calceteros, y parte en la forma mucho más estable de gremios para artesanos especializados, a veces vinculados estrechamente a escala nacional mediante la práctica de ayudar a los asociados en paro a buscar trabajo y conseguir experiencia laboral.

En un sentido muy real el grueso de los trabajadores británicos se había adaptado a una sociedad cambiante, que se industrializaba, aunque aún no estuviera revolucionada. Para determinados tipos de trabajo, cuyas condiciones aún no habían cambiado fundamentalmente —de nuevos mineros y marineros vienen a la memoria—, las viejas tradiciones podían ser suficientes: los marineros multiplicaron sus canciones sobre las nuevas experiencias del siglo XIX, tales como las de la caza de la ballena en Groenlandia, pero seguían siendo canciones populares tradicionales. Un grupo importante había aceptado e incluso es verdad, recibido con alborozo a la industria, la ciencia y el progreso (aunque no al capitalismo). Eran éstos los «artesanos» o «mecánicos», los hombres de talento y experiencia, independientes e instruidos, que no veían gran diferencia entre ellos mismos y los de un nivel social similar que trataban de convertirse en empresarios, o seguir siendo agricultores *yeomen* o pequeños tenderos: las gentes que señalaban los límites entre la clase obrera y la clase media.[9] Los «artesanos» eran los líderes naturales, en ideología y organización, de los trabajadores pobres, los pioneros del radicalismo (y más tarde de las primeras versiones —owenitas— del socialismo), de la discusión y de la educación superior popular —a través de los Mechanics' Institutes, Halls of Science, y una variedad de clubs, sociedades e impresores y editores librepensadores—, el núcleo de los sindicatos, de los jacobinos, los cartistas o cualesquiera otros movimientos progresistas. A los disturbios de los jornaleros agrícolas se sumaron peones camineros y albañiles rurales; en las ciudades pequeños grupos de tejedores a mano, impresores, sastres, y quizá un puñado de negociantes y tenderos, proporcionaron un liderazgo político a la izquierda hasta el declive del carterismo, si no más allá. Hostiles al capitalismo, eran únicos en elaborar ideologías que no buscaran el solo retorno a una tradición idealizada, sino que contemplaran una sociedad justa que podía ser también técnicamente progresiva. Por encima de todo, representaban el ideal de libertad e independencia en una época en que todo el mundo conspiraba para degradar al trabajo.

Sin embargo, aun estas no eran más que soluciones de transición para el problema obrero. La industrialización multiplicó el número de tejedores a mano y calceteros hasta el final de las guerras napoleónicas. Después les destruyó por estrangulación lenta: comunidades combativas y previsoras como los obreros del lino de Dunfermline acabaron desmoralizándose y en la pobreza y tuvieron que emigrar en la década de 1830. Hubo artesanos especializados que se vieron convertidos en obreros sudorosos, como ocurrió en el comercio de enseres londinenses, y aun cuando sobrevivieron a los cataclismos económicos de los años 30 y 40, ya no podía esperarse que desempeñaran un papel social importante en una economía donde la fábrica no era ya una excepción regional, sino la regla. Las tradiciones preindustriales no podían mantener sus cabezas por encima del nivel, cada vez más alto, de la sociedad industrial. En el Lancashire podemos observar cómo las viejas formas de celebrar las fiestas —los juegos de fuerza, combates de lucha, riña de gallos y acoso de toros— languidecían a partir de 1840; y los años cuarenta señalan también el fin de la época en que la canción popular era el principal idioma musical de los obreros industriales. Los grandes movimientos sociales de este período —del ludismo al cartismo— también fueron decayendo: habían sido movimientos que no sólo obtenían su vigor de las extremas dificultades de la época, sino también de la fuerza de aquellos otros métodos más viejos de acción de los pobres. Habían de pasar otros cuarenta años antes de que la clase obrera británica desarrollara nuevas formas de lucha y de vida.

Ésas eran las tensiones cualitativas que oprimían a los trabajadores pobres de las primeras generaciones industriales. A ellas debemos añadir las cuantitativas: su pobreza material. Si ésta aumentó o no, es tema de encendida polémica entre los historiadores, pero el hecho mismo de que la pregunta sea pertinente ya facilita una sombría respuesta: nadie sostiene en serio un deterioro de las condiciones en períodos en que evidentemente no se deterioraron, como en la década de 1950.[10]

Por supuesto que no hay duda en el hecho de que en términos *relativos* el pobre se hizo más pobre, simplemente porque el país, y sus clases rica y media, se iba haciendo cada vez más rico. En el mismo momento en que el pobre se había apretado al máximo el cinturón —a principios y mediados de la década de 1840— la clase media disfrutaba de un exceso de capital para invertir en los ferrocarriles o gastarlo en los rutilantes y opulentos ajuares domésticos presentados en la Gran Exposición de 1851, y en las suntuosas construcciones municipales que iban a levantarse en las humeantes ciudades del norte.

Tampoco se discute —o no debería discutirse— la anormal presión realizada sobre el consumo de la clase obrera en la época de la primera industrialización que se reflejó en su pauperización relativa. La industrialización implica una relativa diversión de la renta nacional del consumo a la inversión, una sustitución de bistecs por fundiciones. En una economía capitalista esta operación adquiere la forma, principalmente, de una transferencia de ingresos de las clases no inversoras —como campesinos y obreros— a las potencialmente inversoras —propietarios de tierras o de empresas comerciales—, es decir, del pobre al rico. En Gran Bretaña no existió nunca la más mínima escasez de capital, dada la riqueza del país y el bajo costo de los primeros procesos industriales, pero una gran parte de los que se beneficiaron de esta transferencia de las rentas —y en particular, los más ricos de ellos— invirtieron el dinero fuera del desarrollo industrial directo o lo dilapidaron sin más, obligando así al resto de los empresarios (más pequeños) a presionar aún con mayor dureza sobre el trabajo. Además, la economía no basaba su desarrollo en la capacidad adquisitiva de su población obrera: los economistas tienden a suponer que sus salarios no debían estar muy por encima del nivel de subsistencia. Hasta mediados de siglo no surgieron las teorías que abogaban por salarios más elevados como económicamente ventajosos, y las industrias que abastecían al mercado interior de consumo —es decir, vestidos y enseres domésticos— no fueron revolucionadas hasta su segunda mitad. El inglés que quería un par de pantalones podía elegir entre la hechura a medida en un sastre, comprar los usados por sus superiores oficiales, confiar en la caridad, llevar andrajos o hacérselos él mismo. Finalmente, determinados requisitos esenciales de la vida —alimentos y tal vez casa, pero también comodidades urbanas— no marchaban al paso de la expansión de las ciudades, o de la población total, y algunas veces no llegaban a alcanzarlas. Así, por ejemplo, es muy probable que el suministro de carne a Londres fuese al remolque de su población desde 1800 hasta la década de 1840.

No hay duda, tampoco, de que las condiciones de vida de determinadas clases de población, se deterioraron. Estas clases estaban compuestas básicamente por los jornaleros agrícolas en general (alrededor de un millón en 1851), o, en cualquier caso, por los del sur y este de Inglaterra, y los pequeños propietarios y granjeros de la franja céltica de Escocia y Gales. (Los ocho millones y medio de irlandeses, principalmente campesinos, fueron reducidos a la más increíble miseria. Cerca de un millón de ellos murieron de inanición de las hambres de 1846-1847, la mayor catástrofe humana del siglo XIX a escala mundial.)[11] También hay que contar las empleadas en industrias y ocupaciones en decadencia, desplazadas por el progreso técnico, de las que el medio millón de tejedores a mano son el ejemplo mejor conocido, pero no por ello el único. Estos tejedores se fueron empobreciendo progresivamente en un vano intento de competir con las nuevas máquinas a costa de trabajar más barato. Su número se había duplicado entre 1788 y 1814 y su salario había aumentado notablemente hasta mediadas las guerras; pero entre 1805 y 1833 pasó de 23 chelines semanales a 6 chelines y 3 peniques. Hay que mencionar también las ocupaciones no industrializadas que dieron abasto a la creciente demanda de sus artículos no por medio de la revolución técnica, sino por la subdivisión y el «sudor»: las innumerables costureras que trabajaban en los sótanos o buhardillas.

Así, pues, no nos será posible resolver la cuestión de si, una vez sumados todos los sectores oprimidos de trabajadores pobres y comparados con los que, de algún modo, conseguían aumentar sus ingresos, hallaríamos promedio neto de ganancias o pérdidas, sencillamente porque no sabemos lo bastante sobre salarios, desempleo, precios de venta al detalle y otros datos necesarios para responder rotundamente a la cuestión. Lo que sí es completamente cierto es que no existió una mejora general significativa. Puede haber habido —o no— deterioro entre 1795 y 1845. A partir de entonces hubo una mejoría indudable, y el contraste entre este período (por modesto que fuera) y el inicial nos dice realmente todo lo que necesitamos saber. A partir de 1840, el consumo creció de forma significativa (hasta entonces no había experimentado grandes cambios). Tras esta década —conocida correctamente como los «hambrientos años cuarenta», aunque en Inglaterra (pero no en Irlanda) las cosas mejoraron durante la mayor parte de estos años— es indudable que el paro disminuyó de forma considerable. Por ejemplo, ninguna depresión cíclica ulterior fue tan catastrófica y desalentadora como la crisis de 1841-1842. Y por encima de todo, el pálpito de una inminente explosión social que había flotado en Gran Bretaña casi constantemente desde el fin de las guerras napoleónicas (excepto durante la década de 1820), desapareció. Los ingleses dejaron de ser revolucionarios.

Este penetrante desasosiego social y político no refleja tan sólo la pobreza material, sino la pauperización social: la destrucción de las viejas formas de vida sin ofrecer a cambio un sustitutivo que el trabajador pobre pudiera contemplar como equivalente satisfactorio. Partiendo de distintas motivaciones, el país se vio inundado, de vez en cuando, por poderosas mareas de desesperación social: en 1811-1813, en 1815-1817, en 1819, en 1826, en 1829-1835, en 1838-1842, en 1843-1844, en 1846-1848. En las zonas agrícolas las algaradas fueron ciegas, espontáneas y cuando tenían objetivos definidos obedecían casi enteramente a motivaciones económicas. Un revoltoso de los Fens decía en 1816: «Aquí estoy entre el cielo y la tierra y dios es mi ayuda. Antes perdería la vida que marcharme. Quiero pan y tendré pan».[12] Los incendios de graneros y la destrucción de máquinas trilladoras se sucedieron en 1816 por todos los condados del este; en 1822 en East Anglia; en 1830 entre Kent y Dorset, Somerset y Lincoln; en 1843-1844 de nuevo en las Midlands orientales y en los condados del este: la gente quería un mínimo para vivir. A partir de 1815 la intranquilidad económica y social se combinó generalmente en las zonas industriales y urbanas con una ideología política y un programa específicos: radical-democrático, o incluso «cooperativo» (o, como diríamos ahora, socialista), aunque los primeros grandes movimientos de desazón de 1811-1813, el de los ludistas de las Midlands orientales y del Yorkshire, destrozaron las máquinas sin ningún programa específico de reforma política o evolución. Las fases que abogaban por la agitación política o asociacionista tendieron a alternarse, y normalmente las primeras fueron las que contaron con mayores movimientos de masa: la política predominó en 1815-1819, 1829-1832, y sobre todo en la época cartista (1838-1848), y la organización industrial a principios de la década de 1820 y en 1833-1838. Sin embargo, a partir de 1830 todos estos movimientos se hicieron más conscientes y característicamente proletarios. Las agitaciones de 1829-1835 vieron surgir la idea del «sindicato general» (*general trades union*) y su arma definitiva, que podía utilizarse para objetivos políticos, la «huelga general»; el cartismo se apoyaba firmemente en la consciencia de la clase obrera, y para conseguir sus fines acariciaba la esperanza de la huelga general, o, como se la llamaba entonces, del «mes santo». Pero fundamentalmente, lo que mantenía unidos a todos los movimientos, o los galvanizaba después de sus periódicas derrotas y desintegraciones, era el descontento general de gentes que se sentían hambrientas en una sociedad opulenta y esclavizadas en un país que blasonaba de libertad, iban en busca de pan y esperanza y recibían a cambio piedras y decepciones:

¿Acaso su descontento no estaba justificado? Un funcionario prusiano que viajó a Manchester en 1814 nos ha dejado una opinión moderadamente halagüeña:

> La nube de vapor de carbón se columbra en la distancia. Las casas están ennegrecidas por ella. El río que atraviesa Manchester va tan lleno de harapos de colores que más semeja la tina de un tintorero. Todo el paisaje es melancólico. Sin embargo, deambulan por doquier gentes atareadas, felices y bien nutridas, y eso levanta los ánimos de quien lo contempla.[13]

Ninguno de los que visitaron Manchester en los años 30 y 40 —y fueron muchos— reparó en sus gentes felices y bien nutridas. «Naturaleza humana desventurada, defraudada, oprimida, aplastada, arrojada en fragmentos sangrientos al rostro de la sociedad», escribió sobre Manchester el americano Colman en 1845. «Todos los días de mi vida doy gracias al cielo por no ser un pobre con familia en Inglaterra.»[14] ¿Nos sorprenderemos de que la primera generación de trabajadores pobres en la Gran Bretaña industrial considerara mezquinos los resultados del capitalismo?

Notas

1. Ver «lecturas complementarias», especialmente 4 (E. P. Thompson, F. Engels, N. Smelser), nota 1 del capítulo 2 (K. Polanyi). Sobre el «nivel de vida», ver también E. J. Hobsbawn, *Labouring Men* (1964), Phyllis Deane, *The First Industrial Revolution* (1965). Para los movimientos obreros, Cole y Postgate («lecturas complementarias» 2), A. Briggs, ed., *Charis Studies* (1959). Para las condiciones sociales, E. Chadwick, *Report on the Sanitary Conditions of the Labouring Population*, ed. M. W. Flinn (1965); A. Briggs, *Victorian Cities* (1963). Ver también las figuras 2-3, 13, 20, 37, 45-46.

2. Es irrelevante para nuestros propósitos que el intento de aplicar el «cálculo de la felicidad» de Bentham implique técnicas matemáticas muy por delante de la aritmética, pero no el que se haya demostrado que tal intento de aplicación es imposible sobre la base benthamita.

3. No lo eran, por ejemplo, el comercio al detalle y ciertos tipos de industria.

4. N. McCord, *The Anti-Corn Law League* (1958), pp. 57-58.

5. Ciertas categorías de obreros no estaban reducidas totalmente al simple vínculo dinerario; por ejemplo, los «mozos de ferrocarril», quienes a cambio de una rígida disciplina y carencia de derechos, disfrutaban de una buena seguridad social, oportunidades de promoción gradual e incluso pensiones de jubilación.

6. A. De Tocqueville, *Journey to England and Ireland*, ed. J. P. Mayer (1958), pp. 107-108.

7. Canon Parkinson, citado en A. Briggs, *op. cit.*, pp. 110-111.

8. La ley de pobres escocesa era algo distinta. Ver capítulo 15.

9. La familia de Harold Wilson, primer ministro desde 1964, es casi una ilustración textual de este estrato. Sus ocho anteriores generaciones paternas fueron: trabajador agrícola, pequeño propietario agrícola, granjero, cordobanero y granjero, administrador de una casa de trabajo, vendedor, pañero, químico. Esta línea paterna entroncó en el siglo xix con una generación de tejedores e hiladores, otra de fabricantes de torcidas de algodón, fogonero, armador de máquinas de tren y una tercera de funcionario de ferrocarriles y maestro de escuela (*Sunday Times*, 7 de marzo de 1965).

10. Es cierto que en tales períodos las grandes zonas de pobreza tendían a ser olvidadas y debían ser redescubiertas periódicamente (al menos por los que no eran pobres), como sucedió en la década de 1880, una vez que las primeras prospecciones sociales lo revelaron a una sorprendida clase media. Un redescubrimiento parejo tuvo lugar a principios y mediados de los pasados años 60.

11. Es decir, con respecto al tamaño de la población afectada.

12. William Dawson, citado en A. J. Peacock, *Bread or Blood* (1965).

13. *Fabriken-Kommissarius*, mayo de 1814 (ver nota 4 del capítulo 3).

14. Citado en A. Briggs, *op. cit.*, p. 12.

5. AGRICULTURA, 1750-1850[1]

Hacia mediados del siglo XVIII la agricultura no dominaba ya la economía de Gran Bretaña como sucedía en la mayor parte de los demás países, y en 1800 es probable que no ocupara a más de un tercio de la población, con una proporción aproximadamente igual en la renta nacional. Sin embargo, sus repercusiones públicas fueron mucho mayores de lo que podía sugerir su participación en la economía y ello por dos razones. En primer lugar la agricultura era base indispensable para la industria, pues no se disponía de otra fuente regular para alimentar al país. Se podían realizar importaciones marginales de productos alimenticios, pero hasta pasada la mitad del siglo XIX los costos del transporte y la tecnología no permitían que el grueso de la población —aun tratándose de un país tan accesible a los puertos como Gran Bretaña— se alimentara regularmente de importaciones extranjeras. Una generación después de introducido el librecambio (1846), la agricultura británica seguía siendo un bastión de precios elevados, inmune a la concurrencia extranjera. Los agricultores británicos *tenían* que alimentar a una población que se había desarrollado extensamente y que seguía creciendo con rapidez. Aunque no la alimentaron muy bien, lo cierto es que tampoco la dejaron morir de hambre. Aún en la década de 1830, más del 90 por ciento de los alimentos que se consumían en Gran Bretaña procedían de las islas mismas. Si consideramos que en 1830 la población británica duplicaba con creces a la de 1750, y la proporción de familias empleadas en la agricultura era considerablemente menor, obtendremos un cierto indicador del esfuerzo y de los resultados conseguidos por los agricultores británicos.

En segundo lugar, hay que tener en cuenta que los «intereses de la tierra» dominaban la política y la vida social británicas. Pertenecer a las clases altas quería decir estar en posesión de tierras y de un «escaño». Poseer tierras era el precio que había que pagar para entrar en la política. En el Parlamento, los «condados» y pequeñas ciudades dominadas por la nobleza alta y

baja sobrepasaban de modo aplastante a las ciudades. El mismo patrón de
vida de la clase alta era rural: los deportes, exportación cultural característica de Inglaterra (antes de los juegos urbanos y proletarios como el fútbol y
los suburbanos y de clase media como el tenis y el rugby), la idealización del
parque y del lugar pintoresco que aún perdura en los calendarios del *Times*,
los «miembros del campo» de clubs y bibliotecas británicos, las escuelas
que construyó una nueva clase media victoriana para llevar a cabo una conveniente educación espartana de sus hijos. Los grandes terratenientes eran
ricos y poderosos, y los ricos y poderosos eran terratenientes, aunque no todos pudieran ser duques. Cualquier cambio económico que afectara a la tierra —o, mejor dicho, a las clases medias y altas rurales, ya que los pobres
pasaban inadvertidos, de no ser por alguna catástrofe o rebelión— se reflejaba indefectiblemente a través de la política. El estado británico estaba
construido de tal modo que amplificaba el eco de esas transformaciones.

Pero la Revolución industrial obligó a realizar cambios fundamentales
en la tierra. El tenor mismo del esfuerzo económico de la agricultura británica conllevaba esos cambios. A primera vista, las tensiones de la agricultura podían parecer más técnicas y económicas que sociales, puesto que la sociedad rural del siglo xviii (si exceptuamos partes de Escocia y Gales y la
esquina irregular de Inglaterra) ya estaba dotada, para la producción con
destino al mercado, de los mejores métodos técnicos y comerciales. Hacia
mediados del siglo xviii, y desde luego en las primeras décadas de la Revolución industrial, la estructura fundamental de la propiedad agraria y de la
agricultura ya estaba establecida. Inglaterra era un país de grandes terratenientes, que arrendaban sus tierras a aparceros, quienes las trabajaban con jornaleros. Esta estructura la disimulaba parcialmente una maleza de pegujaleros
(cottager-labourers) o de otros pequeños agricultores independientes o se-
miindependientes, económicamente marginales, que no debe enmascarar la
transformación fundamental que se había producido. Hacia 1790 los terratenientes *(landlords)* poseían quizá las tres cuartas partes de la tierra cultivada, los agricultores libres *(free-holders)* del 15 al 20 por ciento, más o menos,
y ya no existía un «campesinado» en el sentido usual de la palabra. Había
—o parecía haber— una simple diferencia de grado entre la agricultura
parcialmente modernizada de este período y la agricultura más plenamente
modernizada de principios del siglo xix, no una diferencia de clase; y ello
tanto más cuanto que el principal incremento de la productividad *per capita*
durante el siglo xviii tuvo lugar antes de 1750.

Sin embargo, la vida no es tan sencilla. Parecía natural que la agricultura completara su conversión en productor comercial eficiente, recompensa-
da en sus esfuerzos por la demanda ilimitada, a precios en alza, de una población —una población urbana— que aumentaba sin cesar, justo a un ritmo

algo superior a aquel en que el agricultor podía aumentar su producción. Como es lógico, ni terratenientes ni agricultores ponían objeciones a semejante estado de cosas, cuya continuidad les convenía. Pero a diferencia de las manufacturas de algodón, «la tierra» no era simplemente para sus propietarios y empresarios un medio de hacer dinero, sino una forma de vida. Según la lógica económica no sólo había que subordinar los productos agrícolas a los intereses de una agricultura eficiente y del mercado, sino también la tierra y los hombres que vivían de ella. Los terratenientes no aceptaron el primero de estos requisitos, pero no pusieron grandes objeciones a la transferencia de tierras en gran escala entre agricultores o a los cambios de arrendamientos. Desde 1660 estos hacendados habían movilizado su influencia política y el ingenio de sus procuradores para poner trabas a las ventas forzosas de tierras cuando no para hacerlas imposibles. A ellos y a gran parte de los agricultores les preocupaban las consecuencias sociales de la mejora agrícola, la creación de un excedente de pobres rurales y la destrucción de la estable jerarquía tradicional del campo. Si este excedente se hubiera canalizado hacia las ciudades y las fábricas, tal vez no hubiera sido tan inoportuno, pero es característico de la agricultura de principios de la industrialización que su quebranto social sea en la mayoría de los casos mayor que la capacidad inicial del sector no agrícola para absorber mano de obra, así como también que el pobre del campo no acabe de determinarse a abandonar la vida de sus antepasados, la vida ordenada por Dios y el destino, la única vida que las comunidades tradicionales conocen o pueden concebir. Los señores del campo ignoraron el problema porque ninguna catástrofe lo denunciaba, pero con la crisis de mediados de la década de 1790, ni los más miopes dejaron de advertirlo.

A esta época le siguió, veinte años después, el colapso del «boom» agrícola, que había llegado a un máximo insostenible ya durante las guerras napoleónicas, que, como todas las guerras, supusieron una época dorada para los precios de los productos del campo. Después de 1815 no sólo los pobres, sino los mismos propietarios experimentaron las tensiones de la transformación agrícola. Los «intereses de la tierra» no sólo tuvieron que hacer frente al problema de los pobres, que podía ser (y lo fue) resuelto localmente —por la nobleza alta y baja en calidad de magistrados, por las capas medias rurales como guardianes y celadores—, sino también a sus propias dificultades, que requerían una acción a escala nacional. Los economistas de las ciudades les ofrecieron soluciones totalmente inaceptables para ellos: por una parte, las explotaciones que no resultaran económicas debían excluirse de los negocios hasta que sólo quedaran las rentables y, por otra, no debía sostenerse antieconómicamente al excedente de pobres del campo, sino que éstos debían aceptar los puestos de trabajo disponibles dondequie-

ra que fuese y al salario que determinara el mercado. Contra la primera
amenaza los «intereses de la tierra» recurrieron a su predominio político
para imponer las leyes de cereales *(corn laws)*, política proteccionista que
había de alienar a los intereses urbanos e industriales y llenar de tensiones
la política británica al extremo de llegar casi a la ruptura entre 1815 y 1846.
Naturalmente, fueron menos inflexibles con la segunda propuesta aceptando la ley de pobres de 1834. Sin embargo, a excepción de un puñado de nobles escoceses que condujeron a los leales hombres de sus clanes hasta el
Canadá para dedicarse al ganado ovino, pocos estaban dispuestos a recurrir
a tales medidas extremas ni que fuera a expensas de quienes explotaban. Era
natural que los jornaleros estuvieran por debajo de los propietarios agrícolas y a leguas de distancia de los hidalgos rurales *(squires)*, pero no lo era que
no tuvieran derecho a vivir en la tierra de sus padres. (Pero es que, además,
si se iban ¿qué pasaría con el índice de salarios agrícolas y con la fuerza de
trabajo de los granjeros?

Dos hechos pusieron de relieve el problema social del cambio agrícola:
los cercados *(enclosures)* y la ley de pobres *(poor law)*. Los cercados significaron la reconversión de las viejas dehesas comunales o campos abiertos
(open fields) en lotes de tierras privadas y valladas, o la distribución de viejas
tierras del común pero no explotadas (bosques, herbajes, baldíos, etc.) en
propiedad privada. El cercamiento de fincas, lo mismo que la racionalización
de las propiedades privadas —por medio del intercambio, compra o arrendamiento de lotes de tierra para obtener unidades más compactas—, se venía
practicando desde hacía mucho tiempo, y desde mediados del siglo XVII con
escasa inquietud pública. A partir de 1760, poco más o menos, los terratenientes (que, una vez más, sacaron partido de su control del gobierno) aceleraron
el proceso de convertir la tierra en un cañamazo de puras posesiones individuales, recurriendo de forma sistemática a las leyes del Parlamento, primero
a escala local y a partir de 1801 a nivel general. Este movimiento quedó confinado principalmente a aquellas zonas de Inglaterra especializadas en cereales donde los campos abiertos habían sido comunes en la edad media, es decir,
a un triángulo invertido cuya base se dibuja entre el Yorkshire, Lincolnshire y
las costas de Norfolk y cuyo vértice se encuentra en Dorset. El cercamiento
de «comunes» y «baldíos» se realizó de modo más uniforme, excepto en los
extremos sudoriental y sudoccidental. Entre 1760 y 1820, los cercamientos
—principalmente en campos abiertos— afectaron a la mitad del Huntingdonshire, Leicester y Northampton, a más del 40 por ciento del Bedfordshire
y Rutland, a más de un tercio del Lincolnshire, Oxford y el East Riding del
Yorkshire y a una cuarta parte del Berkshire, Buckingham, Middlesex, Norfolk, Nottingham, Warwick y Wiltshire, aunque en algunos casos la ley no
hizo más que ratificar los hechos consumados.[2]

La apología del sistema de cercados se basa en que, con ellos, pudieron ponerse en explotación tierras no cultivadas haciendo independiente de sus vecinos anticuados y rutinarios al propietario agrícola ambicioso y dotado de mentalidad comercial. Eso es cierto. Su condena ya no está tan clara, porque los detractores de los cercados han confundido con excesiva frecuencia el mecanismo específico de la *Enclosure Act* con el fenómeno general de la concentración agrícola, del que, sin embargo, no es más que un aspecto. Se les ha hecho responsables de arrojar a los campesinos de sus tierras y dejar a los jornaleros sin trabajo. Esta segunda acusación es correcta para las zonas donde los cercamientos transformaron los antiguos campos cultivados en pastizales, pero —a la vista de la creciente demanda de cereal, sobre todo durante las guerras napoleónicas— es evidente que estas transformaciones no fueron generales. Los cercamientos realizados para poner tierras en cultivo o para poder cultivar las hasta entonces improductivas, también podían significar más trabajo local. Hasta qué punto las leyes de cercamientos arrojaron de sus tierras a los pequeños cultivadores es tema de controversia, pero no hay ninguna razón especial para suponer que fueran más eficaces que la compra o arrendamiento de franjas y pequeñas propiedades realizados en el período anterior. El que vendía obligado por una ley y no por un contrato privado podía sentirse coaccionado por sus vecinos más ricos y poderosos, pero sus pérdidas o ganancias económicas no tenían por qué ser necesariamente distintas. Desde luego hubo un gran perdedor con los cercamientos: los pegujaleros y pequeños propietarios marginales que aumentaban lentamente el producto de sus pequeñas posesiones recurriendo a jornaleros y aprovechando las pequeñas ventajas —aunque para ellos esenciales— de los derechos comunales: pastos para el ganado y grano para las aves, leña, material de construcción, madera para reparar sus utensilios, cercas, vallas, etc. Los cercamientos podían reducirles perfectamente a simples jornaleros, o peor, hacer que de honrados miembros de una comunidad, con un claro conjunto de *derechos*, pasaran a ser inferiores dependientes de los ricos. No era un cambio insignificante, por supuesto. En 1844 un clérigo de Suffolk escribió sobre sus habitantes lo que sigue:

No disponen de prados de la aldea o del común para practicar sus deportes. Me dicen que hace unos treinta años tenían *derecho* a disponer de un terreno de juego en una finca particular en determinadas épocas del año, y entonces eran famosos por su fútbol; pero, de uno u otro modo, ese derecho se ha perdido y la finca se encuentra ahora bajo la reja del arado [...] Más tarde comenzaron a jugar al cricket y dos o tres de los hacendados les *permitieron muy amablemente* utilizar sus campos [la cursiva es mía, EJH].[3]

Para los ingleses nacidos libres, era muy duro cambiar sus derechos por el permiso de sus «mejores», por muy amable que fuera. Hacia 1800 hasta los defensores más apasionados de los cercamientos para mejorar la producción, como Arthur Young, comenzaron a vacilar ante lo que consideraban sus resultados sociales. «Más quiero —escribió— que todos los comunes de Inglaterra se hundan en el mar, que ver en el futuro a los pobres víctimas de los cercamientos como lo han sido hasta hoy.»[4] Pero si la pauperización y la falta de tierras no las producían los cercamientos ¿a qué se debía? Fundamentalmente a la concentración y consolidación de tierras, que hizo que lo que pasaba por ser una «pequeña finca» en la Inglaterra de 1830 fuera considerado en el continente como una pequeña heredad.

Los cercamientos fueron tan sólo la cara más llamativa y, además, la oficial y política, de un proceso general por el cual las fincas aumentaron de tamaño, el número de granjeros disminuyó y los lugareños se vieron cada vez más desposeídos. Este proceso y no los cercamientos *per se* (apenas si llegaron a algunas áreas muy empobrecidas de la Inglaterra rural) es el culpable de la degradación de los pobres de las aldeas. «Por lo general, los pequeños agricultores —escribió un experto a fines del siglo XVIII— fueron reducidos en cada condado, y casi aniquilados en alguno.» Por esta época, una propiedad de 25 acres, a no ser de jardinería para el mercado o algo por el estilo, ya no podía mantener a una persona; el visitante extranjero, habituado a propiedades rurales de diez o doce acres, se extrañaría al oír cómo se calificaba de «pequeñas» a fincas de más de un centenar de acres. Esta concentración se realizó tanto en campos abiertos como en campos cercados, en cercamientos viejos y recientes por medio de la expropiación, venta forzosa o voluntaria, y, sobre todo, con las grandes extensiones de tierra puestas en explotación.[5] Estos procesos, que hubieran reducido a la miseria a una población estable, fueron desastrosos para una población en franco crecimiento.

El excedente de población sobrevivía alquilándose para trabajar, pero en muchas zonas de Inglaterra (no tanto en Escocia y el norte) hasta la naturaleza de este trabajo alquilado fue a peor. «El sistema de salarios semanales —escribió un observador de Norfolk hacia 1840, comparando la situación con "cuarenta o cincuenta años atrás"— fue el primer paso hacia la debilitación de los lazos que hasta entonces habían ligado, bajo cualquier circunstancia, al servidor agrícola con su patrono.»[6] Al servidor agrícola tradicional se le alquilaba por años en las grandes ferias y si no estaba casado vivía y comía con su patrono. Gran parte de sus ingresos eran en especie. Ganaba poco, pero al menos tenía un empleo regular. Aquellos que alquilaban su trabajo por semanas, por días o por la tarea realizada, sólo cobraban cuando había realmente trabajo, cosa que desde luego no sucedía en la estación invernal. (Por eso en 1816, 1822 y 1830 los jornaleros concentraron su furia en las trilladoras que les robaban el trabajo invernal comúnmente disponible.) Si el servidor agrícola vivía fuera, en su chamizo (que solía ser propiedad de su patrono), el granjero no le debía más que un miserable salario. Si pensaba con sensatez, este individuo procrearía una familia numerosa, ya que una mujer e hijos podían aportar ganancias adicionales y, en determinadas épocas, una asignación extra de la ley de pobres. De este modo, la ruptura de la agricultura tradicional, semipatriarcal, estimuló la multiplicación de mano de obra local y, en consecuencia, la caída de sus salarios.

Hacia 1790 la decadencia de los pobres de las aldeas había alcanzado proporciones catastróficas en zonas del sur y del este de Inglaterra.[7] La ley de pobres tuvo que hacerle frente. Los notables del siglo XVIII no eran filántropos, pero les costaba hacerse a la idea de vivir en una comunidad que no proporcionara un salario mínimo incluso a sus miembros más desfavorecidos y algún tipo de subsistencia a los que no podían trabajar; pero si se trataba de «forasteros» se les devolvía a sus «parroquias de procedencia» cuando no podían ganarse la vida. A la luz de tales criterios, vagamente definidos pero sostenidos con firmeza, los magistrados del Berkshire, reunidos en Speenhamland en 1795, trataron de convertir la ley de pobres, como institución complementaria del rumbo normal de la economía, en un instrumento sistemático para asegurar a los jornaleros un salario de subsistencia. Se fijó una cifra mínima que dependía del precio del grano: si los salarios eran inferiores a dicho precio, serían equilibrados por una subvención. En sus formas extremas, el «sistema de Speenhamland» no llegó a extenderse tan ampliamente como se creyó en tiempos, pero se generalizó en muchas zonas del sur y del este en la forma más moderada de una ayuda infantil sistemática —notablemente generosa para la época— para familias numerosas.[8]

Mucho se ha discutido sobre los efectos que tuvo este sistema de seguridad social propagado espontáneamente, pero no hay razones para disentir de la opinión tradicional: fueron desastrosos. El sistema implicaba que *todos* los contribuyentes locales subvencionaban a los agricultores (y de modo especial a los grandes agricultores que daban trabajo a muchos jornaleros) en la medida en que pagaban salarios bajos. Pauperizó, desmoralizó e inmovilizó al jornalero, a quien se mantendría justo hasta el límite de la inanición en su propia parroquia, pero en ningún otro lugar, y discriminó al hombre soltero o al que tenía una familia reducida. Este sistema sirvió para aumentar la aportación vecinal sin disminuir la pobreza: los costos se duplicaron desde mediados del siglo XVIII hasta fines de 1780, lo hicieron de nuevo a primeros de 1800 y por tercera vez hacia 1817. Lo mejor que puede decirse del sistema es que, dado que la industria aún no podía absorber el excedente rural, algo había que hacer para mantenerlo en los pueblos. Sin embargo, el significado del sistema de Speenhamland fue social, no económico: vino a ser un intento —final, ineficaz, mal considerado y fallido— de mantener un orden rural tradicional frente a la economía de mercado.

Pero los mismos hombres que llevaron a cabo este intento estaban destruyendo lo que querían preservar. La inhumana economía de la agricultura comercial y «avanzada» cercenó los valores humanos de un orden social. Más aún: la misma riqueza de los agricultores prósperos les alejó cada vez más, incluso espiritualmente, de los jornaleros sumidos en la miseria. El lujo creciente de los grandes propietarios, simbolizado en la nueva práctica de reservar la caza para la masacre competitiva y las salvajes leyes contra los cazadores furtivos,[9] intensificó el cisma entre las clases. El «inglés libre» degeneró en un individuo «servil y amilanado», en palabras de un viajero americano hacia 1840. Mientras tanto, eso sí, la producción y la productividad agrícolas crecían. Entre 1750 y 1830 ello no obedecía normalmente a innovaciones técnicas importantes (excepto tal vez en Escocia, que avanzó por el camino de la agricultura eficiente y mecanizada), sino al incremento de la superficie cultivada, a la mayor eficiencia de fincas más grandes, a los cambios en los cultivos y a la amplia difusión del sistema de rotación, a mejores métodos para la cría y estabulación del ganado, etc., ya bien conocidos antes de 1750. La Revolución industrial, o la ciencia, apenas si afectó a la agricultura antes de fines de la década de 1830, momento señalado por la fundación de la Royal Agricultural Society (1838) y la granja experimental de Rothamsted (1843). A partir de aquí el progreso fue notablemente rápido. El avenamiento subterráneo —esencial para poner en cultivo a las pesadas y húmedas tierras arcillosas— se extendió a partir de 1820; en 1843 se inventó el atanor cilíndrico. El uso de los fertilizantes creció con rapidez: en 1842 se patentaron los superfosfatos, y en los primeros siete años de la década de 1840 la importación de guano del Perú se elevó virtualmente desde cero a más de 200.000 toneladas. La «gran explotación» que requería fuertes inversiones y cierta mecanización, dominó los años medios del siglo, y a partir de 1837, poco más o menos, el incremento en la producción de cultivos fue espectacular. La agricultura británica, después de setenta años de expansión antes de 1815 y dos o tres décadas vacilantes, entró en su edad de oro. En la década de 1850 incluso mejoró notablemente la suerte del jornalero, aunque no por los progresos agrícolas, sino a causa del masivo «éxodo rural» —para ir a trabajar a los ferrocarriles, a las minas, a las ciudades y al extranjero— que supuso una necesaria reducción de la mano de obra rural y salarios ligeramente más altos.

Estas mejoras se produjeron cuando fueron abolidas —ante la virulenta oposición de agricultores a hidalguía rural— las leyes de cereales (1846) y la agricultura británica quedó abierta a la concurrencia extranjera. Habían sido necesarios treinta años para romper esta resistencia, ya que los «intereses de la tierra» defendían no sólo sus beneficios y propiedades, sino también su superioridad política y social, como simbolizaban una Cámara de los Lores compuesta por aristócratas terratenientes y una Cámara de los Comunes compuesta por la hidalguía rural. Es cosa admitida que esta superioridad se veía amenazada no sólo por una clase media nueva y consciente de sí misma, que pedía un lugar entre los viejos dirigentes del reino (e, incluso, por encima de ellos), sino por un clase media que consideraba las rentas del terrateniente como pura rapiña y la protección artificial a las rentas elevadas y a los elevados precios de los alimentos después de las guerras napoleónicas, en una época de incertidumbre comercial (ver *supra*, pp. 83-85), como una pistola que apuntaba al corazón económico de la nación. Sin embargo, excepto por lo que hacía al librecambio, esta nueva clase no estaba cerrada al compromiso. Después de la reforma parlamentaria de 1832 insistió en la nueva ley de pobres y en el control político de las municipalidades, pero dejó la administración local de «los condados» en manos de terratenientes e hidalgos rurales (hasta 1889), se contuvo en sus justificadas críticas a los viejos y aristocráticos intereses —la corte, la administración, las fuerzas armadas, las universidades, la abogacía, etc.— e incluso a los todavía mayores de la iglesia. (Sin embargo, los derechos económicos de la iglesia, tremendamente impopulares entre los agricultores, fueron racionalizados, aunque no abolidos, por la *Tithe Commutation Act* de 1836.)

La nobleza, por su parte, no eludía tampoco el compromiso, aun en la cuestión del librecambio. El verdadero gran terrateniente no tenía que depender de las rentas agrícolas. Podía disfrutar de las rentas de bienes raíces urbanos o de los beneficios de minas y ferrocarriles que un afortunado azar había colocado en sus tierras, o del interés de las gigantescas rentas invertidas en el pasado. El séptimo duque de Devonshire, que se vio en apuros financieros temporales por valor de un millón de libras a causa del alegre desprendimiento del sexto duque, no tuvo que vender ni siquiera la más remota de sus numerosas fincas, sino que pudo dedicarse al desarrollo de Barrow-in-Furness y Buxton Spa. En el aspecto social la rivalidad de los industriales ricos no constituía una amenaza, porque su dinero no podía comprarles más allá de la condición social y las propiedades de la pequeña nobleza, aunque el financiero podía conseguir algo más. En cualquier caso, la creación de nuevos pares —aunque anómala en comparación con el siglo xvIII, cuando sólo eran doscientos que se autoperpetuaban— no era aún muy considerable: 133 en los cincuenta años anteriores a 1837 (un promedio anual 2,5), muchos de ellos almirantes y generales, a quienes se compensaba así tradicionalmente. La alta nobleza estaba dispuesta a llegar a un arreglo. Sólo la pequeña nobleza, rural y *tory*, y los propietarios agrícolas iban a combatir en la última trinchera, pero la larga experiencia histórica había demostrado que aquélla, por sí sola, no era una fuerza política viable en el conjunto del país. Además, hacia 1840, la agricultura era tan sólo interés de una minoría. No ocupaba más allá de la cuarta parte de la población y ascendía a menos de esta proporción a la renta nacional. Cuando la nobleza abandonó la agricultura —cosa que hizo en 1846 y de forma aún más rotunda en 1879— sólo quedó un grupo de presión minoritario fortalecido por un bloque de miembros del Parlamento (de los últimos escaños) amantes de la caza del zorro.

NOTAS

1. Ver «lecturas complementarias», especialmente las obras de Carus-Wilson, ed., y Glass y Eversley, ed. Existe un libro de texto útil y puesto al día, *J. D. Chambers y G. E. Mingay, *The Agricultural Revolution 1750-1880* (1966). G. E. Mingay, *English Landed Society in the Einghteenth Century* (1963), trata ampliamente de la agricultura; *F. M. L. Thompson, *English Landed Society in the Nineteenth Century* (1963) sobre la nobleza y la pequeña nobleza rural. Sobre los jornaleros agrícolas las obras de J. L. y B. Hammond, *The Village Labourer* (1911) y W. Hasbach, *A History of the English Farm Labourer* (1908), aún son buenos puntos de partida, pero el mejor libro es la pieza maestra de M. K. Ashby, *The Life of Joseph Ashby of Tysoe* (1961). K. Polanyi (nota 1, cap. 2) es excelente para la ley de pobres. Ver también las figuras 4 y 13.

2. Por otra parte, los cercamientos parlamentarios fueron insignificantes en algunos condados, como Cornwall (0,4 por ciento); Devon (1,6 por ciento); Essex (1,9 por ciento); Kent (0,3 por ciento) o Sussex (1,2 por ciento), así como en el norte y el oeste por lo que concierne a las fincas.

3. Rev. J. S. Henslow, *Suggestions towards en Enquiry into the Present Condition of the Labouring Population of Suffolk* (1844), pp. 24-25.

4. *Annals of Agriculture*, XXVI, p. 214.

5. Por ejemplo, en 1724 había 65 fincas en los 4.400 acres que tenían las posesiones de Bagot en Staffordshire; 16 de ellas tenían más de 100 acres (tamaño medio: 135 acres); en 1764 sólo quedaban 46 fincas en los 5.700 acres de estas posesiones. Veintitrés tenían más de 100 (tamaño medio: 189 acres). G. Mingay, «The Size of Farms in the 18th Century» en *Economic History Review,* XIV, p. 481.

6. R. N. Bacon, *History of the Agriculture of Norfolk* (1844), p. 143.

7. En las zonas industriales la corriente de trabajo procedente del campo mantuvo sus condiciones; en Escocia y el extremo septentrional el sistema tradicional no llegó a quebrarse en la misma medida.

8. 1 chelín y 6 peniques o incluso dos chelines por niño (sobre tres o cuatro) era una adición sustanciosa para el magro salario semanal de unos 7 chelines.

9. Los «libros de caza» que reflejaban el número de aves cazadas, y su estricta conservación, aparecieron hacia fines del siglo XVIII; la caza del zorro —el número de jaurías llegó al máximo en 1835— se hizo sistemática en el primer tercio del siglo XIX.

6. LA SEGUNDA FASE DE LA INDUSTRIALIZACIÓN, 1840-1895[1]

La primera fase de la industrialización británica —la textil— había llegado a sus límites o, por lo menos, parecía estar a punto de alcanzarlos. Afortunadamente iba a comenzar una nueva fase de industrialización que proporcionaría un sostén mucho más firme para el crecimiento económico: la de las industrias de base: el carbón, el hierro y el acero. La época de crisis para la industria textil fue también la del advenimiento del carbón y del hierro, la época de la construcción ferroviaria.

Dos razones convergentes explican este proceso. La primera era la creciente industrialización experimentada por el resto del mundo, que suponía un mercado en rápido crecimiento para aquellos productos de base que sólo podían ser importados del «taller del mundo» y que aún no producían en cantidad suficiente los países que se estaban industrializando. El índice de expansión de las exportaciones británicas[2] fue mucho más elevado entre 1840 y 1860 (especialmente entre 1845-1855, cuando la venta de productos nacionales en el exterior se incrementó en un 7,3 por ciento *anual*) que nunca antes o después; notablemente mayor, por ejemplo, que en el período pionero del algodón 1780-1800. A ello contribuyeron fundamentalmente los productos de base, que en 1840-1842 suponían alrededor del 11 por ciento del valor de las exportaciones británicas de productos acabados; en 1857-1859 el 22 por ciento, y en 1882-1884 el 27 por ciento. Entre 1840-1842 y 1857-1859 la exportación de carbón pasó de menos de tres cuartos de millón de libras esterlinas a más de tres millones; las exportaciones de hierro y acero de unos tres millones a bastante más de los trece, en tanto que las de algodón aumentaban con mucha mayor lentitud, y aun así se doblaron. Hacia 1873 estas exportaciones se contabilizaban respectivamente en 13,2 millones de libras esterlinas, 37,4 y 77,4. La revolución del transporte que supuso el tren y el barco de vapor, en sí mismos mercados fundamentales para el hierro británico, acero y exportaciones de carbón, dio un ímpetu adicional a esta apertura de nuevos mercados y expansión de los viejos.[3]

Sin embargo, la segunda razón poco tiene que ver con el crecimiento de la demanda, ya que obedece a la presión de las grandes acumulaciones de capital hacia las inversiones rentables, presión perfectamente ilustrada por la construcción de ferrocarriles.

Entre 1830 y 1850 se tendieron en Gran Bretaña alrededor de 6.000 millas de ferrocarril, en su mayor parte como consecuencia de dos extraordinarios brotes de inversión concentrada, seguida por la construcción: la pequeña «manía del ferrocarril» de 1835-1837 y la gigantesca de 1845-1847. En efecto, hacia 1850 la red de ferrocarriles básica ya estaba más o menos instalada. Desde todos los puntos de vista, ésta fue una transformación revolucionaria; más revolucionaria, en su forma, que el surgimiento de la industria del algodón, ya que representaba una fase de industrialización mucho más avanzada, una fase que llevaba la vida del ciudadano ordinario fuera de las pequeñas zonas industriales de la época. El ferrocarril llegaba hasta algunos de los puntos más alejados del campo y hasta los centros de las mayores ciudades. Transformó la velocidad del movimiento —es decir, de la vida humana—, que antes se medía en kilómetros por hora y luego había de medirse en docenas de kilómetros, e introdujo las nociones de un complejo gigantesco, a escala nacional, y una exacta trabazón orgánica simbolizada por el horario de ferrocarriles. Reveló, como nada lo había hecho hasta entonces, las posibilidades del progreso técnico, porque los ferrocarriles eran más avanzados y omnipresentes que la mayoría de las otras formas de actividad técnica. Las hilanderías de 1800 estaban anticuadas hacia 1840; pero hacia 1850 los ferrocarriles habían alcanzado un nivel de prestaciones que no había de mejorarse sensiblemente hasta el abandono del vapor a mediados del siglo xx; su organización y métodos de trabajo se producían a una escala no igualada por ninguna otra industria, y su recurso a la nueva tecnología basada en la ciencia (como el telégrafo eléctrico) carecía de precedentes. El ferrocarril iba varias generaciones por delante del resto de la economía, de forma que en la década de 1840 se convirtió en una suerte de sinónimo de lo ultramoderno, como debía suceder con lo «atómico» después de la segunda guerra mundial. La envergadura de los ferrocarriles desafiaba a la imaginación y empequeñecía las obras públicas más gigantescas del pasado.

Parece natural suponer que este notable desarrollo reflejaba las necesidades de transporte de una economía industrial, pero, por lo menos a corto plazo, no era así. La mayoría del país tenía fácil acceso al transporte acuático por mar, río o canales,[4] y esta forma de transporte era entonces —y aún es— la más económica para productos en grandes cantidades. La velocidad era algo de importancia relativa para los productos no perecederos, mientras se mantuviera un flujo regular de suministros, en tanto que los perecederos estaban confinados virtualmente a la agricultura y a la pesca. No hay señales de que los problemas de transporte afectaran gravemente al desarrollo industrial *en general,* aunque es evidente que lo hicieron en casos individualizados. Por el contrario, la construcción de muchos de los ferrocarriles que entonces se pusieron en funcionamiento, era completamente irracional desde el punto de vista del transporte, y en consecuencia nunca produjeron más allá de modestos beneficios, cuando los hubo. Esta situación ya era perfectamente conocida en aquella época, y es cierto que algunos economistas como J. R. McCulloch mostraron públicamente su escepticismo sobre la construcción de ferrocarriles, a excepción de un número limitado de líneas principales o de líneas destinadas al tráfico de mercancías especialmente denso, anticipándose así, en más de un siglo, a las propuestas de racionalización de los años 60.

Por supuesto que las necesidades del transporte alumbraron el ferrocarril. Era racional arrastrar las vagonetas de carbón sobre carriles desde la bocamina hasta el canal o el río, natural también hacerlo con máquinas de vapor estáticas, y notable ingeniar una máquina de vapor *móvil* (la locomotora) para empujarlas o arrastrarlas. Tenía sentido unir las carboneras del interior, alejadas de los ríos, con la costa por medio de un ferrocarril entre Darlington y Stockton (1825), ya que los elevados costos de construcción iban a quedar sobradamente cubiertos con las ventas de carbón que la línea haría posible, aunque sus propios beneficios fueran magros.[5] Los sagaces cuáqueros que consiguieron los fondos necesarios para construirlas sabían lo que se hacían: en 1826 rentaba un 2,5 por ciento; un ocho en 1823-1833 y el quince en 1839-1841. Una vez demostrada la viabilidad de un ferrocarril provechoso, otros fuera de las zonas mineras o, mejor dicho, de las minas de carbón del nordeste, copiaron y mejoraron la idea, como los comerciantes de Liverpool y Manchester y sus socios londinenses, quienes advirtieron las ventajas —tanto para los inversores como para el Lancashire— de romper el cuello de botella de un canal monopolístico (que había sido construido en su época por razones similares). También éstos tenían razón. La línea Liverpool-Manchester (1830) fue limitada legalmente a un dividendo máximo del 10 por ciento y no hubo nunca dificultades para satisfacerlo. Y ésta, la primera de las líneas generales de ferrocarriles, inspiró a su vez a otros inversores y hombres de negocios ansiosos por expansionar los negocios de sus ciudades y obtener beneficios adecuados sobre su capital. Pero sólo una pequeña parte de los 240 millones de libras esterlinas invertidos en ferrocarriles hacia 1850 tenía esa justificación racional.

Casi todo este capital se diluyó en los ferrocarriles, y buena parte de él lo hizo sin dejar el menor rastro, porque hacia la década de 1830 las grandes acumulaciones de capital quemaban en los bolsillos a sus propietarios, que buscaban afanosamente invertirlos en algo que les proporcionara más del 3,4 por ciento que se obtenía de los valores públicos.[6] En 1840 se calculaba que el excedente anual para la inversión llegaba a casi 60 millones de libras esterlinas; es decir, el doble del valor del capital total estimado de la industria algodonera a mediados de 1830. La economía no proporcionaba objetivos para una inversión industrial a esta escala, mientras que los hombres de negocios estaban cada vez más decididos a gastar su peculio de forma totalmente improductiva, como, por ejemplo, en la construcción de los gigantescos edificios municipales, horribles y costosos, con los que las ciudades del norte comenzaron a demostrar su superioridad a partir de 1848, prueba no sólo de su creciente opulencia, sino del aumento de su capacidad de ahorro por encima de las necesidades de reinversión de las industrias locales. La salida más evidente para el excedente de capital la constituían las inversiones en el exterior (probablemente las exportaciones de capital prevalecieron sobre las importaciones incluso a fines del siglo XVIII). Las guerras proporcionaron préstamos a los aliados británicos y la época de postguerra préstamos para restaurar gobiernos continentales reaccionarios. Estas operaciones eran por lo menos predecibles, pero la cosecha de empréstitos obtenida en la década de 1820 para los recién independizados gobiernos latinoamericanos o balcánicos era toda otra cuestión. Y lo mismo hay que decir de los empréstitos de la década de 1830 para prestatarios igualmente entusiastas y poco fiables entre los estados de la Unión americana. Por esta época ya eran demasiados los inversores que se habían quemado los dedos para aconsejar la entrega de nuevas remesas de capital a administradores extranjeros. El dinero que el inglés rico «había invertido en su juventud en préstamos de guerra y gastado en su edad madura en las minas sudamericanas», «aquella acumulación de riqueza con la que un pueblo industrial siempre deja atrás las vías ordinarias de inversión» (en palabras de un historiador contemporáneo de los ferrocarriles),[7] estaba dispuesto para ser invertido en la segura Gran Bretaña. Si lo fue en los ferrocarriles obedeció a la ausencia de cualquier otro negocio que absorbiera el mismo capital, por lo que éstos pasaron de ser una innovación valiosa en el transporte a un programa nacional clave de inversión de capital.

Como siempre sucede en épocas de saturación de capital, gran parte de él se invirtió de forma temeraria, estúpida e insensata. Los ingleses con excedentes de capital, entusiasmados por los proyectistas, contratistas y otras gentes que no hacían beneficio con la actividad de los ferrocarriles, sino planificándolos o construyéndolos, no se acobardaron ante sus costos, extraordinariamente elevados, que hizo que la capitalización por milla de línea férrea en Inglaterra y Gales fuera tres veces más cara que en Prusia, cinco que en los Estados Unidos y siete que en Suecia.[8] Buena parte de este capital se perdió en las quiebras que siguieron a las «manías». Otra buena parte fue menos atraído por una estimación racional de pérdidas y ganancias que por la atracción romántica de la revolución tecnológica, que el ferrocarril simbolizó tan maravillosamente y que convirtió en soñadores (o en términos económicos en especuladores) a los de otro modo sensatos ciudadanos. Pero allí estaba el dinero para ser invertido y si en conjunto no reportó grandes beneficios, sí produjo algo más valioso: un nuevo sistema de transportes, un nuevo medio de movilizar acumulaciones de capital de todas clases para fines industriales, y sobre todo una amplia fuente de empleo y un gigantesco y duradero estímulo para la industria de productos de base en Gran Bretaña. Desde el punto de vista individual del inversor, los ferrocarriles fueron con frecuencia otra versión de los préstamos americanos. Desde el punto de vista de la economía, considerada en su conjunto, fueron —accidentalmente— una solución admirable para la crisis de la primera fase del capitalismo británico. Complemento de los ferrocarriles fue el *barco de vapor*, sistema de transporte iniciado en los Estados Unidos hacia 1800 pero incapaz de competir seriamente con el barco de vela, cada vez más eficaz, hasta la transformación revolucionaria de los productos de base, pilares de la economía industrial, que la era del ferrocarril inauguraba.[9]

El balance de la construcción de ferrocarriles en los años 40 del siglo XIX es impresionante. En Gran Bretaña significó una inversión de más de doscientos millones, el empleo directo —en el punto culminante de la construcción (1846-1848)— de unas 200.000 personas y un estímulo indirecto al empleo en el resto de la economía que no puede ser calculado.[10] A los ferrocarriles se debe, en buena parte, que la producción británica de hierro se duplicara entre 1835 y 1845 y en su clímax —1845-1847— supuso quizá el 40 por ciento del consumo interior del país, situándose después en un firme 15 por ciento de su producción. Semejante estímulo económico, que llegaba cuando la economía estaba pasando por el momento más catastrófico del siglo (1841-1842) difícilmente podía haber sido mejor calculado en el tiempo. La construcción de ferrocarriles supuso asimismo un estímulo crucial a la exportación de productos de base para las necesidades de esa construcción misma en el extranjero. Por ejemplo, la Dowlais Iron Company suministraba entre 1830 y 1850 a doce compañías británicas, pero era también proveedora de dieciséis compañías extranjeras de ferrocarriles.

Pero el estímulo no quedó exhausto con los años 40 del pasado siglo. Por el contrario, la construcción mundial de ferrocarriles prosiguió cada vez a mayor escala por lo menos hasta la década de 1880, como queda claro por la tabla que sigue; los ferrocarriles se construyeron en gran parte con capital británico, materiales y equipos británicos y, con frecuencia, por contratistas británicos:

Tendido mundial de ferrocarril en millas, por década
(redondeado a miles)

Año	Reino Unido	Europa (incluido Reino Unido)	América	Resto del mundo
1840-1850	6.000	13.000	7.000	—
1850-1860	4.000	17.000	24.000	1.000
1860-1870	5.000	31.000	24.000	7.000
1870-1880	2.000	39.000	51.000	12.000

Esta notable expansión reflejaba el proceso gemelo de industrialización en los países «adelantados» y la apertura económica de las zonas no desarrolladas, que transformó el mundo en aquellas décadas victorianas, convirtiendo a Alemania[11] y a los Estados Unidos en economías industriales superiores pronto comparables a Gran Bretaña, abriendo a la agricultura de exportación zonas como las praderas norteamericanas, las pampas sudamericanas o las estepas de Rusia meridional, rompiendo con flotillas de guerra la resistencia de China y Japón al comercio extranjero y echando los cimientos para las economías de países tropicales y subtropicales basadas en la exportación de minerales y productos agrarios. Las consecuencias de estos cambios no se dejaron sentir en Gran Bretaña hasta después de la crisis de 1870. Hasta entonces sus principales efectos fueron patentemente beneficiosos para el mayor, y en algunas partes del mundo único, exportador de productos industriales y de capital (ver capítulo 7).

Pueden advertirse tres consecuencias de este cambio en la orientación de la economía británica.

La primera es la Revolución industrial en las industrias pesadas, que por primera vez proporcionaron a la economía suministros abundantes de hierro y de acero (que hasta entonces se obtenía con métodos anticuados y en pequeñas cantidades):[12]

Producción de lingotes de hierro, acero y carbón
(en miles de toneladas)

Año	Hierro	Acero	Carbón
1850	2.250	49	49.000
1880	7.750	1.440	147.000

En cuanto al carbón este aumento fue conseguido sustancialmente por métodos familiares, es decir, sin recurrir a mecanismos importantes que ahorraran mano de obra, por lo que la expansión en la producción de carbón supuso un notable incremento del número de mineros. En 1850 había en Gran Bretaña algo más de 200.000, hacia 1880 alrededor de medio millón y hacia 1914 mucho más de 1,1 millones, que trabajaban en unas tres mil minas, o casi tantos como toda la población agrícola y los obreros textiles (hombres y mujeres). Esto tenía que reflejarse no sólo en el carácter del movimiento obrero británico sino en la política nacional, ya que los mineros, concentrados en aglomeraciones dedicadas a una sola industria, constituían uno de los pocos grupos de obreros manuales —y en el campo casi los únicos— capaces de determinar la suerte de los distritos electorales. El hecho de que el congreso de los sindicatos se adhiriera al eslogan socialista de nacionalización de las industrias en fecha tan temprana como la década de 1890, obedecía fundamentalmente a la presión de los mineros, debida a su vez a su insatisfacción general, totalmente justificada, en especial por la torpe despreocupación en que tenían los propietarios la seguridad y salubridad de los obreros en semejante ocupación, oscura y malsana.[13]

El gran incremento en la producción de hierro se debió también a mejoras no revolucionarias, y principalmente a un notable aumento de la capacidad productiva de los altos hornos que, incidentalmente, tendió a mantener la capacidad de la industria muy por delante de su producción, provocando así una tendencia constante a la baja del precio del hierro, aunque éste sufriera, por otras razones, grandes fluctuaciones de precios: a mediados de los años 80 la producción británica era considerablemente inferior a la mitad de su capacidad potencial. La producción de acero se vio revolucionada por la invención del convertidor Bessemer en 1850, el horno de reverbero en la década de 1860 y el proceso de revestimiento básico a fines de la de 1870. La nueva capacidad de producción masiva de acero reforzó el impulso general dado a las industrias de base por el transporte, ya que tan pronto como estuvo disponible en cantidad, comenzó un proceso a gran escala de sustitución del hierro, menos duradero, de tal modo que ferrocarriles, barcos de vapor, etc. requirieron de hecho un doble consumo de hierro en algo más de una generación. Dado que la productividad *per capita* de estas industrias que nunca requirieron mucho trabajo manual aumentó sensiblemente, sus efectos sobre el empleo no fueron tan grandes. Pero al igual que sucedió con el carbón y con la notable expansión del transporte que llegó con el hierro, el acero y el carbón proporcionaron empleo para los parados y para los obreros de difícil ocupación: trabajadores no cualificados extraídos del excedente de población agrícola (inglesa o irlandesa). Así pues la expansión de estas industrias fue doblemente útil: proporcionó a la mano de obra no cualificada un trabajo mejor pagado y, al drenar el excedente rural, mejoró la condición de los jornaleros del campo restantes, que comenzaron a mejorar notablemente e incluso espectacularmente en la década de 1850.[14]

Sin embargo, el surgimiento de las industrias de base proporcionó un estímulo comparable para el empleo de mano de obra cualificada en la vasta expansión de la ingeniería, la construcción de máquinas, barcos, etc. El número de obreros empleados en esas industrias también se duplicó entre 1851 y 1881, y a diferencia del carbón y del hierro continuaron aumentando hasta finales de los años 60 del siglo xx. En 1914 constituían la mayor categoría de obreros varones, mucho más numerosa que todos los obreros, ya fuesen varones o hembras, empleados en el sector textil. Ellos reforzaron en gran medida una aristocracia laboral que se consideraba a sí misma —cosa cierta— en mejor posición que la mayoría de la clase obrera.

La segunda consecuencia de la nueva etapa fue una mejora notable del empleo en general, y una transferencia a gran escala de mano de obra de los trabajos peor pagados a los mejor remunerados. Esto tiene mucho que ver con la sensación de mejora general en el nivel de vida y la remisión de las tensiones sociales durante los dorados años medios victorianos, ya que el índice de salarios de muchos obreros no aumentó de modo significativo, en tanto que las condiciones de vivienda y comodidades urbanas seguían siendo sorprendentemente malas.

Una tercera consecuencia fue el notable aumento de la exportación de capital británico. Hacia 1870 se invirtieron en el extranjero unos 700 millones de libras esterlinas, y, de ellos, más de una cuarta parte en la creciente economía industrial de los Estados Unidos, de modo que el sorprendente crecimiento de las propiedades extranjeras británicas pudo haberse conseguido sin mucha más exportación de capital, simplemente mediante la reinversión de intereses y dividendos (si esto sucedió realmente así, ya es otra cuestión). Por supuesto que esta emigración de capital no fue más que una parte del notable flujo de beneficios y ahorros en busca de inversión que, gracias a las transformaciones del mercado de capital en la época del ferrocarril, no se interesaba ya en los anticuados bienes raíces o valores del gobierno, sino en participaciones industriales. A su vez, negociantes y promotores (los contemporáneos probablemente hubieran dicho «negociantes corrompidos y promotores sospechosos») estaban ahora en condiciones de obtener capital no ya de socios potenciales o de otros inversores informados, sino de una masa de inversores despistados que esperaban obtener beneficios para su capital en cualquier parte de la dorada economía mundial, y lo encontraban por medio de sus agentes habituales y de corredores de bolsa, quienes con frecuencia pagaban a aquéllos para que les canalizaran tales fondos. La nueva legislación que hizo posible las sociedades por acciones de responsabilidad limitada, estimuló nuevas inversiones aventureras, ya que si la compañía en cuestión iba a la quiebra el participante sólo perdía su inversión, no toda su fortuna como venía ocurriendo hasta entonces.[15]

Económicamente, la transformación del mercado de capitales en la nueva era del ferrocarril —las bolsas de Manchester, Liverpool y Glasgow fueron todas producto de la «manía» de los años 40— fue un medio valioso, aunque ciertamente no esencial, de movilizar capital para invertir en grandes empresas más allá de las posibilidades individuales de los socios, o para establecer empresas en lugares remotos del globo. Sin embargo, socialmente reflejaba otro aspecto de la economía de los años medios de la época victoriana: el crecimiento de una clase de *rentiers*, que vivía de los beneficios y ahorros procedentes de las acumulaciones de las dos o tres generaciones anteriores. Hacia 1871 Gran Bretaña contaba con 170.000 personas «de rango y propiedad» sin ocupación visible —casi todas ellas mujeres, o mejor, «damas»; de ellas un número sorprendente no estaban casadas—.[16] Valores y participaciones, incluidas aquellas en firmas familiares constituidas en «sociedades privadas» con este fin, eran un modo conveniente de proveer a las viudas, hijas y otras parientes que no podían —y ya no lo necesitaban— incorporarse a la dirección de la propiedad y la empresa. Las confortables avenidas de Kensington, las villas de los balnearios, las residencias de clase media junto al mar, los alrededores ·de las montañas suizas y las ciudades toscanas las recibieron con los brazos abiertos. La época del ferrocarril, el hierro y las inversiones extranjeras proporcionó también la base económica para la solterona y el elegante victorianos.

Así pues, Gran Bretaña entró con los ferrocarriles en el período de la plena industrialización. Su economía ya no se sustentaba, en peligroso equilibrio, sobre la estrecha plataforma de dos o tres sectores pioneros —especialmente el textil—, sino que descansaba firmemente en la producción de materias básicas, lo que a su vez facilitó la penetración de la tecnología y organización modernas —o lo que pasaba por ser moderno a mediados del siglo XIX— en una amplia variedad de industrias. Gran Bretaña acertó en no producir de todo, sino sólo aquello que precisamente eligió producir. Había sobrepasado la crisis original de las primeras fases de la Revolución industrial y aún no había comenzado a sentir la crisis del país industrial pionero que deja de ser el único «taller del mundo».

Una economía industrial plenamente industrializada requiere continuidad, aunque sólo sea la continuidad en ulterior industrialización. Uno de los reflejos más impresionantes de la nueva situación —en la economía, en la vida social y en la política— fue la disponibilidad de los ingleses para aceptar sus revolucionarias formas de vida como naturales o por lo menos irreversibles, y adaptarse a ellas. Las diversas clases lo hicieron de formas distintas. Veamos brevemente las dos más importantes, los patronos y los obreros.

Establecer una economía industrial no es lo mismo que manejar la existente, y las considerables energías de la «clase media» británica en el medio siglo que va desde Pitt a Peel se dedicaron sobre todo al primero de estos objetivos. Política y socialmente esto significó un notable esfuerzo para dotarse de confianza y orgullo en su tarea histórica —a principios del siglo XIX, por primera y última vez, las señoras de la clase media escribieron obritas pedagógicas sobre economía política para que otras señoras ilustraran a sus hijos, o, mejor, a los pobres—[17] y una larga batalla contra «la aristocracia» para rehacer las instituciones de Gran Bretaña de forma conveniente para el capitalismo industrial. Las reformas de la década de 1830 y la implantación del librecambio en 1846 consiguieron, más o menos, estos objetivos, por lo menos en el grado que les era permitido sin correr el riesgo de una movilización quizá incontrolable de las masas trabajadoras (ver capítulos 4 y 12). Hacia los «años dorados», la clase media había vencido en su lucha, aunque le quedaban algunas batallas por librar contra la retaguardia del viejo régimen. La reina misma era, o parecía serlo, un pilar visible de la respetabilidad de la clase media, y el Partido Conservador, órgano de todos aquellos que no simpatizaban con la Gran Bretaña industrial, fue durante varias décadas una minoría política permanente que carecía de ideología y de programa. El formidable movimiento de los miserables —jacobinos, cartistas, socialistas primitivos— desapareció, dejando a exiliados extranjeros como Karl Marx tratando desconsoladamente de sacar partido del radicalismo liberal o del respetable sindicalismo que tomaron la vez.

Pero económicamente el cambio fue espectacular. Los fabricantes capitalistas de la primera fase de la Revolución industrial fueron —o se consideraban— una minoría pionera que trataba de establecer un sistema económico en un marco que no les era favorable: estaban rodeados de una población profundamente escéptica ante sus esfuerzos, empleaban a una clase obrera no habituada a la industrialización y hostil a ella y luchaban —por lo menos al principio— por levantar sus fábricas a partir de un modesto capital inicial, reinvirtiendo los beneficios, y a través de la abstinencia, el trabajo duro y la explotación de los pobres. La épica del ascenso de la clase media victoriana, tal como puede leerse en las obras de Samuel Smiles, contempla una era completamente mítica de héroes que se hicieron a sí mismos, rechazados por la masa estúpida que odiaba el progreso pero que volvían más tarde triunfantes con sus chisteras. Es decir, se trataba de una clase compuesta de hombres formados por su pasado, y ello sobre todo porque carecían de formación científica y se jactaban de su empirismo. De aquí que no fueran totalmente conscientes del modo más racional de hacer funcionar sus empresas. Ahora puede parecernos grotesco que los economistas argumentasen entonces, como hizo Nassau Senior contra el *Ten Hours Bill* de 1847, que el beneficio de los patronos se hacía en la última hora de trabajo, y que por ello una reducción en la jornada sería fatal para ellos, pero la mayoría eran hombres voluntariosos que creían que el único modo de hacer beneficios era pagar los salarios más bajos por la jornada de trabajo más larga.

La clase patronal misma no estaba pues completamente familiarizada con las reglas del juego industrial, o bien no quería atenerse a ellas. Estas reglas querían que las transacciones económicas fueran gobernadas esencialmente por el libre juego de las fuerzas en el mercado —por la persecución incesante y competitiva de las ventajas económicas— que produciría automáticamente los mejores resultados. Pero, aparte de su propia reticencia a competir cuando no les convenía,[18] no creían que estas consideraciones fuesen aplicables a los obreros. Éstos aún se veían atados, en determinados casos, por largos e inflexibles contratos, como los mineros «contratados por años» del nordeste, a quienes se esquilmaba con frecuencia para obtener beneficios suplementarios con la compulsión no económica del *truck* (pagos en especie, o compras forzosas en los almacenes de la compañía), o con sanciones, aherrojados por una ley de contratación (codificada en 1823) que les hacía reos de cárcel por romper su contrato de trabajo, en tanto que sus patronos eran libres o simplemente se les multaba cuando eran ellos mismos quienes no respetaban el acuerdo. Los incentivos económicos —como el pago por resultados— no eran en absoluto frecuentes, excepto en ciertas industrias y para determinados tipos de trabajo, aunque (como afirmaría Karl Marx de modo convincente) el trabajo «a tanto la pieza» era en aquella época la forma de pago más conveniente para el capitalismo. El único incentivo generalmente reconocido era el beneficio; a los que no lo obtenían como empresarios o subcontratistas, no les quedaba otro recurso que el trabajo al ritmo señalado por la máquina, la disciplina, la manipulación de los subcontratistas, o —si eran demasiado hábiles para dejarse manipular— sus propias mañas. Aunque ya entonces se sabía que salarios más altos y menos horas de trabajo podían aumentar la productividad, los patronos continuaron desconfiando, y en vez de ello se aplicaron a comprimir los salarios y alargar las jornadas. La contabilidad racional de costos o la dirección industrial eran raros, y a quienes recomendaban tales procedimientos (como el científico Charles Babbage, pionero del computador) se les consideraba como excéntricos carentes de sentido práctico. A las sociedades obreras se las creía o bien condenadas al fracaso casi inmediato o se las tenía por vehículos de la catástrofe económica. Aunque dejaron de ser formalmente ilegales en 1824,[19] los patronos hicieron cuanto pudieron para destruirlas allí donde fue posible.

En estas circunstancias no era sorprendente que los obreros rehusaran también aceptar un capitalismo que, como ya hemos visto, al principio estaba lejos de atraerles y en la práctica era realmente poco lo que les ofrecía. En contra de lo que sostenían los apologistas del sistema, teóricamente aún les ofrecía menos *en tanto que seguían siendo obreros*, hecho inevitable para la mayoría de ellos. Hasta la época del ferrocarril, el capitalismo ni siquiera les ofrecía su propia supervivencia. Podía colapsar. Podía ser destruido. Podía ser episódico y no conformar una época. Era demasiado joven para garantizar una duración cabal, ya que, como hemos visto, fuera de unas pocas zonas pioneras, incluso en los textiles el peso principal de la industrialización no se dejó sentir hasta después de las guerras napoleónicas. En la época de la gran huelga general cartista de 1842, todos los adultos de Blakburn, por ejemplo, podían acordarse de los tiempos en que habían hecho aparición en la ciudad la primera hilandería y los primeros telares mecánicos, hacía menos de veinticinco años. Y si los «trabajadores pobres» dudaban en aceptar el sistema como permanente, aún estaban menos dispuestos —a no ser que fueran obligados, a veces por coerciones extraeconómicas— a adaptarse a él, incluso en sus luchas. Podían tratar de soslayarlo, como hicieron los primeros socialistas con las comunidades libres de producción cooperativa. A corto plazo podían tratar de evitarlo, como hicieron las primeras sociedades obreras enviando a sus miembros parados a otras ciudades, hasta que descubrieron que los «malos tiempos» en la nueva economía eran periódicos y universales. Podían tratar de olvidarse del sistema capitalista, soñando en un retorno a la propiedad campesina: no es casual que el mayor líder de masas de esta época, el tribuno cartista Feargus O'Connor, fuese un irlandés cuyo programa económico para las masas que le seguían era un proyecto de colonización de la tierra.

En algún momento de la década de 1840 todo esto comenzó a cambiar, y a cambiar con rapidez, aunque más por acciones a nivel local, no oficiales, que por cualquier legislación u organización a escala nacional. Los patronos comenzaron a sustituir los métodos «extensivos» de explotación tales como el aumento de la jornada y la reducción de salarios, por los «intensivos», que significaban todo lo contrario. La *Ten Hours Act* de 1847 hizo el cambio obligatorio en la industria del algodón, pero sin necesidad de presión legislativa vemos cómo se extendió la misma tendencia en el norte industrial. Lo que los continentales habían de llamar la «semana inglesa» comenzó a extenderse en el Lancashire durante los años 40 y en Londres en los 50. El pago por resultados (es decir, con incentivos) se popularizó mucho más, mientras que los contratos tendieron a hacerse más cortos y más flexibles, aunque ninguna de estas dos conquistas puede ser totalmente documentada. La compulsión extraeconómica disminuyó y la disponibilidad para aceptar una supervisión legal de las condiciones de trabajo —como la ejercida por los admirables inspectores de fábricas— se incrementó. No eran éstas victorias del racionalismo ni de la presión política, sino relajadores de tensión. Los

industriales británicos se sentían lo bastante ricos y confiaban en poder soportar tales cambios. Se ha señalado que los patronos que en los años 50 y
60 abogaban por salarios relativamente altos y trataban de atraerse a los obreros con reformas, regentaban frecuentemente viejos y florecientes negocios
que ya no se veían amenazados por la bancarrota a causa de la fluctuación
del comercio. Los patronos «nuevo modelo» —más comunes fuera de Lancashire que en él— eran gentes como los hermanos Bass (cervecerías), lord
Elcho (carbón y hierro), Thomas Brassey (contratista de ferrocarriles), Titus
Salt, Alfred Illingworth, los hermanos Kell de los alrededores de Bradford,
A. J. Mundella y Samuel Morley (géneros de punto). ¿Es casual que la ciudad
de Bradford, que contaba con algunos de estos patronos, iniciara la competición de monumentos municipales en el West Riding construyendo un
edificio opulento (con un restaurante «para el acomodo de los hombres de
negocios», un consistorio para 3.000 personas, un enorme órgano e iluminación por una línea continua de 1.750 mecheros de gas), con lo que espoleó a
su rival Leeds al titánico gasto de 122.000 libras esterlinas en su ayunta-
miento? Bradford —al igual que muchas otras ciudades— comenzó a planificar en 1849 su ruptura con la tacañería municipal.

A fines de la década de 1860 estos cambios se hicieron más visibles, porque fueron más formales y oficiales. En 1867 la legislación fabril desbordó
por primera vez las industrias textiles, e incluso comenzó a abandonar la fic-
ción de que su único objetivo era proteger a los niños, ya que los adultos
eran teóricamente capaces de protegerse a sí mismo. Incluso en los textiles,
donde los fabricantes sostenían que las leyes de 1833 y 1847 (la *Ten Hours
Act*) constituían injustificables y ruinosas interferencias en la empresa privada, la opinión se reconcilió con ellas. El *Economist* escribió que «nadie
tiene *ahora* duda alguna sobre la sabiduría de estas medidas».[20] El progreso
en las minas era más lento, aunque el contrato «por un año» del nordeste fue
abolido en 1872 y se reconoció teóricamente el derecho de los mineros a
comprobar la honestidad de su estipendio por resultados mediante un «veri-
ficador del peso» elegido por ellos. El injusto código «dueño y sirviente»
fue abolido por fin en 1875. A las sociedades obreras se les otorgó lo que suponía su estatuto legal moderno; es decir, a partir de entonces fueron aceptadas como partes permanentes y no nocivas por ellas mismas de la escena
industrial. Este cambio fue tanto más sorprendente cuanto que la Real Comisión de 1867 que lo inició, fue resultado de algunos actos de terrorismo,
espectaculares y totalmente indefendibles, llevados a cabo por pequeñas
guildas artesanales en Sheffield (los *Sheffield Outrages*) que se temía con-
ducirían, como probablemente hubiera sucedido veinte años atrás, a la adopción de fuertes medidas contra las sociedades obreras. De hecho las leyes de
1871 y 1875 daban a estos sindicatos un grado de libertad legal que desde

entonces los abogados de mentalidad conservadora han tratado repetidamente de cercenar.

Pero el síntoma más evidente del cambio fue político: la *Reform Act* de 1867 (seguida, como ya hemos visto, por importantes cambios legislativos) aceptó un sistema electoral que dependía de los votos de la clase obrera. No introdujo la democracia parlamentaria, pero significaba que los dirigentes de Gran Bretaña aceptaban su implantación futura, cosa que las reformas subsiguientes (en 1884-1885, 1918 y 1929) obtendrían cada vez con menor alboroto.[21] Veinte años antes se había luchado contra el cartismo porque se creía que la democracia significaba la revolución social. Cincuenta años atrás hubiera sido impensable, excepto para las masas y un puñado de radicales extremistas de clase media. En 1817 George Canning daba gracias a Dios de que «la cámara de los Comunes no estuviera suficientemente identificada con el pueblo como para recoger todas sus nacientes apetencias [...] Ningún principio de nuestra Constitución se lo exige [...] nunca ha pretendido estarlo, ni nunca puede pretenderlo sin traer la ruina y la miseria sobre el reino».[22] Un tal Cecil, argumentando para la retaguardia en los debates de 1866-1867, que tanto revelan sobre las actitudes de las clases altas británicas, aún advertía a sus oyentes que democracia significaba socialismo. Los dirigentes de Gran Bretaña no recibieron bien a la Reforma. Por el contrario, a no ser por las agitaciones de las masas, nunca hubieran llegado a tanto, aunque su disposición a hacerlo en 1867 contrasta sorprendentemente con la masiva movilización de fuerzas que realizó contra el cartismo en 1839, 1842 y 1848. Sin embargo, estos dirigentes estaban dispuestos a aceptarla, porque ya no consideraban a la clase obrera británica como revolucionaria. La veían escindida en una aristocracia laboral políticamente moderada, dispuesta a aceptar el capitalismo, y en una plebe proletaria políticamente ineficaz a causa de su falta de organización y de liderazgo, que no ofrecía peligros de cuidado. Los grandes movimientos de masas que movilizaban a todos los trabajadores pobres contra la clase empresarial, como el cartismo, estaban muertos. El socialismo había desaparecido de su país de origen.

> Mis tristes impresiones [escribió un viejo cartista en 1870] se confirmaron. En nuestra vieja época cartista, es verdad, los obreros del Lancashire iban vestidos con harapos a miles; muchos de ellos carecían con frecuencia de alimentos. Pero su inteligencia brillaba en todas partes. Se les podía ver discutiendo en grupos la gran doctrina de la justicia política [...] *Ahora* ya no se ven esos grupos, pero puede oírse hablar a obreros bien vestidos, que pasean con las manos en los bolsillos, de las cooperativas y de sus participaciones en ellas, o en sociedades de construcción. Y también puede verse a otros, paseando como idiotas a sus pequeños galgos.[23]

La riqueza —o lo que la gente habituada a pasar hambre consideraba como comodidades— había extinguido el fuego de los estómagos hambrientos. Además, el descubrimiento de que el capitalismo no era una catástrofe temporal sino un sistema permanente que permitía determinadas mejoras, había alterado el objetivo de sus luchas. Ya no había socialistas que soñaban en una nueva sociedad. Ahora había sindicatos que trataban de explotar las leyes de la economía política para crear una escasez de su tipo de trabajo e incrementar así los salarios de sus miembros.

El ciudadano británico de clase media que contemplara la escena a principios de la década de 1870 podía muy bien pensar que todo se hacía con la mejor voluntad en el mejor de los mundos posibles. No parecía que hubiera nada seriamente equivocado en la economía británica. Pero lo había. Así como la primera fase de la industrialización se encalló en la depresión y en la crisis, del mismo modo la segunda fase engendró sus propias dificultades. Los años que van de 1873 a 1869 son conocidos por los historiadores de la economía —que los han estudiado con mucha mayor atención que cualquier otra fase de la coyuntura comercial del siglo xx— como la «gran depresión». La etiqueta resulta engañosa. En lo que concierne a la clase trabajadora, no puede compararse con el cataclismo de los años 30 y 40 del siglo xix o de los 20 y 30 del actual (ver *infra*, p. 233-236). Pero si «depresión» significa un penetrante acúmulo de dificultades (nuevo, además, para las generaciones posteriores a 1850) y sombrías perspectivas en el futuro de la economía británica, la palabra es adecuada. Tras su esplendoroso avance la economía se estancó. Aunque el «boom» británico de 1870 no estalló en pedazos de modo tan dramático como en los Estados Unidos y la Europa central, entre los restos de financieros en quiebra y altos hornos enfriándose, colapsó inexorablemente. A diferencia de otras potencias industriales, esta gran prosperidad británica no se reproduciría. Precios, beneficios y porcentajes de interés cayeron o se mantuvieron desoladoramente bajos. Unos pocos «booms» febriles de escasa entidad no pudieron detener este largo descenso que no pudo remontarse hasta mediados de la década de 1890. Y cuando de nuevo el sol económico de la inflación se abrió paso a través de la niebla, alumbró un mundo muy distinto. Entre 1890 y 1895 tanto los Estados Unidos como Alemania sobrepasaron a Gran Bretaña en la producción de acero. Durante la «gran depresión» Gran Bretaña dejó de ser el «taller del mundo» y pasó a ser tan sólo una de sus tres mayores potencias industriales; en algunos aspectos clave, la más débil de todas ellas.

La «gran depresión» no puede explicarse en términos puramente británicos, ya que fue un fenómeno a escala mundial, aunque sus efectos variaran de un país a otro y en algunos —especialmente en Estados Unidos, Alemania y en algunos recién llegados al escenario industrial, como, por ejemplo, los países escandinavos— fue un período de extraordinario adelanto en vez de estancamiento. Sin embargo, señala globalmente el fin de una fase de desarrollo económico —la primera o, si se prefiere, la fase «británica» de industrialización— y el inicio de otra. En términos generales, la gran prosperidad de mediados de siglo se debió a la industrialización inicial —o virtualmente inicial— de las principales economías «adelantadas» fuera de Gran Bretaña y a la apertura de las zonas de producción de materias primas y productos agrícolas hasta entonces inexplotadas, por inaccesibles o no desarrolladas.[24] Por lo que se refiere a los países industriales aquel «boom» fue algo así como una difusión de la Revolución industrial británica y de la tecnología sobre la que ésta se basaba. Por lo que respecta a los productores de materias primas, significó la construcción de un sistema de transportes global basado en el ferrocarril y en la mejora de la navegación —cada vez más a base de vapor—, capaz de unir regiones de explotación económica relativamente fácil y diversas zonas mineras con sus mercados en el sector del mundo urbanizado e industrializado. Ambos procesos estimularon inmensamente la economía británica, sin hacerle ningún daño perceptible (ver *supra*, p. 102). No obstante, ninguno de los dos podía continuar indefinidamente.

Por una parte, la gran reducción de los costos tanto en la industria como (gracias a la revolución de los transportes) de las materias primas, habría de reflejarse más pronto o más tarde —cuando produjeran las nuevas plantas, funcionaran los nuevos tendidos férreos, y las nuevas regiones agrícolas se pusieran en explotación— en una caída de los precios. De hecho apareció como una espectacular deflación que en veinte años redujo el nivel general de precios casi a un tercio, y que era a lo que se referían la mayor parte de los hombres de negocios cuando hablaban de la persistente depresión. Sus efectos fueron muy espectaculares, realmente catastróficos, en determinados sectores de la agricultura, por fortuna componente relativamente menor de la economía británica, aunque eso no fuera así en todas partes. Tan pronto como los flujos masivos de productos alimenticios baratos convergieron en las zonas urbanas de Europa —en la década de 1870— cayó la base del mercado agrícola no sólo en las zonas receptoras, sino en las regiones competitivas de productores de ultramar. El descontento vocinglero de los granjeros populistas del continente norteamericano, el retumbar más peligroso del revolucionarismo agrario en Rusia de los años 1880 y 1890, por no hablar de la chispa de inquietud agraria y nacionalista que sacudió Irlanda en la época del parnellismo y de la *Land League* de Michael Davitt,[25] atestiguan de sus efectos en zonas de agricultura campesina o de granjas familiares, que estaban a la merced directa o indirecta de los precios mundiales. Los países importadores, dispuestos a proteger a sus agricultores con aranceles, como hicieron algunos después de 1879, pensaban que tenían alguna defensa. La agricultura británica quedó, como veremos, devastada por haberse especializado en cereales que resultaron totalmente incompetitivos, pero no era lo suficientemente importante como para conseguir proteccionismo y con el tiempo cambió a productos sin competencia, o sin posibilidad de competencia, por parte de los productores extranjeros (ver *infra*, pp. 176-177).

De nuevo desaparecieron los beneficios inmediatos de la primera fase de la industrialización. Las posibilidades de las innovaciones técnicas de la época industrial original (británica) tendieron a agotarse, y ello de forma muy notable en los países que durante esta fase se habían transformado más completamente. Una nueva fase de tecnología abrió nuevas posibilidades en la década de 1890, pero mientras tanto es comprensible que se produjeran ciertos titubeos. Esta situación resultaba más preocupante porque tanto la nueva como la vieja economía industrial se enfrentaban con problemas de mercados y márgenes de beneficio análogos a los que habían sacudido la industria británica cuarenta años atrás. A medida que se llenaba el vacío de la demanda, los mercados tendían a saturarse, pues aunque era evidente que se habían incrementado no lo habían hecho con suficiente rapidez —por lo menos en el interior— para mantenerse a la par de la múltiple expansión de producción y capacidad en productos manufacturados. A medida que declinaban los beneficios de los pioneros industriales, estrujados por arriba por la muela de la competencia en la reducción de precios y por abajo por las plantas mecanizadas cada vez más caras, con gastos generales inelásticos y cada vez mayores, los hombres de negocios buscaban ansiosamente una salida. Y mientras la buscaban, las masas de las clases trabajadoras cada vez más nutridas en las economías industriales se unían a la población agraria en algaradas por la mejora y el cambio, tal como habían hecho en la época correspondiente de la industrialización británica. La era de la «gran depresión» fue también la de la emergencia de los partidos socialistas obreros (principalmente marxistas) por toda Europa, organizados en una internacional marxista.

En Gran Bretaña el efecto de estos cambios globales fue en unos aspectos mayor y en otros menor que en otras partes. La crisis agraria afectó a este país (pero no a Irlanda) sólo marginalmente, y desde luego el flujo de las crecientes importaciones de alimentos y materias primas tenía sus ventajas. Por otra parte, lo que en otros lugares no fue más que un simple traspiés y cambio de ritmo en el progreso de la industrialización afectó más gravemente a Gran Bretaña. En primer lugar, porque la economía británica había sido llevada a una expansión ininterrumpida en el extranjero, especialmente en los Estados Unidos. La construcción de la red mundial de ferrocarriles distaba mucho de haberse completado en la década de 1870; no obstante, la ruptura en el desaforado «boom» de la construcción de principios de la década de 1870[26] tuvo el efecto suficiente en las exportaciones británicas de capital en dinero y productos para hacer por lo menos que un historiador sintetizara la «gran depresión» en la frase: «lo que sucedió cuando se construyeron los ferrocarriles».[27] Los rentistas británicos se habían habituado tanto al flujo de rentas procedentes de Norteamérica y de las zonas no desarrolladas del mundo, que la falta de pago de sus deudores extranjeros en los años de 1870 —por ejemplo el colapso de las finanzas turcas en 1876— trajo consigo el arrinconamiento de los carruajes y el hundimiento de la construcción de edificios en lugares como Bournemouth y Folkestone. (Aún más: movilizó aquellos consorcios agresivos de obligacionistas extranjeros o a gobiernos en defensa de sus inversores, que iban a convertir a gobiernos nominalmente independientes en protectorados y colonias virtuales o de hecho de las potencias europeas, como sucedió con Egipto y Turquía después de 1876.)

Pero la ruptura no fue sólo temporal. Reveló que ahora existían otros países capaces de producir para ellos mismos, incluso quizá para la exportación, cosa que hasta entonces sólo había sido factible para Gran Bretaña. Pero también reveló que Gran Bretaña tan sólo estaba preparada para uno de los varios métodos posibles de hacer frente a la situación. A diferencia de otros países, que volvieron a los aranceles proteccionistas tanto para su mercado interior agrícola como para el industrial (por ejemplo, Francia, Alemania y los Estados Unidos), Gran Bretaña se asió firmemente al librecambio (ver capítulo 12). Del mismo modo, rehusó emprender una concentración económica sistemática —formación de trusts, cárteles, sindicatos, etc.— tan característica de Alemania y de los Estados Unidos en los años 1880 (ver capítulo 9). Gran Bretaña estaba demasiado comprometida con la tecnología y organización comercial de la primera fase de la industrialización, que tan útil le había sido, como para adentrarse entusiásticamente en la senda de la nueva tecnología revolucionaria y la dirección industrial que surgieron hacia 1890. Por ello sólo pudo tomar un camino, el tradicional, aunque también ahora adoptado por las potencias competidoras: la conquista económica (y, cada vez más, política) de las zonas del mundo hasta entonces inexplotadas. En otras palabras: el imperialismo.

La época de la «gran depresión» inició así la era del imperialismo, ya fuese el imperialismo formal del «reparto de África» en la década de 1880, el imperialismo semiformal de consorcios nacionales o internacionales que se encargaron de la dirección financiera de países débiles, o el imperialismo informal de la inversión en el extranjero. Los historiadores de la política dicen que no han encontrado razones económicas para este reparto virtual del mundo entre un puñado de poderes europeos occidentales (además de los Estados Unidos) en las últimas décadas del siglo XIX. En cambio, los historiadores de la economía no han tropezado con esta dificultad. El imperialismo no era algo nuevo para Gran Bretaña. Lo nuevo era el fin del monopolio británico virtual en el mundo no desarrollado, y la consiguiente necesidad de deslindar formalmente las zonas de influencia imperial frente a competidores potenciales; con frecuencia anticipándose a cualquier perspectiva de beneficios económicos; con frecuencia, hay que admitirlo, con desalentadores resultados económicos.[28]

Es forzoso hacer hincapié en una consecuencia más de la época de la «gran depresión», es decir en la emergencia de *un grupo competidor* de poderes industrial y económicamente adelantados: la fusión de la rivalidad política y económica, la fusión de la empresa privada y el apoyo gubernamental, que ya es visible en el crecimiento del proteccionismo y de la fricción imperialista. En una forma u otra los negocios requerían cada vez más del estado no sólo que les echara una mano, sino que los salvara. La política internacional entró en una nueva dimensión. Y, de modo significativo, después de un largo período de paz general, las grandes potencias se lanzaron una vez más hacia una época de guerras mundiales.

A todo esto, el fin de la época de expansión indiscutible, la duda ante las perspectivas futuras de la economía británica, trajeron un cambio fundamental para la política británica. En 1870 Gran Bretaña había sido liberal. El grueso de la burguesía británica, el grueso de la clase obrera políticamente consciente e incluso la vieja ala *whig* de la aristocracia terrateniente, encontraron su expresión ideológica y política en el partido de William Ewart Gladstone, quien ansiaba la paz, la reducción de gastos, la reforma y la total abolición del impuesto sobre la renta y la deuda nacional. Las excepciones carecieron de programa u otra perspectiva real. Hacia mediados de los 1890 el gran Partido Liberal se escindió; virtualmente todos sus aristócratas y una amplia sección de sus capitalistas devinieron conservadores o «unionistas liberales» que habían de fusionarse con los conservadores. La *City* londinense, bastión liberal hasta 1874, adquirió su tinte conservador. Asomaba ya un Partido Laborista independiente, respaldado por los sindicatos e inspirado por los socialistas. En la Cámara de los Comunes se sentaba por primera vez un proletario socialista tocado con gorra de paño. Pocos años antes —aunque toda una etapa histórica en realidad— un sagaz observador aún (1885) había escrito sobre los obreros británicos:

> Aquí hay menos tendencia al socialismo que en otras naciones del Viejo o del Nuevo mundo. El obrero inglés [...] no hace ninguna de esas extravagantes demandas sobre la protección del estado en la regulación de su trabajo diario y

en el índice de sus salarios, que son corrientes entre las clases obreras de América y de Alemania, y que hacen que cierta forma de socialismo sea igual que la peste en ambos países.[29]

Hacia el final de la «gran depresión» las cosas habían cambiado.

NOTAS

1.   Checkland, Chambers, Claphma, Landes (ver «lecturas complementarias», 3). Desgraciadamente no poseemos historias modernas de cualquiera de las industrias de base. La obra de M. R. Robbins, *The Railway Age* (1962), es una útil introducción al tema. La de L. H. Jenks, *The Migration of British Capital to 1875* (1927) es más amplia de lo que sugiere su título. El libro de C. Erickson, *British Industrialists: Steel and Hosiery* (1959) es útil sobre los hombres de negocios; el de S. Pollard, *A History of Labour in Sheffield* (1959) es virtualmente único como estudio regional del trabajo. El de Roydon Harrison, *Before the Socialists* (1965) esclarece la política social del período. Sobre las migraciones, ver Brinley Thomas, *Migration and Economic Growth* (1954) y J. Saville, *Rural Depopulation in England and Wales* (1975). La bibliografía sobre la «gran depresión» es amplia. Ashworth («lecturas complementarias«, 3) puede presentar los hechos; C. Wilson, «Economy and Society in late Victorian Britain«, en *Economic History Review*, XVIII (1965) y A. E. Musson en *Journal of Economic History* (1959) son útiles para los argumentos. Ver también las figuras 1, 3, 5, 7, 13-17, 21-22, 24, 26-28, 31-32, 37, 50-51.

2.   Es decir, su crecimiento en relación al tamaño de la población británica. Cf. W. Schlote, *British overseas Trade* (1952), pp. 41-42.

3.   Principales exportaciones como porcentaje de la exportación nacional total (1830-1870):

	1830	1850	1870
Hilazas y géneros de algodón	50,8	39,6	35,8
Otros productos textiles	19,5	22,4	18,9
Hierro, acero, maquinaria, vehículos	10,7	13,1	16,8
Carbón, carbón de coque	0,5	1,8	2,8

4.   Ningún punto del país dista más de 115 km del mar y todas las zonas industriales, excepto algunas de las Midlands, están considerablemente más cerca.

5.   La línea Stockton-Darlington aún funcionaba inicialmente como portazgo, es decir, ofrecía unos carriles sobre los cuales cualquiera podía hacer correr un tren contra un peaje determinado.

6.   De hecho las rentas de ferrocarriles se asentaron con el tiempo —el hecho puede que no sea insignificante— a un poco más que los valores públicos, es decir, un porcentaje de alrededor del 4 por ciento.

7.   John Francis, *A History of the English Railway* (1851), II, p. 136.

8.   Los gastos preliminares y las costas legales se estimaron en 4.000 libras esterlinas por milla de línea mientras que el coste de la tierra en la década de 1840 podía alcanzar 8.000 libras por milla. La tierra para el ferrocarril de Londres y Birmingham costó 750.000 libras.

9.   Hasta 1835 aproximadamente la construcción anual de barcos de vapor rara vez excedió de las 3.000 toneladas; en 1835-1845 se elevó a un nivel anual de 10.000 toneladas; en 1855 a 81.000 (frente a diez veces esta cifra en tonelaje de vela). Hasta 1880 no se construyeron en Gran Bretaña más barcos de vapor que de vela. Pero aunque una tonelada de vapor costaba más que una tonelada de vela, también obtenía mayores prestaciones.

10.   El número de hombres ocupados en la minería, metalurgia, construcción de máquinas y vehículos, etc., que se vieron afectados por la revolución del ferrocarril, se incrementó en casi un 40 por ciento entre 1841 y 1851.

11.   O mejor dicho, a la zona que en 1871 se convirtió en Alemania.

12.   En 1850 la producción total del acero del mundo occidental puede no haber superado las 70.000 toneladas, de las que Gran Bretaña aportó cinco séptimas partes.

13.   Entre 1856 y 1886 morían en accidentes alrededor de 1.000 mineros cada año, con ocasionales desastres gigantes, como los de High Blantyre (200 muertos en 1877), Haydock (189 muertos en 1878), Ebbw Vale (268 muertos en 1878), Risca (120 muertos en 1880), Seaham (164 muertos en 1880), Pen-y-Craig (101 muertos en 1880).

14.   El número de trabajadores del transporte se duplicó con creces en los años de 1840 y se duplicó de nuevo entre 1851 y 1881, llegando a casi 900.000 empleados.

15.   Por supuesto que antes de la creación de la responsabilidad general limitada se habían tomado previsiones especiales para determinados tipos de inversión en acciones.

16.   De los accionistas del Bank of Scotland y del Commercial Bank of Scotland en la década de 1870, alrededor de dos quintas partes eran mujeres, y de éstas a su vez casi dos tercios estaban solteras.

17.   Tales como la señora Marcet, Harriet Martineau y la novelista Maria Edgeworth, muy admirada por Ricardo y leída por la joven princesa Victoria. Un autor reciente observa con agudeza que el aparente olvido de la Revolución francesa y de las guerras napoleónicas en las novelas de Jane Austen y Maria Edgeworth puede deberse a una exclusión deliberada de un tema que tal vez no interesaba a la respetable clase media.

18.   Aunque carteles, acuerdos de precios fijos, etc. eran en esta época efímeros o escasamente efectivos, excepto en los contratos del gobierno, por ejemplo.

19.   Gracias a los esfuerzos de los radicales filosóficos, quienes argüían que, si eran legales, su total ineficacia se pondría en seguida de relieve, y por lo tanto dejarían de tentar a los obreros.

20.   Citado en J. H. Claphma, An Economic History of Modern Britain, II, p. 41.

21.   Pero The Times no consideró la democracia como aceptable hasta 1914.

22.   Citado en W. Smart, Economic Annals of the 19 th Century (1910), I, p. 54.

23.   The Life of Thomas Cooper, Written by Himself (1872), p. 393.

24.   No se quiere negar el desarrollo industrial fuera de Gran Bretaña antes de los años 1840, sino su comparabilidad con la industrialización británica. Así en 1840 el valor de todos los productos metálicos de los Estados Unidos y Alemania era, en cada país, alrededor de un sexto de los británicos; el valor de todos los productos textiles algo así como un sexto y un quinto respectivamente; la producción de lingotes de hierro algo más de un quinto y alrededor de un octavo.

25.   Tuvo resonancias amortiguadas, porque estaban mucho más localizadas, en las pocas regiones campesinas de Gran Bretaña, notablemente en la agitación de los pegujaleros de las Highlands escocesas y los movimientos análogos de los agricultores de las colinas galesas.

26.   Tanto en los Estados Unidos como en Alemania la crisis de 1873 fue fundamentalmente una quiebra de la promoción del ferrocarril.

27.   W. W. Rostow, *British Economy in the 19 th Century* (1948), p. 88.

28.   Pero ni siquiera esto era nuevo. Los negociantes británicos tenían puestas grandes esperanzas en América latina en la década de 1820, cuando esperaban construir un imperio informal mediante la creación de repúblicas independientes. Al menos inicialmente se vieron defraudados.

29.   T. H. S. Escott, *England* (ed. de 1885), pp. 135-136.

7. GRAN BRETAÑA EN LA ECONOMÍA MUNDIAL[1]

Los años medios victorianos constituyen un buen punto de observación para contemplar el característico sistema de las relaciones económicas británicas con el resto del mundo.

En sentido literal Gran Bretaña quizá no fue nunca el «taller del mundo», pero su predominio industrial a mediados del siglo XIX llegó a tal punto que da legitimidad a la frase. Gran Bretaña produjo unas dos terceras partes del carbón mundial, la mitad de su hierro, cinco séptimas partes de la reducida producción de acero, alrededor de la mitad de los tejidos de algodón que se fabricaban a escala comercial y el 40 por ciento (en valor) de sus productos metálicos. Sin embargo, hay que recordar que en 1840 Gran Bretaña tan sólo poseía alrededor de un tercio del vapor mundial y sus productos manufacturados probablemente no llegaban a un tercio del total mundial. Su rival más importante —ya entonces— eran los Estados Unidos —o, mejor dicho los estados del norte de los Estados Unidos— junto con Francia, la Confederación germánica y Bélgica. Todos estos países, excepto en parte la pequeña Bélgica, iban por detrás de la industrialización británica, pero ya entonces era evidente que si estos países y otros continuaban industrializándose, la ventaja de Gran Bretaña retrocedería de forma inevitable. Y así sucedió. Aunque la posición británica se mantuvo muy bien en el terreno del algodón e incluso es posible que se fortaleciera en la producción de lingotes de hierro, hacia 1870 el «taller del mundo» sólo poseía entre un cuarto y un quinto del vapor mundial, y producía mucho menos que la mitad de su acero. Hacia fines de los años de 1880 ese relativo declive de Gran Bretaña se hacía notar incluso en las ramas de la producción que privaban antiguamente. A principios de la década de 1890, tanto los Estados Unidos como Alemania sobrepasaron a Gran Bretaña en la fabricación del artículo clave de la industrialización: el acero. A partir de entonces, Gran Bretaña fue una más entre las grandes potencias industriales, pero ya no el líder de la industrialización. Además, entre los poderes industriales fue el más lento y el que evidenció signos más claros de un relativo declive.

Tamañas comparaciones internacionales no obedecían a un simple prurito de orgullo (o inquietud) nacional, sino que tenían una importancia práctica urgente. Como hemos visto, la primera economía industrial británica descansaba principalmente para su expansión en el comercio internacional, hecho sensato, ya que con la excepción del carbón, sus suministros interiores de materias primas no eran muy impresionantes y algunas industrias de capital importancia, como el algodón, dependían enteramente de las importaciones. Además, desde mediados del siglo XIX, el país ya no podía alimentarse a sí mismo a base de su propia producción agrícola. Aunque la población británica crecía con rapidez, era originariamente demasiado pequeña para sostener un aparato industrial y comercial del tamaño alcanzado y ello tanto más cuanto que la mayor parte de esta población —esto es, las clases trabajadoras— era demasiado pobre para proporcionar un mercado intensivo para otros productos que no fueran los esenciales de subsistencia: alimento, cobijo y unas pocas piezas elementales de vestido y artículos domésticos. Pese a su pobreza, el mercado interior podía haberse desarrollado más eficazmente, pero —sobre todo a causa del apoyo británico al comercio ultramarino— no llegó a hacerlo, con lo que se intensificó aún más su dependencia del mercado internacional.

Por otra parte, Gran Bretaña se encontraba en posición de desarrollar su comercio internacional en una extensión anormal, a causa del monopolio de la industrialización y de las relaciones con el mundo ultramarino subdesarrollado que consiguió establecer entre 1780 y 1815. En cierto sentido, su industria se proyectó sobre un vacío internacional, aunque, en parte, ese vacío se debiera a las actividades de control de la flota británica, que lo mantenían artificialmente frente a las potencias comerciales rivales.

Así, pues, la economía británica elaboró un modelo característico y peculiar de relaciones internacionales. Se apoyaba notoriamente en el comercio exterior, es decir, en términos amplios, en el intercambio de sus propios productos manufacturados y otros suministros y servicios de una economía desarrollada (capital, transporte marítimo, bancos, seguros, etc.), por materias primas extranjeras (crudos y alimentos). En 1870 el comercio británico *per capita* (excluidas las partidas «invisibles») se elevaba a 17 libras y 7 chelines contra 6 libras y 4 chelines en Francia, 5 libras y 6 chelines en Alemania y 4 libras y 9 chelines en los EE. UU. Sólo la pequeña Bélgica, el otro pionero industrial, tenía en esta época cifras comparables entre los estados industriales. Los mercados de ultramar para los productos y sus necesidades de capital desempeñaron un papel importante y creciente en la economía.

Hacia fines del siglo xviii las exportaciones interiores británicas alcanzaron alrededor del 13 por ciento de la renta nacional, a principios de la década de 1870 alrededor del 22 por ciento y a partir de entonces alcanzaron un promedio entre el 16 y el 20 por ciento, excepto en el período comprendido entre la crisis de 1929 y los primeros años de la década de los 50. Hasta la «gran depresión» del siglo xix, las exportaciones crecieron normalmente con más rapidez que la renta nacional real en su conjunto. En las industrias principales el mercado exterior desempeñó un papel aún más decisivo. El mejor ejemplo lo ofrece el algodón, que exportó algo más de la mitad del valor total de su producción a principios del siglo xix y casi cuatro quintas partes al final, así como el hierro y el acero que contaban con los mercados ultramarinos para dar salida a un 40 por ciento de su producción bruta a partir de mediado el siglo xix. El resultado, «ideal» de este intercambio masivo hubiera sido transformar el mundo en un conjunto de economías dependientes de Gran Bretaña y complementarias de ella, en el que cada una intercambiaría las materias primas que obtenía de su peculiar situación geográfica (o así argumentaban por lo menos los economistas más ingenuos del período) por los productos manufacturados del «taller del mundo». De hecho estas economías complementarias aparecieron en diversos períodos, principalmente sobre la base de determinados productos locales especializados para vender sobre todo a los ingleses: algodón en los estados sudistas de Estados Unidos hasta la guerra de Secesión, lana en Australia, nitratos y cobre en Chile, guano en Perú, vino en Portugal, etc. Después de 1870 el crecimiento de un comercio internacional masivo de productos alimenticios añadió varios otros países a este imperio económico, sobre todo Argentina (trigo, reses), Nueva Zelanda (carne, productos lácteos), el sector agrario de la economía danesa (productos lácteos, tocino) y otros. A su vez, Sudáfrica desarrolló una relación similar sobre la base de sus exportaciones de oro y diamantes, mientras el mercado mundial fue controlado por Londres, y varios países tropicales lo hicieron sobre la base de sus distintos productos vegetales (por ejemplo, aceite del Senegal, caucho, etcétera).

Evidentemente el mundo entero no podía convertirse en un sistema planetario que girara alrededor del sol económico de Gran Bretaña, aunque sólo fuese porque este país no era ya el único desarrollado o industrializado. Las otras economías adelantadas, cada una con su propio patrón de relaciones internacionales, eran por supuesto socios comerciales de Gran Bretaña, y clientes potencialmente más importantes para sus productos que el mundo no desarrollado, puesto que eran más ricos y dependían más de la compra de productos manufacturados. Es un lugar común que el comercio entre dos países desarrollados es normalmente más intenso que el que existe entre un país desarrollado y otro atrasado, o entre dos atrasados. Sin embargo, este

tipo de comercio era mucho más vulnerable porque no estaba protegido ni
por el control económico ni por el político. Un país adelantado en el proceso de industrialización necesitaría inicialmente a Gran Bretaña porque —en
las primeras fases con toda seguridad— se beneficiaría de ella como única
fuente de capital, maquinaria y tecnología, aparte de que, en ocasiones, no le
quedaba otra alternativa. Es habitual observar cómo son los ingleses quienes
ponen en marcha las primeras fábricas o talleres mecánicos en el continente, y también que las primeras máquinas nativas son copia de proyectos británicos (pasados de contrabando antes de 1825, adquiridos legalmente después). Europa estaba llena de Thorntons (Austria y Rusia), Evans y Thomas
(Checoslovaquia), Cockerills (Bélgica), Manbys y Wilsons (Francia) o Mul-
vanys (Alemania), y la difusión universal del fútbol en el siglo xx se debe
sobre todo a los equipos que formaron en las fábricas propietarios, directores u operarios especializados británicos, en todos los rincones del continente. Nos encontramos inevitablemente con que los primeros ferrocarriles
—y con frecuencia el total de ellos— habían sido construidos por contratistas británicos, con locomotoras, raíles, ayuda técnica y capital inglés.

Sin embargo, y de forma igualmente inevitable, cualquier economía en
proceso de industrialización habría de proteger sus industrias contra los británicos, porque si dejaban de hacerlo difícilmente podrían desarrollarse para
poder competir con los ingleses en el interior, y de ningún modo en el exterior. Los economistas nacionales de los Estados Unidos y de Alemania no
tuvieron nunca muchas dudas sobre el valor del proteccionismo, pero aún
eran menores las de los industriales que actuaban en sectores competitivos
con los británicos. Incluso firmes adeptos del librecambio como John Stuart
Mill aceptaron la legitimidad de discriminar en favor de las «industrias infantiles». Sin embargo, y fuera legítimo o no, nada iba a detener a los estados soberanos independientes económica y políticamente de actuar en este
sentido como harían desde 1816 los Estados Unidos (los del norte) y otros
muchos países adelantados a partir de la década de 1880. Aun sin discriminación, una vez la economía local estaba en pie, disminuía rápidamente su
necesidad de recurrir a Gran Bretaña, excepto quizá en cuanto que el mecanismo del comercio y de las finanzas internacionales estaba en Londres.
A partir de mediados del siglo xix, empezó a advertirse claramente que las
exportaciones británicas de artículos al «mundo avanzado», aunque notables,
eran estáticas o estaban en decadencia. En 1860-1870, el 52 por ciento de las
inversiones británicas de capital se habían realizado en Europa y en los Estados Unidos, pero hacia 1911-1913 tan sólo el 25 por ciento de ellas per-
manecían en esas zonas.

La hegemonía británica en el mundo no desarrollado se basaba, pues, en
una serie de economías permanentemente complementadas; la hegemonía

británica en el mundo que se industrializaba, en la competición potencial o factual. Una podía durar, la otra era temporal por naturaleza. Las otras economías «avanzadas», aun cuando fueran pequeñas y lucharan por industrializarse, debían elegir entre la urgencia de acelerar su propio desarrollo echando mano de los recursos británicos y la necesidad de protegerse contra la supremacía industrial de Gran Bretaña. Una vez hubieran sacado partido de este país, tenderían inevitablemente a virar hacia el proteccionismo, a menos por su puesto que hubieran avanzado lo suficiente como para ser capaces de vender más barato que los ingleses. En este caso los británicos deberían protegerse y proteger contra ellos a sus mercados en terceros países.

En términos generales, sólo durante un período histórico relativamente breve, los sectores desarrollado y subdesarrollado del mundo tuvieron idéntico interés en actuar de acuerdo con la economía británica y no en contra de ella, tal vez porque no tuvieron elección: las décadas que separan la abolición de las leyes de cereales en 1846 y el estallido de la «gran depresión» en 1873. Muchas zonas desarrolladas no tenían a nadie a quien vender excepto Gran Bretaña, única economía moderna.[2] Los países adelantados estaban entrando en un período de rápida industrialización, y sus demandas de importaciones, especialmente de capital y de productos básicos eran virtualmente ilimitadas. A los países que no se preocupaban de entablar relaciones con el mundo adelantado (es decir, fundamentalmente con Gran Bretaña) se les obligaba a hacerlo con flotillas y marinos, como sucedió con los últimos países «cerrados» al mundo, China y Japón, forzados por estos medios, entre 1840 y 1860, a sostener intercambios sin restricciones con las economías modernas.

Antes y después de este breve período, la situación de Gran Bretaña en el mundo económico fue distinta en importantes aspectos. Antes de la década de 1840, las dimensiones y escala de las operaciones económicas internacionales eran relativamente modestas, y la capacidad para los flujos internacionales masivos limitada, en parte por falta de excedentes de producción adecuados para la exportación (excepto en Gran Bretaña), o a causa de la dificultad técnica o social de transportar hombres y mercancías en volumen o cantidad suficientes, o a causa, en fin, de los saldos relativamente modestos para invertir en el extranjero que habían podido acumularse hasta ese momento, incluso en Gran Bretaña. Entre 1800 y 1830 el comercio internacional total se incrementó en un modesto 30 por ciento pasando de unos 300 millones de libras esterlinas a unos 400; pero entre 1840 y 1870 se multiplicó por más de cinco, y en esta última fecha pasó de los 2.000 millones. Entre 1800 y 1840 algo más de un millón de europeos emigraron a los Estados Unidos, dato que podemos utilizar como barómetro adecuado para calcular el flujo general de la migración; pero entre 1840 y 1870 casi siete millones atravesaron el Atlántico Norte. A principios de la década de 1840 Gran Bretaña había acumulado quizá alrededor de 160 millones de libras en créditos al exterior y a principios de la de 1850 alrededor de 250 millones; pero entre 1855 y 1870 invirtió en el extranjero a una cifra promedio de 29 millones de libras anuales y hacia 1873 sus saldos acumulados habían alcanzado casi los 1.000 millones. Todo esto no es más que otra forma de decir que antes de la época del ferrocarril y del vapor el alcance de la economía mundial era limitado, y, junto a él, el de Gran Bretaña.

A partir de 1873 la situación del mundo «avanzado» fue de rivalidad entre los países desarrollados; de ellos, sólo Gran Bretaña tenía un claro interés en la total libertad de comercio. Ni los Estados Unidos, ni Alemania ni Francia necesitaban de forma substancial importaciones masivas de productos alimenticios y de materias primas; excepto por lo que hace a Alemania eran sobre todo exportadores de productos alimenticios. Tampoco sus industrias requerían exportaciones en el mismo grado que Gran Bretaña; en realidad los Estados Unidos se apoyaban casi por completo en un mercado interior, lo mismo que Alemania. No existía entonces un sistema mundial extensivo de flujos de capital, trabajo y mercancías, prácticamente sin restricciones, pero entre 1860 y 1875 surgió algo similar. Un historiador ha escrito que «hacia 1866 la mayor parte de Europa occidental estaba en una situación muy cercana al librecambio, o, en cualquier caso, más próxima a él que en cualquier otra época de la historia».[3] Los Estados Unidos eran la única potencia económica de importancia que siguió siendo sistemáticamente proteccionista, pero incluso este país atravesó un período de disminución de sus aranceles entre 1832 y 1860 y de nuevo después de la guerra de Secesión (1861-1865) hasta 1875. Al mismo tiempo —otra vez con la excepción parcial de los Estados Unidos— la adopción general de un patrón oro por las monedas de las principales naciones europeas entre 1863 y 1874, simplificó las operaciones de un solo sistema de comercio mundial libre y multilateral, que giraba cada vez más en torno a Londres.

Pero esta situación no fue duradera. El libre flujo de mercancías fue lo primero que inhibieron las barreras arancelarias y otras medidas discriminatorias que se erigieron cada vez con mayor frecuencia y rigor a partir de 1880. No hubo impedimentos para el libre trasiego de hombres hasta la primera guerra mundial y sus secuelas.[4] El flujo libre de capital y pagos sólo sobrevivió hasta 1931, aunque a partir de 1914 se hizo cada vez más inseguro y, con él, la supremacía de Londres y los fuegos fatuos de toda una economía liberal mundial. Si esta economía tuvo alguna vez una posibilidad práctica —lo que es dudoso— ésta se disipó hacia fines de la década de 1870.

El principal barómetro de las relaciones de una economía con el resto del mundo es su balanza de pagos, es decir, el saldo entre sus ingresos y capital procedente del exterior y sus exportaciones a países extranjeros. Cualquiera que sea esta cifra —como todas las formas de contabilidad requiere una interpretación cuidadosa— informa sobre la naturaleza y el sistema de los negocios internacionales de un país. Esta balanza consta de partidas «visibles» e «invisibles». Las partidas «visibles» en el «haber» son las exportaciones de mercancías (incluyendo los productos importados por Gran Bretaña y luego reexportados), y las ventas de oro. Las partidas «invisibles» consisten en los beneficios del comercio exterior y servicios (por ejemplo los de firmas que se ocupan de servicios de mercado británicos u otros y de compras en el exterior), entradas por seguros, corretajes, etc., de transporte marítimo, de gastos personales de extranjeros en Gran Bretaña (turismo), remesa de los emigrantes, y de partidas auténticamente invisibles y con frecuencia inconmensurables como son las ganancias de los contrabandistas. Los ingresos «invisibles» consisten, además, en intereses y dividendos recibidos del extranjero. Las partidas del «debe» son lo contrario: el coste de importaciones de mercancías, de pagos a firmas extranjeras y a compañías navieras, envíos de dividendos e intereses al extranjero, etc. En última instancia el balance debe cuadrar, aunque esto difícilmente sucede y es probablemente indeseable que suceda. Tanto si hay excedente como déficit, la teoría clásica del comercio internacional requiere más pronto o más tarde algunas transferencias de oro (si es éste el patrón de los pagos internacionales), aunque el desequilibrio también puede rectificarse prestando o pidiendo prestado. Idealmente, una vez más, la balanza de pagos con el mundo implica un sistema mundial de *clearing* y compensaciones, es decir, un sistema que compense los déficits habidos en los negocios con determinados países con el superávit obtenido de los negocios habidos con otros. Es muy improbable que cuadre la cuenta con todos los países. Es cierto que tradicionalmente ha habido zonas del mundo con las que el comercio británico (visible) ha mantenido un claro déficit —por ejemplo Francia, los países bálticos, Europa oriental y, sobre todo, la India—, hecho que en la época preliberal había preocupado seriamente a economistas y políticos.

El balance (visible) refleja no ya las cantidades de productos importados y exportados, sino también sus precios; es decir, los llamados índices del comercio exterior. Si «mejoran», una tonelada de exportaciones servirá para comprar más importaciones; si «empeoran» conseguirá menos.[5] Para un país de las características de Gran Bretaña expresan esencialmente la relación entre el precio de los productos industriales (británicos) y el de las materias primas y productos alimenticios (extranjeros). Durante la supremacía industrial de Gran Bretaña por lo menos, bastante más del 90 por ciento de

sus importaciones netas consistían en materias primas, mientras que entre el
75 y el 90 por ciento de sus exportaciones consistían en productos manufacturados y una buena parte de sus reexportaciones en productos procesados
por la industria británica (refinados, destilados, etc.). Pero aquí nos encontramos con una situación curiosa.

Supongamos que los índices del comercio exterior favorecían a Gran Bretaña, es decir, que las materias primas que importaba eran más baratas que
antes o que sus exportaciones de productos manufacturados eran más caras,
o ambas cosas a la vez. Los principales compradores de productos británicos,
los países productores de materias primas, estaban entonces en condiciones
de comprar *menos* productos británicos, ya que disponían de menos ingresos para pagarlos. Sin embargo, un empeoramiento de estos índices no tenía
necesariamente el efecto contrario, ya que Gran Bretaña necesitaba importar,
pasara lo que pasara, una cantidad totalmente inelástica de alimentos y materias primas para mantener alimentada a su población y en marcha sus fábricas. Habría una tendencia para que las importaciones se mantuvieran altas: si
los índices favorecían a Gran Bretaña ésta tendería a comprar más, si la per-
judicaban no podría por ello importar menos. Habría también una tendencia
natural a que aumentaran las exportaciones cuando empeoraran dichos índices, cosa que sucedió en efecto. Cuando eran contrarios a los intereses británicos, la proporción de la producción industrial destinada a la exportación
creció y viceversa. Desde el punto de vista de la supremacía industrial británica era deseable que el país comprara caro en lugar de barato.

En términos amplios, la industria experimentó un proceso continuo de
abaratamiento a causa de la continua revolución tecnológica, pero la producción agrícola, que hasta fines del siglo suministraba los alimentos y las
materias primas para la industria (hasta 1800 entre el 60 y el 70 por ciento
eran materias destinadas a la industria textil), experimentó abaratamientos
intermitentes, pero nada comparable a la Revolución industrial. Hasta la
Revolución industrial de los ferrocarriles y barcos de vapor (que abrieron
nuevas fuentes de aprovisionamiento baratas como el Medio Oeste americano), las aplicaciones individuales de maquinaria a la agricultura (como el
molino azucarero movido por vapor), y una creciente demanda de materias
primas no agrícolas, tales como productos mineros y petrolíferos, transformaron el sector primario, y por tanto los índices del comercio tendieron a
moverse contra los productos industriales de rápido abaratamiento. Pero la
agricultura no se transformó hasta el último tercio del siglo XIX. De aquí que
durante los primeros sesenta años del siglo el mecanismo para impulsar las
exportaciones británicas funcionara bien. A partir de entonces se atascó, no
sólo por los cambios que experimentó el sector de productores de materias
primas, sino también por los cambios sobrevenidos en el sector británico.

Las exportaciones británicas ya no eran esencialmente productos textiles, sino que se desplazaban cada vez más hacia productos básicos y materias primas, más caros: hierro, acero, carbón, barcos, maquinaria. Los productos textiles que habían constituido el 72 por ciento de las exportaciones de productos manufacturados de Gran Bretaña entre 1867 y 1869 descendieron al 51 por ciento en vísperas de la primera guerra mundial, mientras que los productos básicos se elevaron del 20 al 39 por ciento. El crecimiento del mercado interior —debido sobre todo a un aumento de la capacidad de importación de alimentos más baratos y la mengua proporcional en la importancia del algodón— redujo la proporción de importaciones netas de materias primas, que pasó de más del 70 a alrededor del 40 por ciento, e incrementó la importación de productos alimenticios: del 25 por ciento al 45 por ciento aproximadamente; el cambio más importante tuvo lugar inmediatamente después de 1860. Había naturalmente mayor incentivo para mantener más baratas las importaciones de alimentos que las de materias primas, ya que los elevados precios de los alimentos no podían compensarse, como sucedía con los de las materias primas, con mejoras en la eficiencia industrial. Un tercer factor afectó las relaciones entre los dos niveles de precios. En lo sucesivo, en las quiebras periódicas los precios de las materias primas iban a colapsarse más espectacularmente que los industriales, mientras que en la primera mitad del siglo xix había sucedido lo contrario.[6] Finalmente, el crecimiento de las economías satélites y coloniales o semicoloniales dependientes que producían materias primas colocó sus índices de comercio exterior bajo un mayor control de las economías industriales dominantes y, sobre todo, de Gran Bretaña.

Así, pues, a un período en el que los índices comerciales habían ido en contra de Gran Bretaña le sucedió, después de 1860, otro en el que primero con rapidez y luego más lentamente se movieron en su favor hasta 1896-1914, y después de la primera guerra mundial, volvieron a serle muy favorables. A partir de la segunda guerra mundial tendió de nuevo a empeorar. En consecuencia, durante este largo período el incentivo a la exportación dejó de actuar con tanta fuerza como antes, aunque, de vez en cuando, las grandes inversiones británicas ultramarinas proporcionaron a sus clientes más fondos para comprar, y las reducciones en otros costos (por ejemplo, en fletes) también mejoraron la situación. Así, conforme las exportaciones pasaron de los mercados del tercer mundo a los del primero, el factor crucial en términos de intercambio fue la comparación de los costes con los de productores competitivos de otros países industriales: en la mayoría de casos el resultado fue desfavorable. Cuando no estuvo comprometida con las exportaciones, la tendencia de la industria británica a preferir el mercado interior al extranjero creció.

Así, pues, lo lógico sería hallar, y de hecho lo hallamos, un gran exceso de importaciones sobre las exportaciones a partir de 1860. Pero también advertimos —y esto es ya más raro— que Gran Bretaña no tuvo *nunca* durante el siglo XIX un excedente de exportación en productos, pese a su monopolio industrial, su marcada orientación exportadora y su modesto mercado de consumo interior.[7] Antes de 1846 los librecambistas sostenían que las leyes de cereales impedían que los clientes potenciales de Gran Bretaña ganaran lo suficiente con sus exportaciones para pagar las británicas, pero esto es dudoso. Los compradores de las exportaciones inglesas reflejan los límites de los mercados a los que Gran Bretaña exportaba, que eran esencialmente países que, o bien no deseaban comprar muchos productos textiles británicos, o eran demasiado pobres para ir más allá de una pequeña demanda *per capita*. Pero a través de las exportaciones se refleja también el tradicional sesgo «subdesarrollado» de la economía británica, y, en alguna medida, la demanda de artículos de lujo de las clases altas y medias británicas. Como ya hemos visto, entre 1814 y 1845 alrededor del 70 por ciento de las importaciones netas de Gran Bretaña (en valor) eran materias primas, alrededor del 24 por ciento productos alimenticios —fundamentalmente tropicales o productos similares (té, azúcar, café)— y alcohol. No hay grandes dudas de que Gran Bretaña consumía estos productos en cantidad porque eran la base de un comercio de reexportación tradicionalmente importante. Así como la producción de algodón se desarrolló como producto secundario de un gran comercio internacional de depósitos, otro tanto sucedió con el gran consumo de azúcar, té, etc., responsable de buena parte del déficit británico.

Hoy en día este déficit preocuparía notablemente a los gobiernos. En el siglo XIX no les preocupaba, y no sólo porque en sus primeros años no fueran conscientes de que existía semejante déficit.[8] De hecho, los negocios «invisibles» de Gran Bretaña le procuraron un gran excedente, y no un déficit con el resto del mundo. Con toda probabilidad, la más importante de estas ganancias procedía inicialmente de su *flota* que alcanzó entre un tercio y la mitad del tonelaje mundial. (Tendió a declinar relativamente en la primera mitad del siglo, sobre todo a causa de la pujante flota mercante americana, pero recuperó con creces su supremacía después de 1860 en la época del barco de vapor.) Hasta los primeros años de la década de 1870 sus ganancias excedían los *intereses y dividendos* de las inversiones británicas en el extranjero. Esta fuente de ingresos, que se convirtió poco a poco en el principal medio de saldar la diferencia entre las importaciones y las exportaciones, brotó modestamente después de las guerras napoleónicas, pero a fines de la década de 1840 había alcanzado en importancia a la tercera fuente principal de ingresos invisibles, los *beneficios del comercio y servicios extranjeros*, y hacia 1870 la había sobrepasado. Hacia las décadas medias del siglo una cuarta fuente, las ganancias por *seguros, comisiones de corretajes,* etc. —es decir las que derivaban de la dominante posición financiera de la *City* londinense—, había alcanzado también notable importancia.

En términos generales, los ingresos invisibles, aparte de intereses y dividendos, cubrieron con creces el déficit comercial en el primer cuarto de siglo, pero entre 1825-1850 —años difíciles de la economía industrial primitiva (ver *supra*, pp. 83-85)— no fue así y a partir de 1875 dejaron de tener importancia. Sin embargo, en el primer período, las rentas procedentes del capital previamente exportado, produjeron un modesto excedente, y después de 1875, al girar los dividendos procedentes de las primeras grandes inversiones, se obtuvo un excedente cada vez más considerable. Por ello, la posición internacional de la economía británica dependió cada vez más de la tendencia a invertir o prestar en el extranjero sus excedentes acumulados.

Tanto estas partidas, como el comercio británico visible, fueron vinculándose paulatinamente con el mundo subdesarrollado, en especial con aquel sector que se encontraba bajo el control efectivo económico o político de Gran Bretaña: el Imperio formal o informal. O, para ser más exactos, la peculiar posición de Gran Bretaña hizo que tanto las transacciones visibles como las invisibles fluyeran naturalmente en esa dirección.

A partir de 1820, al comercio visible británico le fue más fácil penetrar con mayor profundidad en el mundo subdesarrollado que irrumpir en los mercados desarrollados, más lucrativos pero también más resistentes y rivales. Ello con independencia del dinamismo y liderazgo mundial de la industria británica, como puede apreciarse en la tabla de la página siguiente.

El modelo de las exportaciones británicas era en general similar, aunque no tan extremo, al del algodón: el claro abandono de los mercados modernos, resistentes y competitivos, por los no desarrollados. Dos zonas mundiales tenían especial importancia para Gran Bretaña.

La primera era América latina que, es justo decirlo, salvó a la industria algodonera británica en la primera mitad del siglo XIX, al convertirse en el mayor mercado para sus exportaciones, que alcanzaron un 35 por ciento del total en 1840, principalmente en el Brasil. Andando el siglo América latina perdió importancia, aunque hacia fines del mismo la colonia informal británica de Argentina se convirtió en un mercado importante. La *segunda* eran las Indias orientales (pronto fueron tan importantes como para dividirlas en Indias y Oriente Lejano), que alcanzaron capital importancia para Gran Bretaña. Del 6 por ciento de las exportaciones de algodón después de las guerras napoleónicas, estas regiones llegaron a absorber un 22 por ciento en 1840, un 31 por ciento en 1850 y una mayoría absoluta —alrededor del 60 por ciento— después de 1873. La India absorbió la mayor parte de ellas —entre el 40 y el 45 por ciento luego de la arremetida de la «gran depresión»—.

En este período de dificultades, Asia salvó al Lancashire, de forma aún más decisiva que América latina en la primera mitad del siglo. Como vemos, hay buenas razones para que la política exterior británica favoreciera, en la primera mitad del siglo XIX, la independencia de Latinoamérica y la «apertura» de China. Razones más convincentes explican que la India fuese vital para la política británica a lo largo de todo este período.

Exportaciones de piezas de algodón
(millones de yardas) (% del total)

Año	Europa y Estados Unidos	Mundo subdesarrollado	Otros países
1820	60,4	31,8	7,8
1840	29,5	66,7	3,8
1860	19,0	73,3	7,7
1880	9,8	82,0	8,2
1900	7,1	86,3	6,6

Algo más tarde fueron adquiriendo importancia las exportaciones de capital, incluidas las dirigidas al mundo no desarrollado y el imperio británico en particular. Antes de la década de 1840 habían consistido esencial[mente primero en préstamos del gobierno, y más tarde en ésos, ferrocarriles y servicios públicos. Hacia 1850 Europa y los Estados Unidos se anotaban aún más de la mitad, pero como era de esperar, entre 1860 y 1890, la proporción de Europa disminuyó en forma grave (de 25 a 8 por ciento) y la de los Estados Unidos fue dando tumbos hasta que también cayó espectacularmente durante la primera guerra mundial (de 19 a 5,5 por ciento). Como era habitual, se recurrió a América latina y la India, pero —si exceptuamos las fallidas inversiones realizadas después de la lucha por la independencia— en orden inverso. En la década de 1850 la India, gracias a los costosos ferrocarriles garantizados por el gobierno (contra la teoría del *laissez-faire*) y otros desembolsos, se puso a la cabeza con un 20 por ciento de la inversión total británica; después ésta cayó brutalmente. América latina, sin embargo, gracias al desarrollo de Argentina y de otras economías dependientes, duplicó la proporción de inversiones británicas en los años de 1880 y desde entonces representó a su vez alrededor del 20 por ciento.[9] Pero el incremento realmente sorprendente tuvo lugar en las zonas *en vías de desarrollo* y no en las atrasadas del mundo subdesarrollado, y especialmente del Imperio británico. Los dominios «blancos» (Canadá, Australia, Nueva Zelanda, Sudáfrica) elevaron su participación del 12 por ciento hacia 1860 a casi el 30 por ciento en 1880; y si incluimos a Argentina, Chile y Uruguay como dominios «honorarios» —sus economías no era disímiles— el incremento en la exportación de capital es más sorprendente. Tras la primera guerra mundial, aumentó la importancia de los dominios, que llegaron a suponer el 40 por ciento de dichas exportaciones. La proporción del Imperio y de América latina era, en conjunto, como sigue:

Años	Imperio (%)	América latina (%)	Total (%)
1860-1870	36	10,5	46,5
1880-1890	47	20	67
1900-1913	46	22	68
1927-1929	59	22	61

Con una excepción importante, estos avances eran, por lo menos al principio, independientes de la política. El carácter de la hegemonía económica pionera de Gran Bretaña establecía un cierto sesgo en el panorama económico internacional, sobre el cual se deslizó el país de modo natural. La excepción fue la India, cuya anormalidad salta a la vista. Por una parte, la India fue el único componente del Imperio británico al que nunca se aplicó el *laissez-faire*. Sus más entusiastas campeones en Gran Bretaña se convirtieron allí en planificadores burocráticos, y los oponentes más acérrimos de la colonización política rara vez sugirieron la liquidación del dominio británico. El Imperio británico «formal» se aferró a la India incluso cuando no lo hizo en ninguna otra parte de él. Las razones económicas que explican esta anomalía eran apremiantes.

Así, pues, la India se fue convirtiendo en un mercado cada vez más vital para la exportación del principal producto británico: el algodón. Los británicos obtuvieron este mercado porque en el primer cuarto del siglo xix destruyeron la industria textil local porque competía con la del Lancashire. Además, la India controlaba el comercio del Extremo Oriente por medio de sus excedentes de exportación con aquella zona; las exportaciones consistían fundamentalmente en opio, un monopolio estatal que los ingleses alentaron de forma sistemática (con fines lucrativos, claro está) casi desde el principio. Aún en 1870 casi la mitad de las importaciones totales de China consistía en estos narcóticos, servidos en bandeja por la economía liberal de Occidente. Tanto estos excedentes como el resto del superávit comercial de la India con el mundo fueron a parar, naturalmente, a manos británicas gracias al déficit comercial (políticamente establecido y mantenido) de la India con Gran Bretaña por medio de las *Home Charges* (es decir, de los pagos de la India por el privilegio de ser administrada por Gran Bretaña) y de los inte-

reses cada vez mayores de la deuda pública india. Hacia fines de siglo, la
importancia de estas partidas crecía sin cesar. Antes de la primera guerra
mundial, «la clave del sistema de pagos británico está en la India, que debe
financiar más de las dos quintas partes de los déficits totales de Gran Bretaña».[10] Otro autor sostiene:

> Así, pues, la India no sólo proporcionó los fondos para ser invertidos en ella
> misma, sino una gran parte de la renta total de las inversiones de ultramar, que
> proporcionó a Gran Bretaña su excedente en la balanza de pagos en el último
> cuarto del siglo XIX. La India fue, en verdad, la joya de la diadema imperial.[11]

No ha de sorprender, pues, que ni los librecambistas mismos quisieran
ver cómo esta mina de oro escapaba del control político británico, y que una
gran parte de la política extranjera británica, militar o naval, estuviera pensada esencialmente para mantener a salvo su control.

En la India, el imperio formal no dejó nunca de ser vital para la economía británica, aunque era cada vez más vital en todas partes tras la década
de 1870 cuando se incrementó la concurrencia extranjera y Gran Bretaña
trató de escapar de ella —cosa que consiguió en gran parte— recurriendo a
sus dependencias. A partir de la década de 1880, el «imperialismo» —la división del mundo en colonias formales y «esferas de influencia» de las grandes potencias, combinada generalmente con el intento de crear el tipo de sistema de satélites económicos que Gran Bretaña había desarrollado de forma
espontánea— se hizo universalmente popular entre las grandes potencias.
Para Gran Bretaña esto supuso un paso atrás, ya que significaba cambiar un
imperio informal sobre la mayoría del mundo subdesarrollado por el imperio formal sobre la cuarta parte del mundo, aparte de las viejas economías
satélites. Este trueque no era especialmente fácil ni tampoco apetecible.
Las economías satélites realmente valiosas estaban (excepto la India) o bien
más allá del control político británico —como Argentina— o bien se trataba
de «dominios» blancos con sus propios intereses económicos que no coinci-
dían necesariamente con los de Gran Bretaña y que exigían concesiones
compensatorias para la venta de sus propios productos allí, si es que habían
de entregar enteramente sus mercados a la madre patria. Aquí fue donde se
estrellaron los proyectos de Joseph Chamberlain para la integración imperial, hacia 1900. Desde luego había razones que justificaban la política de
anexión de todas las zonas atrasadas posibles con el fin de obtener el control
de sus materias primas, que a fines del siglo XIX parecían vitales para las
economías modernas, como así fueron, en efecto. Hacia fines de la segunda
guerra mundial, el caucho y el estaño de Malay, los ricos depósitos mineros
de África central y del Sur, y sobre todo los depósitos petrolíferos de Orien-

te Medio, se habían convertido en el principal capital internacional de Gran
Bretaña, y el puntal de su balanza de pagos. Pero a fines del siglo XIX, las razones económicas de anexionarse grandes extensiones de junglas, maniguas
y desiertos ya no eran acuciantes. Sin embargo, Gran Bretaña ya no tomaba
la iniciativa, sino que seguía la senda abierta por sus rivales. Pero, como hemos visto, en el período de entreguerras tras el colapso de la estructura de
sus relaciones económicas internacionales anterior a 1914, Gran Bretaña se
acogió al regazo del Imperio en un mundo cada vez más difícil.

En términos del comercio visible el colapso sobrevino repentinamente
tras la primera guerra mundial, a causa tanto de la crisis general económica
que deprimió el alcance de las transacciones económicas internacionales, y
con ellas las de Gran Bretaña, como a la tardía pero inevitable revelación de
que la industria británica era ya anticuada e ineficiente. Sólo durante un breve período después de la guerra (1926-1929) el comercio mundial recon-
quistó el nivel de 1913, mientras que en los peores momentos cayó un cuarto por debajo: notable cambio desde los años de 1875 a 1913 en que se había
triplicado. A lo largo de esta dura época, las exportaciones británicas se redujeron a la mitad, pero no sólo a causa de la contracción general, sino porque ya no eran competitivas.

Gran Bretaña no había escapado de la «gran depresión» (1873-1896)
—el primer reto internacional— modernizando su economía, sino explotando las posibilidades que le quedaban de su situación tradicional. Aumentó
sus exportaciones a las economías atrasadas y satélites como en el caso del
algodón) y sacó todo el partido que pudo a la última de las grandes innovaciones técnicas que había capitaneado: el barco de vapor de hierro (tanto en
la construcción de estos barcos como en las exportaciones de carbón). Cuando los últimos grandes receptores de artículos de algodón desarrollaron sus
propias industrias textiles —India, Japón y China— sonó la hora del Lancashire. Ni siquiera el control político podía mantener permanentemente desindustrializada a la India, aunque todavía en 1890 el grupo de presión de
Lancashire había llegado a impedir la imposición de aranceles para proteger
la industria algodonera de la India.[12] La guerra, que interrumpió el curso normal del comercio internacional y estimuló el crecimiento industrial en muchos países que después tuvieron que ser protegidos, reveló brutalmente la
nueva situación. Antes de ella, la industria india sólo proporcionaba el 28 por
ciento de las necesidades locales de tejidos; después suministró más del
60 por ciento. Otros proveedores rivales de Gran Bretaña, más eficientes,
y también la utilización del petróleo como combustible para los barcos, colapsaron las exportaciones de carbón. Éstas habían oscilado desde unos
20 millones de toneladas a principios de la década de 1880 hasta 73 millones en 1913. En la década de 1920 el promedio alcanzó 49 millones y 40 en

la de 1930. El déficit en el comercio visible —la diferencia entre importaciones y exportaciones— fue rara vez inferior al doble del que se experimentó en los peores años antes de 1913.

Sin embargo, los ingresos invisibles de Gran Bretaña parecían más que
adecuados para saldar esta diferencia. Mientras su industria se tambaleaba,
sus finanzas triunfaban y sus servicios como transportista, comerciante e in-
termediara en el sistema de pagos mundial, se hicieron cada vez más indispensables. Si alguna vez Londres fue el eje económico real del mundo, y la
libra esterlina su base, tuvo que ser entre 1870 y 1913.

Como hemos visto, las inversiones en el extranjero se incrementaron de
forma esporádica principalmente en las décadas de 1860 y 1870, y más tarde lo hicieron mediante la reinversión de sus propios intereses y dividendos.
Hacia 1913 Gran Bretaña tenía invertidas en el extranjero unos 4.000 millones de libras esterlinas, frente a los 5.500 millones escasos de Francia, Alemania, Bélgica, Holanda y los Estados Unidos en conjunto. Hacia 1860 los
buques británicos habían transportado alrededor del 30 por ciento del carga-
mento entrado en puertos franceses o estadounidenses, hacia 1900 transpor-
taron el 45 por ciento de los franceses y el 55 por ciento de los americanos.[13]
Paradójicamente, el mismo proceso que frenó la producción británica —el
surgimiento de nuevas potencias industriales, la debilitación del poder competitivo británico— reforzó el triunfo de sus finanzas y su comercio. Las
nuevas potencias industriales incrementaron sus importaciones de materias
primas del mundo no desarrollado, pero no gozaban de los acuerdos sim-
bióticos tradicionales de Gran Bretaña y, por ello, experimentaron déficits
notables. Gran Bretaña pudo saldar este déficit *a*) por sus propias importaciones, cada vez mayores, de productos manufacturados de los estados industriales; *b*) por sus ingresos «invisibles» por servicios de transporte marítimo y similares, y *c*) por los ingresos que obtenía como primer prestamista
mundial. Los bramantes de la red mundial de relaciones comerciales y financieras estaban, y así tendrían que seguir, en manos de Londres, pues sólo
Londres podía recoser sus desperfectos.

La primera guerra mundial rompió esta red, pese a los desesperados esfuerzos de los gobiernos británicos por evitarlo. Gran Bretaña dejó de ser la
gran nación acreedora del mundo, sobre todo porque se vio obligada a liquidar alrededor del 70 por ciento de sus inversiones en los Estados Unidos (digamos que unos 1.000 millones de libras, especialmente en títulos de ferrocarriles) y a su vez se endeudó fuertemente con esta potencia americana, que
al terminar la guerra era la mayor nación acreedora. A partir de 1919 pareció
que Gran Bretaña se recobraba y sus gobiernos hicieron un heroico intento
por recrear las condiciones de 1913 y restaurar así el paraíso perdido. Hacia
1925 los beneficios obtenidos por inversiones y otras ganancias invisibles

fueron —en valores de la época— mayores de lo que nunca habían sido. Pero esto fue sólo una ilusión. Los beneficios brutos de inversión se habían elevado del 4,5 por ciento de la renta nacional, en la década de 1870, y después de la segunda guerra mundial a lo que fue en 1860. El crac de 1929 aniquiló la ilusión de un regreso a la *belle époque* anterior a 1913 y la segunda guerra mundial la enterró definitivamente. Gran Bretaña no disponía ya de ingresos adecuados visibles ni invisibles. Las crisis recurrentes de la «balanza de pagos», que en 1931 quitaron el sueño por primera vez a los gobiernos británicos, fueron los síntomas palpables de esta condición.

Los grandes cambios que sufrió la economía mundial durante el período que siguió a la segunda guerra mundial, y especialmente a partir de 1970, se considerarán más adelante, en el capítulo 16.

Notas

1. Ashworth, Landes, Deane y Cole (ver «lecturas complementarias», 3). La obra de M. Barratt-Brown, *Ager Imperialism* (1963) es una introducción excelente, mientras que las de S. B. Saul, *Studies in British Overseas Trade 1870-1914* (1960), A. Imlah, *Economic Elements in the Pax Britannica* (1958), Charles Feinstein, «Income and Investment in the UK 1856-1914», en *Economic Journal* (1961) son más técnicas. La obra de L. H. Jenks (ver capítulo 6, nota 1) sigue siendo indispensable. El material básico sobre el comercio se encuentra en la obra de W. Schlote, *British Overseas Trade* (1952). Ver * W. A. Lewis, *Economic Survey 1919-1939* (1949) para el período de entreguerras. Sobre la influencia industrial británica en el extranjero, los libros de W. O. Henderson, *Britain and Industrial Europe 1750-1870* (1954), M. Greenberg, *British Trade and the Opening of China* (1915) y J. S. Ferns, *Britain and Argentina in the 19th Century* (1960) estudian casos concretos. Ver también figuras 23-36.

2. Por ejemplo, incluso en 1881-1884, Gran Bretaña, con más del doble del consumo *per capita*, necesitaba casi la mitad del azúcar que se consumía en Europa, y, dado que varios países continentales cubrían la mayor parte de su demanda mediante la producción interior (remolacha azucarera), Gran Bretaña consumía la mayor parte del azúcar de caña ultramarino que se importaba.

3. Hauser, Maurain, Benaerts, *Du libéralisme à l'impérialisme* (1939), pp. 62-63.

4. No era de importancia capital para Gran Bretaña.

5. Estos índices se calculan normalmente dando a la relación entre exportaciones e importaciones para año-base el valor de 100 y expresando los años como porcentaje de ésta.

6. Pueden aducirse varias razones para explicar este notable fenómeno. Dos importantes son *a*) que hasta la segunda mitad del siglo, las crisis se iniciaron aún frecuentemente en el sector agrícola —por ejemplo con malas cosechas— y más tarde en el sector industrial, y *b*) que el «grado de monopolio» —es decir, la capacidad de mantener estables los precios y afrontar las crisis reduciendo la producción o de algún otro modo— fue cada vez mayor en el sector industrial que en el agrícola. Ciertamente, la agricultura podía tender a afrontar las crisis *aumentando* la producción.

7. La interpretación de estos datos es materia de controversia. Algunos estudiosos no están de acuerdo con la afirmación de que no hubo excedente de exportación. Sostienen que,

al ir los productos en barcos británicos, es lógico que se calcularan en puertos extranjeros, por lo que el valor de los productos exportados es con frecuencia mayor que el de los importados. Además, tal vez fue ventajoso no disponer de un excedente continuo sobre las transacciones visibles e invisibles. De ser así, Gran Bretaña habría acumulado una gran reserva de oro o generado una crisis de liquidez, a menos que hubiera financiado el excedente a la exportación prestando al extranjero aún más de lo que parece haber hecho. Debo esta precisión a K. Berrill.

8.   A causa de que las estadísticas de comercio se hicieron de forma peculiar y engañosa.

9.   En 1890, de los 424 millones de libras esterlinas invertidas, Argentina cubría alrededor de 157 millones, Brasil —antaño la mayor partida— unos 69, México, 60, Uruguay, 28, Cuba, 27 y Chile, 25.

10.   S. B. Saul, *op. cit.*, p. 62.

11.   M. Barratt-Brown, *op. cit.*, p. 85.

12.   En efecto, tales aranceles no se aplicaron hasta después de 1917.

13.   Sólo Alemania, que inició una deliberada carrera de rivalidad marítima con Gran Bretaña en la década de 1890, prescindió desde entonces del transporte marítimo británico.

8. NIVELES DE VIDA, 1850-1914[1]

Detengámonos un instante para contemplar a Gran Bretaña, desde otro ángulo, en el momento culminante de su carrera capitalista, tres o cuatro generaciones después de la Revolución industrial. Gran Bretaña era, en primer lugar y por encima de todo, un país de obreros. R. Dudley Baxter, al calcular el tamaño de las distintas clases británicas en 1867, afirma que más de las tres cuartas partes —77 por ciento— de los 24,1 millones de habitantes del país pertenecían a la «clase trabajadora manual»; e incluía entre la «clase media» a todos los oficinistas y dependientes, a todos los tenderos por pequeños que fueran, a todos los capataces, encargados y similares. No más del 15 por ciento de estos obreros eran cualificados o formaban parte de la aristocracia laboral moderadamente bien pagada —con salarios entre 28 chelines y dos libras a la semana—, más de la mitad eran no cualificados, trabajadores agrícolas, mujeres y otros obreros mal pagados —con salarios de unos 10 o 12 chelines a la semana— y el resto pertenecía a las filas intermedias. En el trabajo, una parte de ellos —los obreros textiles, los pertenecientes a otras «fábricas y talleres» que acababan de ingresar en el sistema de legislación fabril en la década de 1860, incluso en cierta medida los mineros del carbón— ya disfrutaban entonces de algunas regulaciones legales de sus condiciones, y más raramente de su jornada laboral. A partir de 1871 consiguieron incluso que se reconociera legalmente, por primera vez, el descanso no religioso, las *Bank Holidays*. Pero en lo fundamental sus salarios y condiciones de trabajo dependían de las negociaciones que realizasen con sus patronos, solos o a través de sus sindicatos. A principios de la década de 1870 el sindicalismo fue aceptado y reconocido oficialmente, allí donde había conseguido establecerse con firmeza. Gracias a la arcaica estructura de la economía británica, esto no sólo se produjo entre los artesanos especializados de los oficios manuales (por ejemplo, los maestros de obra, sastres, impresores, etc.), sino también en el seno de las industrias de base,

tales como las hilanderías y las minas de carbón, y el gran complejo de la
construcción de máquinas y barcos, donde la mayor parte del trabajo especializado seguía siendo esencialmente el de los artesanos manuales. Aun así,
la asociación obrera sólo cubría una pequeña minoría de trabajadores británicos, excepto en ciertas localidades y oficios. Incluso la gran expansión
de los sindicatos, que tuvo lugar entre 1871 y 1873 sólo elevó el número de
obreros organizados a medio millón poco más o menos. Aún había extensos
sectores de la economía —como, por ejemplo, el transporte— pendientes de
organizar. Sin embargo, el hecho mismo de que un sindicalismo anticuado,
con frecuencia de tipo artesanal, consiguiera establecer una base permanente para un posterior avance en algunos de los sectores principales de la Gran
Bretaña industrial era significativo. Esta situación tenía la ventaja de dar al
movimiento obrero un poder potencial muy considerable, pero también el
inconveniente (compartido por la industria británica en general) de apare-
jarlo con una estructura anticuada e inadaptable, de la que los defensores
posteriores de una organización sindical más racional y efectiva (por ejemplo sindicatos «de industria») nunca han sido capaces de liberarse.

Si un obrero perdía su trabajo —cosa que podía ocurrirle al terminar la
tarea, al final de la semana, del día o incluso de la hora—, no le quedaba otro
recurso que el de sus ahorros, su sociedad fraternal, su sindicato, su crédito con los tenderos locales, sus vecinos y amigos, el prestamista o la ley de
pobres, que aún era entonces la *única* disposición pública para lo que hoy
en día se conoce como seguridad social. Sólo unos pocos obreros contaban
con seguros efectivos o pensiones privadas, de modo que para la mayoría la
vejez o la enfermedad suponían el desvalimiento total de no contar con hijos que les ayudaran. Nada es más característico de la vida de los trabajadores victorianos y nada, asimismo, es más difícil de imaginar hoy en día que
esta carencia casi absoluta de seguridad social. Los obreros cualificados, o
aquellos que trabajaban en industrias en expansión, tal vez podían disfrutar
de algunos de los beneficios de ser pocos, excepto en las crisis económicas
recurrentes. También podían recurrir a los sindicatos, sociedades fraternas,
cooperativas, o echar mano de algunos pocos ahorros personales. Los no
cualificados podían darse por satisfechos si lograban vivir justamente con
lo que ganaban, y lo más probable es que acabaran de pasar la semana em-
peñando y reempeñando sus miserables pertenencias. En el Liverpool de
los años de 1850, el 60 por ciento de los empeños se hacían por valor
de cinco chelines o menos, y el 27 por ciento por dos chelines y seis peniques o menos.

A diferencia de otros países, apenas si existía en Gran Bretaña una «clase media baja» que separara a estos obreros —o les uniera— de las clases
medias. De hecho, el término «clase media baja» tal como entonces se utili-

zaba, cubría la aristocracia del trabajo además de a los pequeños tenderos, fondistas, pequeños propietarios, etc., que con frecuencia se reclutaban de este estrato, además del reducido grupo de trabajadores no manuales (white-collar). En 1871 no se contaban más allá de 100.000 «empleados comerciales» y «empleados bancarios» (no mucho más de un tercio de los mineros del carbón) para llevar los negocios de la mayor nación comercial y bancaria del mundo. Su posición era respetada, aunque no disfrutasen necesariamente de riqueza, ya que hasta después de 1870 en que se implantó un sistema nacional de enseñanza elemental (que no fue obligatorio hasta 1891), el alfabetismo no era en modo alguno universal. La forma de vida de la clase media constituía el modelo para familias como los Pooters de «The Laurels», Holloway —los suburbios habitados por trabajadores no manuales fueron apareciendo gradualmente, sobre todo a partir de la década de 1870—, aunque el aristócrata del trabajo relativamente acomodado o el pequeño tendero podían combinar una imitación de los niveles materiales de la clase media (como era, por ejemplo, la compra de relojes de oro y de pianos) con otros hábitos que mantenían su solidaridad con el resto de la clase obrera manual, entre la cual solía seguir viviendo. Si conseguía hacerse económicamente independiente o llegar a empresario —cosa que era perfectamente posible en industrias a pequeña escala como la construcción, distintas clases de metalurgias y las pequeñas tiendas—, podía abandonar su sindicato, aunque no se lo aconsejara los grandes riesgos de sufrir una quiebra y tener que regresar al proletariado. En tanto que seguía siendo obrero, el bienestar le deparó moderación política, pero no *embourgeoisement*.

Los observadores satisfechos de sí mismos podían considerar a la Gran Bretaña mediovictoriana como una nación de clase media, pero de hecho la auténtica clase media no era extensa. En términos de renta podía coincidir, más o menos, en 1865-1866, con las 200.000 contribuciones inglesas y galesas superiores a 300 libras al año en concepto de impuesto sobre la renta, epígrafe «D» (beneficios de negocios, profesiones e inversiones), de las que 7.500 correspondían a rentas superiores a 5.000 libras anuales —ingresos muy sustanciosos en aquellos días— y 42.000 a rentas comprendidas entre 1.000 y 5.000 libras. Esta comunidad relativamente pequeña incluiría a los 17.000 comerciantes y banqueros de 1871, los 1.700 «armadores», un número desconocido de propietarios de fábricas y de minas, la mayoría de los 15.000 médicos, los 12.000 procuradores y 3.500 abogados, los 7.000 arquitectos y 5.000 ingenieros, profesión que se extendió con gran rapidez durante estas décadas, pero que lamentable y significativamente, dejó de crecer hacia el fin del siglo.[2] No se incluirían en ella muchas de las llamadas hoy en día ocupaciones intelectuales o «creativas». Había tan sólo 2.148 «autores, editores y periodistas» (comparados con 14.000 en vísperas de la primera guerra mundial); no había científicos clasificados separadamente como tales, y sólo un número estático de profesores universitarios, porque la Inglaterra victoriana era una sociedad inculta.

La definición más amplia de la clase media o de aquellos que aspiraban a imitarla era el servicio doméstico. Su número aumentó sustancialmente desde 900.000 personas en 1851 a 1,4 millones en 1871, casi el máximo alcanzado.[3] Pero en 1871 sólo había unas 90.000 cocineras y no muchas criadas, lo que da una medida más precisa —aunque probablemente demasiado estrecha— del tamaño real de la clase media; y como cálculo de los aún más ricos, tenemos a los 16.000 cocheros privados. ¿Quiénes eran los otros que tenían servicio doméstico? Quizá principalmente los miembros de la «clase media baja» que se esforzaban por conseguir un nivel social y una respetabilidad, y que descubrían por aquel entonces en el control de nacimientos un medio de acelerar sus pretensiones, ya que, como han demostrado investigaciones recientes, había que elegir entre un mayor nivel de vida, que ahora estaba a su alcance, y una familia extensa, lo que determinó el descenso (entre las clases alta y media) en la tasa de nacimientos que puede observarse a partir de la década de 1870.

Ésta era la pirámide social mediovictoriana. El fenómeno descrito era urbano o, quizá, en lo que concernía a sus capas medias, suburbano, ya que la migración de los no proletarios a los alrededores de las ciudades crecía con rapidez; especialmente en los años 1860 y más tarde en la década de 1890. En 1851 los habitantes de las ciudades sobrepasaban el número de habitantes del campo. Y lo que es más significativo, hacia 1881 quizá dos de cada cinco ingleses y galeses vivían en las seis áreas gigantes («conurbaciones») de Londres, sudeste del Lancashire, las West Midlands, el oeste del Yorkshire, y las riberas del Mersey y del Tyne. Además, las zonas rurales eran sólo parcialmente agrícolas. En 1851, sólo dos de los nueve millones de trabajadores británicos se dedicaban a la agricultura; hacia 1881 sólo 1,6 de 12,8 millones, y en vísperas de la primera guerra mundial, menos del 8 por ciento. Las ciudades que constituían ahora la Gran Bretaña real no eran ya los desiertos para hacer dinero, abandonados y descuidados, de la primera mitad del siglo. Los horrores de aquel período, focalizados en las crecientes epidemias que no respetaron a la clase media, condujeron a reformas sanitarias sistemáticas a partir de la década de 1850 (desagües, suministro de agua, limpieza de las calles, etc.); la disponibilidad de dinero fomentó la edificación municipal que, combinada con la agitación radical, consiguió salvar algunos espacios abiertos y parques para el público en aquellas zonas afortunadas donde todavía no se había construido. Por otra parte, ferrocarriles, apartaderos y estaciones ocuparon amplias tiras del centro de las ciudades, desplazando a la población que allí vivía a otros barrios pobres y cubriendo a los que permanecieron en él con aquella densa capa de mugre y hollín que aún flota hoy en día en algunos rincones de las ciudades del norte. Esa irritante niebla, que los extranjeros consideran tan típica, se fue espesando cada vez más en torno a la Inglaterra victoriana.

La ciudad de los años medios victorianos supuso en muchos aspectos, excepto quizá en belleza, una clara mejora sobre las ciudades de los años 30 y 40, mejora que se debió más a los gastos realizados en equipos y necesidades básicas urbanas que a la intención pública de mejorar las condiciones de vida de la clase obrera como tal. Existió, sin embargo, una corriente de reforma municipal que la benefició y un movimiento comercial aún más poderoso destinado a explotar los deseos de diversiones y comodidad que experimentaban los trabajadores pobres por medio de instituciones como el típico bar lleno de espejos y la opulencia ful del music-hall victoriano, cuyo hogar estilístico se remonta claramente a la década de 1860. A pesar de esto, las ciudades británicas siguieron siendo lugares horribles para vivir, superadas tan sólo por las mugrientas hileras de chamizos de los pueblos industriales y mineros, porque la expansión industrial y urbana dejaba atrás los intentos espontáneos o planificados de perfeccionar las ciudades. Londres pasó de algo más de dos millones de habitantes en 1841 a casi cinco en 1881; Sheffield de 111.000 a 285.000, Nottingham de 52.000 a 187.000, Salford de 53.000 a 176.000, aunque las ciudades del Lancashire crecían más lentamente. Mejoras incuestionables (excepto quizá una vez más en el campo de la estética) sólo pueden apreciarse en los suburbios de clase media —Kensington es en buena medida una creación de los años 60 y 70— y en los nuevos balnearios y villas costeras que crecieron con gran rapidez en las décadas de 1850 y 1860, generalmente cuando llegaron los ferrocarriles a estos lugares, con frecuencia a iniciativa de terratenientes ansiosos de potenciar sus propiedades.[4]

En general puede decirse que la vida de la mayoría de los ingleses mejoró en los «años dorados», aunque tal vez no tanto como creían los contemporáneos. La mejora fue mayor y más espectacular, durante la «gran depresión», aunque por razones completamente distintas. Es probable que los ingresos reales dejaran de mejorar alrededor de 1900, mientras que en 1914 tuvo lugar un estancamiento perceptible o incluso un declive en los salarios reales, que es probablemente la razón principal del extenso malestar obrero sobrevenido en los últimos años antes de la primera guerra mundial. Sin embargo, es probable que en otros aspectos continuase la mejora.

La década de 1870 señala un cambio evidente. Hasta entonces, dejando a un lado los ingresos, los índices fiables del bienestar social, tales como la tasa de mortalidad (especialmente la mortalidad infantil) no cayeron de forma significativa. Incluso es probable que en las zonas urbanas se hubieran elevado durante algunos de los años de las «décadas doradas». A partir de entonces iniciaron aquel descenso casi continuo tan característico de los países desarrollados: lento pero visible al principio, más rápido a partir de los inicios del siglo XX.[5] Como que la tasa de nacimientos también empezó a bajar, por lo menos entre las clases media y media baja —debido al control de la natalidad y a un mayor nivel de vida (ver *supra*, p. 176-177)—, el crecimiento de la población no dependió tanto de la diferencia entre una elevada tasa de mortalidad y una tasa de natalidad aún más alta, sino cada vez más del desequilibrio entre una tasa de mortalidad en franco descenso y una tasa de nacimientos que descendía algo menos rápidamente.

Es evidente que en estos aspectos los «años dorados» no lo fueron en absoluto. Sin embargo, en términos de ingresos reales y consumo señalaron ya un claro adelanto. Los salarios reales promedio (descontando el paro) no experimentaron cambios desde 1850 hasta los primeros años de la década de 1860, pero se elevaron alrededor del 40 por ciento entre 1862 y 1875, oscilaron durante un año o dos a fines de la década de 1870, pero recuperaron el anterior nivel a mediados de 1880, para elevarse rápidamente a partir de entonces. Hacia 1900 estaban un tercio por encima de los de 1875 y eran un 84 por ciento más elevados que los de 1850. Luego, como hemos visto, dejaron de aumentar.

Aunque consideremos fiables estos promedios generales (lo que es dudoso) es evidente que no nos proporcionan un cuadro realista de la situación. Cuando hacia fines de siglo se llevaron a cabo las primeras prospecciones sociales —por Booth en Londres y Rowntree en York— los resultados demostraron que el 40 por ciento de la clase obrera vivía en lo que se llamaba «pobreza» o aún en peores condiciones; es decir con unos ingresos familiares del orden de 18 a 21 chelines;[6] una miserable masa de la que dos terceras partes habían de convertirse, en un momento u otro de sus vidas —generalmente en la vejez—, en pobres de solemnidad. Al otro extremo de la clase obrera, un máximo del 15 por ciento, probablemente menos, vivía en lo que entonces se consideraba «comodidad», con ingresos de unas dos libras o más. En otras palabras, las clases obreras victorianas y eduardianas estaban divididas en una aristocracia del trabajo, que se movía normalmente en un mercado de demanda —es decir, era lo suficientemente escasa como para conseguir salarios más altos—, la masa no cualificada y sin organizar que tan sólo podía conseguir de los compradores de su fuerza de trabajo un salario de subsistencia o semisubsistencia, y una capa intermedia.

Esta situación explica las distintas oscilaciones del nivel de vida en los «años dorados», la «gran depresión» y los años eduardianos. En períodos de inflación, tales como el primero y el último, quienes podían elevar sus salarios por encima de los precios mejoraban su suerte. Así sucedió:

> Alimentos sin tasa, vestidos del mismo modelo que la clase media, si los alquileres lo permiten un pulcro cuarto de estar, con adornos baratos y afectados que, si no lujosos o bellos en sí mismos, son síntoma de la propia estimación y heraldos de tiempos mejores: un periódico, un club, una fiesta ocasional, tal vez un instrumento musical.[7]

Un observador bien informado describió en estos términos la condición de esa aristocracia del trabajo a mediados de la década de 1880. No ocurría lo mismo con el 40 por ciento de los que no gozaban de la demanda suficiente. Su situación sólo mejoró cuando disminuyó el paro (cosa que sucedió a partir de los años 40) y cuando pudieron abandonar las industrias que pagaban salarios reducidos por otras con salarios más altos, las industrias estancadas por las industrias en expansión (como hicieron muchos de ellos durante los «años dorados»). Sin embargo, no se produjo ninguna mejora general de importancia antes de la década de 1860, excepto quizá entre los jornaleros agrícolas cuya emigración masiva del campo mejoró tanto las condiciones de los que permanecieron en él, como las de los que se marcharon. La masa estancada de pobreza situada en la base de la pirámide social permaneció prácticamente tan inmóvil como antes. Hacia 1900 un anciano recordaba que

> les dará una idea de las condiciones de vida de Liverpool el hecho de que era muy común vender leche por valor de un cuarto de penique; y no sólo comprarla y venderla, sino que la llevaran a casa. Al final de la semana se podía recoger un penique y tres cuartos por el valor de siete cuartos de leche. Esto sucedía en la parte más pobre de Liverpool [...] Me acuerdo que una vez estaba trabajando en el tranvía que salía del depósito de Smithdown Road y llegaba a Pier Head y llevaba 75 pasajeros; todos ellos tenían que pagar dos peniques, pero al hacer el recuerdo advertí que sólo tenía una moneda de tres peniques, el resto era calderilla. Aquélla era una señal de pobreza.[8]

La «gran depresión» trajo consigo cambios importantes. Probablemente la mejora general más rápida en las condiciones de vida del obrero decimonónico tuvo lugar entre los años 1880 y 1895, disminuida tan sólo por el notable desempleo de este período. La causa fue que el descenso del coste de la vida benefició tanto a los más pobres como a los demás, y proporcionalmente a ellos más que a los otros. La «depresión» fue, sobre todo, un período de caída de los precios, principalmente a causa del nuevo mundo de productos alimenticios baratos e importados que se abría ante el pueblo británico.

Entre 1870 y 1896, el consumo de carne *per capita* aumentó casi en un tercio, pero la proporción de la carne importada que comían los británicos se triplicó. Desde el final del siglo hasta después de la primera guerra mundial, alrededor del 40 por ciento de la carne que se comía en Gran Bretaña procedía del extranjero.

A partir de 1870 los hábitos alimenticios y el alimento mismo de los ingleses comenzaron a transformarse. Empezaron, por ejemplo, a comer fruta, cosa que antes era considerada un lujo. Al principio, la clase obrera sólo consumía frutas en forma de mermeladas, más tarde comenzó a consumir los plátanos importados, novedad que complementaba o sustituía a las manzanas como única fruta del tiempo asequible para los pobres de las ciudades. En esta época aparece por primera vez un elemento tan característico de la escena proletaria británica como es la freiduría de pescado y patatas cuya difusión desde su hogar original (probablemente Oldham) se inició a partir de 1870.

Desde 1870 en adelante, no sólo los suministros de alimentos, sino el mercado entero de bienes de consumo para los pobres comenzó a ser transformado por la aparición de la tienda (especialmente el almacén general) y de la producción fabril para un público específico de clase obrera. Un sector favorecido de obreros, especialmente en el norte, había puesto en marcha, desde 1840, su propio mecanismo de distribución: las «cooperativas» modestas al principio —en 1881 sólo tenían medio millón de miembros— pero que luego crecieron con mayor rapidez. Hacia 1914 contaban con tres millones de miembros. Aún más espectacular fue la aparición del bazar o tienda en la que se vendía de todo y de la cadena de almacenes: de diez tipos de carnicerías en 1880 se pasó a 2.000 en 1900, de 27 tipos de colmado a 3.444 (aumentaron más lentamente en la década de 1900). Todavía fue más significativa —dado que los primeros bazares iban dirigidos principalmente al mercado de clase obrera—, la aparición de las tiendas de vestido y calzado, subproducto de la creación de fábricas de botas y zapatos en la década de 1860, y de los trajes de confección en la de 1880. El calzado fue lo que se desarrolló con mayor rapidez —había 300 zapaterías en 1875; pero 2.600 veinticinco años más tarde, la mitad de ellas de la década de 1890— seguido a corta distancia por las tiendas de ropa masculina, y continuó creciendo con rapidez incluso en los difíciles años de la década de 1900; las tiendas de ropa de señora experimentaron un desarrollo más lento. Su época aún no había llegado.

Al remolque de los Estados Unidos, la industria comenzó a producir artículos de parecida importancia de cara al futuro, aunque todavía no la tuvieran entonces: los productos de consumo duraderos relativamente baratos, como la máquina de coser (que costaba cuatro libras hacia 1890), precursora de la compra a plazos, o la bicicleta. Esta máquina nueva y excitante entró a formar parte del mundo popular a través de los music-halls y del folklore ideológico, a través de los Clarion Cycling Clubs de los entusiastas jóvenes socialistas y del señor Bernard Shaw en calzón corto. La bicicleta no estaba aún al alcance de los que eran muy pobres, pero este período les proporcionó el primer medio de transporte público específicamente pensado para la clase obrera: el *tranvía*. En 1871 estaba en sus balbuceos, pero hacia 1901 daba trabajo a más de 18.000 obreros: el trayecto normal no llegaba al penique y medio en la década de 1880. Finalmente —de nuevo aquí los años 80 señalan el cambio— se llevó a cabo la transformación de las diversiones populares. En Gran Bretaña los inventos revolucionarios como el fonógrafo y el cine estaban aún en mantillas hacia 1914, pero el music-hall —por lo menos en Londres— experimentó su primer auge importante hacia la década de 1880 y sus años de gloria en la de 1890. A partir de 1900 estos cafés-cantantes contaron con un público familiar creciente. Los ostentosos teatros de variedades se desplazaron de los suburbios proletarios, donde habían comenzado su carrera, al corazón mismo de las ciudades. A su vez, el deporte, y especialmente los clubs de fútbol, se convirtieron en la institución nacional de todos conocida. En 1885 se legalizó el profesionalismo.

En resumen: entre 1870 y 1900 quedó establecido el patrón de vida de la clase obrera británica que los escritores, dramaturgos y productores de televisión de 1950 han considerado como «tradicional». Esta forma de vida no era «tradicional», sino nueva. Si se la consideró vieja e inmutable fue porque ciertamente no experimentó grandes cambios hasta la crucial transformación de la vida británica que tuvo lugar en la próspera década de 1950, y porque su expresión más completa debía hallarse en los centros característicos de la vida de clase obrera de fines del siglo XIX: el norte industrial o las zonas proletarias de las grandes ciudades no industriales como Liverpool y el sur o este de Londres, que no cambiaron demasiado, sólo para mal, en la primera mitad del siglo XX. Aquella vida no era ni muy buena ni muy opulenta, pero sí era, probablemente, la primera forma de vida desde la Revolución industrial que proporcionaba un firme acomodo para la clase obrera británica dentro de la sociedad industrial.

En el último cuarto del siglo XIX, la vida de la clase obrera se hizo mucho más fácil y variada, aunque la época eduardiana supuso un retroceso. Sin embargo, las tendencias no constituyen plenas realidades y el cuadro de las condiciones sociales que ofrece el paso del tiempo —frecuentemente para sorpresa de los observadores— es horrible. Es el cuadro de una clase obrera encanijada por un siglo de industrialismo. En la década de 1870 los chicos de once a doce años que estudiaban en las escuelas públicas de las clases altas eran por término medio *cinco pulgadas más altos* que los de las escuelas industriales, y entre los diez y los veinte, tres pulgadas más altos que los hijos de los artesanos. Cuando en 1917 se hizo por primera vez un examen médico en masa al pueblo británico para el servicio militar, se obtuvo un 10 por ciento de jóvenes no aptos para el servicio; un 41,5 por ciento (en Londres del 48 al 49 por ciento) con «incapacidades notables», un 22 por ciento con «incapacidad parcial» y sólo algo más de un tercio en estado satisfactorio. Gran Bretaña era un país poblado por la estoica masa de los destinados a vivir toda su vida a un incierto nivel de subsistencia hasta que la vejez les condenara a las migajas de la ley de pobres, subalimentados, con viviendas en malas condiciones y mal vestidos. Comparado con los niveles de 1965, o incluso con los de 1939, advertiremos que apenas había comenzado el cambio de nivel de clase obrera a un nivel calificable de humano.

Afortunadamente, el paro, la incertidumbre y, tal vez por encima de todo, la decadente fe en el progreso automático del capitalismo británico, hizo que la gente fuera dejando de aceptar pasivamente su destino, y le proporcionó medios más eficaces de mejorarlo. El socialismo reapareció en la década de 1880 y reclutó una élite de trabajadores activos y eficaces quienes a su vez crearon o transformaron los movimiento obreros de masas: los sindicatos y los noveles partido independientes de la clase obrera que convergieron para formar el Partido Laborista a principios de la década de 1900. Los duros tiempos de la Inglaterra eduardiana abonaron el terreno para una transformación política masiva, que la guerra aceleró. El movimiento sindicalista alcanzó algo así como un millón y medio de miembros en la gran «explosión» de 1889-1890; creció luego más lentamente hasta unos dos millones y se duplicó de nuevo hasta casi cuatro millones en la gran «inquietud obrera» de 1911-1913, para volver a duplicarse a fines de la primera guerra mundial, alcanzando una cúspide temporal de ocho millones de miembros. Este proceso se debió en gran parte al crecimiento de sindicatos en las industrias que hasta entonces no habían sido organizadas, como los transportes, ya fuesen fluviales, por ferrocarril o carretera, o al de las secciones de industrias antiguas no organizadas, como, por ejemplo, los obreros no cualificados y semicualificados del metal. La expansión de sindicatos más viejos tuvo también mucho que ver con este crecimiento.

La declaración política de independencia de los obreros tuvo resultados menos espectaculares, aunque hacia 1914 ya había en el Parlamento cuarenta miembros laboristas. Por fortuna la extensión del voto en 1884-1885 proporcionó a la clase obrera una considerable ventaja política sobre los partidos más viejos, especialmente los liberales, por lo general ansiosos de retener a su séquito proletario. Por primera vez las autoridades públicas y el estado pensaron seriamente en la mejora social. Hacia 1914 apareció el esbozo de un sistema de seguridad social como resultado de la legislación liberal posterior a 1906. Sin embargo, el sector público aún no tenía una considerable importancia práctica. Las pensiones para la vejez (cinco chelines semanales a los 70 años), introducidas en 1908, fueron la única forma de compensación social auténticamente redistributiva, si exceptuamos la ley de pobres. La *National Insurance Act* de 1914 fue pensada como un esquema de seguridad adecuado, pagado mediante primas, y aunque sus servicios médicos eran parcos pero útiles, a partir de 1920 se pusieron claramente de relieve sus limitaciones al luchar contra el paro. El gobierno sólo asignó pequeñas cantidades para finalidades sociales, aparte de la enseñanza: 17 millones de libras esterlinas en 1913, de un desembolso total bruto de 184 millones, en pensiones para la vejez, oficinas de colocaciones y seguros de paro. En 1939 los gastos análogos eran de 205 millones de libras de un total de 1.006 millones. Los desembolsos de la administración local aún eran menos cuantiosos. Entre Inglaterra y Gales, en 1913, se elevaron a 13 millones de libras de un total de 140 millones, que era entonces un porcentaje mucho más pequeño que cincuenta años antes, puesto que los pagos de la ley de pobres, la partida principal, ni siquiera se habían duplicado, mientras que los desembolsos totales de la administración local se habían quintuplicado desde 1868. Las viviendas públicas eran casi inexistentes. En 1884, fecha de la que datan las primeras cifras, se gastaba alrededor de 200.000 libras en préstamos para ese fin; en 1913 cerca de un millón. En comparación podemos observar que en la década de 1930, la asignación pública para viviendas no descendió nunca por debajo de los 70 millones de libras anuales. En resumen, los pobres pagaban más en contribuciones de lo que recibían en concepto de servicios sociales.

La situación de las clases altas era muy diferente, y la inmensidad de la distancia que separaba la cúspide y la base de la sociedad británica se acentuaba con la orgía de descarado derroche a que se lanzaron buena parte de los ricos, encabezados por aquel símbolo de una clase «de lujo», el rey Eduardo VII, en las décadas anteriores a 1914. Biarritz, Cannes, Monte Carlo y Marienbad —el hotel internacional de lujo fue en muy buena parte producto de esta época y encontró en el estilo «eduardiano» su mejor forma arquitectónica—, yates y enormes cuadras de caballos de carreras, trenes privados, masacres de aves en las cacerías y opulentos fines de semana en casas de campo que se alargaban hasta semanas enteras: estas fruslerías ocupaban las largas horas de ocio de los ricos. Sólo un 6 por ciento de la población dejaba al morir alguna propiedad digna de mención, y sólo el 4 por ciento dejaba más de 300 libras. Pero entre 1901 y 1902 existieron unas 4.000 propiedades que pagaban impuestos por un capital valorado en 19 millones de libras, y, de ellas, 149 por 62,5 millones. El rico aún lo era porque la libra esterlina seguía siendo la libra esterlina. El duque de Bedford, que al decir de todos los terratenientes gemía bajo los efectos de la depresión agrícola, no estaba lo bastante arruinado como para no poder ofrecer a su agente comercial un sueldo generoso junto con la residencia en una casa de campo, provista, a expensas ducales, de tres criados domésticos, siete de puertas y tres monteros, la utilización de otra casa de campo, más caza, productos de huerta, nata, leche, mantequilla y whisky en abundancia.

Por debajo de ellas estaban las clases media y media baja, un extenso cuerpo social que comprendía —si lo definimos por el mantenimiento de servicio doméstico— quizá el 30 por ciento de la población por lo menos en York. A mediados de la época eduardiana, había 1.750.000 familias que ganaban (o recibían por el concepto que fuese) más de 700 libras al año, lo que era confortable, y quizá unas 3.750.000 familias que obtenían entre 160 y 700 libras anuales, lo que era razonable. En 1913-1914, el adulto medio ganaba aproximadamente 30 chelines por una semana de trabajo de cincuenta y cuatro horas (o un ingreso anual de 77 libras en caso de estar plenamente empleado) y la mujer adulta media ganaba en la industria 13 chelines y 6 peniques por una semana de trabajo de la misma duración (o si trabajaba a pleno empleo, unas 35 libras anuales). Estas capas medias comían bien e incluso a veces demasiado. Vivían cómodamente en aquellos alrededores para las clases media y media baja que rodeaban las zonas menos contaminadas de las ciudades, y que iban desde la modesta casa con jardín y azotea de distritos como Tooting hasta el cinturón de bolsistas ubicado en la campiña, pasando por zonas opulentas como Wimbledon: fortalezas del conservadurismo político de las cuales sus defensores salían por las mañanas, armados de sus nuevos periódicos tipo *Daily Mail* (1896), para llegar a las oficinas cuyos puestos de trabajo iban copando progresivamente.

Al igual que la enorme expansión de la venta al detalle, el crecimiento del trabajo de oficina reflejó el aumento del sector terciario o de servicios dentro de la economía, lo que también ha sucedido en todas las economías desarrolladas del siglo xx. Alrededor de 1914 esta parte de la economía estaba aún muy por debajo del volumen de los sectores primario y secundario, en los que la gente cultivaba, extraía o manufacturaba productos, pero ya entonces empezó a potenciar el empleo de mujeres como dependientas, camareras, operadoras (teléfonos y máquinas de escribir) profesoras y periodistas. En 1841 sólo un 3 por ciento de las mujeres habían trabajado en algunos de esos campos; en 1911 lo hacía un 11 por ciento, casi todas ellas mujeres solteras que esperaban abandonar el trabajo remunerado tras el matrimonio.

Hacia 1906 quizá medio millón de *empleados* ganaban por encima de las 160 libras anuales (algo así como la mitad de la clase media baja), aunque el grueso de la creciente población de empleados sólo se miraba en el espejo de las filas superiores de la clase media. Más de tres cuartas partes de los dependientes de comercio y todas las dependientes ganaban menos de tres libras semanales en 1910. (Más de tres cuartas partes de las dependientes, aún en franca minoría, ganaban menos de una libra semanal.) Sólo en la banca y en los seguros los ingresos eran algo mejores. El modesto trabajador no manual, especialmente si se empeñaba —cosa que desde luego hacía— en mantener un estilo de vida similar al de la clase media no estaba en mucha mejor posición que el obrero bien pagado, aunque en las últimas décadas del siglo consiguió sacar más partido a sus ingresos reduciendo el tamaño de su familia por el control de nacimientos, principalmente por medio del *coitus interruptus*.[9] Como ha dicho A. J. P. Taylor: «El historiador ha de tener presente que entre 1880 y 1940 tiene en sus manos a un pueblo frustrado»,[10] y de ninguna clase podía predicarse esto con más certeza que de la clase media baja de las épocas victoriana (en su final) y eduardiana.

Sin embargo, además de estos cambios mensurables en las formas de vida británica, había otros cambios igualmente significativos pero no cuantificables. El primero era el conservadurismo —sobre todo de complacencia— que, como hemos visto, fosilizó cada vez más al inglés rico. La tendencia de los conservadores a sustituir el Partido Liberal como expresión unitaria de los ingleses ricos a partir de 1874 lo refleja, aunque fuera interrumpida brevemente a principios del siglo xx. El declive del inconformismo religioso —especialmente el de la clase media— fue enmascarado por el creciente paso electoral de la «conciencia inconformista», nunca más poderosa que en las últimas décadas del siglo xix, y por la continua elevación al solio de la opulencia y de la influencia de hombres de negocios inconformistas. Pero, de hecho, a partir de la década de 1870, el inconformismo dejó de extenderse y con él declinó una fuerza poderosa, sostén del liberalismo y la empresa privada competitiva.

La asimilación de las clases de negocios británicas al patrón social de la nobleza y la aristocracia progresó muy rápidamente a partir de mediados del siglo xix, período en el que se fundaron o reformaron tantas de las llamadas «escuelas públicas», de las que se excluyeron finalmente a los pobres para quienes en un principio habían sido creadas.[11] En 1869 consiguieron liberarse prácticamente del control gubernamental y se aplicaron a elaborar aquel imperialismo *tory* activo, antiintelectual, acientífico y dominado por el juego, que iba a ser su nota característica. (No fue el duque de Wellington, sino un mito de los últimos años victorianos el que pretendía que la batalla de Waterloo se ganó en los campos de juego de Eton, inexistentes entonces.)

Por desgracia, la escuela pública constituyó el modelo del nuevo sistema de enseñanza media, que los sectores menos privilegiados de la nueva clase media pudieron implantar después de la ley de educación de 1902, y cuyo objetivo principal era excluir de la enseñanza superior a los hijos de la clase obrera, que hasta 1870 no habían ganado el derecho universal a la enseñanza primaria. Así, pues, el saber, especialmente el científico, obtuvo un segundo puesto en el nuevo sistema educativo británico, para el mantenimiento de una rígida división entre las clases. En 1897 menos del 7 por ciento de los alumnos de las escuelas secundarias (*grammar schools*) procedían de la clase obrera. Los ingleses entraron en el siglo xx y en la época de la ciencia y tecnología modernas como un pueblo patéticamente mal instruido.

La somnolencia de la economía ya era patente en la sociedad británica en las últimas décadas anteriores a 1914. Los escasos empresarios dinámicos de la Gran Bretaña eduardiana eran, con frecuencia, extranjeros o grupos minoritarios (los financieros germano-judíos, cada vez más importantes, blanco para el penetrante antisemitismo del período, los americanos, tan importantes en la industria eléctrica, los alemanes en la química, cuáqueros y disidentes provincianos tardíos como Lever, que explotaba los nuevos recursos del imperio tropical). Por el contrario, las florecientes actividades de la *City* —aun cuando eran un claro producto de la empresa provincial inconformista, como los crecientes negocios de seguros de vida y sociedades inmobiliarias— ya habían sido atrapadas en la red pseudonobiliaria de la no competición caballeresca. Se hizo habitual la presencia del testaferro, un aristócrata encajado en el consejo de administración de una sociedad normalmente *louche* por el valor publicitario de su nombre. Su anverso era el burgués auténtico que, a diferencia de sus predecesores de los días de la liga contra la ley de cereales se veía a sí mismo como el «caballero» tipo saga de los Forsyte, en lo que finalmente se convirtió.

Apareció en consecuencia la característica Gran Bretaña mítica de los carteles turísticos y de los calendarios del *Times*. La fuerte incrustación de la vida pública inglesa de rituales pseudomedievales y de otro tipo, como el culto a la realeza, data de fines del período victoriano, al igual que la pretensión de que el inglés es en el fondo o un rústico o un hidalgo rural. Pero, como ya hemos visto, al otro extremo de la escala social ese mismo período contempló la emergencia de un fenómeno social muy distinto: el modo de vida «tradicional», característico de las clases obreras urbanas. Sin embargo, y a diferencia de las conquistas de las clases altas, su aparición reflejaba no sólo regresión y fosilización, sino también, y a despecho de su estrechez, modernización. El socialismo que cada vez dominaba en mayor medida al movimiento obrero, puede haber sido extremadamente ambiguo. Con frecuencia, como ocurrió con sus aspectos pacifista e internacionalista, fue poco más que una prolongación proletaria del pequeño-anglicanismo liberal-radical inconformista y opuesto a la política imperial, que las clases acaudaladas estaban abandonando con premura. Sin embargo, el socialismo *estuvo* comprometido en un cambio estructural fundamental en la economía. Se basaba en un análisis económico que tenía en cuenta (al revés de la cada vez más osificada ortodoxia económica de la *Treasury Mind*) factores nuevos tales como la tendencia hacia la concentración y la necesidad de una intervención pública cada vez más sistemática en la economía. Tal vez por esta razón, los pequeños grupos de pensadores tecnocráticos y dirigistas aún no representativos, como los fabianos, se encontraron actuando dentro del movimiento obrero. La tragedia del movimiento fue que en la práctica no actuó de acuerdo con su teoría.

NOTAS

1. Briggs, Cole y Postgate, Kitson Clark («lecturas complementarias», 2), Clapham, Checkland, Ashworth («lecturas complementarias», 3). El material básico sobre los niveles de vida de la clase obrera está en los artículos de G. H. Wood en *Journal of the Royal Statistical Society*. (1899 y 1909). Ver Asa Briggs, *Victorian Cities*, S. Pollard, *History of Labour in Sheffield*; H. J. Dyos, *Victorian Suburb* (1961) para los problemas urbanos. Asimismo, E. Phelps Brown, *Growth of British Industrial Relations* (1959) para la legislación y condiciones sociales; K. W. Wedderburn, *The Worker and the Law* (1965) para la legislación laboral. El libro de J. B. Jefferys, *Retail Trading in Great Britain 1850-1950* (1954) es bueno, aunque cargado de estadísticas. Los de H. Pelling, *A History of Trade Unionism* (1963) y *The Origins of the Labour Party* deben ser complementados por R. Tresell, *The Ragged-Trousered Philanthropists* (novela). Ver la obra de G. y W. Grossmith, *Diary of a Nobody* para la clase media baja. Sobre la enseñanza, ver Brian Simon, *Education and the labour Movement 1870-1920* (1965). La obra de W. S. Adams, *Edwardian Portraits* (1957) es excelente para el estudio de las clases altas. El trabajo de E. P. Thompson, «Homage to Tom Maguire», en A. Briggs y J. Saville, eds., *Essays in Labour History* (1960) es una soberbia introducción a la reaparición del socialismo. Ver también figuras 2-3, 7, 10, 14, 21, 32, 37, 41, 43, 45-46, 49-52.

2. Pasó de 3.329 en 1861 a 7.124 en 1881; pero en 1911, *incluidos los ingenieros de minas*, su número era sólo de 7.208.

3. Omitiendo personal de servicio de hoteles y fondas que entonces aún fueron clasificados con ellos.

4. El duque de Devonshire vigorizó Eastbourne a partir de 1851. Los famosos «embarcaderos» fueron construidos en Southport en 1859-1860; en Bournemouth (que sólo tenía 1.000 habitantes en 1851) lo fueron en 1861 y ampliados hasta Brighton en 1865-1866.

5. Muertes por 1.000 habitantes:

Años	Varones	Mujeres	Nacidos vivos (muerte entre 0-1 año)
1838-1842	22,9	21,2	150
1858-1862	22,8	21	149,4
1868-1872	23,5	20,9	155,8
1878-1882	21,5	19,1	142,2
1888-1892	20,2	17,9	145,6
1898-1902	18,6	16,4	152,2
1908-1912	15,1	13,3	111,8
1914	15	13,1	105

6. Rowntree calculó en 1899 el costo mínimo semanal del sostenimiento para un matrimonio con hijos en 21 chelines y 8 peniques, distribuidos como sigue:

Alimento para los esposos	6s.	
Alimento para tres hijos	6s.	9d.
Alquiler..	4s.	
Ropa para los adultos	1s.	
Ropa para los niños	1s.	10d.
Varios (luz, mantenimiento del hogar, jabón, etc.)	2s.	1d.

En el alimento *no* se incluye carne, y era deliberadamente menos generoso que las dietas prescritas para los mendigos robustos. Era en verdad un magro nivel de subsistencia.

7. Pollard, *History of Labour in Sheffield,* p. 105.

8. *Tom Barker and the IWW*, ed. E. C. Fry, Australian Society for Labour History, 1965, pp. 5, 7.

9. No se usaron extensamente medios mecánicos para hombres hasta el período de entreguerras y para las mujeres hasta los años 30.

10. A. J. P. Taylor, *English History 1914-1945*, p. 166.

11. Cheltenham, Marlborough, Rossall, Haileybury, Wellington, Clifton, Malvern, Lancing, Hurstpierpoint y Ardingly fueron fundadas (y Uppingham transformada) entre principios de la década de 1840 y mediados de la de 1860.

9. LOS INICIOS DEL DECLIVE[1]

Desde la Revolución industrial la transformación de la industria se realizó de forma continua, pero de vez en cuando —como, por ejemplo, en las últimas décadas del siglo XIX— los resultados acumulativos de estos cambios destacaron de tal forma que comenzó a hablarse de una «segunda» revolución industrial.[2] La divisoria parecía tanto más clara cuanto que la primera fase del industrialismo había sido visiblemente arcaica, y porque Gran Bretaña, su pionera, permanecía aferrada a este modelo arcaico, mientras que no lo hacían otras economías industriales más nuevas.

El primer cambio —que a la larga sería el más profundo— lo experimentó el papel de la ciencia en la tecnología, que en la primera fase de la industrialización había sido, como hemos visto, pequeño y secundario. Las invenciones importantes fueron simples, y producto del ingenio individual, la experiencia práctica y la capacidad de innovar con cualquier nuevo artilugio para ver si funcionaba, en lugar de recurrir a una complicada teoría o a conocimientos esotéricos. Las fuentes de energía (carbón, agua) eran antiguas y bien conocidas, las materias primas esenciales no eran distintas de las habituales, aunque por supuesto (como en el caso del hierro) se utilizaron en mucha mayor escala que nunca y con ciertas mejoras. Naturalmente, ya se contaba con innovaciones mucho más revolucionarias —por ejemplo, en la industria química— que a veces llamaban la atención por su espectacularidad, como el alumbrado por gas; pero su importancia en la producción era secundaria. Los mayores logros tecnológicos de la fase arcaica de la industrialización, el ferrocarril y el barco de vapor, eran precientíficos o sólo semicientíficos.

Sin embargo, la evolución misma del ferrocarril y la revolución que supuso para el transporte, hizo más necesaria la tecnología científica, y la expansión de la economía mundial ofreció incansablemente a la industria nuevas materias primas que requerían un proceso científico para poder usarlas con eficacia (por ejemplo, el caucho y el petróleo). Existía ya, desde hacía mucho tiempo, una herramienta fundamental para la tecnología científica, la física clásica (incluida la acústica); otra, la química inorgánica, vio la luz durante las primeras fases de la Revolución industrial. En las décadas de 1830 y 1840 lo hicieron el electromagnetismo y la química orgánica. La institución básica de la ciencia, el laboratorio de investigación —sobre todo el universitario— había cristalizado también entre 1790 y 1830 aproximadamente. La tecnología científica no sólo era deseable, sino también posible.

Así, pues, los principales adelantos técnicos de la segunda mitad del siglo XIX fueron esencialmente científicos, es decir que para llevar a cabo invenciones originales requerían como mínimo algún conocimiento de los últimos adelantos en las ciencias puras, un proceso mucho más consistente de experimentación científica y de pruebas para su desarrollo, y un vínculo cada vez más estrecho entre industriales, tecnólogos, científicos profesionales e instituciones científicas. Un inventor que nunca hubiera oído hablar de Newton podía ingeniar algo como la *spinning-mule* ; pero incluso los inventores técnicamente menos cualificados de la era de la electricidad —por ejemplo el americano Samuel Morse, inventor del telégrafo eléctrico, que dio nombre al código— tenían por lo menos que haber leído algunos libros científicos. (Su equivalente británico, sir Charles Wheatstone, era profesor universitario y FRS [Fellow of the Royal Society].) Incluso las invenciones «accidentales» acontecían en un ambiente científico, como sucedió con el color malva, el primer tinte de anilina descubierto por W. H. Perkin en 1856 cuando era estudiante en el Royal College of Chemistry. La ciencia ya no sólo aportaba soluciones, sino que planteaba nuevos problemas, como sucedió con Gilchrist-Thomas, empleado en un juzgado y asistente a clases nocturnas que atrajeron su atención sobre la dificultad de usar minerales de hierro fosforosos en metalurgia, en tanto que le proporcionaban los conocimientos químicos para superarlas en 1878. Afortunadamente, un primo suyo, químico en una fundición galesa, pudo verificar su solución que consistía en revestir un convertidor de Bessemer con escoria básica.

Dos nuevas industrias fundamentales en la nueva fase de industrialización, la eléctrica y la química, se basaban totalmente en el conocimiento científico. El desarrollo de la máquina de combustión, aunque no planteara problemas científicos de gran novedad, dependía por lo menos de dos ramas de la industria química: las que refinaban y procesaban las materias primas de petróleo crudo y caucho, intratables en su estado bruto. Las industrias inferiores, que no alcanzaron su pleno desarrollo hasta el siglo XX, tales como el complejo de industrias basadas en la fotografía, necesitaron aún con mayor firmeza una base científica de química y óptica. La famosa industria óptica alemana produjo una firma de importancia —la Zeiss—, hijuela planificada de los laboratorios de investigación de la Universidad de Jena. Hacia fines del siglo XIX, era ya notorio, especialmente a partir de la experiencia de la industria química alemana que dirigía el mundo, que el *output* del progreso tecnológico estaba en función del *input* de fuerza humana científicamente cualificada, equipo y dinero invertido en proyectos de investigación sistemática. En los Estados Unidos, Thomas Alva Edison (1847-1931) demostró en forma más empírica en sus laboratorios de Menlo Park, y a partir de 1876, los resultados que podían derivarse del mantenimiento de laboratorios a gran escala para la investigación tecnológica.

La segunda transformación de importancia fue menos revolucionaria. Consistió simplemente en la extensión sistemática del sistema fabril —la división de la producción en una amplia serie de procesos simples, realizado cada uno por una máquina especializada movida por energía— a zonas que hasta entonces no lo habían conocido. A la larga la más importante de éstas fue la fabricación misma de maquinaria, o, como diríamos ahora, de «bienes de consumo duraderos», constituidos principalmente por maquinaria destinada más al uso personal que al productivo. Éste es el desarrollo —en parte técnico, en parte organizativo— que conocemos como «producción en masa» y que cuando la aplicación de trabajo humano al proceso de producción queda reducido al punto mínimo, llamamos «automación». En principio no había nada revolucionario en ello. La fábrica de tejidos de algodón tradicional marchaba ya tras el ideal de convertirse en un autómata gigante, complejo y *self-acting* (como se le llamaba entonces), y cada innovación técnica le acercaba un poco más a su objetivo. Sin embargo, pese a algunas excepciones, como el telar Jacquard, no le fue posible alcanzarlo, primero porque los incentivos para eliminar el trabajo cualificado no eran lo suficientemente fuertes, pero, por encima de todo, porque las cuestiones referentes a la dirección del proceso y a la organización de la producción no fueron planificadas de forma sistemática. Pero había llegado a la producción masiva y estaba en vías de automatización, como sucedía en mucho mayor grado con algunas formas de producción química, de operación continua, control automático de temperatura (en 1831 se patentó un termostato) y eliminación virtual de todos los procesos de trabajo.

La mecanización en la construcción dependía de la existencia de una amplia demanda para un mismo tipo de máquina. Por ello la iniciaron los armamentos (fabricación de cargadores de municiones y armas cortas) hasta que el tamaño del mercado potencial en la industria y la demanda de consumidores privados lo suficientemente ricos, hizo la mecanización comercialmente atractiva. Los primeros productos de esta nueva etapa fueron sobre todo, y por razones evidentes, norteamericanos: la máquina de coser de Elias Howe (1846), mejor conocida por la adaptación que hizo de ella su difusor comercial Isaac Singer (1850); la máquina de escribir, inventada en 1843 y comercializada con éxito a partir de 1868; la cerradura Yale (1855); el revólver Colt de 1835 y la ametralladora (1861). Fueron también los Estados Unidos los que iniciaron la producción masiva de vehículos automóviles, aunque de hecho el automóvil era una invención europea —principalmente francesa y alemana— y el más modesto de los vehículos mecánicos, la bicicleta (1886) no fue nunca importante en el Nuevo Mundo. Pero tras esos productos visibles había tenido lugar una transformación mucho más importante de las máquinas-herramientas: el torno revólver (h. 1845), la fresadora universal (1861), el torno automático (h. 1870); y con ellas —o tal vez algo después— el desarrollo de los aceros de aleación (y en el siglo xx otras aleaciones como las de carburo de tungsteno) lo suficientemente duros y afilados como para cortar acero a elevadas velocidades mecánicas y accidentalmente, sobre todo a fines del siglo xix, para producir armamentos más formidables. Substancias hasta entonces sólo conocidas como curiosidad por el geólogo o el químico —tungsteno, manganeso, cromio, níquel, etc.— se convirtieron en componentes esenciales de la metalurgia a partir de 1870, iniciando así una revolución en este campo.

El otro aspecto de esta revolución fue la *organización* sistemática de la producción masiva por medio del flujo planificado de procesos y de la «dirección científica» del trabajo; es decir, a través del análisis y posterior ruptura de las tareas humanas y mecánicas. De nuevo aquí los Estados Unidos fueron a la cabeza, sobre todo porque carecían de mano de obra cualificada. Los experimentos más incipientes en cadenas de producción continua se remontan a los ingeniosos técnicos yanquis de fines del siglo xviii, como Oliver Evans (1755-1819), quien construyó un molino harinero enteramente automático e inventó la cinta transportadora, aunque esta técnica no fue desarrollada seriamente hasta la década de 1890 en la industria empaquetadora de carne de Chicago, y no alcanzó su madurez hasta los primeros años de la década de 1900 en las fábricas de motores de Henry Ford.[3] La «dirección científica» devino programa y realidad hacia 1880, principalmente bajo el impulso del estadounidense F. W. Taylor. Es decir, que hacia el año 1900 se habían echado los cimientos de la industria moderna a gran escala.

Esta forma de industria (el fordismo) se extendió más allá de Estados Unidos e inspiró de tal manera la producción a gran escala del siglo xx —tanto en sociedades industriales socialistas como en las capitalistas— que pareció la forma de desarrollo industrial lógica, históricamente predestinada, a la que aspiraba toda producción industrial moderna.

El tercer cambio de importancia está estrechamente relacionado con el segundo: consistió en descubrir que debía buscarse el mayor mercado potencial en el aumento de los ingresos de la masa obrera urbana de los países económicamente desarrollados. También aquí los Estados Unidos se llevaron la palma, en parte por el tamaño potencial de su mercado interior, y en parte por los promedios de ingresos relativamente altos en un país con un permanente déficit de mano de obra; en cualquier caso fue válido para los sectores económicamente dinámicos de aquel país. La industria automovilística americana, por poner el ejemplo más obvio, fue construida partiendo de la base de que un automóvil lo suficientemente barato, por costoso que fuese entonces, encontraría un mercado masivo.[4] En la época arcaica de la industrialización esto era inconcebible. La demanda de productos elaborados caros quedaba confinada a una clase media amplia, pero de compradores restringidos, y a los pocos ricos. La demanda de las masas estaba reducida a la comida, cobijo (incluyendo algún ajuar rudimentario) y vestido. El mercado para la producción masiva era pues extensivo y no intensivo, y aun así, estaba confinado a los artículos más sencillos y estandarizados. Como que los salarios de las masas eran bajos y habían de seguir siéndolo, no sólo no podían comprar gran cosa, sino que el incentivo para mecanizar la fabricación de productos para satisfacer sus necesidades era limitado. Cuando hay servicio barato y abundante, la demanda de aspiradoras es pequeña.

La última transformación capital fue el incremento en la *escala* de la empresa económica, la concentración de la producción y de la propiedad, el surgimiento de una economía compuesta por un puñado de grandes rocas —trusts, monopolios, oligopolios—[5] en vez de por un gran número de guijarros. Esa concentración era el resultado lógico de la concurrencia que algunos sospechaban desde hacía mucho tiempo. Karl Marx hizo de esta tendencia una de las piedras angulares de su análisis económico. En Alemania y en los Estados Unidos, este proceso se manifestó claramente ya en la década de 1880. Ha sido descrito por su mejor historiador, Alfred Chandler, como la aparición de la «mano visible» de la organización, dirección y estrategia de las grandes compañías (en oposición a la «mano invisible» del mercado de Adam Smith). Los economistas de casi todas las opiniones políticas se manifestaron en contra, ya que como fuera que la tendencia a la concentración entraba en conflicto con el ideal de una economía de negocios libremente competitiva creían que debía ser no ya socialmente indeseable (pues favorecía al grande sobre el pequeño, al rico sobre el pobre), sino económicamente retrógrada. Sin embargo, todas las razones nos inducen a creer que los «grandes negocios» eran de hecho *mejores* negocios que los pequeños, por lo menos a largo plazo: más dinámicos, más eficaces, mejor dotados para emprender las tareas de desarrollo cada vez más caras y complejas. El quid de la cuestión no radicaba en su tamaño, sino en que eran antisociales, cosa que no se aplicaba a los mayores negocios de todos, los del gobierno y otras empresas públicas. Mientras el crecimiento en la escala de las operaciones económicas lo protagonizaron los gigantes de los negocios privados en lugar de empresas del gobierno, éste actuó cada vez más decisivamente en forma indirecta. El ideal mediovictoriano de un estado que deliberadamente se abstenía de la dirección y de la ingerencia económicas fue abandonado casi por completo a partir de 1873.

Por fuertes que soplaran en todas partes los vientos del cambio, tan pronto como cruzaban el canal de la Mancha perdían su vigor. En cada uno de los cuatro aspectos de la economía que acabamos de esbozar, Gran Bretaña anduvo a la zaga de sus rivales, hecho sorprendente, por no decir penoso, porque éstos triunfaron en terrenos que Gran Bretaña había sido la primera en desbrozar antes de abandonarlos. Esta súbita transformación de la economía industrial dirigente y más dinámica en la más torpe y conservadora, en el corto espacio de treinta o cuarenta años (1860-1890 a 1900) es el hecho clave de la historia económica de Gran Bretaña. Podemos preguntarnos por qué a partir de la década de 1890 se hizo tan poco por restaurar el dinamismo de la economía, y podemos acusar a las generaciones posteriores a esa fecha por no haber hecho más, por hacer las cosas mal hechas, o incluso por hacer que la situación empeorara, pero con ello no haríamos otra cosa que dar vueltas sobre el modo de volver el pájaro a la jaula. El pájaro voló entre mediados de siglo y la década de 1890.

El contrate entre Gran Bretaña y los estados industriales más modernos es particularmente notable en las nuevas «industrias en crecimiento» y aún lo es más si comparamos sus escasas prestaciones con los frutos obtenidos por la industria británica en aquellas ramas en que una estructura y una técnica arcaicas aún podían producir los mejores resultados. La principal de ellas fue la construcción de barcos: el último y uno de los más resonantes testimonios de la supremacía británica. Durante la época del tradicional velero de madera, Gran Bretaña había sido un gran productor, pese a sus rivales. De hecho, su peso específico como constructor de barcos no se debía a su superioridad tecnológica, ya que los franceses diseñaban mejores buques y los Estados Unidos construían otros superiores, como atestiguan los triunfos de los barcos de vela americanos desde las famosas regatas de los *clippers* hasta las carreras de yates entre los clubs de millonarios de nuestros propios días. Entre la independencia americana y el estallido de la guerra de Secesión, la construcción naviera en Estados Unidos alcanzó un índice muy elevado, se acercó rápidamente al de los británicos y hacia 1860 casi lo había alcanzado.[6] Los constructores británicos se beneficiaron de la gran tradición de Gran Bretaña como potencia naval y comercial y de la preferencia de los armadores británicos (incluso después de la derogación de las *Navi-*

gation Acts, que protegían fuertemente a la industria) por barcos nativos. El auténtico triunfo de los astilleros británicos llegó con el barco de vapor de hierro y acero. Como que el resto de la industria británica cojeaba, la de la construcción de buques se puso a la cabeza: en 1860 el tonelaje británico había sido algo superior al americano, seis veces mayor que el francés y ocho veces mayor que el alemán, pero en 1890 duplicaba con creces al tonelaje americano, era diez veces mayor que el francés, y unas ocho veces mayor que el alemán.

Ahora bien, a los barcos no se aplicó ninguna de las ventajas de la técnica productiva y organización modernas, y fueron construidos en unidades gigantescas con materiales específicos y con el concurso de los más variados y habilidosos especialistas manuales. Los astilleros no estaban más mecanizados que los palacios. Por otra parte, las ventajas de especializarse en pequeñas unidades eran inmensas, ya que con ello se conseguía lo que se consigue ahora con la sistemática subdivisión de los procesos en las empresas gigantes, y que ciertamente entonces no era posible obtener de ningún otro modo en la construcción de productos tan complicados. Además multiplicaron las posibilidades de la innovación técnica y minimizaron sus costos. Una firma especializada en ingeniería marina, en un mercado competitivo, contaba con todos los incentivos para fabricar mejores máquinas, al tiempo que no iba a detenerse el proceso de construcción de barcos porque las empresas especializadas en chimeneas, por ejemplo, no estuvieran a la altura de sus innovaciones. Los astilleros británicos no perdieron su primacía hasta después de la segunda guerra mundial, cuando las ventajas técnicas de la integración se hicieron mucho más decisivas.

En las industrias en crecimiento de tipo científico-tecnológico, donde la integración y la producción a gran escala eran rentables, la historia fue muy distinta. Gran Bretaña fue adelantada de la industria química y de la invención de tintes de anilina, aunque hacia 1840 ya lo hiciera parcialmente a partir de la química académica alemana. Pero en 1913 Gran Bretaña sólo contabilizaba el 11 por ciento de la producción mundial (contra el 34 por ciento de los Estados Unidos, el 24 por ciento de Alemania), mientras que los alemanes exportaban el doble que los ingleses y, lo que es más significativo, aportaban al mercado interior británico el 90 por ciento de sus colorantes sintéticos. Además, los éxitos de la industria química británica se debieron en gran parte a la empresa de extranjeros inmigrados tales como la firma de Brunner-Mod, que se convertiría más tarde en el núcleo de la Imperial Chemical Industries.

La electrónica, tanto en su teoría como en el aspecto práctico, fue una conquista inicial de los ingleses. Faraday y Clerk Maxwell pusieron sus bases científicas, Wheattone (el del telégrafo eléctrico) hizo posible por primera vez que el buen padre victoriano pudiera descubrir inmediatamente desde Londres si su hija se había fugado o no a Boulogne con «un hombre hermoso y alto, de negro bigote y capote militar» (como rezaba una ilustración de los beneficios de este invento en un manual técnico contemporáneo.)[7] Swann comenzó a trabajar en una lámpara de filamento de carbón incandescente en 1845, dos años antes que naciera Edison. Sin embargo, hacia 1913 la producción de la industria eléctrica británica era poco más del tercio de la alemana y sus exportaciones escasamente la mitad. Una vez más los extranjeros invadieron Gran Bretaña. Gran parte de la industria interior británica fue iniciada y controlada por capital extranjero —principalmente americano, como el de la Westinghouse— y cuando en 1905 el metro londinense tuvo que ser electrificado se ocuparon de ello una empresa y un capital en su mayor parte americanos.

Ninguna industria es más británica en sus orígenes que la de maquinaria y máquinas-herramienta.

«El cambio realizado —escribió en 1853 sir William Fairbain, uno de los pioneros de las máquinas automáticas— y las mejoras introducidas en nuestra maquinaria de construcción son de la mayor importancia; y me complace añadir que se deben fundamentalmente a Manchester, se desarrollaron en Manchester y en Manchester tienen sus orígenes.»[8] Sin embargo, en ningún otro sector los países extranjeros —y otra vez sobre todo los Estados Unidos— se adelantaron a Gran Bretaña de forma más decisiva. Ya en 1860, los resultados conseguidos por los americanos eran contemplados con cierta ansiedad, aunque no con temor real, pero en la década de 1890 los Estados Unidos impulsaron la introducción de las máquinas-herramienta automáticas y tuvo que ser un americano, el coronel Dyer, quien dirigiera a los patronos ingleses asociados en su intento (no del todo afortunado) de romper el bastión de los artesanos cualificados en la industria, del mismo modo que fue americana la compañía que obtuvo el monopolio de la maquinaria para la primera industria de productos de consumo totalmente mecanizada, la fabricación de botas y zapatos.

El caso más lamentable desde el punto de vista británico fue tal vez el de la industria del hierro y del acero, ya que perdió su preeminencia en el mismo momento en que mayor era su papel en la economía británica y su predominio en todo el mundo más incuestionable. Todas las innovaciones importantes en la fabricación de acero procedían de Gran Bretaña o fueron desarrolladas allí: el convertidor de Bessemer (1856), que hizo posible por primera vez la producción masiva de acero; el horno de reverbero Siemens-Martin (1867), que incrementó en gran medida la productividad, y el proceso básico de Gilchrist-Thomas (1877-1878), que hizo posible la utilización de toda una nueva gama de minerales para la obtención del acero. Sin embargo, con excepción del convertidor, la industria británica se demoró en la aplicación de los nuevos métodos —de Gilchrist-Thomas se beneficiaron mucho más los alemanes y los franceses que sus compatriotas— y fracasó estrepitosamente en mantenerse al día con las mejoras que siguieron. A principios de la década de 1890, no sólo la producción británica fue la que se rezagó de Alemania y Estados Unidos, sino también su productividad. Hacia 1910 los Estados Unidos producían sólo en acero básico casi el doble de la producción total de acero de Gran Bretaña.

Mucho se ha discutido sobre el porqué de esta situación. Es evidente que los ingleses no se adaptaron a las nuevas circunstancias, pese a que pudieron haberlo hecho. No hay razón para que la formación técnica y científica británica no avanzara sensiblemente en un período en que un plantel de ricos científicos *amateurs* y una serie de laboratorios de investigación financiados por particulares, o la experiencia práctica en la producción, compensaban ya claramente la virtual ausencia de formación universitaria y la endeblez de la formación tecnológica formal. No había razones de peso para justificar que Gran Bretaña sólo contase en 1913 con nueve mil estudiantes universitarios, en comparación con los casi sesenta mil de Alemania, o sólo cinco estudiantes superiores externos de cada diez mil (en 1900) comparados con los trece de Estados Unidos. ¿Por qué Alemania producía tres mil ingenieros graduados anuales mientras que Inglaterra y Gales sólo 350 en *todas* las ramas de la ciencia, tecnología y matemáticas, y de ellos pocos cualificados para la investigación? Durante el siglo XIX las advertencias sobre los peligros que corría el país en razón de su atraso educativo fueron constantes. No había escasez de fondos, y tampoco de candidatos idóneos para la formación técnica y superior.

Sin duda era inevitable que las industrias pioneras británicas fuesen perdiendo terreno al tiempo que el resto del mundo se industrializaba y que su coeficiente de expansión declinara, pero este fenómeno, puramente estadístico, no tenía por qué verse acompañado de una auténtica pérdida de impulso y eficiencia. Aún era menos fatal que Gran Bretaña fracasara en industrias en las que no empezó con las relativas desventajas del viejo pionero ni con las del recién llegado, sino prácticamente en el mismo punto y momento que los demás. Existen economías cuyo atraso puede explicarse por puras debilidades materiales; o son demasiado pequeñas o sus recursos demasiado pobres, o demasiado escasa su cantera de técnicos. Es evidente que Gran Bretaña no era una de estas economías excepto en el impreciso sentido de que cualquier país de su tamaño y población tenía, a la larga, unas posibilidades de desarrollo económico más limitadas que aquellos países más extensos y ricos como, por ejemplo, los Estados Unidos o la Unión Soviética; pero desde luego sus posibilidades no eran más limitadas que las de la Alemania de 1870.

Así, pues, Gran Bretaña no se adaptó a las nuevas condiciones no porque no pudiera, sino porque no quiso. La pregunta es entonces ¿por qué no quiso? Una respuesta cada vez más popular es la sociológica, que apunta a la falta (o declive) de empuje entre los hombres de negocios, al conservadurismo de la sociedad británica, o a ambos factores. Esta respuesta tiene para los economistas la ventaja de pasar el muerto de la explicación a los historiadores y sociólogos, quienes, por mucho que quieran, aún son menos capaces de cargar con él. Hay varias versiones de tales teorías, todas ellas nada convincentes, pero la más familiar viene a ser algo así: el capitalista británico aspiraba a su eventual absorción en el estrato superior y socialmente más respetado de los «caballeros» o incluso de los aristrócratas —la jerarquía británica estaba bien dispuesta a aceptarle tan pronto como hubiera hecho fortuna, para lo que no se precisaba gran cosa en los condados remotos— y cuando lo consiguió dejó de luchar. Como empresario carecía de aquel impulso interior por mantener un constante nivel de progreso técnico, como se cree es característico de los hombres de negocios americanos. La pequeña empresa familiar típica era totalmente efectiva aislada del excesivo crecimiento, que podía suponer su pérdida de control. En consecuencia, cada generación era menos emprendedora, y, amparada tras las grandes murallas de los beneficios iniciales, cada vez tenía menos necesidad de serlo.

Algo hay de verdad en estas explicaciones. La escala de valores aristocrática, que incluía la categoría *amateur* y que aparentemente no hilaba muy delgado en los criterios para admitir «caballeros», inculcados en las «escuelas públicas» que adoctrinaban a los hijos de la pujante clase media, era ciertamente dominante. «Estar en el comercio» era un espantoso estigma social; aunque «comercio» en este sentido se refería mucho más al del tendero a pequeña escala que a cualquier actividad que reportara ganancias cuantiosas y, con ellas, aceptación social.[9] En efecto, el capitalista rico podía ganar la condición de caballero o de par con sólo desprenderse de sus rudezas más provincianas —y a partir de los tiempos eduardianos con desprenderse de poco más que de su acento—, mientras que sus hijos se enrolaban en la clase ociosa sin ningún tipo de dificultades. Ciertamente la pequeña empresa familiar predominaba, y las murallas de los beneficios aún eran poderosas. Un hombre tenía que trabajar muy duro hasta conseguir encaramarse en las filas de la clase media, pero una vez situado en una línea de negocios moderadamente florecientes, la vida podía serle muy fácil a menos que cometiera algún trágico error de cálculo o fuera víctima de un tropiezo anormal durante una infrecuente mala crisis. La bancarrota era, según la teoría económica al uso, el castigo del negociante inepto, y su espectro recorre las novelas de la Inglaterra victoriana. Pero, de hecho, los riesgos de incurrir en quiebra eran muy escasos, excepto para el individuo marginal metido a ocupaciones como las de pequeño tendero, los peores renglones de la construcción y los de unas pocas industrias aún dinámicas como el metal. En la Inglaterra eduardiana, incluidos dos años de crisis, las quiebras promedio lo fueron por valores no superiores a las 1.350 libras esterlinas, riesgo que disminuyó notablemente durante los últimos treinta años antes de la primera guerra mundial y que en industrias importantes fue despreciable.[10] Así en el período 1905-1909 (que incluye una depresión) de las 2.500 empresas de productos de algodón, sólo un promedio anual de once fueron a la bancarrota, es decir, algo menos de un medio por ciento.

Liberado del espectro de la súbita pobreza y del ostracismo social —el mismo pánico a quebrar es en sí mismo un síntoma de su relativa rareza— el negociante británico no tenía que trabajar demasiado. Quizá Friedrich Engels no sea un ejemplo típico, pero no se tiene noticia de que hasta su retiro a la edad de 49 años con una cómoda renta para él y la familia de Marx, dejara de dar el debido rendimiento en la floreciente empresa de Ermen y Engels, algodoneros de Manchester, aunque todo el mundo sabe que dedicaba el mínimo tiempo posible a sus negocios.

También es cierto que los negocios británicos carecían de ciertos acicates no económicos para la empresa; eso le sucede inevitablemente a un país que ya se encuentra en la cima política y económica y tiende a contemplar el resto del mundo satisfecho de sí mismo y con un cierto desdén. Americanos y alemanes podían soñar con hacer patente su destino; los ingleses sabían que el suyo ya lo era. Por ejemplo, no hay duda de que el sistemático esfuerzo emprendido por la industria alemana en la investigación científica tuvo mucho que ver con un deseo nacionalista de alcanzar a los ingleses: los alemanes así lo afirmaron. Tampoco puede negarse que el deseo típicamente americano de poseer el equipo mecánico más al día, en tanto que proporciona un ímpetu constante al progreso técnico, es también con frecuencia, en su origen, completamente irracional económicamente hablando. La empresa media que a mediados de los 50 o incluso en los 60, utilizaba un complicado equipo de ordenadores obtenía de él aún menos beneficio que el individuo medio que cambió su maquinilla de afeitar sencilla, pequeña, adaptable, barata y superior por la rasuradora eléctrica. Una economía que convierte el capital y los bienes de consumo en símbolos del nivel social —tal vez porque no tiene otros— posee una indudable ventaja en cuestión de progreso técnico sobre otras que no lo hagan.

Sin embargo, el valor de estas observaciones es limitado, aunque sólo sea porque muchísimos hombres de negocios ingleses no se ajustan a ellas.

Antes del siglo xx el hombre de negocios medio no era un «caballero» y nunca se convirtió en noble, o par, ni siquiera en propietario de una casa de campo. Fue Lloyd George quien convirtió las ciudades provincianas en «ciudades de espantosos caballeros». La absorción de la aristocracia de los hijos de abaceros e hilanderos fue una *consecuencia* de la pérdida de impulso de los negocios británicos, no su causa; y aún hoy en día en la composición de la dirección de las empresas de tamaño medio (la gente que en 1860-1890 hubieran sido propietarios-directores) no hay más de una persona sobre cinco que haya acudido a la universidad, no mucho más de una sobre cuatro que haya asistido a una «escuela pública» y no más de una de cada veinte que se haya educado en una de las veinte principales «escuelas públicas» del país.[11]

En términos sociológicos, el incentivo para hacer dinero rápidamente en la Gran Bretaña victoriana no era débil y tampoco era irresistible la atracción que ejercían la nobleza y aristocracia, sobre todo para las gentes conscientes de clase media, a menudo inconformistas (es decir, deliberadamente antiaristocráticas) que habitaban en el norte y en las Midlands, alimentadas con refranes alusivos al beneficio económico y enteramente orgullosos de los frutos que conseguían. Se envanecían del hollín y del humo que cubrían las ciudades donde hacían su dinero.

Además, a principios del siglo xix a Gran Bretaña no le había faltado aquel deleite extremo, incluso irracional, por el progreso técnico como tal, que consideramos característico de los americanos. Difícilmente puede uno imaginarse el desarrollo de los ferrocarriles en un país determinado, ni siquiera su construcción por una comunidad comercial que no estuviera *excitada* por su misma novedad técnica ya que, como hemos visto, sus perspectivas financieras eran relativamente modestas. Es cierto que la abundante literatura popular sobre ciencia y tecnología disminuyó después de la década de 1850, y que tal vez se dirigió siempre a un público de «artesanos» y no a lectores de clase media: a aquellos que deseaban, o debían, mejorar y no a aquellos que ya habían mejorado. Y, sin embargo, ellos fueron precisamente los reclutas del ejército burgués más ansiosos por encontrar en su mochila el bastón de mariscal. Incluso en la segunda mitad del siglo había los suficientes como para hacer la fortuna de Samuel Smiles, el bardo de los ingenieros. Su *Self Help* apareció en 1859 y en cuatro años vendió 55.000 ejemplares. La fábula de la tecnología siguió siendo lo bastante impresionante como para hacer de la ingeniería la elección del 75 por ciento de los alumnos en una gran escuela pública, por lo menos de la década de 1880.

Y lo que es más, había bastantes sectores de la economía británica a los que podían aplicarse pocas de las quejas de apatía y conservadurismo. Por ejemplo en las West Middlands, cuya capital era Birmingham: una jungla de pequeñas empresas que producían esencialmente bienes de consumo —a menudo artículos metálicos duraderos— para el mercado interior. Las Midlands se transformaron después de 1860, pues antes sólo habían sido alcanzadas de modo muy incompleto por la Revolución industrial. Las industrias viejas y decadentes fueron sustituidas y en ocasiones transformadas como por ejemplo en Coventry, donde los productos textiles quebraron después de 1860, pero los relojeros locales se convirtieron en el núcleo de la industria de bicicletas, y a través de ella, más tarde, de la automovilística. Si en 1914 aún se reconocía en Lancashire lo que había sido en 1840, no pasaba igual con Warwickshire. Las industrias que formaban parte de la ingeniería y manufacturas metálicas, cada vez más importantes, tenían toda la bulliciosa inestabilidad de la empresa privada dinámica de los teóricos; triunfos, fracasos, movimiento en suma. Entre 1906 y 1909 sólo un promedio de once empresas en la industria algodonera quebraban cada año, pero en la industria metálica el promedio llegaba a 390, en su mayoría pequeñas empresas que trataban de realizar una producción independiente con recursos inadecuados. Era inconcebible hablar de estancamiento en ciertos sectores de la economía como el comercio de reparto. También éstos se basaban en el mercado interior y no en las exportaciones.

Por lo tanto las simples explicaciones sociológicas no bastan. En cualquier caso para fenómenos económicos son siempre preferibles explicaciones económicas si es que se dispone de ellas. Existen varias y todas ellas se apoyan tácita o abiertamente en la asunción de que en una economía capitalista (cuando menos en sus versiones decimonónicas) los hombres de negocios serán dinámicos sólo si ello es racional para los criterios de la empresa individual, que son maximizar sus ganancias y minimizar sus pérdidas o quizá tan sólo mantener lo que se considere como un nivel de beneficios satisfactorio a largo plazo. Pero si la racionalidad de la empresa individual es inadecuada, entonces ésta no actuará en beneficio de la economía global o incluso de la empresa individual misma. Esto puede obedecer en parte a que el interés de la empresa y el de la economía difieran a corto o largo plazo, bien sea porque la empresa individual no pueda conseguir los objetivos que desearía, bien porque su contabilidad no pueda determinar cuáles son sus mejores intereses, bien por otras razones análogas. Todo ello no son si no formas distintas de expresar la proposición de que una economía capitalista no es una economía planificada, sino que emerge de una multitud de decisiones individuales tomadas en la persecución del propio interés.

La más común y tal vez la mejor explicación económica de la pérdida de dinamismo de la industria británica es la que considera esta pérdida de dinamismo como consecuencia última del temprano despegue británico, sostenido durante largo tiempo, como potencia industrial.[12] Esta explicación ilustra las deficiencias del mecanismo de la empresa privada en varias formas. La industrialización pionera tuvo lugar bajo condiciones especiales que no podían mantenerse con métodos y técnicas que, aunque avanzadas y eficientes para la época, no podían seguir siendo siempre las más avanzadas y eficientes, y creó un modelo de producción y de mercados que no tenía necesariamente por qué seguir siendo el más adecuado para sostener el crecimiento económico y el cambio técnico. No obstante, pasar de un modelo viejo y anticuado a otro nuevo era caro y difícil. Caro porque suponía recurrir a viejas inversiones aún capaces de proporcionar buenos beneficios y a nuevas inversiones de mayor coste inicial, ya que como regla general una tecnología más nueva quiere decir una tecnología más cara. Y difícil porque este cambio requeriría prácticamente un consenso de racionalización entre un gran número de empresas o industrias individuales, ninguna de las cuales podía estar segura de a dónde iría a parar el beneficio de la racionalización o incluso si, al emprenderla, no iban a perder su dinero a manos de la competencia o de gentes ajenas a sus negocios. El incentivo para realizar el cambio sería débil en tanto que se consiguieran beneficios satisfactorios con el viejo sistema, y en cuanto que la decisión de modernizarse tuviera que partir de la suma total de decisiones de las empresas individuales. Y lo que es más, con toda probabilidad se pasaría por alto el interés general de la economía.

La industria británica del hierro y del acero es un buen ejemplo del primer efecto. Los dueños de las fundiciones fueron reticentes en adoptar el proceso «básico» de Gilchrist-Thomas porque podían importar fácilmente y a buen precio minerales no fosforosos y porque una gran suma de capital invertido en la producción de acero ácido había perdido su valor. Quizá sea cierto que otras naciones tuvieron un mayor incentivo para recurrir al acero básico, porque obtenían de él beneficios mucho mayores, en tanto que Gran Bretaña sólo podía aspirar como máximo a no perder. Y, sin embargo, su lentitud en explotar adecuadamente los nuevos procesos —y sus propios recursos de minerales fosforosos— es muy sorprendente. Si Gran Bretaña en la década de 1920 podía producir casi cinco millones de toneladas de acero básico contra dos millones y media del viejo acero ácido, entonces ¿por qué no podía producir, unos veinte años después de que un inglés hubiera inventado el proceso, más de 800.000 toneladas (contra más de cuatro millones del viejo acero)? ¿Por qué los depósitos de mineral fosforoso del este de Inglaterra no fueron convenientemente explotados hasta la década de 1930? La respuesta es que las fuertes inversiones en plantas anticuadas y en zonas industriales anticuadas anclaron la industria británica en una tecnología arcaica.

Ferrocarriles y minas de carbón son buenos ejemplos del segundo efecto. He aquí dos ilustraciones de ello. En 1893 sir George Elliott, asustado por el lockout nacional de los mineros del carbón, sugirió la formación de un trust carbonero para racionalizar la industria, ya que las operaciones independientes de sus tres mil minas aproximadas producían considerables ineficiencias en la explotación de cada mina, por no hablar ya de la concurrencia insensata. La respuesta de las carboneras fue negativa principalmente porque las ineficientes no querían que su participación en el trust fuese valorada (pensaban que sería subvalorada) con criterios racionales. Al final no se hizo nada.

La segunda muestra procede de los ferrocarriles. Uno de los muchos arcaísmos de los ferrocarriles británicos —y de toda la economía británica— era que los vagones de mercancías que transportaban carbón no sólo eran demasiado pequeños para ser eficientes, sino que eran propiedad de las carboneras y no de las compañías de ferrocarriles.[13] Todos los expertos sabían perfectamente que el tamaño más idóneo del vagón de carga era más del doble del actual, así como lo sustancioso de las ganancias que su cambio aportaría. Tanto los ferrocarriles como las carboneras, antes de 1914, con toda seguridad habrían encontrado sin ninguna dificultad el dinero necesario para ello. Sin embargo, como que habría supuesto una decisión conjunta del ferrocarril y del carbón para invertir, nada se hizo hasta que ambas fueron nacionalizadas en 1947. Las carboneras no veían por qué tenían que gastar dinero para beneficiar, entre otras cosas, a las operaciones financieras generales de los ferrocarriles; los ferrocarriles no veían por qué debían ser ellos los que cargaran con todo el riesgo de una inversión que también iba a beneficiar a las carboneras. Ambos se hubieran beneficiado sustancialmente, pero la empresa privada no contaba con ningún mecanismo para obtener un adelanto evidente.

Sin embargo, aun en una sociedad de empresas privadas, hay algún modo de resolver estos problemas, aunque actúe tangencialmente y no siempre con éxito. Ya hemos visto (*supra*, pp. 123-129) cómo se resolvió el problema de la construcción de una industria de productos básicos en los primeros años de la época del ferrocarril, pero por supuesto aquella situación fue extremadamente excepcional. A veces una catástrofe puede venir al rescate del capitalismo, como sucedió con Alemania en dos guerras que destruyeron y removieron tantas fábricas que hubo que construirlas totalmente de nuevo. La amenaza misma de catástrofe económica puede también producir un gran incentivo para invertir en la modernización que de otro modo no se habría dado. Por ello durante la «gran depresión» (especialmente en los años 1880 y 1890) la evidente amenaza que se cernía sobre la industria británica y su situación generalmente sombría condujo a grandes discusiones sobre la necesidad de modernizarse, a fuertes presiones de ciertas industrias para que se modernizasen otras de las que dependían sus beneficios y, por fin, a cierta modernización.

Ya hemos anotado los ambiciosos planes de sir George Elliott para la racionalización de las minas de carbón, estimulado por el surgimiento de sindicatos militantes, que fue también característico de este período de depresión (ver p. 210). Otra industria, la del gas, fue la que se mecanizó más rápidamente de Europa por la presión del sindicato. Los ferrocarriles experimentaban la presión de sus clientes industriales y de los políticos para que redujeran sus costos de transporte, especialmente entre 1885 y 1894, y aunque se hicieron cambios importantes, todavía fueron inadecuados; por ejemplo, la Great Western instaló una nueva línea en 1892. Las innovaciones técnicas en la ingeniería se aceleraron de forma considerable, aunque lo hicieran en parte bajo la presión no de la competición económica, sino de la militar; es decir, bajo el acicate de la industria de armamentos que se extendía y modernizaba rápidamente, sobre todo la flota. Fue éste también el período en que se debatió ampliamente la posibilidad de combinaciones industriales —cárteles, trusts, etc.— y alguna de esas concentraciones llegó a realizarse.[14] Sin embargo, comparados con patrones americanos y alemanes esos cambios fueron relativamente modestos y la urgencia de realizarlos pronto decayó. La «gran depresión» no fue lo suficientemente grande como para asustar a la industria británica y forzarla a realizar cambios realmente fundamentales.

La explicación estriba en que los tradicionales métodos de obtener beneficios aún no habían quedado exhaustos, y proporcionaron durante algún tiempo una alternativa más barata y más convenientes que la modernización. Retirarse a un mundo satélite de colonias formales o informales, apoyarse en la creciente potencia como eje del préstamo, el comercio y las transacciones internacionales, pareció la solución más obvia porque estaba allí, al alcance de la mano. Los nubarrones de las décadas de 1880 y primeros años de la de 1890 se disiparon y aparecieron ante los ojos británicos las radiantes venturas de las exportaciones algodoneras a Asia, de las exportaciones de carbón para los barcos mundiales, de las minas de oro de Johannesburgo, de los tranvías de Argentina y de los beneficios de los bancos mercantiles de la *City*. Así, pues, lo que sucedió en esencia fue que Gran Bretaña explotó sus inmensas ventajas históricas acumuladas en el mundo subdesarrollado, como la mayor potencia comercial, y como principal fuente de capital para el préstamo internacional, mientras tenía en reserva la explotación de la «protección natural» del mercado interior y, si era preciso, la «protección artificial» del control político sobre un extenso imperio. Frente a las dificultades, resultaba más fácil y más barato retirarse a una parte aún no explotada de una de esas zonas favorecidas en vez de hacer frente a la competición. Así, pues, cuando la industria algodonera se encontró en apuros, Gran Bretaña no hizo más que seguir su política tradicional: transfirió sus productos de Europa y Norteamérica a Asia y África, dejando sus viejos mercados a los exportadores de maquinaria textil que absorbieron una cuarta parte de todas las exportaciones de maquinaria del país. El carbón británico marchó rápidamente en pos del barco de vapor británico y de la extensa flota mercante. El hierro y el acero contaban con el Imperio y el mundo subdesarrollado, igual que el algodón: hacia 1913, sólo Argentina e India compraron más hierro y acero británicos que el conjunto de Europa; y Australia sola más del doble que los Estados Unidos. Además la industria del acero —como la del carbón— comenzó a apoyarse cada vez más en la protección del mercado interior.

La economía británica en su conjunto tendió a retirarse de la industria y pasar al comercio y a las finanzas, donde sus servicios reforzaban a sus competidores presentes y futuros, pero donde hizo beneficios muy satisfactorios. Las inversiones anuales británicas en el extranjero comenzaron a *exceder* a su formación neta de capital en el interior hacia 1870. Y lo que es más, ambas partidas llegaron a ser alternativas hasta que en la época eduardiana la inversión interior disminuyó casi ininterrumpidamente, mientras que aumentaba la inversión en el extranjero. En el gran «boom» (1911-1913) que precedió a la primera guerra mundial, se invirtió como mínimo dos veces más en el extranjero que en el interior. Por otra parte, se ha sostenido —y no es desde luego improbable— que la formación total de capital interior en los 25 años anteriores a 1914, lejos de ser adecuada para la modernización del aparato productivo británico, no fue siquiera lo bastante grande como para impedir que éste se derrumbara lentamente.

Podemos decir que Gran Bretaña, en vez de ser una economía competitiva, se convirtió en una economía parásita, que vivía de los restos de su monopolio mundial, el mundo subdesarrollado, sus pasadas acumulaciones de riqueza y la prosperidad de sus rivales. Ésta era, en todo caso, la opinión de los observadores inteligentes perfectamente conscientes de la pérdida de impulso y el declive del país, aun cuando sus análisis fueran con frecuencia defectuosos. El contraste entre las necesidades de modernización y la cada vez más próspera complacencia de los ricos era —especialmente durante el veranillo de San Martín de la Inglaterra eduardiana— cada vez más visible. Como dijo el demócrata desilusionado y ex fabiano William Clarke, Gran Bretaña dejó de ser el taller del mundo para convertirse en el mejor país del mundo para los ricos y los ociosos: un lugar para que los millonarios extranjeros se compraran propiedades:

> Situada como está junto a las tierras históricas de Europa [...] con barcos de todo el mundo arribando a sus puertos, con una sociedad antigua y ordenada, un gobierno estable, con abundancia del servicio personal que los ricos desean, una tierra de clima plácido, paisaje agradable si no bello, toda una vida organizada

para el deporte, distracciones y el tipo de diversiones que apetecen a las clases
ociosas, ¿cómo puede Inglaterra dejar de ser atractiva para los ricos que hablan
su propio idioma?[15]

Clarke predijo que serían Chatsworth y Stratford-on-Avon las ciudades
que atraerían a los extranjeros, y no Sheffield ni Manchester. Gran Bretaña
había dejado de competir con los alemanes y los americanos. ¿La situación
podía durar? Ya entonces los augures predijeron —y no torcidamente— el
declive y caída de una economía simbolizada ahora por la casa de campo en
el cinturón de Surrey y Sussex habitado por los corredores de bolsa, y no ya
por los hombres malencarados de ciudades provincianas llenas de humo.
«Roma cayó —dice el personaje de *Misalliance* de Bernard Shaw (1909)—,
Cartago cayó; ya le llegará la vez a Hindhead.» Como solía ocurrir con muchos de los chistes de Shaw, la cosa iba en serio.

Y sin embargo, especialmente en los últimos años antes de la primera
guerra mundial, reinaba una atmósfera de intraquilidad, de desorientación,
de tensión que contradice la impresión periodística de una estable *belle-époque* llena de señoras tocadas con plumas de avestruz, mansiones de campo y
estrellas del music-hall. Estos no fueron sólo los años de la súbita aparición
del laborismo como fuerza electoral,[16] de radicalización en la izquierda socialista, de relampagueantes llamadas de «intranquilidad» laboral, sino
también años de ruptura política. En verdad, fueron los únicos años en que
el mecanismo estable y flexible del ajuste político británico dejó de funcionar, cuando los desnudos huesos del poder se despojaron de los harapos que
normalmente los cubrían. Fueron éstos los años en que la Cámara de los Lores desafió a la de los Comunes, cuando una extrema derecha no ya ultra-
conservadora, sino nacionalista, corrosiva, demagógica y antisemítica aparecía en campo abierto, cuando los escándalos de la corrupción financiera
agobiaban a los gobiernos y cuando —esto era lo más grave— los oficiales del
ejército, con el respaldo del Partido Conservador, se rebelaban contra las
leyes aprobadas por el Parlamento. Eran los años en que los fuegos fatuos de
la violencia brillaban en el cielo inglés, aquellos síntomas de una crisis en la
economía y la sociedad que la confiada opulencia arquitectónica de los hoteles Ritz, de los palacios proconsulares, de los teatros del West End, grandes almacenes y bloques de oficinas no podían ocultar totalmente. Cuando
en 1914 sobrevino la guerra no lo hizo como una catástrofe que arruinara el
estable mundo burgués al modo como la súbita muerte del padre destrozaba
la vida de las familias respetables en las novelas victorianas. La guerra llegó como una tregua en la crisis, como un alto en el camino, quizá incluso
como una suerte de solución. Sin lugar a dudas, hay un elemento de histeria
en la bienvenida que le prodigaron los poetas.

NOTAS

1.   Clapham, Checkland, Landes, Ashworth («lecturas complementarias», 3). Las obras de * C. Kindleberger, *Economic Growth in France and England 1850-1950* y H. J. Habbakuk, *American and British Technology in the 19 th Century* (1962) pueden servir como introducciones para una discusión compleja y la de M. H. Dobb, *Studies in the Development of Capitalism* (1946) (hay traducción castellana: *Estudios sobre el desarrollo del capitalismo*, Buenos Aires, 1971) para una opinión marxista. La de George Dangerfield, *The Strange Death of Liberal England* sigue siendo una excelente visión de conjunto para los sobresaltos anteriores a 1914. El trabajo de D. H. Aldcroft, «The Enterprenuer and the British Economy 1870-1914», en *Economic History Review* (1964) contiene referencias a la bibliografía especializada. Ver la obra de G. C. Allen, *Industrial Development of Birmingham and the Black Country* (1929) para una región dinámica. Ver también figuras 1, 13, 17, 18, 22, 26, 28, 32, 34, 37, 51-52.

2.   Es curioso que apenas se hable de una «tercera» o «cuarta». A medida que pasa el tiempo la «segunda revolución» se asimila a los cambios del pasado, y a su vez se descubre otra «segunda» Revolución industrial: en la década de 1920 y de nuevo en la época de los ambiciosos experimentos de automación después de la segunda guerra mundial.

3.   Sin embargo, las empresas del gobierno que trabajaban para la flota británica, desarrollaron lo que fue quizá la primera cadena de montaje en el famoso horno de galletas de Deptford, a principios del siglo xx.

4.   Aunque los Estados Unidos tenían un mercado de masas en el campo para los coches de caballos, mercado al que, en cierta medida, apuntaba Ford.

5.   Cuando una firma controla virtual o totalmente un campo de la actividad económica, se trata de un monopolio. Cuando lo hacen un pequeño número de empresas (como en la industria automovilística americana dominada por la General Motors, Ford y Chrysler), se trata de un oligopolio. El segundo caso es más usual que el primero, pero no muy diferente en la práctica.

6.   En 1800 el tonelaje británico (incluido el colonial) era de 1,9 millones, aproximadamente el doble que el americano; en 1860 fue de 5,7 millones, contra 5,4 millones para los Estados Unidos.

7.   A. Ure, *Dictionary of Arts, Manufacturers and Mines* (1853), vol. I, p. 626.

8.   A. Ure, *op. cit.*, vol. II, p. 86.

9.   Mientras la aristocracia siguió siendo *más rica* que la clase media no tuvo necesidad de mitigar su desdén; y eso a escala local sucedió con frecuencia. En Cambridge (1867) los hidalgos y clérigos dejaban al morir una propiedad media por valor de 1.500 a 2.000 libras esterlinas; pero los comerciantes locales sólo una media de 800 y los tenderos de 350.

10.   Pérdidas estimadas de acreedores en Inglaterra y Gales a través de procesos por bancarrota: promedio anual en miles de libras:

1884-1888	8.662	1899-1903	6.017
1889-1893	7.521	1904-1909	5.965
1894-1898	6.417		

Hay que recordar que el número total de empresas comerciales aumentó sensiblemente durante este período.

11.   Las cifras se refieren a 1956. Podemos tomar la enseñanza en una escuela pública y/o en una de las dos viejas universidades como criterio de absorción de la «clase alta», por

lo menos en Inglaterra. Pero lo interesante en el período final victoriano y eduardiano es que un *creciente* porcentaje de muchachos de las escuelas públicas iba a los negocios y otro *menguante* a las profesiones. El ethos de las escuelas públicas no desanimaba a hacer dinero, sólo al profesionalismo tecnológico y científico.

12.   H. J. Habbakuk, *op. cit.*, p. 220.

13.   Ambas eran reliquias del supuesto original sobre el que fueron construidos los ferrocarriles, a saber, que eran otra forma de carreteras.

14.   La Salt Union en la industria química, el monopolio de hilos de J. and P. Coats y la Bradford Dyers Association en los tejidos y el International Rail Syndicate (del que Gran Bretaña poseía los dos tercios) figuran entre los ejemplos mejor conocidos de formas monopolistas en este período, pero el crecimiento de amplias unidades integradas en armamentos, fabricación de barcos (por ejemplo Armstrong, Whitworth y Vikers) fue probablemente de mayor importancia.

15.   *William Clark*, H. Burrows y J. A. Hobson, eds. (1899), pp. 53-54.

16.   Se debió sobre todo a la decisión del Partido Liberal de no oponerse a los candidatos laboristas en un cierto número de sitios, pero al igual que la concesión de independencia a los países coloniales esto no era tanto una concesión graciosa como un acto de reconocimiento, o por lo menos una aceptación inteligente, de las realidades.

10. LA TIERRA, 1850-1960[1]

A partir de mediados del siglo xix, la agricultura dejó de constituir la estructura general de toda la economía británica para convertirse en un simple sector de la producción, en algo así como una «industria», aunque por supuesto la mayor de todas en términos de ocupación. En 1851 daba trabajo al triple de las personas empleadas en las industrias textiles —una cuarta parte de toda la población obrera— y en 1891 aún ocupaba a más gente que cualquier otro grupo industrial, si bien hacia 1901 el transporte y el complejo de las industrias del metal la habían sobrepasado. Entre 1811 y 1851 su contribución a la renta nacional bruta descendió de un tercio a un quinto, y hacia 1891 sólo alcanzaba una treceava parte de la misma. En la década de 1930 era ya un factor de poco relieve: la agricultura sólo proporcionaba trabajo a un 5 por ciento de la población ocupada y su proporción en el relieve nacional no llegaba al 4 por ciento.

Sin embargo, y aparte de que siempre se realce el papel de la agricultura en los libros de historia económica, hay dos razones concretas para dedicarle una atención especial. Primero porque a los ojos de cualquiera, excepto para los de un economista académico, la agricultura no era, precisamente, una simple industria. En términos de superficie total —y de aspecto— toda Gran Bretaña era, y aún lo sigue siendo, un lugar donde crecían las plantas y pastaban los animales. En términos sociales, la agricultura era la base y el armazón de toda una sociedad, arraigada en la más remota antigüedad, que descansaba en el hombre que hacía producir a las tierras y era gobernada por el hombre que las poseía. El primero de ellos no tuvo gran trascendencia política, una vez que la agricultura dejó de ser la ocupación de la mayor parte de la población, pero sí la tuvo el segundo. La estructura política y social de Gran Bretaña estaba controlada por los terratenientes o, mejor dicho, por un grupo reducido de unas cuatro mil personas poseedoras de unas cuatro séptimas partes de la tierra cultivada, que arrendaban a un cuarto de millón de agricultores, quienes a su vez empleaban —tomo 1851 como fecha conveniente— alrededor de un millón y cuarto de jornaleros, pastores, etc. Semejante grado de concentración de la propiedad de la tierra carecía de paralelo en otros países industriales. Pero es que, además, los individuos más ricos de Gran Bretaña continuaban siendo grandes terratenientes bien entrado el siglo XIX.[2] Este poderoso interés agrario ansiaba conservar su posición económica, política y social, y tanto su influencia tradicional como su poder político sobre la nación le convertía en el más formidable de los viejos intereses británicos. Hasta 1914 los «condados» podían vencer en las votaciones parlamentarias a los «burgos», es decir, aunque cada vez con más reservas la Gran Bretaña no industrial podía sobrepasar en votos a la industria. Hasta 1885 los terratenientes eran aún mayoría absoluta en el Parlamento.

La segunda razón para detenernos de un modo especial en la agricultura es que su suerte refleja, de una forma exagerada y distorsionada, la de la economía en su conjunto, o mejor, los cambios en la política económica nacional. Esto se debe en parte a que la agricultura es más sensible a la intervención o no intervención de los gobiernos que otros sectores, y en parte porque —tanto por esta razón como por las mencionadas antes— la agricultura está fuertemente implicada en la política. La agricultura bajo el librecambio refleja el triunfo de la economía británica en el mundo y anticipa su declive. La agricultura en la economía intervencionista de mediados del siglo XX ha demostrado las posibilidades de la modernización económica de modo más convincente que la industria.

La explotación agrícola británica creció y floreció con la Revolución industrial, o, para ser más precisos, con la ilimitada expansión de la demanda alimenticia de los sectores urbanos e industriales. En la práctica disfrutó del monopolio natural de ese mercado, ya que los costos de transporte hicieron más que imposibles las importaciones marginales de productos alimenticios hasta el tercer cuarto del siglo XIX. Por el contrario, si la agricultura británica no podía abastecer a su población bajo circunstancias normales, es que nadie podía, de modo que los precios de los productos del campo eran altos y los incentivos y medios para emprender la mejora agrícola considerables. Las leyes de cereales que los intereses agrarios impusieron al país en 1815 no estaban destinadas a salvar un sector vacilante de la economía, sino más bien a conservar los beneficios anormalmente altos de los años de las guerras napoleónicas, y salvaguardar a los agricultores de las consecuencias de su euforia temporal del tiempo de guerra, época en la que las granjas habían cambiado de manos a los precios más increíbles y los préstamos y las hipotecas se habían realizado en condiciones imposibles de aceptar. En consecuencia, su abolición en el año 1846 no condujo a la disminución del precio del trigo durante la generación siguiente.[3]

Así, pues, la caída de los precios sobrevenida tras las guerras napoleónicas enmascaró la potencia de la agricultura británica, tanto más cuanto que desalentó la inversión y el progreso técnico. En las décadas de gran prosperidad del siglo XIX, el avance realizado fue, en correspondencia, rápido e impresionante. Durante una generación la agricultura británica marcó la pauta a seguir (excepto para los campesinos irlandeses). No había carencia de capital, los nuevos medios de transporte ampliaron sus mercados sin hacerlo aún con los de sus competidores ultramarinos, se contaba con nuevos conocimientos científicos (como las investigaciones de Liebig en la química agrícola), y la insaciable demanda industrial de mano de obra no cualificada disminuyó las filas de su fuerza de trabajo y la indujo —casi por primera vez en muchos lugares de Inglaterra— a pagar salarios más elevados y buscar nuevos métodos para ahorrar trabajo.[4] Por primera vez la agricultura comenzó a depender, no de recursos para demoler la inflexibilidad económica del cultivo campesino tradicional o de la práctica de los peores, sino de la industria, maquinaria, fertilizantes y forrajes artificiales.

Sin embargo, esta edad de oro no podía durar, porque dos circunstancias poderosas la amenazaban: la necesidad de realizar fuertes importaciones que tenía la economía industrial británica para que sus clientes estuvieran en condiciones de poder comprar sus exportaciones, y la concurrencia de otros países que podían mejorar los precios de la agricultura británica, incluso en su propio mercado interior. Fue necesaria toda una generación de ferrocarriles y barcos para crear una agricultura suficientemente extensa en las praderas vírgenes del mundo templado: el oeste medio americano y canadiense, las pampas de las tierras que riega el río de la Plata y las estepas rusas. Cuando estas zonas estuvieron en condiciones de producir a pleno rendimiento no hubo otro modo de proteger el alto costo de la agricultura interior contra ella más que con elevados aranceles, medida a la que otros países europeos estaban dispuestos a recurrir, pero no Gran Bretaña. Las décadas de 1870 y 1880 fueron tiempos de catástrofe universal para la agricultura: en Europa, por el flujo de importaciones de productos alimenticios baratos,[5] en las nuevas zonas productoras ultramarinas por la saturación de la producción y la rápida caída de los precios. La agricultura británica era tanto más vulnerable cuanto que había desarrollado sus productos tradicionales y menos competitivos, los cereales básicos para panificación, especialmente trigo.

Así, pues, la «gran depresión» encaró a la agricultura y a los intereses agrarios británicos con una aguda crisis. El único modo de sobrevivir era cerrando la puerta al competitivo mundo exterior o adaptándose a la pérdida de su monopolio natural. La primera elección ya no era factible y es significativo que fuera un gobierno conservador —bajo la jefatura de Disraeli, que había obtenido el liderazgo del partido por su oposición al librecambio— el que tomara la crucial decisión de *no* proteger a la agricultura británica, en aquel período de turbulenta desazón agrícola a escala continental, 1878-1880. Las fortunas de la economía, era cosa clara, dependían de su industria, comercio y finanzas que —así se opinaba— requerían el librecambio. Si la agricultura se hundía, tanto peor para ella. Los grandes terratenientes no irían más allá de una protesta nominal, ya que o bien sus rentas ya estaban diversificadas en bienes raíces urbanos, minería, industria y finanzas, o bien podían salvaguardarlas fácilmente de ese modo. El conde de Verulam, por ejemplo, tenía hacia 1870 una renta anual de unas 17.000 libras esterlinas (que por lo general derrochaba con creces), de las cuales 14.500 procedían de arriendos y ventas de madera. Su hijo, el tercer conde, extendió su pequeña cartera de participaciones a unas quince sociedades, principalmente en las colonias y en otros lugares de ultramar, y fue director múltiple de diversas compañías, sobre todo de minas africanas y americanas. Hacia 1897 casi un tercio de su renta procedía de esas fuentes nada bucólicas. Además, aunque nadie lo diría a juzgar por el tono de las lamentaciones contemporáneas, no es cierto que la agricultura británica se colapsara totalmente. Los cereales y la lana sufrieron el impacto de la crisis, pero no la ganadería ni los productos lácteos, y en general el tipo de agricultura mixta realizado por los escoceses, que, afortunadamente para ellos, les imponía su implacable clima, no sufrió alteraciones.

Sin embargo, tanto en la agricultura como en la industria, la «gran depresión» significó la hora de la verdad para Gran Bretaña, y en ambos sectores a la verdad apenas entrevista se le volvió rápidamente la espalda. En vez de hacer frente a la situación como un país más entre los muchos de un mundo competitivo, Gran Bretaña se ocultó tras las murallas que aún le proporcionaban cierta protección natural, abandonando la agricultura de cereales por la ganadería y producción láctea, menos vulnerables, la carne de baja calidad (la refrigeración quebró la inmunidad del productor interior a partir de la década de 1880) por productos de alta calidad, el campo por el huerto y el jardín. En los tiempos eduardianos, la agricultura aparecía de nuevo como moderadamente estable, aunque parte de sus beneficios se debían a una reducción de los gastos de mantenimiento y de las inversiones. La caída de los precios de entreguerras demostró que esta recuperación era ilusoria. En cualquier caso, se compró al coste de una contracción importante de la explotación agrícola y especialmente de la labranza. En 1872, en la cúspide de la edad de oro, se dedicaban 9,6 millones de acres a cultivos de cereales y 17,1 millones a pastos. En 1913, se dedicaban 6,5 millones de acres a cereales y 21,5 millones a pastos; en 1932 (en el punto más bajo de la depresión de entreguerras) los valores eran de 4,7 millones y 20,3 millones respectivamente. En otras palabras, la superficie dedicada al cultivo cerealícola disminuyó en la mitad en sesenta años y a partir de 1913 disminuyó toda la superficie, tanto de labranza como de pastos.

Esta lamentable situación contrasta con la suerte que cupo a otros países europeos igualmente afectados por la depresión de las décadas de 1870 y 1880, pero que descubrieron otras formas, distintas de la evasión, de hacer frente a las dificultades. Dinamarca, que hacia fines del siglo XIX comenzó a suministrar las mesas de Gran Bretaña con tocino y huevos para el desayuno, es el ejemplo obvio. La potencia de estas comunidades campesinas vigorosas y con mentalidad moderna no radicó en alguna transformación tecnológica importante de la producción, sino más bien en revoluciones de procesos, almacenaje, comercialización y crédito y especialmente en la difusión de cooperativas para estos fines. Bajo la presión de la crisis esos métodos cooperativos aún se desarrollaron más deprisa en todas partes, con excepción de Gran Bretaña.[6] Al igual que en muchas otras esferas de la actividad británica, lo cierto era que la estructura económica de Gran Bretaña, admirablemente adecuada para conseguir sus objetivos en las etapas iniciales, se había convertido en un grillete para la evolución posterior.

La potencia de la agricultura británica durante los siglos XVIII y XIX provino de la concentración de la propiedad de la tierra en manos de unos pocos terratenientes ricos, dispuestos a animar a los aparceros eficientes ofreciéndoles los mejores términos en sus arriendos, capaces de inversiones sustanciales y de hacer frente al menos a algunas de las tensiones de las malas épocas reduciendo los arriendos o permitiendo que se acumularan los pagos atrasados.[7] Esto ciertamente alivió la presión sobre los agricultores durante la «gran depresión» y mantuvo baja su temperatura política, excepto en las pocas regiones de pequeños aparceros como las Highlands de Escocia y Gales y por supuesto de Irlanda, donde los años de la década de 1880 fueron de gran tensión, en ocasiones revolucionaria. Al mismo tiempo sirvió para que las nuevas soluciones revolucionarias parecieran menos esenciales para la supervivencia colectiva. La misma estructura individualista de las relaciones entre terrateniente y aparcero con mentalidad comercial, o agricultor y distribuidor no incitaba tampoco a la acción colectiva. En resumen, el gran terrateniente capitalista, que en tiempos había sido una fuerza promotora del progreso, era ahora un amortiguador para los choques; el agricultor muy mentalizado comercialmente, en tiempos infinitamente superior al campesino familiar —pionero o no— como unidad agrícola eficiente, era ahora demasiado pequeño para alcanzar una eficiencia óptima, aunque excesivamente grande y bien situado como para subordinarse a una organización cooperativa capaz de actuar a escala más amplia. Entre la agricultura individual y la intervención y planificación del estado no había término medio.

Poco a poco el estado comenzó a intervenir. Pero antes de que esto sucediera, el fracaso de la agricultura británica supuso un cambio fundamental para aquella sociedad apegada a la tierra, cuyas repercusiones trascendieron los límites del campo. La vieja aristocracia terrateniente y la nobleza baja (*gentry*) abdicaron y vendieron sus tierras. Bajo el impacto temporal de la gran prosperidad bélica, y postbélica, encontraron compradores a cientos entre los aparceros mismos, que adquirieron las tierras que ya cultivaban, y los advenedizos, que compraron las residencias campestres para ostentarlas como divisa de su éxito social. A principios de la década de 1870, quizá el 10 por ciento de la tierra de Inglaterra estaba cultivada por propietarios, proporción que no era mucho mayor en 1914, pero hacia 1927 era ya el 36 por ciento. (A partir de aquí la crisis agrícola detuvo las transferencias de tierra durante algún tiempo.) «Una cuarta parte de Inglaterra y Gales —escribió F. M. L. Thompson— pasó de ser tierra de aparcería a la plena posesión de los colonos en los trece años que siguieron a 1914 [...] Nunca se había visto una transferencia de tierras tan rápida y enorme desde la disolución de los monasterios en el siglo XVI», o, tal vez, desde la conquista normanda.[8] Sin embargo, lo curioso de esta virtual revolución en la propiedad agraria es que entonces casi nadie reparó en ella, excepto el escaso porcentaje de la población afectada profesionalmente por la agricultura y el mercado de bienes raíces, y ello a pesar de la campaña llevada a cabo por los radicales durante generaciones enteras —aunque con mayor éxito en las ciudades que en el campo— en contra de los males del monopolio aristocrático de la tierra, y a pesar de que en fecha tan reciente como en 1909-1914, el gobierno liberal, y en particular su canciller del Exchequer, el galés Lloyd George, había hecho de la campaña contra los duques la piedra angular de su demagogia.

No hay duda de que la falta de repercusión pública sobre la retirada de la aristocracia de la tierra, se debió primordialmente a la irrelevancia que tenían las reivindicaciones agrarias para la gran masa de la clase obrera británica, embebida en problemas mucho más urgentes, especialmente durante la primera guerra mundial y después de ella. Tales reivindicaciones conseguían que se aprobaran resoluciones con notoria facilidad, pero, en cambio, la actuación práctica era mucho más lenta.[9] El error de Lloyd George fue precisamente creer que una cuestión que levantaba pasiones auténticas y concretas en la sociedad campesina de Gales del norte, podía distraer durante largo tiempo un movimiento de obreros industriales. Sin embargo, había algo más en la falta de interés por la transformación rural de Gran Bretaña. Las clases terratenientes como tales habían dejado de tener importancia a escala nacional. El anticuado conde estaba cada vez más marginado como par y tenía menos poder político automático que el detentado durante largo tiempo por el anticuado hidalgo rural (*squire*). Aquellos que carecían de la cartera de participaciones o del cargo de figurón como director de una sociedad aceptado por los aristócratas adaptables, desaparecieron de la vista. Marcharon a Kenya o Rhodesia donde el color de la piel de los indígenas les garantizaba otras dos generaciones de reposada vida nobiliaria. Encontraron algunas plañideras, como el brillante y quijotesco novelista Evelyn Waugh, pero sus funerales se celebraron normalmente en la intimidad.

Lo cierto es que los cimientos de una sociedad dominada por las clases terratenientes se hundieron con la «gran depresión». Los terratenientes dejaron de constituir, con algunas excepciones, la base de la opulencia, y se convirtieron en un simple símbolo de posición social. El comercio y las finanzas sostuvieron la fachada. En la década de 1880 la propiedad de la tierra se vio desafiada en uno de sus bastiones, Irlanda, por un movimiento revolucionario de campesinos —organizados en la liga agraria de Michael Davitt— cuyo triunfo político sólo pudo ser diferido al precio de liquidar quedamente poco después el poderío económico del terrateniente.[10] De forma simultánea la propiedad de la tierra perdió sus gajes en el poder político local de Gran Bretaña, en parte a causa de la democratización del privilegio nacional en 1884-1885 y de la administración de los condados en 1889, y en parte porque la administración era ya demasiado complicada para dejarla en manos de hidalgos rurales poco aptos que sólo podían dedicarle parte de su tiempo. La democratización no hizo tambalear el conservadurismo del campo, ya que el ímpetu liberal-radical disidente que hizo que tantos braceros votaran contra el hidalgo rural y el párroco en su primera elección libre (1885) estaba a punto de agotarse, y el Partido Laborista heredó pocas posiciones puramente rurales fuera del viejo bastión puritano y radical de East Anglia. Pero su condición había cambiado sutilmente.

El Partido Conservador que había sido mantenido con vida durante una generación después del librecambio como refugio para nobles e hidalgos, se rehizo a partir de la década de 1870, pero dejó de ser esencialmente el partido agrario. Fue Joseph Chamberlain fabricante de las Midlands e imperialista, quien lo reconvirtió al proteccionismo a principios de la década de 1900, aunque la pasión con que se aferró a los aranceles a partir de entonces obedecía en parte al sordo resentimiento de sus pares rurales marginados dispuestos a morir en la última trinchera de la Cámara de los Lores frente a los malditos radicales. Otro tanto sucedía con el apasionado imperialismo del partido, ya que el Imperio proporcionaba inversiones, trabajo y a veces incluso propiedades, y la defensa de la propiedad de la tierra contra la revolución era cuestión más grave y más auténtica en determinadas partes de él —por ejemplo Irlanda— que en Gran Bretaña. Pero aunque la cuestión irlandesa de los años 80 atrajo virtualmente a todos los aristócratas terratenientes importantes al redil conservador, despojando a los liberales de sus tradicionales nobles *whig*, incluso el partido *tory* era ya un partido de hombres de negocios. No lo dirigía ya un Bentinck, un Derby, un Cecil o un Balfour, sino que lo hicieron, desde 1911, un comerciante en hierros de Glasgow (Bonar Law) y dos industriales de las Midlands (Baldwin y Neville Chamberlain).[11]

Mientras tanto, la aguda crisis agrícola —en esta época virtualmente universal— sobrevenida en el período de entreguerras forzó la acción gubernamental a partir de 1930 y, con ella, la salvación de la agricultura británica. Los mecanismos esenciales eran la protección y la garantía de los precios agrícolas, combinados con comités de comercialización inaugurados por el estado (como sucedió con las patatas, la leche y, con menos éxito, con el ganado porcino y el tocino). Eran éstas medidas de medias tintas, ya que incluso los gobiernos conservadores aceptaron aún la opinión liberal decimonónica de que para la prosperidad británica era esencial un gran volumen de importaciones alimenticias, y que la agricultura, al igual que otras industrias en decadencia, debía contraerse hasta que alcanzara su nivel de beneficios más modesto, o de lo contrario perecer. Como fuera que a fines de la década de 1930 alrededor del 70 por ciento de los alimentos del país (medido en calorías) era de importación,[12] el tradicional argumento de que la agricultura necesitaba un trato especial porque alimentaba al pueblo parecía difícil de esgrimir.

Sin embargo, eso es lo que se hizo cuando estalló la guerra. El bloqueo de Gran Bretaña y la penuria del transporte marítimo hizo esencial la expansión de la producción alimenticia. Afortunadamente, en la década de 1930 se habían echado ya los primeros cimientos para la planificación gubernamental sistemática, dedicada sobre todo a la expansión de tierra cultivable. En el curso de la guerra la superficie arable se elevó en un 50 por ciento: de doce a dieciocho millones de acres;[13] el número de ovejas, cerdos y gallinas disminuyó sensiblemente, aunque el ganado vacuno —valioso por la leche— aumentó casi en un 10 por ciento. El rendimiento de esta superficie, incrementada en muchos casos con tierras marginales, aumentó sustancialmente gracias a lo que fue una revolución tecnológica importante. El uso de fertilizantes (fosfatos y nitrógenos) aumentó al doble o al triple, pero lo fundamental fue que entre 1939 y 1946 la potencia de la maquinaria utilizada en los trabajos agrícolas pasó de dos millones a cinco millones de caballos de vapor. El número de tractores por lo menos se cuadriplicó, y otro tanto sucedió con las cosechadoras. En el plazo de cinco años la agricultura británica dejó de ser una de las menos mecanizadas para convertirse en uno de los sistemas agrícolas más mecanizados de los países avanzados. Este proceso se llevó a cabo mediante una combinación de incentivos financieros y compulsión planificada. Los War Agricultural Committees de los conda-

LA TIERRA 181

dos podían decidir y decidieron qué era lo que debía ser cultivado y dónde; distribuyeron trabajo y maquinaria (con frecuencia de depósitos colectivos análogos a los parques soviéticos de «máquinas y tractores»), y sustituyó a los agricultores ineficaces por otros eficaces.

Los resultados inmediatos fueron espectaculares. El pueblo británico obtuvo alimentos adecuados mientras sus importaciones alimenticias se reducían a la mitad. La producción interior medida en calorías casi se duplicó entre 1938-1939 y 1943-1944, con un incremento de sólo el 10 por ciento en fuerza de trabajo, y principalmente de mujeres inexpertas o de obreros eventuales. Los resultados a largo plazo fueron poco menos impresionantes.[14] En 1960 la producción *per capita* de la población agrícola era mayor en Gran Bretaña que en cualquiera de los países europeos occidentales, a excepción de los Países Bajos. La población campesina británica llegó a producir su proporción del producto nacional bruto, como hacían los holandeses. En todos los demás países de Europa occidental, excepción hecha de los arrasados carentes de industria, su población agrícola respectiva producía por debajo de su proporción. En otras palabras: la agricultura británica no era ya un modo de vida, pero comparada con patrones internacionales se había convertido en una industria eficaz.

NOTAS

1. Además de las obras citadas en el capítulo 5, nota 1, ver las de C. Orwin y E. Whetham, *History of British Agriculture 1846-1914* (1963), E. Whetham, *British Farming 1939-1949* (1964), E. M. Ojala, *Agriculture and Economic Progress* (1952). Sobre los cambios políticos ver W. L. Guttsmann, *The British Political Elite* (1965). Ver también las figuras 4 y 13.

2. Aunque algunos como los Barings, Jones Lloyds y Guests, eran capitalistas que habían comprado tierras.

3. Promedio anual en los precios de productos agrícolas e industriales por década (índice de Rousseaux):

Años	Productos agrícolas	Productos industriales
1800-1819...............	173	173
1820-1829...............	128	112
1830-1839...............	124	103
1840-1849...............	120	100
1850-1859...............	113	111
1860-1869...............	118	117

4. Entre 1851 y 1861 siete condados ingleses perdieron población en términos absolutos: Wiltshire, Cambridge, Huntingdonshire, Norfolk, Rutland, Somerset y Suffolk; entre 1871 y 1891 lo hicieron otros cinco (Cornwall, Dorset, Hereford, Shropshire y Westmorland).

5. Importaciones de trigo en el Reino Unido (miles de cwt):

1840-1844 .... 39.700	1865-1869 .... 148.100
1845-1849 .... 49.400	1870-1874 .... 197.800
1850-1854 .... 82.200	1875-1879 .... 260.200
1855-1859 .... 79.800	1880-1884 .... 288.000
1860-1854 .... 144.100	1885-1889 .... 280.600

6. Un observador contemporáneo describe el estado de la cooperación agrícola en Gran Bretaña (excluida Irlanda) hacia 1900 como «en blanco y salpicada por algunos fracasos» (C. R. Fay, *Co-operation at Home and Abroad* (1908).

7. Frecuentemente no tuvieron otra elección, ya que disponer de algún tipo de aparcero era mejor que no tener ninguno. A diferencia de los países campesinos, Gran Bretaña no poseía una gran reserva de pequeños cultivadores, hambrientos de tierras, que trabajaran sus pequeñas parcelas con ayuda familiar. Los jornaleros agrícolas querían mejores salarios, no tierras.

8. F. M. L. Thompson, *English Landed Society* (1963), p. 332.

9. La nacionalización de la tierra es la primera de todas esas reivindicaciones, pero ningún gobierno, incluidos los laboristas, hizo nunca nada para llevarla a cabo; lo mismo sucedió con aquella sempiterna petición anual de los congresos sindicales: la condena de los pegujales subarrendados *(tied cottages)*. Desde la década de 1880 se solicitó repetidas veces el derecho de los arrendatarios a adquirir sus censos, pero esta petición no fue satisfecha hasta la década de 1960.

10. Bajo las leyes para comprar tierras de los gobiernos conservadores en 1885, 1887, 1891, 1896 y 1903, casi trece millones de acres irlandeses en 390.000 propiedades cambiaron de dueño hacia 1919. En 1917 había en Irlanda un total de 570.000 propiedades.

11. El aparente resurgir de su ambiente aristocrático después de la segunda guerra mundial se debió en parte a la aparición de nuevos líderes atípicos tras la quiebra del conservadurismo de Chamberlain en 1940, y en parte a la nostalgia por la *belle-époque* de la pasada grandeza británica. Apenas si sobrevivió a la década de 1950.

12. El 84 por ciento del azúcar, aceites y manteca; el 88 por ciento del trigo y harina, el 91 por ciento de la mantequilla.

13. Estas cifras no son comparables a las que se dan en la p. 192, *supra*.

14. La agricultura en las economías europeas:

Países	Fuerza de trabajo agrícola (millones)	Millones de acres (1961)	Producto Nacional Bruto procedente de la agricultura, bosques y pesca (millones de libras, 1960)
Gran Bretaña...............	1	48,8	2,6
Francia	4	85,3	5,8
Alemania occidental..........	3,7	35,1	4,4
Italia	6,7	51,1	4,8
Dinamarca.................	0,4	7,8	0,8
Holanda..................	0,4	7,5	1,1

11. ENTRE LAS GUERRAS[1]

La economía victoriana de Gran Bretaña se arruinó entre las dos guerras mundiales. El sol, que como sabe cualquier escolar no se ponía ni en el territorio ni en el comercio británicos, se ocultó tras el horizonte. El colapso de todo aquello que los ingleses tenían por seguro desde los días de Robert Peel fue tan repentino, catastrófico e irreversible que llegó a aturdirles. En el mismo momento en que Gran Bretaña se alineaba junto a los vencedores en la primera guerra importante sobrevenida después de las napoleónicas, cuando tenía a sus pies a su principal rival continental, Alemania, cuando el Imperio británico, disfrazado a veces con la sospechosa capa de «mandatos», «protectorados» y estados satélites de Oriente Medio, ocupaba una zona más extensa que nunca en el mapa mundial, la economía tradicional de Gran Bretaña no sólo dejó de crecer, sino que se contrajo. Las estadísticas que desde hacía 150 años crecían casi sin interrupción —no siempre a niveles iguales o satisfactorios, pero crecían— ahora disminuyeron. «El declive económico», algo a lo que se habían referido los economistas antes de 1914, era ahora un hecho palpable.

Entre 1912 y 1938 la cantidad de tejidos de algodón fabricados en Gran Bretaña descendió de 8.000 millones a 3.000 millones escasos de yardas cuadradas; el total exportado de 7.000 millones a menos de 1.500 millones de yardas. Nunca, desde 1851, el Lancashire había exportado tan poco. Entre 1854 y 1913 la producción británica de carbón había pasado de 65 a 287 millones de toneladas. Hacia 1938 sólo alcanzaba 227 millones y aún seguía descendiendo. En 1913 navegaban por los mares doce millones de toneladas de barcos británicos; en 1938 había algo menos de once millones. Los astilleros británicos, en 1870, habían construido 343.000 toneladas de barcos para armadores británicos, y en 1913 casi un millón de toneladas: en 1938 construyeron poco más de medio millón.

En términos humanos la ruina de las industrias tradicionales de Gran Bretaña supuso la ruina de millones de hombres y mujeres a causa del paro masivo, hecho que marcó los años de entreguerras con el signo indeleble de la amargura y la pobreza. Las zonas industriales que contaban con una diversidad de ocupaciones, no fueron devastadas totalmente. La fuerza de trabajo empleada en el algodón disminuyó en más de la mitad entre 1912 y 1938 (de 621.000 a 288.000 trabajadores), pero al Lancashire le quedaban por lo menos otras industrias para absorber parte de estos trabajadores: su índice de paro no fue el peor. La auténtica tragedia fue la de las zonas y ciudades que se sustentaban de una sola industria, prósperas en 1913 pero que se arruinaron entre las guerras. Entre 1913 y 1914 alrededor del 3 por ciento de los obreros de Gales estaba en paro —algo menos que el promedio nacional— pero en el año 1934 —una vez iniciada la recuperación— el 37 por ciento de la fuerza de trabajo de Glamorgan y el 36 por ciento de la de Monmouth no tenían empleo. Dos terceras partes de los hombres de Fernadale, tres cuartas partes de los de Brynmawr, Dowlais y Blaina, el 70 por ciento de los de Merthyr, no tenían otra cosa que hacer más que rondar las calles y maldecir del sistema que los aherrojaba. Las gentes de Jarrow, en Durham, vivían de los astilleros Palmers. Cuando éstos cerraron en 1933, Jarrow fue abandonada, ya que ocho de cada diez de sus obreros se quedaron sin trabajo, y, la mayor parte perdieron sus ahorros con la quiebra de los astilleros, que durante tanto tiempo habían constituido su duro, pero bullicioso universo. La concentración del paro permanente y desesperanzado en ciertas zonas abandonadas, llamadas eufemísticamente «zonas especiales» por un gobierno pacato, dio a la depresión sus características particulares. El sur de Gales, la Escocia central, el Nordeste, partes del Lancashire, zonas de Irlanda del Norte y del Cumberland, por no mencionar pequeños enclaves aquí y allá, no alcanzaron siquiera la modesta recuperación de finales de la década de 1930. Las zonas industriales mugrientas, ruidosas y frías del siglo XIX —en el norte de Inglaterra, Escocia y país de Gales— no habían sido nunca ni muy hermosas ni muy cómodas, pero sí activas y prósperas. Ahora todo lo que quedaba era la mugre, la soledad, y el terrible silencio de fábricas y minas abandonadas, de astilleros cerrados.

Entre 1921 y 1938 por lo menos uno de cada diez ciudadanos en edad de trabajar carecía de empleo. En siete de estos dieciocho años por lo menos tres de cada veinte estaban en paro, y en otros muchos uno de cada cinco. En cifras absolutas el desempleo pasó de un mínimo de un millón a un máximo (1932) de casi tres millones; todo ello según las cifras oficiales, que, por varias razones, estaban por debajo de la realidad. En determinadas industrias y regiones el panorama era aún más sombrío. Entre 1931 y 1932, punto culminante de la crisis, carecía de trabajo un 34,5 por ciento de los mineros de carbón, el 36,3 por ciento de los ceramistas, el 43,2 por ciento de los operarios de algodón, el 43,8 por ciento de los fundidores de hierro, el 47,9 por

ENTRE LÁS GUERRAS   185

ciento de los del acero y el 62 por ciento —casi dos de cada tres— de los
constructores y reparadores de barcos. Hasta 1941 no fue posible solventar
el problema. Hasta los años 80 no volvió a haber una masa de parados de larga duración.

Los años de crisis siguieron a los de la guerra y todo el mundo vivió bajo
el impacto de aquellos cataclismos. Aunque sus efectos variaron considerablemente de una región, industria o grupo social a otro, tuvieron consecuencias muy generales. La primera fue el miedo: a la muerte o a la mutilación
en tiempos de guerra, al desvalimiento y la pobreza en la paz. Ese miedo no
se correspondía necesariamente con la realidad del peligro, ya que durante la
segunda guerra mundial las probabilidades de muerte no fueron muy grandes y no era probable que la mayoría de obreros entre las guerras estuvieran
sin trabajo durante mucho tiempo. Pero aun quienes eran conscientes de esta
situación, sabían también que tanto ellos mismos como sus familiares cami-
naban sobre el filo de la navaja. Incluso en tiempos de paz, la pérdida de un
empleo era mucho más que un período de incertidumbre o pobreza: podía
significar la destrucción de las vidas de toda una familia. Este acre regusto de
ansiedad atormentó a hombres y mujeres durante una generación. Sus efectos no pueden medirse estadísticamente, pero tampoco pueden dejar de men-
cionarse en un análisis de estos años.

Esta situación se reflejó visiblemente en el modelo de la política británica que controló cada vez más la ida de los particulares a través de las
crecientes actividades del estado. La guerra y el fermento de los años que siguieron, multiplicaron por ocho las fuerzas electorales del Partido Laborista, esencialmente constituido por obreros manuales, cuyos votos pasaron de
medio millón en 1910 a cuatro millones y medio en 1922. Por primera vez
en la historia, un partido proletario se convirtió permanentemente en el principal partido capaz de alternar en el gobierno, y el temor a la potencia de la
clase obrera y a la expropiación obsesionó entonces a las clases medias, no
tanto por lo que prometieran o realizaran los dirigentes del partido, sino porque su existencia misma como partido de masas proyectaba una tenue sombra roja de potencial revolución soviética a lo largo del país. Los líderes de
los sindicatos y del Partido Laborista distaban mucho de ser revolucionarios. Pocos de ellos esperaban siquiera conseguir el gobierno, que consideraban función esencial, o en cualquier caso normal, de los patronos y de las
clases altas, siendo su tarea la de pedir mejoras y obtener concesiones. Pero
dirigían un amplio movimiento unido para la conciencia de clase y de la explotación a que era sometido y capaz de demostrar su fuerza en actos de solidaridad asombrosos como la huelga general de 1926. Era el suyo un movimiento que había perdido la confianza en la capacidad, tal vez incluso en la
voluntad, del capitalismo para dar al trabajo sus modestos derechos, mien-

tras que al mismo tiempo contemplaba en el extranjero —tal vez idealizándolo un poco— el primer estado, y por aquel entonces único, de la clase obrera con una economía socialista: la Rusia soviética.

La depresión produjo un nuevo desplazamiento hacia el Partido Laborista, aunque en su última fase fue demorado por una temporal estampida de ciudadanos temerosos y desorientados bajo el impacto de la crisis de 1931 hacia el llamado gobierno «nacional» (ver *infra*, p. 270). La segunda guerra mundial terminó con el primer gobierno laborista efectivo de Gran Bretaña; en 1951 el partido recogió más votos que nunca en su historia, y hacia fines de esa década dejó de avanzar.

Tan sólo una parte de la economía victoriana pareció resistir por breve tiempo al colapso: la *City* londinense, fuente del capital mundial y centro neurálgico de su comercio internacional y de sus transacciones financieras. Gran Bretaña ya no era el mayor prestamista internacional; en realidad estaba en deudas con los Estados Unidos, que ocupaban ahora su antiguo puesto. Pero, hacia mediados de la década de 1920; las inversiones ultramarinas británicas produjeron mayores beneficios que nunca y lo mismo sucedió, aún más sorprendentemente, con sus otras fuentes de ingresos invisibles: servicios financieros y de seguros, etc. Pero la crisis de entreguerras no fue tan sólo un fenómeno británico, el declive de un antiguo campeón mundial industrial que fue tanto más repentino y agudo por haber sido demorado durante décadas. Fue la crisis de todo el mundo liberal decimonónico y, por lo tanto, el comercio y las finanzas británicas no podían reconquistar lo que la industria británica había perdido. Por primera vez desde la industrialización, el crecimiento de la producción comenzó a flaquear en *todas* las potencias industriales. La primera guerra mundial redujo la producción en un 20 por ciento (1913-1921) y apenas si se había elevado de nuevo cuando la crisis de 1929-1932 la volvió a reducir temporalmente a un tercio poco más o menos (a causa sobre todo del colapso simultáneo de todas las potencias industriales importantes, con excepción del Japón y de la URSS). Pero además las tres grandes fuentes de capital, trabajo y bienes, sobre las que se cimentaba la economía liberal mundial, dejaron de manar. El comercio mundial del producto manufacturado no alcanzó su nivel de 1913 hasta 1929, para luego descender en picado a un tercio. En 1939 aún no se había recuperado totalmente; con el crac de 1929 su valor se redujo a la mitad. El comercio mundial de materias primas, tan vital para Gran Bretaña porque sus productores eran, además, buenos clientes suyos, descendió muy por debajo de la mitad después de 1929. Aunque los productores de materias primas se lanzaron a vender desesperadamente a precios reventados, hacia 1936-1938 no estaban en condiciones de comprar más que dos tercios de lo que habían podido adquirir en 1913 o poco más de un tercio de lo que lo habían hecho en 1926-

1929. Un cinturón de murallas invisibles se alzó alrededor de las fronteras mundiales para impedir la libre entrada de hombres y mercancías y la salida de oro. Gran Bretaña, eje internacional de un sistema comercial floreciente, vio desaparecer el tráfico del que dependía y desvanecerse las rentas de sus inversiones tanto en los países industriales afectados por la depresión, como en los productores de materias primas, aún más afectados. Entre 1929 y 1932 sus dividendos extranjeros pasaron de 250 a 150 millones de libras esterlinas, y sus ganancias invisibles de 233 millones a 86 millones de libras esterlinas. Ninguna de estas partidas se había recuperado en la época en que estalló la segunda guerra mundial que redujo las propiedades extranjeras británicas en algo más de un tercio. Cuando en 1932 murió finalmente el librecambio (ver *infra*, pp. 273-274), se enterró con él a la economía victoriana. El Partido Liberal, que había sido esencialmente el partido de la economía liberal mundial, perdió al fin sus perspectivas políticas con su tradicional *raison d'être* en 1931.

El colapso de todo aquello que se daba por sentado, conmocionó, paralizó y desconcertó profundamente a los responsables de la economía. Los hombres de negocios, políticos y economistas no sólo no supieron reaccionar ante la situación, sino que ni siquiera fueron capaces de comprender lo que pasaba. Ahora es cuando sabemos de la minoría heterodoxa que previó el pensamiento de nuestra propia generación, los marxistas que predijeron entonces la gran crisis y que adquirieron prestigio tanto por aquella predicción como por la inmunidad de la Unión Soviética, o John M. Keynes, cuya crítica de la ortodoxia económica reinante se consagró a su vez en ortodoxia de una época posterior. Solemos olvidarnos de lo pequeña y poco influyente que era aquella minoría, hasta que la crisis económica se hizo tan agobiante —en 1932-1933— como para amenazar la existencia misma del sistema capitalista británico y mundial. Los negociantes de la década de 1920 la afrontaron con poco más que la convicción de que, si se reducían drásticamente los salarios y los gastos del gobierno, la industria británica resurgiría de nuevo, y con apelaciones indiscriminadas a la protección contra el huracán económico. Los políticos —conservadores y laboristas— hicieron frente a la crisis con poco más que las jaculatorias igualmente fútiles de Richard Cobden o Joseph Chamberlain. Los banqueros y los funcionarios, guardianes de la «ortodoxia del tesoro» soñaban en un retorno liberal de 1913, tenían puesta su confianza en conseguir equilibrar el presupuesto[2] y en el interés bancario, y querían jugarse el todo por el todo en la imposible esperanza de mantener la *City* como centro de las finanzas mundiales. Los economistas, con una actitud digna del sereno heroísmo de Don Quijote, izaron su bandera en el mástil de la ley de Say, que predicaba la imposibilidad de las crisis. Jamás zozobró un barco con un capitán y una tripulación más ignorantes de las razones de sus desventuras o más impotentes para remediarlas.

Sin embargo, al comparar la depresión de entreguerras con el período anterior a 1914 nos sentimos inclinados a juzgarla algo menos severamente. Es difícil anotar algo positivo sobre el veranillo de San Martín eduardiano, aquella época de oportunidades casi deliberadamente perdidas que aseguró que el declive de la economía británica fuera una catástrofe. Ni siquiera logró el más modesto de los objetivos, la estabilidad del nivel de vida de los pobres, aunque desde luego hizo a los ricos mucho más ricos de lo que ya eran (*supra*, pp. 186-187). Por otra parte —quizá porque la catástrofe económica dejó mucho menos objetivo para los placeres— los años de entreguerras no fueron totalmente desaprovechados. Hacia 1939 la economía de Gran Bretaña parecía mucho más «del siglo xx» de lo que parecía —en comparación con otros estados industriales— en 1913. Según los cuatro criterios relacionados en el capítulo 9, Gran Bretaña no era ya una economía victoriana. La importancia de la tecnología científica, de los métodos de producción masiva, de la industria que producía para el mercado de masas, y sobre todo de la concentración económica, «capitalismo monopolista» e intervención estatal, era mucho mayor. Los años de entreguerras ni modernizaron a la economía británica ni la hicieron competitiva internacionalmente. Aún hoy sigue siendo anticuada y estática. Pero por lo menos se pusieron las primeras piedras de modernización, o, mejor, se removieron determinados obstáculos de importancia para ella.

Hay tres razones que explican por qué la catástrofe de entreguerras no tuvo consecuencias más fundamentales: la presión sobre la economía no era lo suficientemente desesperada, el método de modernización más eficiente —y desde luego indispensable—, la planificación estatal, se usó rara vez por razones políticas y virtualmente todos los cambios económicos iniciados en este período fueron defensivos y negativos.

La presión sobre la economía era inadecuada, en parte porque la peculiar posición internacional de Gran Bretaña embotó un tanto el filo del mayor estimulante: la gran crisis de 1929-1933. Puesto que las industrias básicas tradicionales de Gran Bretaña ya estaban deprimidas desde 1921, el efecto de la crisis fue menos espectacular: los que están abajo no pueden descender mucho más.[3] Por otra parte, mientras las industrias de exportación eran demolidas, el resto de la economía se benefició anormalmente de la desproporcionada caída de los precios de las materias primas —alimentos y productos crudos— del mundo colonial y semicolonial. Como que la economía victoriana se había ocupado tan poco de la producción para el mercado de masas interior, la tendencia a recurrir al mismo fue, de nuevo, considerable. Gran Bretaña estaba en crisis, pero no tenía que enfrentarse inevitablemente con la alternativa: competir o morir.

En segundo lugar, el estado no intervino de forma adecuada. Su capacidad para intervenir con eficacia ya se había demostrado en ambas guerras mundiales, especialmente en la segunda. Cuando lo hizo, los resultados alcanzados fueron poco menos que sensacionales, como sucedió con el sector agrícola, que transformó entre 1940 y 1945. La necesidad de su intervención era evidente, ya que varias de las industrias de base —sobre todo ferrocarriles y minas de carbón— habían llegado a tal grado de decadencia que no podían ser restauradas por medios privados, en tanto que otras no conseguían la racionalización necesaria. Sin embargo, después de ambas guerras el aparato del control estatal fue desmantelado con nerviosa celeridad, y la reticencia estatal a interferir en la empresa privada siguió siendo profunda. Sus intervenciones, al igual que los pasos dados por la industria misma hacia la modernización, fueron esencialmente proteccionistas en un sentido negativo.

Esto es particularmente obvio en el campo de la concentración económica, ya que en 1914 Gran Bretaña era quizá la menos concentrada de las grandes economías industriales, y en 1939 una de las que más lo estaban. Por supuesto que la concentración económica no era ninguna novedad. El crecimiento en la escala de unidades productivas y unidades de propiedades, la concentración de una parte cada vez mayor de la producción, empleo, etc., en las manos de un número reducido de empresas gigantes; la restricción formal o informal de la concurrencia que puede llegar hasta el monopolio u oligopolio (*supra*, p. 216, n. 5): todas éstas son tendencias muy bien conocidas del capitalismo. La concentración apareció por primera vez durante la «gran depresión» —en las décadas de 1880 y 1890—, pero hasta 1914 su impacto en Gran Bretaña fue sorprendentemente menor que en Alemania y los Estados Unidos. En su estructura industrial Gran Bretaña estaba ligada a la empresa pequeña o de tamaño medio, altamente especializada, dirigida y financiada familiarmente y competitiva, del mismo modo que su política económica estaba comprometida al librecambio. Había excepciones, especialmente en los servicios públicos y en las industrias pesadas (hierro y acero, ingeniería pesada, construcción de barcos) que requerían inversiones de capital inicial más altas que las que podían allegar individuos y asociaciones privadas y cuya concentración fue estimulada por las necesidades de la guerra. Pero, en términos generales, prevaleció la industria pequeña en el mercado libre que como continuaba siendo próspera, y generalmente carecía de protección o ayuda gubernamental, no tenía por qué fracasar. El tamaño medio de las plantas se incrementó. La sociedad pública por acciones, que apenas si existía fuera de la banca y el transporte antes del último cuarto del siglo, penetró en la industria, se multiplicó a partir de 1880, y con ello se incrementó más el tamaño de las empresas. En 1914 ya existían algunas grandes combinaciones capitalistas y unas pocas habían alcanzado el nivel de monopolio. Indudablemente, había una tendencia a la concentración, pero sin transformar la economía.

No obstante sí la transformó entre 1914 y 1939, impulsada en parte por la primera guerra mundial, en parte por la depresión (sobre todo después de 1930, por la gran crisis), y casi alentada invariablemente por un gobierno benevolente. Por desgracia este proceso de concentración no puede calcularse con facilidad, ya que tanto los estadísticos como los economistas académicos no investigaron seriamente su importancia cuantitativa ni sus implicaciones teóricas hasta después de 1930.[4] Sin embargo, no caben dudas sobre los hechos en general.

Antes de 1914 ya existían unos pocos productos monopolísticos: hilo de algodón, cemento Portland, papel pintado, vidrio y otros pocos; pero en 1935 una, dos o tres empresas fabricaban un mínimo absoluto superior a 170 productos. En 1914 había 130 compañías de ferrocarril; después de 1921 existían cuatro monopolios gigantes no competitivos. En 1914 había 38 bancos por acciones; en 1924, doce, de los cuales los «cinco grandes» (Midland, National Provincial, Lloyds, Barclays, Westminster) dominaban completamente el sector. En 1914 existían quizá 50 asociaciones de ramos de la producción, principalmente en el hierro y el acero. Hacia 1925 la Federation of British Industries (fundada, como la National Association of Manufacturers en los últimos años de la guerra) constaba con 250 asociaciones afiliadas;[5] después de la segunda guerra mundial había quizá un millar. En 1907 un investigador experto aún podía escribir: «Por grande que sea la proporción en que la industria ha pasado a las manos de grandes combinaciones, mayor es aún la que se vincula al comerciante individual».[6] Hacia 1939, otro experto hacía notar que «como rasgo de organización industrial y comercial, la concurrencia libre ha desaparecido prácticamente del escenario británico».[7]

En términos de empleo, la concentración económica se manifestó con claridad hacia mediados de la década de 1930. Existían entonces en Gran Bretaña algo más de 140.000 «fábricas». Sólo había 519 plantas en las que trabajaran más de un millar de obreros, y de las 140.000 «fábricas» todas, excepto 30.000, eran establecimientos muy pequeños, con menos de veinticinco obreros. Sin embargo, esas pocas plantas daban trabajo aproximadamente a uno de cada cinco de los obreros registrados en el censo de producción y en algunas industrias (maquinaria eléctrica, fábricas de coches y bicicletas, laminaje y fundición de hierro y acero, seda y seda artificial, periódicos, construcción de barcos, azúcar y repostería) a más del 40 por ciento. En otras palabras, un tercio del uno por ciento de todas las fábricas empleaban el 21,5 por ciento de todos los obreros. Pero como que cada vez había más empresas con varias plantas en la misma industria —y en otras— la concentración del empleo aún era más elevada. De las 33 ramas de la producción industrial en Gran Bretaña, las tres mayores empresas daban trabajo al 70 por ciento o más de todos los obreros.

Carecemos de datos precisos para establecer una comparación con la situación anterior a 1914, pero algo sabemos de la estructura de las típicas industrias anticuadas que, como podía esperarse, se vieron menos afectadas que las de nueva tecnología característica del siglo xx. En 1914 la mina de carbón media —una empresa anormalmente grande para los patrones contemporáneos— empleaba a unos 300 hombres; y aún en 1930 la típica empresa de hilandería de algodón empleaba de uno a 300 obreros, y, de ellos, el 40 por ciento trabajaba en plantas de menos de 200. En 1935, en la industria «media» británica, las tres firmas principales empleaban a poco más de la cuarta parte de los obreros. En las industrias de mayor concentración (químicas, ingeniería y vehículos, hierro y acero) también tres firmas principales daban trabajo al 40 por ciento, o más, de los obreros y en las menos concentradas —minas, construcción, madera— al diez por ciento o menos. Antes de 1914 la mayor parte de la industria británica era mucho más parecido a esta última que a cualquiera de las otras dos.

Pero la transformación más llamativa no fue la conversión de Gran Bretaña en un país de corporaciones gigantescas, oligopolios, asociaciones de producción, etc., sino la aquiescencia de los negocios y del gobierno para un cambio que habría horrorizado a John S. Mill. Es cierto que la oposición a la concentración económica había sido siempre mucho más débil en la práctica que en la teoría. Gran Bretaña no contaba con ningún movimiento poderoso democrático-radical como el que de vez en cuando impuso la legislación anti-trust (completamente ineficaz) en los Estados Unidos; y los socialistas, aunque en teoría hostiles a la concentración, se opusieron a ella sobre todo porque servía a fines privados. (En la práctica el movimiento obrero no se opuso en absoluto.) La creencia en el capitalismo competitivo era casi tan firme y dogmática como la creencia en el librecambio. Pero lo que vemos entre las guerras es el esfuerzo sistemático de los gobiernos para *reducir* la concurrencia, para nutrir cárteles gigantescos, fusiones, combinaciones y monopolios. La industria del hierro y el acero había sido bombardeada con acuerdos para fijar los precios incluso antes de 1914; pero no fue, como sucedió después de 1932, un cártel gigante restrictivo en asociación abierta (por medio del import Duties Advisory Committee) con el gobierno. La creencia en la concurrencia libre murió rápidamente, sin pena ni gloria, antes que la creencia en el librecambio.

Pero la concentración económica no es en sí misma indeseable, sino que con frecuencia es esencial, especialmente en la forma extrema de nacionalización, para obtener el progreso industrial adecuado. La creencia en que el «capitalismo monopolista» es *ipso facto* menos dinámico o tecnológicamente progresivo que la empresa competitiva sin restricciones es un mito. No obstante, la concentración económica que tuvo lugar entre las guerras no puede justificarse sólo en términos de eficiencia y progreso. Fue tremendamente restrictiva, defensiva y proteccionista. Fue una ciega respuesta a la depresión que trataba de mantener elevados beneficios eliminando la concurrencia, o bien de acumular grandes grupos de capital variado que no eran de ningún modo más racionales en términos de producción que sus componentes independientes originales, pero que proporcionaba a los financieros inversiones para el capital excedentes o beneficios obtenidos de la promoción de la compañía. Gran Bretaña se convirtió, tanto para el interior como para el extranjero, en un país no concurrente.

En cierto sentido, la fuerte orientación interior de los negocios británicos en este período fue también una respuesta defensiva a la crisis de la economía. Industrias como el hierro y el acero abandonaron decididamente el desolado panorama internacional por el mercado interior protegido,[8] aunque ese recurso no pudo salvar del desastre a las viejas industrias orientadas a la exportación, como el algodón. A partir de 1931, el gobierno protegió sistemáticamente el mercado interior, y ciertas industrias —especialmente la fabricación de vehículos— dependieron enteramente de la protección que, en este caso, había existido desde la primera guerra mundial. Sin embargo, no fue el mero escapismo lo que hizo involucionar a los negocios británicos, sino, sobre todo, el descubrimiento de que el consumo de masas de la clase obrera británica ofrecía insospechadas oportunidades de ventas. El contraste entre aquellos sectores de la economía que siempre se habían orientado hacia el mercado exterior y los que triunfaron porque no lo estaban, debía llamar la atención del observador más superficial.

El ejemplo más notorio de expansión durante este período de depresión fue la venta al detalle (ver también *supra*, p. 182). El número de expendedurías de tabaco aumentó en casi dos tercios entre 1911 y 1939; el número de puestos de dulces se multiplicó por dos y medio (1913-1938); el número de farmacias se multiplicó por tres; y aun lo hicieron más de prisa las tiendas que vendían ajuares, aparatos eléctricos, ferretería, etc. Esto sucedía mientras el pequeño tendero perdía terreno y las grandes empresas —cooperativas, grandes almacenes, pero por encima de todo las tiendas generales o bazares— lo ganaban rápidamente. El descubrimiento del mercado de masas no era una novedad. Determinadas industrias y zonas industriales —especialmente las Midlands— se habían concentrado siempre sobre el consumo interior, táctica que les había ido muy favorable. Lo nuevo era el visible contraste entre las florecientes industrias para el mercado interior y los desesperados exportadores, simbolizado por unas Midlands y sudeste en expansión y un norte y oeste deprimidos. En el amplio cinturón que se extiende entre las regiones de Birmingham y de Londres, la industria prosperaba: la nueva fabricación de vehículos de motor quedaba virtualmente confinada a esta zona. Las nuevas fábricas de bienes de consumo se multiplicaron a lo largo de la Great West Road, fuera de Londres, mientras que los emigrantes de Gales y del norte se desplazaban a Coventry y Slough. Industrialmente Gran Bretaña se estaba escindiendo en dos naciones.

El viraje hacia el mercado interior tiene algunas conexiones con la llamativa expansión de las industrias tecnológicamente nuevas, organizadas de acuerdo con un nuevo modelo (la producción masiva). Aunque algunas de las «nuevas» industrias de entreguerras obtenían buenas ventas con la exportación, contaban fundamentalmente —a diferencia de los mercados principales del siglo XIX— con la demanda interior, y también con el proteccionismo natural o del gobierno frente a la concurrencia exterior. Algunas de ellas, normalmente las que contaban con una tecnología más compleja y científica, descansaban todavía más directamente en el apoyo o respaldo del gobierno. De otro modo no hubiera existido la industria aeronáutica y todo el boyante complejo de industrias eléctricas se benefició más de lo que cabe imaginar del monopolio gubernamental de energía eléctrica y de la construcción de la red nacional, un sistema de distribución de energía eléctrica sin igual en aquellos tiempos.

El otro aspecto de la cuestión era una clara mejora en el nivel de vida de las clases trabajadoras, que se beneficiaron de la baratura y de la amplitud del abanico de bienes disponibles, y de las nuevas técnicas de ventas más eficientes. Hacia 1914 sólo el mercado alimenticio había experimentado esta transformación. El surgimiento del mercado de masas tuvo que esperar hasta después de 1914 tanto por los efectos de las dos guerras (más los de la primera que los de la segunda, administrada eficaz y equitativamente)[9] como por la insistencia del gobierno y de la patronal en que la solución a la depresión radicaba en la reducción de salarios y de pagos de la seguridad social. Sin embargo, y aun teniendo en cuenta el paro masivo, es probable que se produjera alguna mejoría general. Los cálculos menos entusiastas, que extienden las pérdidas del paro (de forma algo irrealista) a la población entera, sugieren aún un modesto aumento promedio del 5 por ciento en salarios reales, en tanto que los cálculos más optimistas (que no tienen en cuenta el desempleo) hablan de algo más del 40 por ciento, aunque esto es muy improbable. De lo que hay pocas dudas es de que entre las dos guerras triunfó realmente la nueva economía de producción masiva.

Es cierto que los productos que llegaban en masa al mercado o que se habían abaratado decisivamente aún no eran los caros «bienes de consumo duraderos» que pocos podían procurarse, a excepción, quizá, de la bicicleta. Mientras que en 1939 los Estados Unidos ya suministraban 150 refrigeradores anuales por cada 10.000 habitantes y Canadá 50, Gran Bretaña, en 1935, sólo proporcionaba ocho. Incluso la clase media solamente había comenzado a comprar automóviles en la modesta proporción de cuatro por cada 1.000 consumidores (1938). Aspiradores y planchas eran quizá las únicas piezas de maquinaria doméstica, aparte de la radio, ya muy extendida, que hacia fines de los años 30 se adquirían en cantidad. Los nuevos productos que consiguieron hacer mayor impacto fueron artículos baratos de uso personal y doméstico, como los que se vendían en los distintos almacenes tipo Woolworth, los productos farmacéuticos y de droguería expansivos y diversificados (el número de almacenes Boots pasó de 200 en 1900 a 1.180 en 1938) y otros emporios similares. En este período comenzaron a usarse los cosméticos y también las estilográficas. Ambos pertenecían además a la corta relación de productos a los que se había dado mayor publicidad, junto con los cigarrillos, las bebidas y los productos envasados. La publicidad comercial apareció también entre las guerras y con ella la moderna prensa nacional millonaria en tiradas.

Hubo un campo, sin embargo, en el que la revolución tecnológica creó una nueva dimensión de vida en el período de entreguerras. Además del tradicional y decadente music-hall y del igualmente anticuado pero aún boyante *palais-de-danse*, a partir de 1918 triunfaron dos formas de distracción tecnológicamente originales: la radio y el cine. La primera fue más revolucionaria que la segunda porque suponía el acceso a un entretenimiento durante largas horas que además llegaba a los propios hogares de la gente por primera vez en la historia, aunque no fuera éste el objetivo fundamental de la corporación pública, poco motivada comercialmente, que la controlaba, la BBC. El cine sustituyó al bar y al music-hall como sucedáneo del lujo para el pobre. Los gigantescos y barrocos Granadas, Trocaderos y Odeones, nombres que sugerían una exótica languidez y hoteles de lujo, sus cómodos asientos desde los que se contemplaban espectáculos de millones de dólares y enormes órganos que subrayaban elevados sentimientos en medio de cambiantes luces de colores, crecieron en los barrios de clase obrera al mismo ritmo que el índice de paro. Fueron quizá los más eficaces fabricantes de sueños que jamás se hayan inventado, ya que una sesión no sólo costaba menos y duraba más que tomarse unas copas o ver un pase de varietés, sino que se la podía combinar fácilmente —y se hacía— con la más barata de todas las distracciones: el sexo.

El crecimiento del nivel de vida siguió siendo modesto y limitado. Buena parte del aumento conseguido se debía, por lo menos para quienes tenían trabajo, a la afortunada circunstancia de que los años de crisis tendían también a ser años de caída del coste de la vida. Una libra en 1933 tenía un valor adquisitivo superior en cuatro chelines a la de 1924 y tres libras de salario semanal —el promedio de los obreros varones en 1924— representaban cinco chelines más en 1938.[10] Las mejoras que aportó el pleno empleo en la década de 1940 y la prosperidad de los años 50, no hubieran parecido tan notables si las de los años de entreguerras no hubiesen sido tan escasas. Sin embargo, la paradoja de que la depresión, el desempleo masivo y —por lo menos para muchos miembros de la clase obrera— un aumento del nivel de vida fueran juntos, refleja los cambios experimentados por la economía británica entre las dos guerras.

Para un país con la posición internacional de Gran Bretaña, el viraje hacia el mercado interior no iba a ser bien recibido. Después de la segunda guerra mundial, cuando los gobiernos trataron de fomentar la exportación entre las nuevas industrias, su preferencia por el mercado interior, mucho más fácil, era ya evidente. Y lo que es peor, incluso las nuevas industrias siguieron siendo menos dinámicas tecnológicamente que las mejores de las extranjeras, y cuando las innovaciones procedían de Gran Bretaña —como sucedió con frecuencia— la industria británica o no pudo o no quiso darles una aplicación comercial. En ciencias puras, Gran Bretaña ocupaba un lugar eminente, que se incrementó a partir de 1933 con el éxodo de los mejores cerebros científicos alemanes, aunque dependía peligrosamente de un reducido número de individuos que trabajaban en una o dos universidades. El lugar de Gran Bretaña en el desarrollo de la física nuclear, de la teoría de los computadores, y en las ramas de la ciencia industrialmente todavía poco importantes como la bioquímica y la fisiología estaba asegurado. Pero hay que reconocer que en el período de entreguerras pocos esperaban de Gran Bretaña el desarrollo de nuevas técnicas (excepto en el campo de los armamentos patrocinado por el estado, por ejemplo el radar y el aparato de propulsión a chorro) y todavía eran menos quienes confiaban en que proporcionara un modelo de lo que había de ser la industria moderna. Entre los pocos productos típicos de nuestro siglo que Gran Bretaña desarrolló entonces de un modo práctico, figuraron la televisión, que se difundió allí por primera vez en 1936, pero incluso esta innovación debió su avance —hecho característico— no sólo a la actuación de una empresa privada pionera (Electrical and Musical Industries), sino al dinamismo de la empresa estatal BBC. Tal vez sea significativo que Gran Bretaña sostuviera su primacía en el uso de la televisión por delante de los otros países, excepción hecha de los Estados Unidos; una situación rara.[11]

Hasta cierto punto, esta lentitud obedece a que los negocios británicos no emprendieron la investigación sistemática y costosa ni el desarrollo que era cada vez más esencial para el adelanto de las industrias basadas en la tecnología científica. El Balfour Committee on Industry and Trade admitió amargamente en 1927 el «lento progreso realizado por lo que respecta a la investigación científica en general» comparándolo con lo alcanzado por las industrias alemana y americana.[12] No era tanto un fallo de investigación —ya que aun en los Estados Unidos, como en Gran Bretaña, la expansión realmente importante en este campo tuvo lugar durante la segunda guerra mundial y después de ella bajo los auspicios del gobierno, y principalmente con finalidades militares— como de «desarrollo», es decir, fallo en la costosa estimulación de descubrimientos o invenciones tendentes a conseguir fines económicos prácticos. Excepto unos pocos gigantes, nadie podía *desarrollar* muchas invenciones: los investigadores de la Calico Printers Association que encontraron una fibra artificial muy valiosa (terylene) se limitaron a transferirla a la Imperial Chemicals en Gran Bretaña y a la Dupont en los Estados Unidos. Pero los gigantes británicos mismos estaban menos interesados en las innovaciones que sus colegas extranjeros.

Sin embargo, hechas todas las reservas del caso, el récord de la industria británica en el período de entreguerras no deja de ser notable. La producción de *toda* la industria manufacturera británica (incluidas las decadentes) aumentó mucho más aprisa entre 1924 y 1935 que entre 1907 y 1924, y ello en una época de depresión y paro masivo. La producción industrial total *per capita* puede haberse duplicado, o quizá algo más, entre 1850 y 1913. Apenas si cambió entre 1913 y 1924. Pero desde entonces hasta 1937 aumentó alrededor de un tercio, es decir, bastante más deprisa que en el apogeo de los días victorianos. Naturalmente que este crecimiento se obtuvo sobre todo gracias a las nuevas industrias en desarrollo. La fabricación de electrodomésticos casi se duplicó entre 1924 y 1935, y la de automóviles aumentó en más del doble, cosa que sucedió también con el suministro de electricidad. La fabricación de aviones, seda y rayón (sobre todo esta última) se duplicó por más de cinco en ese mismo breve período. En 1907 las «industrias en crecimiento» no habían producido más allá del 6,5 por ciento de la producción total; en 1935 alcanzaron casi una quinta parte.

Al estallar la segunda guerra mundial, Gran Bretaña era, pues, un país económicamente muy distinto del de 1914. Era un país con menos gente dedicada a la agricultura, pero con muchos más empleados en la administración; menos mineros pero muchos más obreros del transporte por carretera; menos obreros industriales pero muchos más dependientes del comercio y empleados de oficinas; menos servicio doméstico pero muchos más anfitriones; y dentro de la industria menos obreros textiles pero más en la metalurgia y en la electricidad (ver figuras 4 y 7). Era un país con una geografía industrial distinta. En 1924 las regiones industriales tradicionales (Lancashire y Chesshire, West Yorkshire, el nordeste, Gales del sur, la Escocia central) todavía aportaban la mitad de la producción total neta en la industria. En 1935 sólo produjeron el 37,6 por ciento, poco más que las nuevas regiones industriales que habían crecido rápidamente desde entonces: el gran Londres y las Midlands. Y esto era natural: Gales del sur ocupaba, aún en 1937, un 41 por ciento de sus trabajadores en industrias en decadencia, mientras que las Midlands sólo el 7 por ciento; el nordeste un 35 por ciento, pero Londres sólo el 7 por ciento.

Gran Bretaña era un país con dos sectores de la economía divergentes: el decadente y el ascendente ligados tan sólo por tres factores: la gran acumulación de capital conseguida por ambos, la creciente intervención del gobierno, que se extendió a ambos, y el arcaísmo, nacido del triunfante «ajuste» británico en el modelo del capitalismo liberal del mundo decimonónico, que los presidía. La economía liberal mundial desapareció en 1939. Expiró —si es que podemos fijarle fecha— entre 1929 y 1933, y desde entonces no ha resucitado. Pero si su espíritu anduvo al acecho de algún país, éste fue de seguro Gran Bretaña, que había aprendido el oficio de ser taller del mundo, de ser su centro comercial marítimo y financiero, pero que no sabía qué hacer. Sea como fuere, este hecho supuso un cambio en las funciones del gobierno que el siglo XIX hubiera considerado como inconcebible.

NOTAS

1. Ver las obras de Mowat, Ashworth, Pollard en «lecturas complementarias»,, y las de G. C. Allen, *The Structure of Industry in Britain* (1961), D. L. Burn, *The Economic History of Steelmaking* (1940). Para el conjunto internacional, I. Svenilsson, *Growth and Stagnation in the European Economy* (1954), y Arthur Lewis, *Economic Survey 1918-1939* (1949). Ver también las figuras 1, 3, 7, 10-11, 13, 15, 17-18, 22, 26, 28, 37, 41, 46, 49-52.

2. Haciendo así, casi con toda certeza, peor la crisis al cortar los gastos del gobierno cuando éstos hubieran hecho mucho bien.

3. Por ejemplo la producción manufacturera (1913 = 100) en los Estados Unidos descendió de 112,7 en 1929 a 58,4 en 1932; en Alemania de 108 a 64,6; pero en Gran Bretaña simplemente de 109,9 a 90.

4. Esto es en sí mismo un síntoma de su creciente importancia.

5. De una muestra de un centenar de asociaciones de esta clase existentes durante la segunda guerra mundial, 26 se habían constituido antes de 1914, 33 en 1915-1920 y 37 entre las guerras.

6. H. W. Macrosty, *The Trust Movement in British Industry* (1907), p. 330.

7. Citado en Pollard, *Development* (1962), p. 168.

8. Producción y consumo interior de acero (promedio anual en millones de toneladas):

	1910-1914	1927-1931	1935-1938
Producción	7,0	7,9	11,3
Consumo interior	5,0	7,6	10,6

9. Por ejemplo, el consumo de alimentos descendió en un 10 por ciento entre 1939 y 1941. A partir de aquí, gracias a una planificación eficiente, se incrementó un tanto. En la primera guerra mundial, los gastos en alimentación disminuyeron continuamente.

10. En otras palabras, parte de la depresión de Gran Bretaña fue transferida a los países subdesarrollados exportadores de materias primas.

11. En 1950 Gran Bretaña tenía casi 600.000 aparatos y el resto de Europa ninguno. Aun en los años 60 más de la mitad de los televisores europeos estaban en Gran Bretaña.

12. Committee on Industry and Trade, *Factors in Industrial and Commercial Efficiency* (1927), pp. 38-39.

12.   EL GOBIERNO Y LA ECONOMÍA[1]

La disposición característica del gobierno británico o de otros países en relación a la economía antes de la Revolución Industrial era que, en caso necesario, se debía intervenir en ella. Esta actitud se hizo universal tras la gran depresión de 1929-1933. Sin embargo, ha habido dos períodos en los que esta presunción, que representa lo que puede considerarse como la norma de la historia, y también del sentido común, ha sido reemplazada por su contrario, cuando economistas y gobernantes se pusieron de acuerdo en que el gobierno no debía intervenir en la economía. Desde 1979 Gran Bretaña está viviendo la segunda era de dicho absentismo. La primera coincidió con el auge, triunfo y dominación de la Gran Bretaña industrial, y sólo era adecuada para la situación de ese país en concreto y, tal vez, para uno o dos semejantes a él, como los Estados Unidos en la era de su hegemonía tras la segunda guerra mundial. El segundo período no se adecúa ni a una sola economía, pero es el reflejo del auge y triunfo de una economía global, y beneficia principalmente a multinacionales y empresas de negocios para las cuales las leyes estatales resultan molestos obstáculos en su camino hacia el enriquecimiento. La historia de la política y la teoría económica gubernamental desde la Revolución Industrial es básicamente la del auge, declive y revisión del *laissez-faire*.

Cualquier política económica está basada en una teoría, aunque no sea siempre en la mejor. Por lo tanto, tal vez sería lógico empezar este capítulo con una breve consideración acerca de la teoría económica, sobre todo si se tiene en cuenta que esta disciplina estuvo dominada por los británicos durante una parte considerable del período que abarca este libro, pese a que nunca llegó a los niveles pretendidos por los patrioteros. Sin embargo hay dos razones por las cuales no debemos invertir demasiado tiempo en la teoría económica británica, que, en cualquier caso, ya ha sido debidamente tratada por una larga literatura especializada. En primer lugar la economía, una materia eminentemente práctica, está inevitablemente influenciada por el clima de discusión práctica prevaleciente y refleja la situación de la economía. Cuando sus perspectivas eran oscuras, se convertía en «ciencia lúgubre», como lo hizo durante el primer tercio del siglo XIX; cuando los problemas de los salarios empezaron a preocupar a los empresarios, los economistas, que hasta entonces no habían prestado atención al tema, lo empezaron a hacer; cuando durante la depresión de entreguerras el horizonte estaba dominado por una masa de desempleados, la modificación más característica en la economía, el keynesianismo, tenía como premisa fundamental la consecución del pleno empleo. Además, una buena parte de la economía desempeñó la función no tanto de mostrar al gobierno o a los empresarios qué debían hacer, cuanto indicarles que lo que hacían (o dejaban de hacer) era lo correcto. En segundo lugar, la política económica gubernamental tiende a reflejar no tanto la mejor economía contemporánea (aun admitiendo el intervalo entre el control de la política por hombres de mediana edad que aprendieron su teoría en la juventud y el auge de la influencia de hombres más jóvenes) como la economía más aceptable políticamente hablando, y a menudo se ha convertido en una versión simplista y vulgarizada de esta ciencia, que es el futuro que se le depara en manos de administradores, directivos y técnicos especializados. Cuando hay pleno consenso entre economistas, es más fácil que la política acepte una teoría como «ortodoxa», o lo que es lo mismo, que opere en base a los fines de una teoría convertida en dogma.

El total *laissez-faire* por parte del gobierno es, desde luego, una contradicción en los términos. Los gobiernos *no* pueden dejar de influir en la vida económica, porque su existencia misma se lo exige: el «sector público» por modesto que sea es casi siempre una «industria» muy grande en términos de pleno empleo y los ingresos y gastos públicos constituyen una proporción significativa del total nacional. Incluso en la cúspide del *laissez-faire* británico, allá por el año 1860, los gastos del gobierno alcanzaban un porcentaje considerable de la renta nacional. Y por supuesto, cualquier actividad gubernamental —cualquier sistema de leyes y regulaciones públicas— debe afectar a la vida económica, aparte de que incluso al gobierno menos intervencionista rara vez le parecerá posible abstenerse de controlar determinados asuntos económicos obvios tales como la circulación monetaria. Lo que se discute no es el hecho de la intervención del gobierno, o incluso (dentro de ciertos límites) su dimensión, sino su carácter. En la economía liberal clásica, su objetivo es crear y mantener las mejores condiciones para el capitalismo, considerado como un sistema esencialmente autorregulador y autoexpansivo que tiende a maximizar la «riqueza de la nación».

Al iniciarse la Revolución industrial británica, el problema principal era crear esas condiciones; desde 1846 aproximadamente (abolición de las leyes de cereales) fue mantenerlas. A partir del último cuarto de siglo era obvio que no se podían mantener sin una creciente intervención del gobierno en asuntos que, de acuerdo con la teoría pura, era mejor no tocar, pero hasta 1931 (la abolición del librecambio) no se abandonó el intento de mantener la economía liberal, cosa que se hizo a partir de 1931. Ésta es, en resumen (y todos los resúmenes pecan de condensar sus contenidos), la historia de la política gubernamental en la época del apogeo industrial británico.

Crear las mejores condiciones para que la empresa privada pudiera operar sin obstáculos significaba, en primer lugar, eliminar las numerosas formas de interferencia gubernamental existentes que no podían ser justificadas por la ortodoxia económica en boga. A principios del siglo XIX estas formas de intervención presentaban cuatro facetas. En primer lugar, quedaban los remanentes de la política económica tradicional conocida comúnmente como *mercantilismo*, que tenía como objeto el opuesto exacto del liberalismo económico, es decir, la persecución sistemática de la riqueza nacional a través del poder del estado (o del poder del estado a través de la riqueza nacional, que era con frecuencia una misma cosa). En segundo lugar, quedaban los restos de la política social tradicional que asumía que el gobierno tenía la obligación de mantener una sociedad estable en la que cada uno tuviera el derecho a vivir en la posición social (generalmente baja) a que el Todopoderoso le había destinado. Aun después de que esta opinión hubiera perdido terreno en los más altos niveles de la política, era sostenida persistentemente no sólo por los obreros pobres, sino también por los de mentalidad más tradicional de sus mejores. Por ejemplo, aún en 1830, la nobleza rural y los magistrados de los diversos condados afectados por los grandes disturbios de los braceros insistieron, contra superior consejo, en recomendar que se fijaran salarios mínimos y la abolición de las máquinas causantes del desempleo. Recibieron por ello una reprimenda de Westminster. En tercer lugar, estaban los arraigados intereses de los grupos sociales que obstaculizaban un rápido progreso industrial, especialmente las clases poseedoras de tierras. Finalmente, estaba el entero andamiaje de la tradición, la enorme, heterogénea, ineficaz y costosa mole de instituciones y vacíos institucionales que entorpecían el camino del progreso.

De todos estos aspectos, el primero representaba el problema teóricamente más grave, el tercero (y, en tanto que los viejos intereses le protegían, el cuarto) el más grave en la práctica. El segundo prácticamente sólo tenía al pobre de su lado. Excepto por lo que hace a la ley de pobres, el código social establecido en la época de los Tudor estaba completamente anticuado desde hacía tiempo, aunque aquí y allá en el siglo XVIII, cuerpos de obreros fuertes y normalmente muy revoltosos habían conseguido la fijación legal de precios y salarios o el control legal de otras condiciones de trabajo. Hacia fines del

XVIII se partió de la base de que el trabajo era una mercadería para comprar y vender al precio del mercado libre, y cuando en los años de las guerras napoleónicas el primitivo movimiento obrero trató de revitalizar la protección legal del viejo código, el Parlamento abolió sus reliquias sin grandes aspavientos en 1813. Desde entonces, hasta principios del presente siglo, la fijación legal de los salarios —si bien no el control legal de horas de trabajo y algunas otras condiciones laborales— fue considerada oficialmente como el preludio seguro a la ruina. Todavía en 1912 Asquith, un hombre insensible, lloriqueaba al proponer el ineficaz proyecto de ley del salario mínimo para los mineros, que una huelga a escala nacional había hecho tragar al gobierno.

La ley de pobres no podía ser abolida por razones políticas, ya que de ella se sustentaba tanto la natural y profunda convicción de los pobres de que un hombre tiene derecho a la vida, ya que no en aquel tiempo a la libertad y a la persecución de la felicidad, como el poderoso prejuicio de la comunidad agrícola en favor de un orden social estable, o sea en contra de la despiadada conversión de hombres y tierras en simples mercancías. Sólo en Escocia la lógica calvinista había abolido el *derecho* del pobre a ser mantenido, dejando su cuidado enteramente en manos de la caridad de sus mejores sociales en la iglesia, aunque ésta era, en cierto sentido, moralmente obligatoria. Además se argumentaba que una ley de pobres totalmente indiscriminada podía ser útil en las primeras etapas de la industrialización al absorber el elevado índice de paro encubierto, especialmente en el campo, en una época en que la tasa de expansión industrial era todavía incapaz de proporcionar el suficiente empleo a una población en crecimiento.

Hay, desde luego, pruebas de que la ley de pobres del siglo XVIII, mal pese a la teoría burguesa, se hizo más generosa, y cuando la pobreza llegó a la catástrofe, durante los duros años de mediados de la década de 1790, la baja nobleza se mostró completamente contraria a la teoría económica en el «sistema de Speenhamland». En sus versiones más ambiciosas este sistema puso en marcha el establecimiento de un salario mínimo basado en el coste del pan, si era preciso subvencionarlo a partir de las cuotas. El sistema de Speenhamland no detuvo la pauperización de los jornaleros y en cualquier caso no se aplicó extensamente o de forma duradera en su totalidad, pero llegó a horrorizar a los teóricos, ya que llevaba la ley de pobres más allá de su ideal. Éste era *a)* hacer la ley de pobres lo más barata posible; *b)* utilizarla como un instrumento no de alivio para el paro encubierto o evidente, sino para canalizar la mano de obra disponible por desempleo hacia el mercado libre de trabajo, y *c)* desalentar el crecimiento de la población que, como se sostenía entonces, conduciría a una pauperización creciente. Lamentablemente era imposible no proporcionar *algún* alivio para el desamparado, pero éste debía ser disuasorio y en cualquier caso «menos elegible» que el trabajo peor pagado y menos atractivo del mercado. En 1834 se presentó al Parlamento una «nueva» ley de pobres con estas inhumanas características, aupada por una combinación de presión política y mentiras arropadas con el disfraz de la estadística. Esta ley trajo más amargura e infelicidad que cualquier otro estatuto de la historia moderna de Gran Bretaña, aunque la revuelta de los obreros no enteramente desvalidos impidió su plena aplicación (ningún alivio fuera de las casas de trabajo, separación de familias dentro de ellas, etc.) en el norte industrial. Nadie ha investigado seriamente si esta ley hizo más flexible el suministro de trabajo, pero, desde luego, es improbable que lo hiciera.

El argumento en favor de demoler los escombros institucionales fue más convincente, aunque solamente fuera porque servía para ahorrar un montón de dinero. El poder de los viejos intereses arraigados —especialmente, la corona, la iglesia y la aristocracia, pero también la impenetrable barricada de los abogados— limitó el alcance de semejante racionalización. Las reformas denodadas, aunque también algunas de las más elementales —tales como, por ejemplo, la aplicación de la razón a la ortografía, a los pesos y medidas— requieren generalmente una revolución social para llevarlas a cabo y de tales, no hubo. Sin embargo, aunque la monarquía, la iglesia establecida, las viejas universidades, el Ministerio de la Guerra, el de Asuntos Exteriores, los tribunales y algunos otros viejos monumentos salieron de la época de reforma radical completamente indemnes, fue mucho lo que llegó a conseguirse, sobre todo, en el curso de los tres asaltos de desescombro político y administrativo: en la década de 1780, en la de 1820 y en la de 1830, y nuevamente entre 1867 y 1874. (Los espacios vacíos de actividad reformadora entre estos asaltos se debieron fundamentalmente al temor de revolución social en los períodos jacobino y cartista.) La «reforma económica» —el ataque a la práctica de utilizar el aparato central del estado como almacén de favores financieros para distribución privada por grandes caciques políticos— se inició en la década de 1780, si bien no llegó muy lejos. El principio de un servicio público asalariado (en lugar de vivir de los gastos y beneficios de despacho), de la separación de los fondos públicos y privados y de la contabilidad sistemática de tales fondos, fue, por lo menos, enunciado. La creación del «presupuesto» —comenzó a utilizarse la expresión a fines del siglo XVIII— se debió probablemente más a las necesidades de las finanzas de guerra después de 1793, pero refleja estas preocupaciones. En la década de 1820 tuvo lugar una considerable expurgación del derecho penal y del sistema fiscal bajo los ministros de la clase media, y el Parlamento nuevamente reformado después de 1832 lanzó un ataque de envergadura contra los viejos abusos. Triunfó allí donde los intereses creados no lo consideraron peligroso —notablemente en la ley de pobres y en la administración urbana (Ley de Reforma Municipal de 1835)—, pero, en otras instancias, el intento quedó en agua de borrajas. Sin embargo, a partir de 1860 algunas de las primitivas propuestas se realizaron, por lo menos parcialmente, con la transformación sustancial del Servicio Civil, la reforma parcial de las antiguas escuelas y universidades, la institución de un sistema público de enseñanza primaria e incluso con alguna modesta poda en los matojos del derecho.

La razón de que los ingleses no pasaran de semirracionales, no radica en su mítico gusto por la continuidad y su igualmente mítico disgusto por la lógica. Pocos países se han visto más dominados por una doctrina *a priori* de lo que fue Gran Bretaña por la economía del *laissez-faire* en el período en que las reformas institucionales no se completaron, y pocas instituciones de otros países fueron reconstruidas más radicalmente y con mayor desprecio que las de la India, en ese mismo período y precisamente por ese mismo tipo de inglés a quien el mito tiende a idealizar. La continuidad de las instituciones británicas en esta época fue resultado de un compromiso político entre viejos intereses muy arraigados, que no podían saltar sin el riesgo de revolución, y los nuevos intereses industriales, que no estaban preparados para afrontar riesgo semejante excepto en asuntos para ellos absolutamente vitales, es decir, en la política económica. Sobre la cuestión del proteccionismo o del librecambio estaban dispuestos a luchar hasta la muerte, y si era preciso al costo de una insurrección hambrienta que los más militantes de ellos estaban dispuestos a provocar. Al advertirlo, los «intereses de la tierra» cedieron quedamente a la abolición de las leyes de cereales en 1846, fortificados por una vulnerabilidad más reducida de sus rentas. Pero no existía nada más por lo que valiera la pena asumir tal riesgo. El coste de la ineficacia institucional, por elevado que fuera, no representaba más que gastos menores para la economía industrial más dinámica del mundo. Una economía que, por tomar el ejemplo más obvio, podía conseguir todo el capital que necesitara y aún más, bajo una legislación anticuada que impedía virtualmente la sociedad accionarial normal, no iba a poner reparos a pequeños gastos extras. En verdad la ineficacia institucional —por ejemplo la necesidad de aprobar leyes especiales en el Parlamento para cada línea de ferrocarril— contribuyó a que los ferrocarriles británicos fueran mucho más caros por milla que todos los demás. Sin embargo, no se sabe que la construcción de ferrocarriles británicos fuera inhibida por esta causa en lo más mínimo.

La remoción de todos estos obstáculos al *laissez-faire* fue simplemente una cuestión de la presión que los nuevos industriales podían, o querían, ejercer en contra de los grupos sociales que les salían al paso. Sólo el desmantelamiento de las viejas políticas «mercantilistas» levantó cuestiones de principio teórico. Es verdad que en cierto grado se trataba simplemente de una cuestión de viejos intereses, pero era fácil demostrar que el «interés de las Indias occidentales», que funcionaba de cara al esclavismo y al monopolio en la venta del azúcar colonial, o el viejo interés del tejido lanero, que significaba la sistemática supervisión y protección de lo que había sido siempre la industria de mercado de Inglaterra, eran —incluso fiscalmente— menos importantes que el algodón, especialmente porque tenían mucho menos respaldo político que los «intereses agrarios». No era tan fácil demostrar que el interés del capitalismo británico estaría mejor servido por una retirada total del apoyo y protección gubernamentales para las manufacturas y el comercio. Y ello tanto más cuanto que el triunfo de la economía británica se había obtenido en el pasado en muy buena parte gracias a la impertérrita disponibilidad de los gobiernos británicos a apoyar a sus negociantes a través de una discriminación económica agresiva y cruel y de la guerra abierta contra cualquier posible rival.

Pero ese mismo triunfo hizo posible y deseable el *laissez-faire* total. Hacia fines de las guerras napoleónicas, la posición de Gran Bretaña era inatacable. Como única potencia industrial, podía vender más barato que los demás y cuanta menos discriminación existiera, aún vendería más barato. Como única potencia naval mundial controlaba el acceso al mundo no europeo, sobre el que descansaba su prosperidad. Con una excepción de importancia (la India), Gran Bretaña no necesitaba, en términos económicos, ni siquiera colonias, ya que todo el mundo subdesarrollado era su colonia, y así seguirían las cosas si, amparada en el librecambio, compraba en el mercado más barato y vendía en el más caro, lo que quería decir, si compraba y vendía en el único gran mercado existente, Gran Bretaña. En todo caso así les parecían las cosas a quienes confundían el accidente histórico del temprano arranque industrial inglés con el afortunado don de una providencia que, al parecer, había creado a los británicos para ser el taller del mundo y al resto para producir algodón, madera o té. Todo lo que la industria necesitaba era paz: y había paz.

Pero los dos pilares principales del mercantilismo se vinieron abajo. Eran éstos el deseo de proteger el comercio británico por medios económicos (incluido el mantenimiento de una reserva privada para él en las colonias) y la necesidad de defenderlo con la fuerza de las armas. El primero ya fue abandonado por Adam Smith; el segundo todavía —y con mucha razón— era preocupante. Después de 1815 incluso éste perdió su fuerza, y así, principalmente en la década de 1820, fueron abandonadas las supervivencias del código mercantilista. Aunque mitigadas, las leyes de navegación no fueron derogadas formalmente hasta 1849, y el sistema de preferencias coloniales hasta la década de 1850. Se levantó también la prohibición de exportar maquinaria británica y expertos técnicos (había sido una farsa durante mucho tiempo). Los remanentes del sistema desaparecieron con las leyes de cereales después de 1846 (ver capítulo 5).

Hacia mediados del siglo xix la política gubernamental de Gran Bretaña se ajustó tanto al *laissez-faire* como ningún estado moderno había podido hacerlo nunca. El gobierno era reducido y relativamente barato, y con el paso del tiempo se hizo aún más barato en comparación con otros estados. Entre 1830 y la década de 1880 el gasto público anual *per capita* se triplicó en Europa, y aumentó aún más de prisa (pero partiendo de una base ridículamente baja) en los países europeos con propiedades en el extranjero, pero en Gran Bretaña siguió siendo relativamente estable. Excepto por lo que respecta a la acuñación de moneda, algunas fábricas de armas e, inevitablemente, algunos edificios, el gobierno se mantuvo alejado de la producción directa. Incluso consiguió rehuir su responsabilidad directa en algunas instancias normalmente consideradas como funciones típicas del gobierno, tales como (hasta 1870) la enseñanza. Allí donde intervino —y la complejidad de los asuntos nacionales requería que las incursiones administrativas *ad hoc* del gobierno se multiplicaran— lo hizo en la misma forma que un guardia de tráfico: para regular, pero no para impulsar o disuadir. No se aceptaba generalmente que una cosa implicara las otras. Dos ejemplos pondrán de relieve el grado de abstencionismo del gobierno. Gran Bretaña era el único país que rehusó sistemáticamente toda protección fiscal para sus industrias, y el único país cuyo gobierno no construyó, ni ayudó a la financiación (directa o indirectamente) ni siquiera planificó el menor tramo de la red ferroviaria.

Sin embargo, en dos cuestiones de la economía el gobierno no tenía más remedio que intervenir: la tributación y la circulación monetaria.

Las tradicionales bases de ingresos del siglo xviii habían sido tres: impuestos sobre consumos (de productos importados por los *impuestos aduaneros*, y de los productos interiores por el *impuesto sobre el consumo*), sobre la propiedad (es decir, principalmente tierras y edificios) y sobre distintas transacciones legales (por ejemplo derechos de timbre). En 1750 —al igual que durante la mayoría del siglo xviii— alrededor de dos tercios de los ingresos procedían de los primeros, teniendo en cuenta que el impuesto sobre el consumo producía normalmente el doble que las aduanas, y la mayor parte del resto provenía de los impuestos directos, aunque los derechos del timbre tendieron a elevarse. Se conocía también el préstamo, principalmente para objetivos especiales. El moderno sistema fiscal retuvo el primero de estos pilares y sustituyó el segundo por los derechos sucesorios, que son una exacción sobre la propiedad, pero por encima de todo añadió un tercero: el progresivo impuesto sobre la renta. Hacia 1939 aduanas y consumos proporcionaron tan sólo un tercio de los ingresos; los impuestos directos sobre la renta o beneficios proporcionaron alrededor del 40 por ciento y los derechos sucesorios alrededor del 8 por ciento. El saldo procedía principalmente de las hinchadísimas actividades de la empresa gubernamental, de los correos, del nuevo impuesto sobre los automóviles y de otras fuentes menores. Los impuestos sobre la renta se introdujeron por primera vez como medida temporal durante las guerras revolucionarias y napoleónicas (1799-1816), pero, a pesar del evidente disgusto de la ciudadanía y de los economistas, fueron reintroducidos definitivamente —aunque todavía se consideraron durante largo tiempo como expediente temporal— en 1842. Todavía en 1874 Gladstone propuso abolirlos —se encontraban entonces en la ruinosa proporción de dos peniques por cada libra—[2] y de haber triunfado lo hubiera llevado a cabo. Los impuestos comenzaron a elevarse paulatinamente a partir de 1900, y, sobre todo, después de 1909. Los derechos sucesorios, que recaerían fundamentalmente sobre las grandes acumulaciones de la aristocracia terrateniente, no fueron nunca tan impopulares en los círculos de negocios, pero hasta fines de siglo, cuando tuvieron que enfrentarse con las nuevas demandas combinadas de gastos sociales y armamentos, los intereses agrarios los mantuvieron, triunfalmente, a raya. Estos derechos se convirtieron en una notable fuente de ingresos poco antes de la primera guerra mundial, pero seguían siendo de menor importancia comparados con el impuesto sobre la renta.

Hasta el siglo xx este modelo de tributación no se desarrolló a partir de opiniones sistemáticas o racionales sobre los métodos más efectivos, o socialmente equitativos, de aumentar los ingresos ni tampoco a partir de cualquier estimación sobre los efectos económicos de las diferentes clases de imposición. La política fiscal estaba dominada por tres consideraciones: cómo interferir menos en los negocios, cómo conseguir que los ricos soportasen las cargas menores, y cómo, pese a ello, recaudar el mínimo necesario para hacer frente a los gastos públicos sin endeudarse más. La economía política primitiva había favorecido los impuestos indirectos (aduanas y consumos) sobre la base de que el sistema era socialmente injusto: el pobre pagaba una mayor parte de sus ingresos dejando que el rico acumulara más capital para beneficio de toda la economía. La política «tatcherista» regresó a este principio. La teoría fiscal del *laissez-faire*, aunque más sofisticada, era también más superficial. No quería los impuestos indirectos porque interferían con el libre flujo del comercio, y en parte también porque, en tanto que elevaban el coste de la vida del pobre, podían también elevar el salario mínimo necesario para impedir que muriera de hambre. Entre 1825 y 1856 la desaparición de los impuestos más viejos redujo los impuestos indirectos al mínimo necesario para obtener ingresos, y su carga sobre el ciudadano se aligeró perceptiblemente. La doctrina del librecambio impidió que se elevaran. Dado que Gran Bretaña carecía también de empresas gubernamentales beneficiosas, aparte de los correos, tales como las que facilitaban al nuevo Imperio alemán más de la mitad de sus ingresos (por ejemplo, los ferrocarriles), a la larga los impuestos directos sobre la renta y la propiedad llegaron a tener un gravamen considerable.

El objetivo fundamental de la hacienda pública era mantener unos gastos bajos y el presupuesto equilibrado. Esta política, que tiene poco sentido cuando se trata de la moderna economía dirigida, era mucho menos irracional bajo la doctrina del *laissez-faire*, y así era también la convicción igualmente firme de que la deuda pública debía ser reducida. Había crecido fuertemente a lo largo del siglo XVIII y en espiral durante su última y mayor guerra contra Francia (1793-1815). Ciertamente las guerras eran las razones principales para los empréstitos, aunque después de 1900 había disponible una cantidad significativa de ellos para la inversión en el creciente sector estatal de la economía. El siglo de paz después de 1815 redujo gradualmente la deuda a alrededor de tres cuartas partes de su punto culminante (1819), pero después de 1914 se multiplicó rápidamente por diez. Al igual que con el impuesto sobre la renta, la esperanza de que esta fuente de caudales sería temporal desapareció.

La segunda actividad económica del gobierno, el control de la circulación monetaria, le llevó mucho más directamente a la senda de los negocios. El problema inicial era cómo mantener la estabilidad de la libra esterlina, principalmente en interés del comercio y de las finanzas internacionales británicas. La razón de lo que parecía con frecuencia una tendencia deflacionaria permanente no está tan clara como pretendían los economistas ortodoxos del siglo XIX, desatendiendo a los defensores ocasionales de una inflación controlada, tales como el banquero de Birmingham Attwood, pero para un país que era el fulcro del comercio y el sistema financiero internacionales esto no estaba falto de razón. Desde principios del siglo XVIII la base de la estabilidad había sido el «patrón oro», una relación fija y rígida entre la unidad monetaria y una determinada cantidad de oro. Antes de 1931, el sistema solamente se hundió dos veces, en el curso de las dos grandes guerras: 1797-1821 y 1914-1925; la crisis lo eliminó para siempre. Sin embargo, algo muy similar se restableció en 1945 y duró casi 25 años, esta vez en base al dólar americano.

El patrón oro había planteado dos problemas. Primero cómo controlar la emisión de moneda o billetes y evitar falsificaciones y emisiones excesivas; en segundo término (cosa más difícil), cómo inducir el flujo de oro hacia dentro y fuera del país sin recurrir a los controles de intercambio o a la suspensión de la convertibilidad, ya que ambos se consideraban profundamente indeseables excepto por la minoría inflacionista. La alternativa lógica, ajustar la emisión a las existencias de metal, podía funcionar cuando el oro afluyera, pero podía crear un apuro insalvable cuando afluyera muy rápidamente; esta última situación motivó que el patrón oro fuera suspendido de vez en cuando (como en las crisis de 1847, 1857 y 1866) o abolido (como en 1797,

1914 y 1931). La solución al primer problema fue la centralización de la emisión de billetes en el Banco de Inglaterra (la acuñación había sido monopolizada desde hacía mucho tiempo por la casa de la moneda), cosa que se obtuvo, tras décadas de discusión apasionada, por la *Bank Charter Act* de 1844, aunque entonces ya era algo incongruente, porque el uso de los medios de pago no monetarios (letras de cambio, cheques, etc.) era cada vez más frecuente para todo, excepto para pequeñas transacciones comerciales. El control de emisión de billetes de banco no les afectó en absoluto.

El segundo problema fue resuelto, o así se creía, por la manipulación del «tipo de interés bancario»: la proporción en que el Banco de Inglaterra estaba dispuesto a descontar letras de cambio, es decir, a adelantar dinero contra ellas. Se suponía que el banco actuaba como «prestamista en última instancia». Se suponía también que su tipo de interés indicaba la ayuda que estaba dispuesto a prestar a los otros bancos, mientras que al mismo tiempo (así se mantenía) protegía su crucial reserva de metal atrayendo oro a Londres con un tipo de interés suficientemente atractivo, es decir, alto. Puesto que la *City* de Londres era el centro financiero del país, y casi del mundo, el tipo de interés del Banco de Inglaterra impuso el tipo general de interés para préstamos a corto plazo en todo el mundo y al hacerlo conseguiría —así lo afirmaban los teóricos— suavizar las fluctuaciones del crédito: animándolo o desaconsejándolo, según sugiriese la situación económica. Este tipo de manipulación se inició seriamente a mediados de la década de 1840.

Todo esto arrancaba de dos premisas: primera, que el Banco de Inglaterra actuase como banco central y nada más, y, segunda, que no se produjeran fluctuaciones económicas imposibles de resolver por tales medidas a corto plazo. La primera condición se fue cumpliendo gradualmente en el medio siglo siguiente a la *Bank Charter Act*, cuando el Banco de Inglaterra abandonó, lentamente y con reticencia, sus negocios bancarios ordinarios y sus motivaciones lucrativas y afrontó sus obligaciones de banco estatal. Tras la crisis financiera de la empresa Baring en 1890 es probable que hubiera hecho ambas cosas. La segunda siguió siendo un mito piadoso. La estabilidad de la circulación monetaria británica descansaba en la hegemonía internacional de su economía y cuando ésta cesó, la manipulación del tipo de descuento bancario no sirvió de gran cosa. No hay ninguna prueba de que el tipo de interés bancario, o cualquier otro método gubernamental de intervenir en el mercado como prestamista o prestatario, disminuyera la agudeza de los «booms» y las crisis que orlaban, de año en año, las oscilaciones de la economía.

Las bases del *laissez-faire* se desmoronaron en las décadas de 1860 y 1870. Al industrializarse otros países, quedó claro que el librecambio no era

suficiente para mantener a Gran Bretaña como el único, o siquiera el principal, taller del mundo; y si ya no lo era, la base de su política económica internacional necesitaba ser revisada. Al recibir el impacto de la «gran depresión» ya no parecía tan evidente como antes que lo único que necesitaba la
economía británica del gobierno, aparte de impuestos bajos y una moneda
estable, era que la dejaran sola. Al conseguir las clases obreras el derecho al
voto —en 1867, pero especialmente en 1884-1885—, se supuso con acierto
que pedirían —y recibirían— una sustanciosa intervención pública para
conseguir mayor bienestar. Dado que en Europa había surgido una gran potencia, Alemania, y otras dos en el extranjero, los Estados Unidos y Japón,
la paz mundial (con su corolario de presupuestos bajos) ya no podía darse
por sentada. Además —aunque esto no era tan evidente— uno ya podía empezar a sospechar que la lógica consecuencia de la empresa privada sin restricciones no sería un modesto aparato estatal alojado en un rincón discreto
de la economía competitiva de minúsculos propietarios. Bien podría ser un
estado cada vez más amplio y burocrático en medio de grandes corporaciones cada vez más grandes, burocráticas y medianamente competitivas.

No cabía esperar que la opinión financiera y la política del gobierno se
adaptaran a esta nueva situación. Durante la «gran depresión» aparecieron
pequeños grupos de idealistas que pedían un claro rompimiento con el «individualismo» del *laissez-faire*, tan identificado con el capitalismo británico
que ambos términos se confundían a veces, al igual que su opuesto, la intervención estatal, se identificaba, en gran medida, con el «socialismo». Los
auténticos socialistas que reaparecieron en Gran Bretaña hacia 1880, veían
las cosas principalmente desde el punto de vista de la clase obrera, propo-
nente de diversas políticas anti *laissez-faire* de «eficiencia nacional», y el
«imperialismo» las veía desde el punto de vista de la posición competitiva
internacional de la economía británica, o más generalmente (y peligrosamente) desde el punto de vista de cierto amplio destino nacional o racial que
llamaba a Britania a regir sobre los mares y las costas. Pero los socialistas
siguieron siendo pequeños grupos minoritarios incluso dentro del movimiento obrero aunque le proporcionaron con rapidez un gran número de dirigentes. Hasta 1918 el Partido Laborista no se comprometió, siquiera en teoría, a
un programa de socialización de los medios de producción, distribución e
intercambio. Los imperialistas sistemáticos —por dar expresión a una tendencia que es difícil definir con claridad— ocuparon una posición similar dentro de las clases dirigentes y por lo tanto tuvieron un impacto mucho
más directo sobre la política. Pero éstos no representaban cabalmente, por
fortuna —como pone de relieve la carrera de lord Milner—, la opinión política prevaleciente en las clases altas, ya que su pensamiento apuntaba de-
sagradablemente hacia lo que más tarde había de ser conocido como fascis-

mo. El mundo del trabajo y, naturalmente en mucha mayor extensión, el de las clases financieras, se alejó de lo que los ideólogos llamaban «individualismo» hacia el «colectivismo» impelidos por la presión de los acontecimientos.

Los acontecimientos, desde luego, eran siempre premiosos, pero en cinco ocasiones lo fueron de modo irresistible: durante la «gran depresión» (especialmente a fines de la década de 1880 y 1890), después de 1906, durante e inmediatamente después de la primera guerra mundial, bajo el impacto de la crisis de 1929 y durante la segunda guerra mundial.

El primer período no produjo un cambio real en la política económica, ya que (para desgracia permanente de Gran Bretaña) la depresión pasó antes de que los negocios y la política se asustaran lo suficiente. Simplemente planteó la cuestión de si la ortodoxia tradicional, y especialmente su símbolo cuasi-religioso, el librecambio, debían ser abandonados. Tampoco produjo —por análogas razones— cambios importantes en la política social. Por otra parte, el «imperialismo» y la guerra —considerados por sus paladines como soluciones para el problema social y el económico— revolucionaron la política exterior británica. Si el estado tuvo que adaptar su opinión, ello se debió principalmente a los problemas administrativos y sobre todo financieros de la amenaza de guerra. Los gastos navales se incrementaron de un promedio anual de unos 10 millones de libras en 1875-1884 a bastante más de 20 millones anuales en la segunda mitad de la década de 1890 y muy por encima de los 40 en los últimos años inmediatamente anteriores a la guerra. Los préstamos gubernamentales para las empresas estrechamente relacionadas con el armamento y las comunicaciones se elevó desde cero antes de 1870 hasta unos 50 millones de libras poco antes de la primera guerra mundial. Fueron estos gastos y no las despreciables partidas del bienestar social (aparte de la enseñanza) los que hicieron imposible la vieja política de un gobierno barato e inactivo.

La aparición de un Partido Laborista, y tras de él de movimientos huelguísticos radicales no afectó a la política mucho antes de que en 1906 se sentaran en el Parlamento 40 miembros de la clase obrera, pero condujo a la construcción de un ambicioso entramado de legislación social hacia 1912. Sus costos eran aún reducidos, pero esta legislación implicó dos importantes andaduras en los principios del viejo estado del *laissez-faire*. La ley de pobres, aunque resistió hasta 1929 los intentos de abolirla, ya no se asumía como para agotar la responsabilidad pública frente a los pobres, y, lo que es más importante, se reconocía la necesidad de que el gobierno interviniera directamente en el mercado de trabajo —si era necesario mediante la fijación de índices salariales. Otro tanto ocurrió —otra novedad que puede rastrearse en el lockout minero nacional de 1893— con la necesidad de que el

gobierno interviniera en las disputas laborales que podían perjudicar a toda
la economía; una contingencia que nadie había considerado en los felices
días en que Gran Bretaña carecía de competidores extranjeros eficaces. Estos cambios implicaron otros dos: el reconocimiento oficial de que los sindicatos no eran simplemente organismos tolerables por la ley, sino cuerpos
implicados en la acción gubernamental, y el empleo de la tributación, por lo
menos potencialmente, como método de disuadir a los descontentos sociales reduciendo las excesivas desigualdades de ingresos.

La radicalización política que trajo consigo la primera guerra mundial,
tradujo algunos de estos cambios de la teoría a la práctica, y encaró a los gobiernos con la temible perspectiva de un movimiento obrero comprometido
a la nacionalización de las industrias. En 1919, ante la amenazadora actitud
de los mineros, se les había prometido, con doblez, la nacionalización de las
minas. Pero el efecto principal de la guerra fue destruir temporalmente, pero
casi de una forma total, todo el sistema victoriano. Una guerra mundial no
podía combinarse con los «negocios habituales». En 1918 el gobierno se
hizo cargo de la marcha de varias industrias, controló otras requisando su
producción o su licencia, organizó sus propias compras en el extranjero, restringió el desembolso de capital y el comercio exterior, fijó precios y controló la distribución de los bienes de consumo. Se recurrió a la política fiscal
—de un modo chapucero— para canalizar más recursos hacia el esfuerzo de
guerra de los que la gente estaba dispuesta a consentir, principalmente indu-
ciendo la inflación de forma indirecta. Una parte de este esfuerzo de guerra
fiscal, los llamados aranceles McKenna de 1915 (sobre la importación de
coches, bicicletas, relojes de pulsera y de pared, instrumentos musicales y
películas), abrió la primera brecha *de facto* en el muro del librecambio; pos-
teriormente fueron conservados —para permanente beneficio de la industria
británica del motor— como derechos proteccionistas. De hecho, entre 1916
y 1918 Gran Bretaña se vio obligada a desarrollar un primer esquema, incompleto y reticente, de aquella poderosa economía estatal que iba a levantar en la segunda guerra mundial.

Tal esquema fue desmantelado con indecorosa presteza después de
1918. En 1922 poco quedaba de él, y en 1926 un último esfuerzo nostálgi-
co llevó a restaurar el patrón oro y, con él —se esperaba—, toda la feliz libertad autorreguladora de 1913. Sin embargo, ya nada podía volver a ser
igual. El aparato gubernamental siguió siendo más extenso y de mayor alcance que antes. La protección de las industrias «clave» no era ya una cuestión teórica. La racionalización y fusión compulsiva de las industrias que
llevó a cabo el gobierno, o incluso su nacionalización, era ahora una cuestión de política práctica. Por encima de todo, las posibilidades de la acción
del gobierno habían sido sometidas al banco de pruebas. Desde ese mo-

mento se podría detestar la intervención estatal, pero ya no sostener razonablemente su ineficacia.

Es curioso que la depresión de entreguerras impulsara en mayor grado a la intervención estatal en los negocios que en actividades de bienestar social. La presión política del trabajo remitió después de los primeros años 20. La reacción inmediata de la opinión gubernamental al cuantioso incremento de las asignaciones para el bienestar público, bajo los esquemas anteriores a 1914 —no se disponía de otros— fue un febril esfuerzo por ajustarlas a la «corrección estadística», es decir reducirlas al mínimo. La reacción automática de la ortodoxia financiera ante el crac de 1929 fue generalmente la disminución de los gastos. Las reducciones de 1931 en los sueldos de los empleados públicos produjeron el primer motín de la flota británica desde 1797. La disminución de los beneficios y beneficiarios del desempleo, y sobre todo la imposición de la *Means Test* (declaración de renta) provocaron el malestar obrero y marchas de protesta. Una de las razones principales del triunfo electoral de los laboristas en 1945 fue el resentimiento engendrado por estas medidas desesperadas para controlar los gastos sociales. A corto plazo, la depresión no llevó a los gobiernos hacia el estado del bienestar, sino que les condujo a realizar denodados esfuerzos para impedir su extensión.

Por otra parte, las necesidades de las industrias afectadas por la crisis clamaban por la acción del gobierno, por lo que al corto período de descontrol le siguió una época de intervención estatal en los negocios, sin precedentes, que sólo fue aceptable porque estaba claramente a su favor. El propio sector económico del gobierno no fue reconstruido, si bien se complementó o sustituyó la empresa privada en algunas industrias navales o —con mayor frecuencia— de importancia militar, o en ambas. Incluso antes de 1914, la flota había abierto camino en el *laissez-faire* haciendo que el gobierno británico fuese copropietario o subvencionador del canal de Suez, de la Anglo-Persian Oil Company (1914), de la compañía Cunard de vapores (1904) y —al coste de un notorio escándalo de corrupción que afectó a las más altas figuras del gobierno— de la Marconi Radio Telegraph Company (1913), mientras que la administración de correos (1912) adquiría la principal compañía telefónica, nacionalizando así, virtualmente, el servicio, aunque esa palabra era todavía tabú. Después de la guerra se incrementó la ayuda estatal a esas industrias —sobre todo el transporte aéreo y las comunicaciones por radio— y la radiodifusión pasó a ser monopolio público, principalmente por razones políticas. Sin embargo, las principales intervenciones del gobierno, eliminadas sus inhibiciones por la experiencia del tiempo de guerra, aún iban dirigidas a lograr una mayor eficiencia de la industria privada en vez de a su sustitución. Esto significaba en la práctica la ruptura de su modelo tradicional competitivo y disperso. En los años comprendidos entre las dos guerras, y especialmente durante los años 30, Gran Bretaña, como vimos, dejó de ser una de las economías menos controladas para convertirse en una de las más, sobre todo merced a la acción directa del gobierno. Se llevó a cabo la fusión de los ferrocarriles (1921), la concentración —en la práctica la nacionalización parcial— del suministro eléctrico (1926), la creación de un monopolio patrocinado por el gobierno en el hierro y el acero (1932) y un cártel nacional del carbón (1936), aunque no tuvo tanto éxito con el sector algodonero. De forma igualmente impensable en términos de capitalismo victoriano, el gobierno se lanzó a la regulación legal de precios y productos, especialmente en la agricultura, de cuya producción una tercera parte fue comercializada según esquemas de marketing patrocinados por el estado a principios de los años 30 (cerdos, tocino, leche, patatas y lúpulo). Hacia fines de los años 30 algunos de estos planes habían alcanzado el umbral de la nacionalización —por ejemplo en los royalties de carbón (1938) y de las líneas aéreas (1939)—, mientras que el colapso de la industria en las zonas deprimidas había producido cuando menos el inicio de una política para la impulsión directa y subvencionada en la industria mediante la planificación gubernamental. En términos políticos, la expansión de la actividad estatal durante la segunda guerra mundial y después de ella, aún fue sorprendente. Económica y administrativamente la actividad del estado siguió avanzando por senderos trillados.

Pero la consecuencia más espectacular de la crisis fue la desaparición del librecambio. Y puesto que el librecambio era el símbolo cuasireligioso de la vieja sociedad capitalista competitiva, su fin no sólo demostró que se había iniciado una nueva era, sino que alentó al estado a intervenir extensamente. Mientras privaba el librecambio, la acción estatal fue una excepción, un desvío individual y lamentable del ideal que debía ser cuidadosamente examinado y estrictamente limitado. Una vez desaparecido ¿con qué rasero se la podía medir, en las minúsculas dosis del pasado?

Era natural que el librecambio desapareciera con el patrón oro en 1931. Lo sorprendente es que no lo hubiera hecho antes. Ya se había puesto a tiro en la década de 1880 cuando los «comerciantes sinceros» sugirieron tomar represalias como arma de negociación contra los países que estaban fijando aranceles. En un determinado momento (1886) incluso el Vaticano de la ortodoxia cobdenita, la Cámara de Comercio de Manchester, llegó a vacilar ante la cuestión. Después de 1902 la campaña de reforma de los aranceles llevada a cabo por Joseph Chamberlain devino tema crucial de la política interior y convirtió a su credo al Partido Conservador. La actitud definitiva que había tras ella era que, puesto que la industria británica no podía dominar ya el mundo entero, bien podría concentrarse en la cuarta parte de él, constituida por un Imperio británico acorralado por los agresivos extranjeros. Las razones en contra del librecambio eran ciertamente poderosas especialmente porque la industria británica no era ya ni la más extensa ni la más eficaz del mundo, y porque el país andaba bastante escaso de industrias tipo siglo xx tecnológicamente nuevas. El clásico argumento manchesteriano de que debe abandonarse cualquier industria que no pueda producir más barato que cualquier otra en el mercado mundial, podía implicar el sacrificio de unas pocas ocupaciones menores, o incluso de la agricultura británica, pero difícilmente de un amplio sector de las industrias de base y de sus perspectivas. Además, mientras que en 1860 era razonable despreciar la contingencia de una gran guerra, no sucedía lo mismo después de la década de 1890. Como había reconocido Adam Smith, las necesidades de la defensa nacional están por encima incluso de la libertad de comercio.

Sin embargo, tres razones sostenían al librecambio contra todos sus críticos. Primera: la «gran depresión» de 1873-1896 desapareció antes de que hubiera aterrorizado lo suficiente al gobierno y a los negocios (ver *supra*, p. 211). Segunda y más importante: el vasto sector de la economía británica que dependía del comercio internacional nada tenía que ganar con el proteccionismo (a no ser que su misma amenaza fuera suficiente para demoler los aranceles extranjeros, cosa que parecía improbable). Los aranceles protegían al mercado nacional. Poco podían hacer para proteger el mercado de exportación, y cuando redujeron las exportaciones de otros países a Gran Bretaña, con las que esos mismos países pagaban por sus compras de productos británicos, hicieron que la situación empeorara. La ruta del proteccionismo no quedó desembarazada de obstáculos hasta que las industrias de base orientadas a la exportación, de fines del siglo xix, colapsaron después de la primera guerra mundial, y las industrias orientadas al mercado nacional se hicieron decisivamente importantes. Por último la razón más poderosa era que las finanzas británicas triunfaban aun con la decadencia de sus industrias. Como hemos visto, el comercio y las finanzas, más que la industria, y Londres, en lugar de Manchester o Birmingham, contaban con el grueso de los realmente ricos —los políticamente influyentes, por ejemplo— de entre las clase medias. Entre 1870 y 1913, el predominio mundial de la *City* londinense fue más intenso que nunca, y su papel en la balanza de pagos más vital. La *City* podía funcionar solamente en una economía mundial simple, sin trabas, o, en cualquier caso, en una economía sin impedimentos para la libre circulación de capital. Los gobiernos —más próximos a la *City* que a la industria— lo sabían. Incluso durante la primera guerra mundial se hicieron esfuerzos heroicos para salvaguardarla contra las perturbaciones. Puestos a elegir entre industria y finanzas, la primera había de salir perdiendo. El librecambio no desapareció hasta que la crisis de 1931 destruyó finalmente la singular red del comercio y transacciones financieras mundiales cuyos ejes eran

Londres y la libra esterlina. Aun entonces no fue Gran Bretaña quien lo abandonó. Fue el mundo quien abandonó a Londres.

Así, pues, hacia mediados de los años 30, el *laissez-faire* había desaparecido incluso como ideal, excepto para los habituales periodistas financieros, los portavoces de pequeños negocios y los economistas; incluso éstos libraban combate en la retaguardia. John M. Keynes, el típico autor «heterodoxo» de los años 20, sentó las bases de una nueva ortodoxia en su *Teoría General* (1936), que no aportaba mucho que no hubiera sido y abosquejado anteriormente, pero que lo hizo cuando sobre sus lectores se cernía la sombra de la crisis de 1931. Dos políticas económicas se enfrentaban, ambas igualmente alejadas de John Stuart Mill. Por una parte estaba el socialismo, basado esencialmente en las aspiraciones del movimiento obrero, pero muy fortalecido por la experiencia de la Unión Soviética, que impresionó incluso a los observadores no socialistas por su aparente inmunidad ante la gran crisis. Había poco en él de política precisa, excepto la vieja demanda para la nacionalización de los medios de producción, distribución e intercambio y la «planificación» que los planes quinquenales soviéticos habían puesto muy de moda. Por otra, estaban todos aquellos que deseaban salvar las esencias del sistema capitalista —principalmente economistas procedentes del liberalismo (como J. A. Hobson) o que seguían siendo liberales (como Keynes y Beveridge)—, aunque ahora se daban cuenta que sólo podrían lograrlo en el marco de un estado fuerte y sistemáticamente intervencionista; o incluso por medio de una «economía mixta». En la práctica, la diferencia entre estas dos tendencias fue a veces difícil de discernir, sobre todo cuando algunos keynesianos abandonaron el liberalismo de su inspirador por el socialismo, y cuando el Partido Laborista tendió a adoptar las políticas keynesianas como propias, con preferencia a las doctrinas socialistas más tradicionales. Los socialistas defendían sus propuestas porque deseaban la igualdad social y la justicia y los no socialistas las suyas porque querían la eficacia de la economía británica y estaban contra la ruptura social. Ambas tendencias estaban de acuerdo en que sólo la acción sistemática del estado (fuera cual fuese su naturaleza) podía resolver los problemas y evitar las crisis y el paro masivo.

La segunda guerra mundial soslayó estas discusiones forzando a Gran Bretaña, en interés de su supervivencia, a adoptar la economía más planificada y dirigida por el estado jamás realizada por un país que no fuera claramente socialista. Su implantación debió algo a las experiencias de 1916-1918, que explotó sistemáticamente, algo a las experiencias de los años 30, y algo a la nueva economía política keynesiana que se infiltró rápidamente en el gobierno a través de la recluta masiva de universitarios y otros elementos no usuales en la administración. Pero también obedecía en buena parte a la presión política implícita de las clases trabajadoras, que inyectaron un deliberado elemento de igualdad social en la gestión pública, ausente durante la primera guerra mundial. El gobierno no sólo estaba más cerca de las clases obreras (aunque sólo fuese porque esta guerra, a diferencia de la anterior, fue profundamente *popular*), no sólo aplicó una política sistemática de «participación honesta», sino que también anticipó importantes medidas de legislación social (como, por ejemplo, el informe Beveridge, del año 1942), comprometiéndose además —una actitud revolucionaria— al mantenimiento de «un alto nivel de empleo» como objetivo fundamental del gobierno (1944). Hacia el final de la guerra era evidente que el camino de retorno a 1913 era intransitable. El aparato de dirección y control económico fue desmantelado rápidamente después de 1945, como lo había sido después de 1918. A partir de mediados de la década de 1950, se volvieron a aplicar claramente políticas que favorecían a la empresa privada y al mercado libre. Sin embargo, el ámbito para los negocios sin limitaciones fue mucho más reducido que antes de 1941, mientras que quienes pedían «empleo flexible», es decir, un porcentaje de paro más elevado que el uno o el dos por ciento, carecían de influencia política.

Los gobiernos laboristas de 1945-1951 fueron, en cierto sentido, los tardíos resultados de las amargas experiencias de entreguerras. Sin embargo, en términos de política gubernamental, los resultados que consiguieron no fueron revolucionarios. Nacionalizaron algunas industrias que habían estado *de facto* bajo control público durante largo tiempo (el Banco de Inglaterra, Cable and Wireless, las líneas aéreas y servicios públicos como el gas y la electricidad), otras que se hallaban en crisis, difícilmente recuperables por vía privada (especialmente las minas de carbón y los ferrocarriles) y dos que aún no estaban en quiebra: la industria del hierro y el acero y el transporte por carretera. Estas industrias fueron desnacionalizadas a principios de los años 50. El sector estatal de la economía resultante era algo más extenso, aunque de modo significativo, que los que aparecían entonces en varios países continentales. Nunca se hizo algo por manejarlo con coherencia. La forma de nacionalización usual fue la desarrollada *ad hoc* entre las guerras (para la radiodifusión, suministro eléctrico y el transporte de Londres), es decir, la «corporación pública» que actuaba como entidad autónoma y en teoría con fines lucrativos, si era preciso en contra de otras corporaciones públicas. El concepto de «utilidad social» (es decir, el argumento de que una empresa aunque no sea beneficiosa en ella misma, puede ahorrar para el resto de la economía cantidades superiores a sus pérdidas) no apareció en la política práctica hasta fines de los años 50, principalmente en relación con inversiones en el transporte público. Tampoco el gobierno (al haber desmantelado la mayor parte el mecanismo del tiempo de guerra) trató de «planificar» seriamente la economía, excepto con intervenciones *ad hoc* y fundamentalmente negativas. Los mecanismos para la coordinación y control del desarrollo conjunto de los sectores público y privado tal como se habían diseñado en plan de prueba —y no hasta fines de los años 50 (NEDC)— debían poco a la inspiración laborista, pero mucho a los experimentos de planificación realizados por Francia, cuyo rápido progreso económico impresionaba cada vez más a los observadores.

Por otra parte, la planificación social de la época laborista fue —gracias al amplio sistema de seguridad nacional (1946) y sobre todo al National Health Service (1948)— mucho más ambiciosa que cualquiera de sus precedentes. El nivel de gastos —bien sea *per capita* o en proporción de la renta nacional— no era entonces extraordinariamente elevado, tras una década de inflación. En 1964 estaba muy por debajo de *todos* los países del Mercado Común en porcentaje de la renta nacional. Sin embargo, gracias a las reformas laboristas, el Reino Unido adquirió una mayor variedad de servicios de seguridad social y abarcó un ámbito más extenso que cualquier otra nación de Europa.

Lo que John Stuart Mill o Gladstone hubieran pensado de la economía británica de 1960, controlada por el gobierno, sería motivo de divertida especulación: los desembolsos del gobierno se acercaron al 30 por ciento del producto nacional bruto o al 40 por ciento si incluimos la administración local; las empresas públicas invirtieron el 32 por ciento de las inversiones brutas fijas, y el sector público en conjunto el 42 por ciento. No obstante, estos resultados no son peculiares de Gran Bretaña o de países de determinada orientación política. En 1960 once países europeos occidentales (y los Estados Unidos) tenían gastos gubernamentales superiores al 25 por ciento del PNB, y cinco sectores característicos de la economía (ferrocarriles, líneas aéreas, electricidad, bancos centrales y carbón) estaban, al igual que en Gran Bretaña, prácticamente bajo control estatal en Francia, Italia, los Países Bajos y, excepto para el carbón, Alemania occidental. Austria tenía un sector público más extenso que Gran Bretaña, Francia invirtió una mayor proporción de su PNB en gastos del gobierno. Es cierto que, en otros aspectos, otros países han realizado incursiones más serias en el territorio tradicional de la empresa privada: Francia y la República Federal Alemana con la propiedad pública de grandes sectores de la industria automovilística, Francia e Italia en el petróleo, Francia en la industria aeronáutica, Austria en el hierro y el acero, Italia y Austria en maquinaria. Ninguno de estos países se proclamaba socialista. Todos ellos reflejaban la transformación de la tradicional economía capitalista en una economía mixta de gobierno y grandes corporaciones en la que las operaciones de cada sector son cada vez más difíciles de distinguir. La cuestión principal de la política ya no era si el estado debía controlar la economía o en qué medida iba a hacerlo. Ahora era cómo iba a controlarla, hasta qué punto se abstendría de asumir sus «alturas dominantes» hasta entonces vacantes, porque deseara transferir sus beneficios a la empresa privada, y cuáles habían de ser los objetivos de su control.

En la década de los 70 se abrió en Gran Bretaña —y en la mayoría de países occidentales— un nuevo capítulo en la historia de las relaciones entre gobierno y economía por dos razones principales. Los años dorados de la larga prosperidad, descritos en el siguiente capítulo, finalizaron, y, por lo tanto, con ellos también el crecimiento virtualmente automático de los ingresos públicos, que había lanzado a los gobiernos a llevar a cabo programas sociales cada vez más amplios y generosos. Durante los 70 todos los estados capitalistas avanzados se convirtieron en «estados del bienestar», es decir estados que destinaban la mayor parte del dinero público al bienestar (mantenimiento de los ingresos, asistencia, educación, etc.), y la gente empleada en tales tareas constituían el grueso de los empleados públicos —en Gran Bretaña alrededor de un 40 por ciento. Los creyentes de las viejas verdades del mercado libre del *laissez-faire*, acallados desde los años 30 debido a su propio fracaso en la gran crisis, su irrelevancia en las economías de guerra y de guerra fría y el extraordinario avance —incluso en Gran Bretaña— de las economías dirigidas por el gobierno a partir de 1945, volvieron a ser escuchados, especialmente cuando el relativo pero drástico declive de la economía británica ya no pudo disimularse más ante la prosperidad general. Durante los años 70, economistas y gobernantes se familiarizaron con la «estanflación» (*stagflation*), una inesperada combinación entre estancamiento económico (*stagnation*) —hasta entonces emparejada con la deflación— e inflación (hasta entonces un signo de expansión). La inflación se convirtió entonces, y hasta los años 90, en la pesadilla de los gobiernos, que también tuvieron que enfrentarse a la reaparición de una masa de desempleados en la escala de la de los años 30. Estos pagos no equilibrados estaban ligados al pleno empleo.

Los gobiernos de los años 80 y 90 se convirtieron, primero lentamente y luego con velocidad creciente, en los arquitectos de una nueva era de *laissez-faire*, en algunos aspectos más radical que la antigua; intentando desmantelar los sistemas de bienestar público, desregularizando, privatizando, substituyendo de forma deliberada el incentivo al enriquecimiento por otros asuntos económicos. El principio básico presente en estos esfuerzos, anunciado por los encargados de redactar los discursos del presidente Reagan de los Estados Unidos, quien, junto a la Sra. Thatcher de Gran Bretaña, fue el paladín de esta nueva política económica, se basaba en que: «el Gobierno no es la solución, sino el problema.» En Gran Bretaña este esfuerzo por acotar el alcance del gobierno de Downing Street llevó a un incremento aún mayor del poder central del gobierno, algo nunca visto desde los Tudor. Al igual que en otros países occidentales ricos y con electorados demócratas, esto no llevó a una reducción del gasto público en la creación de viviendas, seguridad social, bienestar y salud. Sin embargo, condujo a un cambio en los sistemas de incremento de ingresos gubernamentales y de organización del gasto gubernamental, que pasaron de lo que podríamos llamar el sector visible al invisible.

Los impuestos directos y progresivos, así como el impuesto sobre la renta, se hicieron impopulares y los partidos políticos compitieron progresivamente en sus promesas de no elevarlos e incluso se comprometieron a reducirlos. Debido a que la carga total de los impuestos no pudo, ni podía, reducirse —tras 18 años de gobiernos conservadores dedicados al recorte de impuestos, su sombra se elevaba por encima de los límites de la era laborista de «impuestos y gastos» a finales de los 70— los ingresos tuvieron que elevarse de una forma menos transparente, básicamente mediante impuestos indirectos económicamente regresivos. De forma similar, descendió la suma de la inversión pública directa bajo el escrutinio electoral —bien a nivel nacional, por el Parlamento, bien bajo el gobierno local— a la vez que era transferido un 30 por ciento del gasto central gubernamental (1992) a más de 5.000 departamentos de personal del gobierno para propósitos especiales, que empezaron a conocerse como «quangos».

NOTAS

1. Ver lecturas complementarias, especialmente Pollard, así como también Clapham (Capítulo 6, Nota 1). Ver también D. Winch, *Economics and Policy* (1969), R.E. Backhouse, *Economists and the Economy: The Evolution of Economic Ideas* (1988), E. Eldon Barry, *Nationalisation in British Politics* (1965), B. Semmel, *Imperialism and Social Reform* (1960), A.J. Marrison, *British Business and Protection 1903-1932* (1996), J. Tomlinson, *Problems of British Economic Policy 1870-1945* (1981), R. Middleton, *Towards the Managed Economy: Keynes, The Treasury and the Fiscal Debate of the 1930s* (1995), W.Hancock y M.Gowing, *British War Economy (1949)*, S.J.D. Green y R.C. Whiting (eds), *The Boundaries of the State in Modern Britain* (1996), N. Thompson, *The market and its Critics (1988)* y N. Thompson, *Political Economy and the Labour Party 1884-1995* (1996).

2. Durante la guerra de Crimea alcanzó su punto máximo de un chelín y cuatro peniques por cada libra esterlina.

13. LA LARGA PROSPERIDAD[1]

La economía británica de la década de 1960 ofrecía muy pocos aspectos de importancia que pudieran remontarse hasta los días de la reina Victoria y la componían algunos elementos aparecidos en los días del imperialismo eduardiano, otros pocos pertenecientes a la época de Jorge V (1910-1935), y no muchos más que no existieran ya o fueran predecibles en vísperas de la segunda guerra mundial.

Si observamos los veinte grandes complejos industriales de 1965 sólo hallaremos uno de importancia para los contemporáneos de Benjamin Disraeli (la P and O Stean Navigation Company), un cierto número de ellos (la Shell, la British-American Tobacco Company, la Imperial Tobacco Company o Courtlauds) familiares para los eduardianos, si bien no en su escala o en su diversificación modernas. Otros, aunque familiares por su expansión para el estudioso de la concentración económica de aquel tiempo, sólo adquirieron su forma moderna en el período de entreguerras: Imperial Chemical, Unilever (una empresa anglo-holandesa como Shell) y el grupo metalúrgico unido Guest, Keen y Nettlefold (todas ellas todavía entre las treinta compañías británicas más importantes por su capital a principios de los 70, ya no aparecían en la lista de 1996.) Algunas de ellas se hicieron más o menos conocidas en el período de entreguerras, como los fabricantes de coches o aeroplanos (Ford, AEI, Bowater, Hawker Siddeley), pero no antes. Pero ninguna de ellas representa un desarrollo perteneciente en esencia a los últimos treinta años.[2] Las grandes unidades de la banca y los seguros se remontan a los años de entreguerras, cuando la fusión de 1921 creó los «cinco grandes» bancos (Barclays, Lloyds, Midland, National Provincial, Westminster), y las grandes compañías de seguros y de la construcción adquirieron su posición dominante como inversores en el capital de mercado abierto. (Los «pequeños» ahorros, canalizados a través de semejantes instituciones, sólo habían alcanzado los 32 millones de libras, o el 13 por ciento de la acumulación neta en 1901-1913, pero llegaron a 110 millones de libras, o la mitad de la inversión total, en 1924-1935; casi todo controlado por sociedades de seguros y de la construcción.) Sin embargo, en este campo la larga prosperidad trajo consigo un cambio significativo.

En la era del pleno empleo y de la seguridad social no sólo se dispararon los pequeños ahorros —a finales de la década de los 60 la suma de los ahorros en sociedades inmobiliarias era sólo un poco menor que el total de los depósitos bancarios— sino también los fondos de pensión que adquirieron cada vez mayor importancia como inversiones, casi rivalizando, hacia 1970, con compañías de seguros, fondos de inversión y —otro medio creciente para los ahorros más modestos— fondos de inversiones inmobiliarias. Entre 1957 y 1970 estos «inversionistas institucionales» casi doblaron su participación en el accionariado general. Por entonces ya poseían un tercio de todas las acciones cotizadas en bolsa, mientras que la proporción representada por los particulares británicos cayó en más de la mitad (siguió descendiendo durante el período thatcherista, que hizo cuanto pudo por convertir Gran Bretaña en una nación de compradores de acciones.) Sin embargo, el otro desarrollo característico de la era del mercado ultra-libre, la transformación de los grandes beneficios mutualistas del período victoriano, como las sociedades inmobiliarias, en bancos de propiedad accionarial, a veces de tamaño considerable, aún no había empezado. Como tampoco lo habían hecho, por supuesto, ni la venta sistemática de industrias nacionalizadas, a menudo a precios de saldo, en lo que vino a ser la especial marca de la casa de las décadas conservadoras, ni la desindustrialización de los 80, que devastó el paisaje fabril.

Los cambios realizados desde el final de la larga prosperidad fueron, por lo tanto, más drásticos que los que tuvieron lugar entre la guerra y 1973. Si han cambiado o no de manera fundamental la economía ya no está tan claro. Diecisiete de las treinta compañías más grandes de Gran Bretaña en 1971 (según su cotización en el mercado) habían desaparecido de la lista en 1996. Sin embargo, si omitimos a los dos grandes gigantes privatizados (la British Telecom y la British Gas) la mayoría de los nombres hubieran sido familiares 25 años antes. Sin embargo, ¿cuántas personas en la década de los 60 hubieran esperado que entre 1994 y 1996 los sectores de la economía con el valor de capital más alto del mercado (después de los bancos y el petróleo, que son casos menos sorprendentes) serían la industria farmacéutica, las telecomunicaciones y los *media*? ¿O que la ingeniería y la fabricación de vehículos descenderían a un valor en capital del orden de la industria textil o de la indumentaria?

En el reverso de la moneda aparece el movimiento sindical, aquel coloso reformado y racionalizado a medias que surgió entre la gran «intranquilidad obrera» de 1911 y la secuela de la huelga general. El Trade Union Congress no había sido reformado desde 1920 (cuatro años después de la puesta en marcha de la Federation of British Industries, que bajo un rótulo u otro había sido desde entonces la organización nacional de los patronos). Eran sus componentes principales la Transport and General Workers' Union (producto de diversas fusiones en 1924 y 1929), la General and Municipal Workers (que apareció finalmente en 1928), la Amalgamated Engineering Unions (nacida como tal en 1921), la vieja Miners' Federation (convertida en la National Union of Mineworkers en 1944) y la National Union of Railwaymen (1913). Excepto por lo que respecta a la fusión de las sociedades de reparto (1947) no se ha llevado a cabo ninguna racionalización importante en la estructura sindical desde la segunda guerra mundial, aunque a principios de los años 60 se advirtió una cierta tendencia a la fusión entre las sociedades de oficio más pequeñas (por ejemplo, las artes gráficas y los astilleros), y ciertos signos de ulterior racionalización en la industria de maquinaria, muy necesitada de ella.

Tan sólo en la esfera de la acción gubernamental tuvo lugar un cambio importante, aunque quizá no lo fue tanto como pudo haberse previsto en los años 30.

Como hemos visto, ante el colapso de sus bases tradicionales en la época de entreguerras, la economía británica reaccionó de cuatro formas fundamentales:

1.   Las industrias básicas tradicionales y todo lo relacionado con ellas declinaron junto con sus mercados de exportación.

2.   El sector comercial y financiero, aunque desorientado por el colapso de la economía liberal, mantuvo la cohesión suficiente, especialmente en el Imperio formal y el informal, y las suficientes relaciones internacionales como para no colapsarse del mismo modo. Dispuso de ciertas posibilidades alternativas que supo continuar explotando, respaldado por el firme apoyo de gobiernos que consideraban a la *City* londinense y a la libra esterlina como valores económicos vitales.

3.   Las industrias de producción masiva tecnológicamente nuevas, basadas sobre todo en el mercado nacional, se expandieron y florecieron tanto más cuanto que Gran Bretaña tenía que recorrer un largo camino para conseguir el desarrollo de una economía de consumo masivo. Por otra parte, justamente porque tal expansión era sencilla, no produjo industrias capaces de una concurrencia internacional muy eficaz, y dado que el mercado interior era la preocupación principal del sector dinámico de la industria, se desarrolló una notable fricción entre sus intereses y los de los negocios internacionales de la nación, como se reflejó en la balanza de pagos.

4. Hubo un sorprendente desarrollo en la concentración del sector privado y en la acción estatal en la economía; de hecho ambos procesos estaban estrechamente relacionados.

En conjunto la economía británica continuó evolucionando según estas premisas y los intentos de influir en su movimiento (principalmente a través de la acción estatal) fueron más útiles para regular estas tendencias que para cambiar su dirección. Las industrias de base tradicionales continuaban declinando y otro tanto sucedía, pese a los desesperados e ininterrumpidos esfuerzos realizados con la tendencia a la exportación de estas industrias. El *carbón* retrocedió. En vísperas de la segunda guerra mundial, la producción era un 20 por ciento inferior a lo que había sido en vísperas de la primera. Tras el estallido de la segunda guerra mundial se recobró, pero incluso en su punto culminante, a principios de los años 50, no alcanzó nunca la producción conseguida en 1939, y desde entonces ha vuelto a descender hasta un nivel cercano a un tercio por debajo del de 1913.[3] Las exportaciones de carbón pasaron de 98 millones de toneladas en 1913 a 46 millones en 1939, y desde la guerra no han alcanzado nunca los 20 millones. A pesar de ciertos planes optimistas para conseguir de 25 a 35 millones de toneladas entre 1961 y 1965, a principios de los años 60 sólo llegaron al irrisorio nivel de unos cinco millones. La industria fue virtualmente destruida, en parte gracias a la política deliberada del gobierno, tras la gran huelga general de 1984-1985. (Sin embargo, las exportaciones de petróleo del Mar del Norte de los años 70 substituyeron con creces a las exportaciones de carbón.) Los *productos textiles* continuaron decayendo. En 1937 sólo se alcanzó la mitad de los tejidos producidos en 1913, en la cúspide de la producción de los años 50 apenas si se llegó a dos tercios de la de 1937, y el promedio para la década (1951-1960) fue poco más allá de la mitad de dicha cifra.[4] La *construcción de barcos* parecía mantenerse algo mejor, debido sobre todo al aumento de tamaño de los buques (especialmente de los petroleros).[5] No obstante, el mejor año de la década de los 50 (medido en tonelaje) estuvo por debajo del mejor de la década de los 20, antes de que la crisis destruyera virtualmente la industria, del mismo modo que el mejor año de la década de los años 20 había sido un poco peor que 1913. La industria dejó de existir en la década de los 80.

A partir de los años 30, o, en cualquier caso, desde la segunda guerra mundial, los observadores más rigurosos están de acuerdo con este declive. Cualesquiera que fuesen las bases de la prosperidad británica, ya no la representarían carbón y algodón, hierro colado, viguetas de acero o astilleros.[6] El problema real, cada vez más evidente, era cómo planificar la doble contracción de los viejos y arcaizantes sectores de la economía de tal modo que se consiguiera minimizar el profundo sufrimiento humano que conllevaba. El colapso espontáneo de la economía tradicional británica entre las guerras evidenció las catástrofes humanas que podía acarrear: regiones vacías y desamparadas, su industria muerta, su alojamiento y equipamiento social hundiéndose lentamente por falta de mantenimiento e inversión, sus habitantes huyendo hacia otras zonas más prósperas del país o, quizá con mayor probabilidad, ateridos de frío en sus viejas calles, desmoralizados, envejecidos, cada vez con mayores dificultades para encontrar trabajo, aguardando siquiera el improbable retorno de los viejos tiempos, cuando la vida era dura pero por lo menos un hombre podía trabajar en su oficio. La industria naval podía minimizar sus pérdidas financieras con sólo cerrar los astilleros «antieconómicos», pero al coste de aniquilar comunidades enteras de artesanos y obreros, como Jarrow. En los años 30 se implantaron medidas especiales para estimular el empleo y la diversificación industrial en esas zonas afligidas (sobre todo en Escocia, Gales del Sur y el nordeste), por ejemplo alquilando fábricas a precios atractivos a los nuevos «capitales comerciales» establecidos. La guerra también contribuyó a movilizar con éxito a la población civil para el esfuerzo bélico, es decir, dando trabajo a todo el mundo. A partir de 1945 y, sobre todo, hacia el final de la década de los 50, se estimuló el desarrollo regional, cuando se hizo evidente que la prosperidad general y la expansión económica no reducían automáticamente la distancia, cada vez mayor, entre el sur y sudeste prósperos y el norte y País de Gales relativamente prósperos, pero también relativamente atrasados.

No obstante, el desarrollo regional se remonta a los años 30. Por otra parte, la racionalización planificada como proceso social de industrias en contracción, apenas si había comenzado al iniciarse la segunda guerra mundial, ya que ello suponía un análisis sistemático del efecto de tales contracciones en los obreros dentro de la industria, y en los años 30 los organismos que se ocupaban de su defensa, los sindicatos, eran más bien débiles y políticamente inermes. La segunda guerra mundial los fortaleció por la escasez de mano de obra y la necesidad de movilizar brazos para el esfuerzo bélico, y el gobierno laborista de 1945-1951 reforzó su posición. Además, nacionalizó algunas de las industrias más arcaicas y declinantes (minas y ferrocarriles) sometiéndolas así a una mayor presión de los sindicatos que la que hubieran tenido de estar en manos privadas.[7] De este modo, una situación notablemente difícil, y potencialmente trágica, pudo manejarse con éxito y con serenidad.[8] En las minas de carbón, el empleo quedó reducido en una sexta parte entre 1949 y 1960, con un mínimo de despidos y de tareas superfluas; el número de minas de carbón quedó reducido casi en un tercio; la producción por turno de trabajo se elevó casi en un tercio y la mecanización se incrementó sensiblemente.[9] Una ojeada a los desastres acaecidos en zonas tales como los Apalaches en los Estados Unidos da la medida de la humanidad y del éxito de la experiencia británica. En los ferrocarriles el éxito ya no fue tan notable, en parte porque se nacionalizaron en condiciones mucho más onerosas —costaron a la nación alrededor de siete veces el precio de las minas—, en parte porque los ferroviarios, a diferencia de los mineros, no lograron fijarse salarios adecuados cuando podían haberlo hecho y en parte por las incertidumbres sobre lo que significaba exactamente la racionalización del transporte.

Pero mientras las viejas industrias declinaban, las nuevas crecían. La fabricación de productos manufacturados se multiplicó por dos veces y media (en valor) entre mediados de la década de 1920 (1924) y 1957. Sin embargo, dentro de la industria, cuán sorprendentes fueron las disparidades entre los sectores entonces en decadencia (como la minería), los que crecían muy por debajo del promedio (como los tejidos, el cuero, la ropa), los que más o menos alcanzaban la producción media (la alimentación, bebida y tabaco, papel y artes gráficas), y los que la superaban. El gran complejo de productos de *maquinaria y eléctricos*, pese a que incluía el lento sector de la construcción de barcos, se incrementó en un 343 por ciento, los *productos químicos* cuadruplicaron su producción, los «vehículos» —es decir, principalmente automóviles y aviones— y los «otros productos» que representaban a tantas de las nuevas industrias de bienes de consumo, casi se multiplicaron por cinco. Al basarse en la ciencia y en la tecnología modernas, que son indispensables para hacer la guerra, los dos conflictos mundiales —el segundo más que el primero— fomentaron la producción de estas nuevas industrias. El número de mineros del carbón descendió desde unos 770.000 en 1939 a unos 710.000 en 1945, pero el de obreros de las nuevas industrias electrónicas casi se duplicó (de 53.000 en la cúspide del «boom» de preguerra a 98.000 en 1944). La guerra contribuyó a que la economía británica pasara del siglo XIX al XX.[10] Los años 30 cavaron los cimientos y la guerra vino a echarlos. Una vez establecida la paz, podía ya levantarse el edificio.

Si tomamos las industrias electrónicas y del motor como típicas de la nueva orientación del siglo XX, podemos ilustrar este proceso con su ejemplo.[11] La industria del motor se libró de la catástrofe después de la primera guerra mundial, por los aranceles McKenna, que la salvaguardaron de la aplastante industria estadounidense, por aquel entonces prácticamente único exportador del mundo y capaz de hundir al resto de factorías automovilísticas de producción masiva. (En 1929 los Estados Unidos exportaron el triple que Gran Bretaña, Francia, Alemania e Italia juntas, y casi el doble de los vehículos que se *fabricaban* en Gran Bretaña.) La producción británica llegó hasta unos 180.000 coches y 60.000 vehículos comerciales antes de la gran crisis, más del doble en la década de los 30 y más o menos recobró su nivel de preguerra —la economía de guerra necesitaba pocos automóviles privados— hacia 1948-1949. (La producción de vehículos comerciales fue mucho mayor después de la guerra que antes: la nueva línea de tractores apareció con casi el doble de su producción anterior a la guerra.) En 1955 la producción de automóviles se había duplicado una vez más, hacia fines de los años 50 había pasado del millón y hacia mediados de los años 60 estaba alrededor de dos millones, mientras que la producción de vehículos comerciales alcanzó al doble de la producción de preguerra en 1949, y se duplicó de nuevo a fines de los años 50. En la *electrónica*, tal como hemos visto, la guerra casi duplicó el nivel de empleo prebélico, aunque la adaptación después de la guerra fue más larga, sobre todo porque el principal mercado nacional de los años 50, el de los televisores, todavía no se había establecido—. Entre 1950 y 1955 el empleo en esta industria volvió a duplicarse llegando a unos 200.000 trabajadores. Es decir, mientras que en 1939 había unos 15 mineros por cada hombre o mujer empleados en la electrónica, a mediados de los 50 tan sólo había tres.

Una saludable consecuencia de este paso de lo viejo a lo nuevo fue que proporcionó una cierta respuesta a la cuestión capital de la economía británica: las exportaciones. Entre las guerras éstas se habían basado aún en los productos con los que Gran Bretaña había dominado los mercados mundiales con anterioridad a 1914 (que, en aquella época, ya incluían una cifra importante de maquinaria). En 1938 casi el 30 por ciento de las exportaciones británicas consistía aún en tejidos y carbón, si bien alrededor del 20 por ciento ya estaba constituido por maquinaria, vehículos y productos eléctricos. Como que los mercados para los viejos productos habían desaparecido para siempre, no quedaban ya muchas esperanzas. Pero a mediados de los 50 la situación había cambiado de forma fundamental. Las «viejas» exportaciones disminuyeron a menos del 10 por ciento del total (el carbón prácticamente había desaparecido), en tanto que el complejo maquinaria-productos eléctricos-vehículos proporcionaba el 36 por ciento de las ventas exteriores. Por fin parecía que Gran Bretaña tenía algo que vender al siglo xx distinto de lo que vendía en el xix. No hay duda de que, en los años 50, se logró contener el ininterrumpido declive de las exportaciones británicas, o incluso, quizá, se inició un cambio de signo. En 1900 las exportaciones británicas alcanzaban el 36 por ciento aproximadamente de su gasto total en consumo interior; en 1913 a más del 40 por ciento; es decir, que por cada libra esterlina desembolsada en cualquier clase de bienes y servicios en Gran Bretaña, se exportaba por valor de ocho chelines. En los mejores años de entreguerras (1935-1939) las exportaciones ascendieron al 27 por ciento del gasto del consumidor nacional, pero en los años 50, como promedio, a más del 30 por ciento. En otras palabras, en tanto que la producción británica de entreguerras viró sensiblemente de los mercados ultramarinos al mercado nacional, después de la segunda guerra mundial volvió a mirar hacia el mar y a lo que había tras de él. Esto formó parte, por supuesto, del período de mayor prosperidad internacional de la historia de las economías occidentales, la llamada «edad de oro» de 1950-1973. El intercambio internacional de productos manufacturados aumentó diez veces entre principios de los 50 y principios de los 70, pese a que la producción mundial sólo se cuadruplicó. El Reino Unido disfrutó de una parte de esta bonanza, aunque de forma más moderada que otros países europeos.

Fue éste un cambio bien recibido —en realidad ansiado con desespero— por todos los gobiernos de postguerra, que desde 1945 no hacían más que lanzar exhortaciones (posiblemente ineficaces) a exportar o morir, y alimentar los archivos de sus departamentos ministeriales con una inacabable serie de planes y proyectos para estimular las exportaciones y, de vez en cuando, para reducir el consumo nacional. Los frutos alcanzados por las exportaciones británicas fueron ciertamente notables. Su volumen aumentó en unas dos veces y media desde 1938, y la de importaciones en menos de la mitad. Mientras que en los años 30 las exportaciones solo cubrían menos de dos tercios de las importaciones, hacia fines de los 50 llegarán a cubrir el 90 por ciento. Entre el incesante griterío de alarma sobre el desarrollo de las exportaciones británicas, estos resultados merecen más atención de la que han recibido fuera de las filas de los especialistas.

Sin embargo, hay que matizarlos con dos observaciones. Por razones que analizaremos brevemente, las exportaciones no resolvieron el problema de la balanza de pagos británica, y si las comparamos con patrones internacionales advertiremos que el impulso fue un tanto indolente y nada impresionante.[12] Aunque en términos británicos las industrias «modernas» habían funcionado inesperadamente bien, no lo habían hecho en términos mundiales. También aquí la industria del motor puede ilustrar estos fallos. Comenzó a exportar —principalmente al Imperio— en los años 30, pero su oportunidad real no llegó hasta después de la segunda guerra mundial, cuando durante unos pocos años controló prácticamente todo el mercado, en parte por el declive de las exportaciones automovilísticas americanas, en parte por la quiebra de las industrias automovilísticas continentales a causa de la guerra, y en parte porque la política laborista de mantener baja la demanda del consumidor nacional privó a la industria del fácil recurso de vender en casa. (Simultáneamente, por supuesto, recibió considerable incentivo en su impulso a la exportación.) En los tres grandes años de renovación de existencias después de la guerra, 1949-1951, la industria británica del motor exportó más de un millón de automóviles, más del doble que los Estados Unidos y más del doble que Francia, Italia y Alemania juntas. En aquellos años (1948-

1952) algo así como dos tercios de la producción automovilística británica fue al extranjero. Sin embargo, con el fin de la austeridad interna, la industria viró naturalmente hacia el mercado nacional y su relativo esfuerzo de exportación remitió. Mientras tanto, las otras industrias del motor europeas, aunque suministradoras de mercados nacionales todavía más prósperos, exportaban con tremendo aliciente. A mediados de los años 50 Alemania vendió en el extranjero más automóviles que Gran Bretaña, y los tres principales productores continentales sumados exportaron aproximadamente el doble que ese país, si bien no produjeron el doble de automóviles. En 1963, Alemania fabricaba muchos más coches que Gran Bretaña, y Francia e Italia casi tantos, pero en 1955 Gran Bretaña había llegado a superar la producción de Alemania en un amplio margen, construyendo casi el doble de vehículos que Francia y el cuádruple que Italia.[13]

Mientras Gran Bretaña adquiría nuevas fuentes de exportaciones visibles, las invisibles, que una vez más habían equilibrado su balanza de pagos, languidecían. Gran Bretaña no era ya el centro del sistema comercial y financiero mundial, ni tampoco su principal transportista marítimo.[14] Por otra parte, sus inversiones extranjeras eran prósperas. Habían recibido un varapalo después de 1914, las guerras forzaron su liquidación, la crisis las devaluó e inhibió y desde la década de los 30 nuevas nubes ensombrecieron el horizonte de los inversores extranjeros: la nacionalización de las industrias, amenaza no sólo de gobiernos bolcheviques certificados, sino de todos los regímenes de mentalidad independiente del mundo subdesarrollado. Inevitablemente esto afectó a las tradicionales salidas de capital británico para ferrocarriles y servicios públicos, y amenazó incluso las minas y los pozos petrolíferos. Sin embargo, el flujo exterior del capital británico se recuperó después de 1945 a gran escala. Quizá llegó a exportarse por valor de unos 4.000 millones de libras esterlinas entre 1946 y 1959, a una tasa anual situada entre un tercio y un cuarto de las inversiones netas, en capital fijo, en el mercado nacional. Esta cifra estaba muy por debajo de los mejores años eduardianos (1909-1913), pero probablemente por encima del nivel de fines del siglo xix. Sin embargo, se vio compensada por una importación considerable de capital extranjero (sobre todo americano), especialmente a partir de los años 50. Hacia 1950 podía calcularse *grosso modo* que los extranjeros obtenían de sus inversiones británicas tal vez dos tercios de lo que obtenían los británicos por sus inversiones en el extranjero.

En algunos aspectos esta nueva etapa en la inversión extranjera era similar a la vieja exportación de capital. Se invirtió más en las zonas desarrolladas que en las propiamente subdesarrolladas, y se mantuvo la querencia por el viejo Imperio (que ahora sobrevivía económicamente como el «área de la libra esterlina»).[15] Sin embargo, fue distinta en otros aspectos. Los que invertían a título privado o en bonos del gobierno constituían ahora una proporción mucho menor. La mayor parte de las inversiones procedían directamente de grandes corporaciones que desarrollaban sus sucursales de ultramar y trataban de conseguir una buena tajada en las compañías extranjeras. Ya se había puesto el sol del viejo rentista y ahora brillaba en su cénit el de la gigantesca corporación internacional. Las compañías de petróleo son los ejemplos más familiares de este tipo de corporaciones y, ciertamente, a no ser por las inversiones petrolíferas, la exportación de capitales británicos a los países ex coloniales y semicoloniales hubiera sido poco más de la mitad de lo que fue. En cualquier caso, estas exportaciones de capitales no eran ya muy impresionantes ni tampoco lo era la ayuda oficial británica a esos países. En cifras absolutas (1962) fue inferior a la mitad de la ayuda francesa y más reducida que la alemana; en porcentaje del gasto central del gobierno fue inferior al de los EE. UU., Francia, Alemania, Bélgica y Japón e, incluso, en porcentajes de la renta nacional, fue inferior que la aportada por los países mencionados, excepción hecha del Japón.

A primera vista, buena parte de esta inversión —en los países subdesarrollados quizá la mitad o más— procedía de los beneficios conseguidos por los negocios británicos de ultramar. No obstante, es difícil mantener una inyección neta de capital durante cierto tiempo sin excedente en la balanza de pagos, y la británica andaba en constantes dificultades. Ciertamente no producía nada comparable al tamaño de su exportación de capital. Buena parte de él procedía al parecer de distintos tipos de créditos a corto y largo plazo; de los empréstitos y garantías en dólares de los primeros diez años de postguerra, de los«saldos en libras esterlinas» acumulados en Londres hasta mediada la década de los 50, y los saldos de los potentados jeques de los países petrolíferos que continuaban acumulando allí, tanto como de la producción aurífera del área de la libra esterlina (es decir, África del Sur) y del excedente de tráfico en dólares en una parte del propio sector de la libra esterlina. De forma creciente, el capital para la exportación se obtuvo también de la inversión exterior en Gran Bretaña y especialmente de las abultadas sumas de «dinero caliente» que un tipo elevado de interés atraía a Londres por cortos períodos de tiempo. Para compensar el declive de sus viejas funciones, la *City* trató de hacer atractiva la esterlina a especuladores extranjeros (lo que implicaba, entre otras cosas, el mantenimiento de la libra a un nivel estable y sobrevaluado). Era ésta una situación peligrosa, no sólo por el riesgo inherente al préstamo a corto plazo para la inversión a largo plazo y la sustancial cartera de pagos a acreedores e inversores extranjeros, sino por el constante peligro de rápidas y masivas retiradas de capital de Gran Bretaña. Pero es que, además, cada vez podía afirmarse con más fuerza que esta situación imponía una carga intolerable tanto a la industria como al gobierno.

A partir de 1931, la libra experimentó, de vez en cuando, peligrosas peripecias, tristemente familiares durante los gobiernos laboristas después de 1964. Debido al compromiso del gobierno en mantener la libra esterlina a un nivel de cambio arbitrariamente alto y estable, estos sobresaltos tendieron a convertirse en tormentas político-económicas en cuestión de semanas o incluso de días, al drenar el oro y las divisas extranjeras en poder del gobierno británico hacia el mercado con el fin de comprar libras y mantener su precio frente a la embestida de las ventas. Dado que los gobiernos británicos poseían ahora mucho menos activo rápidamente movilizable de lo que poseían los extranjeros por vía de pasivos igualmente vendibles con toda rapidez, cada una de estas crisis era potencialmente desastrosa.[16] De vez en cuando, como ocurrió en 1931 y 1964-1966, tales crisis cogían a los gobiernos por sorpresa, y les obligaban a buscar apoyo para la libra en el extranjero, al precio de adaptar su política interior a los deseos de sus protectores y acreedores.

La razón para mantener la libra como divisa mundial, a pesar de estas azarosas circunstancias, fue que la balanza de pagos británica obtuvo mayores ventajas atrayendo los extranjeros a la libra que las que se podían conseguir rápida o fácilmente de otro modo, dada la creciente importancia de los tradicionales ingresos «invisibles». El argumento en su contra era que a los extranjeros no les parecía atractiva la libra esterlina porque hubiera tras ella una economía floreciente, sino tan sólo porque se les ofrecía alicientes especiales para sostenerla, y aun con estos acicates se ponían lo bastante nerviosos como para retirarse al más ligero signo de conmoción, real o imaginario. Es más, esos estímulos especialmente (elevadas tasas de interés, una libra sobrevaluada, la deflación interior que se suponía mantenía la confianza del extranjero) podían perjudicar el crecimiento de la economía británica en su conjunto. Una vez más, se podía sacrificar las fábricas a los bancos, pero ya no (como sucedía antes de 1913) para estimular los grandes beneficios de la *City* de los que dependía estrechamente la balanza de pagos, sino para el intento, cada vez más arriesgado, de elevar los grandes beneficios ocasionales que llegaban a Londres por encima de las sustanciales pérdidas provocadas por las crisis de cambio recurrentes y predecibles; tales crisis se sucedieron en 1947, 1949, 1951, 1955-1957, 1960-1961, 1964-1966 y 1967, cuando la libra tuvo que ser devaluada por segunda vez desde la guerra, y se hizo evidente que los días de la libra esterlina como moneda de cambio mundial estaban contados. Sin embargo, desde entonces todo el sistema monetario internacional, del que la libra esterlina formaba parte, estaba inmerso en tal confusión que la crisis se convirtió en endémica, afectando a su vez a varios países —incluyendo a los USA— y perpetuando así la vulnerabilidad de la libra.

Además los observadores advirtieron la ironía de que los déficits de pago que hacían tan vulnerable a Gran Bretaña, eran normalmente despreciables. La mayoría de las veces alcanzaban poco más de una fracción de los enormes gastos militares en que incurría Gran Bretaña para mantener un papel ya decadente en la política mundial. Una reducción de este gasto alrededor del 7 por ciento de la renta nacional para nivelarlo con lo que gastaban, por ejemplo, franceses o alemanes para semejantes fines, hubiera enjugado los déficits de las cuentas corrientes británicas en la mayoría de los años.[17]

Sin embargo, el desequilibrio de la balanza de pagos era síntoma de un problema más profundo, que podía ser resuelto. ¿Pero podía resolverse sin arriesgar el crecimiento de la economía que ya se estaba rezagando con respecto a los niveles mundiales?[18] La experiencia parecía indicar que no, ya que de vez en cuando las crisis monetarias se combatieron estrangulando la demanda interior y aparecieron de nuevo tan pronto como avanzaba la economía, aumentando las importaciones con mayor rapidez que las exportaciones y reproduciéndose así el déficit. La elección parecía estar entre una economía de libre empresa solvente porque se estancara o se debatiera alternativamente entre rápidos acelerones y bruscos frenazos, y una economía planificada en la que importaciones y exportaciones de capital fueran controladas por el gobierno con el fin de proteger a la expansión económica del desequilibrio en los pagos. El gobierno laborista de 1945 eligió esencialmente la segunda alternativa, haciéndose impopular por la consiguiente «austeridad» que implantó en el interior. Los gobiernos conservadores y laboristas posteriores al año 1951 eligieron la primera.

Esas cuestiones no preocupaban demasiado a la inmensa mayoría de los ingleses, que se beneficiaban de la prosperidad más larga y continuada de toda la historia moderna del país. Durante la segunda guerra mundial el paro desapareció virtualmente y excepto en unas pocas zonas siguió siendo despreciable después de ella. En la década de 1950 llegó a un promedio del 1,7 por ciento para el Reino Unido. Los precios se triplicaron virtualmente durante esta década, el gasto del consumidor casi se duplicó, elevándose con más rapidez que los precios. Los beneficios comerciales de algunas sociedades vacilaron en ocasiones —en 1952, en 1957 y de nuevo a principio de la década de los 60— pero, en general, se elevaron con firmeza, doblándose entre 1946 y 1955 y elevándose de nuevo alrededor de un tercio, en los cinco años siguientes. Los ecos del ciclo de «booms» y quiebras se habían desvanecido. En los años de gobiernos laboristas siguientes a la guerra los controles gubernamentales incomodaron a los negocios, pero una vez que hubieron sido deliberadamente relajados por los gobiernos conservadores pocos tuvieron de qué quejarse. El sol del conservadurismo brillaba con fuerza sobre la empresa privada y el gasto del consumidor particular. «Era como tener licencia para acuñar moneda», dijo un millonario canadiense refiriéndose a una de las innovaciones más notables de esta época: la introducción de la televisión comercial. De haber sido igualmente sinceros, también otros hubieran opinado así, incluidos algunos que probablemente no hubieran prosperado en un clima menos generoso incluso para el negociante ineficaz a gran escala.

La constante preocupación de economistas y funcionarios públicos por el estado crítico de la economía no se contagió demasiado al pueblo británico, excepto cuando en calidad de turistas advertían los elevados niveles de vida de los Estados Unidos, o el adelanto económico de algunos países continentales, notablemente más rápido que el de Gran Bretaña. A esa generación para la cual «crisis» había significado paro y pobreza, apuros económicos, reducciones de la producción y falta de beneficios, le parecía incomprensible aplicar el término a un período en el que el 91 por ciento de los hogares británicos tenían planchas eléctricas, un 82 por ciento aparatos de televisión, un 72 por ciento aspiradoras, un 45 por ciento lavadoras eléctricas y un 30 por ciento refrigeradores, y en el que la bicicleta proletaria cedió el paso al automóvil para los adultos y a la motocicleta o el ciclomotor para los jóvenes. (Casi la mitad de las máquinas de lavar, más de la mitad de los refrigeradores, y más de un tercio de los aparatos de televisión, se adquirieron por primera vez entre 1958 y 1963.) Era un hecho incuestionable que la mayoría de la gente «nunca había estado tan bien» en términos materiales, y aunque ello no sólo se debiera a la revolución tecnológica y a unos ingresos más elevados, sino también a la creciente difusión de la compra a plazos, seguía siendo un hecho cierto. La compra a plazos se generalizó en el período de entreguerras, y ya entonces comenzaron a desarrollarse sus propias instituciones financieras. Después de la segunda guerra mundial, este sistema hizo saltar los cerrojos de la prudencia tradicional y de la reprobación moral de la deuda, aunque los viejos hábitos seguían reflejándose en el disgusto, en parte irracional, por las empresas que financiaban las compras a plazos. En 1957 los británicos debían colectivamente por compras a plazos 369 millones de libras esterlinas y en 1964 alrededor de 900, por no hablar de un descubierto colectivo superior a 4.500 millones. El nivel de vida británico reposaba ahora principalmente sobre la deuda, y era por ello especialmente vulnerable a las restricciones del crédito y de los ingresos, como habría de descubrir la industria del motor en el verano de 1966.

Bajo estas circunstancias el ímpetu espontáneo para modernizar la economía británica fue débil. De ahí tal vez la sorprendente endeblez del cambio estructural en su sector privado. Incluso la concentración económica no parece haber adelantado mucho desde la década de 1930, aunque las comparaciones son difíciles, y en determinados sectores es cierto que se realizaron fusiones sustanciales en la década de los 50. Lo que debilitó todavía más a las fuerzas del cambio fue la protección indiscriminada del gobierno. En principio no había ninguna razón para que esto fuera así. En otros países, socialistas o no, el gobierno demostró que podía actuar como propulsor del cambio y fuerza motriz de la economía. Pero no sucedió lo mismo en Gran Bretaña.

Como hemos visto, el papel del gobierno y de otras autoridades públicas se había incrementado notablemente desde la década de los 30, sobre todo a consecuencia de la segunda guerra mundial. Por lo que se refiere al individuo ordinario, la actuación estatal tomó dos formas principales: reglamentaciones y compulsiones legales y pagos sociales y subsidios directos e indirectos (llamado colectivamente el estado del bienestar [welfare state]). La condición del obrero ordinario no experimentó grandes cambios por las otras dos ingerencias de la acción pública, que afectaron en mayor medida al mundo de los negocios, es decir, la ampliación del sector público, que en la década de 1950 empleaba el 25 por ciento de los trabajadores ingleses (frente a un 3 por ciento en 1914), y la extensión de la práctica de dirigir la economía. Esto último comprometió normalmente al gobierno a conseguir el pleno empleo, pero no está claro hasta qué punto el pleno empleo conseguido desde la guerra se debió a este laudable propósito.[19] Las condiciones de quienes trabajaban en el sector público diferían del resto de empleados, sobre todo por la mayor inflexibilidad de aquél, unas veces beneficiosa y otras perjudicial y entre los sectores más antiguos del servicio público porque contaban con pensiones y seguridad social más elevadas.

Los principales sistemas de pagos por seguridad social, pensiones, seguros de enfermedad y paro, se introdujeron en modesta escala antes de 1914, pero se multiplicaron inesperadamente después de la primera guerra mundial.[20] La segunda guerra mundial y el gobierno laborista que siguió, supusieron una notable extensión de este sistema de seguridad social, unificando los distintos beneficios sociales, creando un amplio seguro de enfermedad, y añadiendo nuevos pagos tales como ayudas familiares a partir del segundo hijo y siguientes. En un año (1956), por poner un ejemplo, se hicieron alrededor de quince millones de peticiones para obtener distintos pagos sociales en Inglaterra y Gales, es decir, alrededor de una por cada tres habitantes.[21] Tres millones y cuarto de familias recibieron subsidios para 8,4 millones de niños, y un número todavía mayor recibió la ayuda indirecta de la exención de impuestos por el número de hijos, por no mencionar diversas donaciones en especie como comidas escolares y leche en polvo. Un millón y medio recibió ayuda nacional de la institución sucesora, más humanizada, de la vieja ley de pobres. Prácticamente todo el mundo se benefició del National Health Service de 1948 y el 90 o 95 por ciento de los niños acudían a escuelas financiadas en todo o en parte por los fondos públicos. Pocos ciudadanos quedaron enteramente fuera de la red del bienestar social.

¿En qué medida contribuyó este sistema a los ingresos del ciudadano medio? Eso es ya otra cuestión más compleja. Las subvenciones públicas eran virtualmente inexistentes antes de 1914, excepto las que procedían de las leyes de pobres y los cinco chelines semanales de pensión para los mayores de setenta años. Hacia 1938 puede que llegaran al 5 o al 6 por ciento del total de las rentas personales. Desde entonces, sorprendentemente, no subieron mucho más: en 1956 se estimaban en sólo alrededor del 7 por ciento. Esto se debe a que el aumento de los precios devaluó en términos reales los beneficios de la seguridad social con relación a los de antes de la guerra, y también a causa de la disminución del paro. El aparato de la seguridad social se hizo mucho más extenso, pero sus beneficios para todos los ciudadanos desamparados eran todavía marginales. Además, hacia 1960 ya no podían compararse favorablemente con los existentes en muchos otros países de Europa occidental (excepto en el seguro de enfermedad y la asistencia nacional). Esta inadecuación se advierte especialmente en los pagos en metálico que recibe el individuo que ya no puede ganar un salario. Hoy en día, como antes de 1914 y entre las dos guerras, el hombre o la mujer que dependen *exclusivamente* del seguro del paro, pensiones, asistencia nacional, etc. se encuentran en la miseria.

Por otra parte, la intervención del gobierno ha desempeñado un papel de importancia en la vivienda, la enseñanza y, desde 1948, en la sanidad. Además del control de los alquileres, la primera guerra y los años siguientes iniciaron la sistemática construcción de viviendas públicas auspiciadas principalmente por los ayuntamientos. Entre las dos guerras se construyeron directamente o con subvenciones públicas alrededor de 1,9 millones de viviendas, frente a unos 2,7 millones realizadas por empresas privadas. Después de la segunda guerra mundial la construcción de la inmensa mayoría de las viviendas corría a cargo de los ayuntamientos, aunque en la década de los 50 se produjo un aumento considerable en la proporción de las construcciones privadas, alentadas por el retorno oficial a una economía modificada de mercado libre. Antes de este cambio, de los 13 millones y medio de viviendas de Inglaterra y Gales, tres millones eran propiedad pública y otros cuatro de renta limitada, por lo que la importancia de la intervención pública es obvia. Por supuesto, tuvo también efectos opuestos, por ejemplo, en el aumento de las rentas de las propiedades no controladas.

Sin embargo, es muy curioso que, pese a la expansión del control público, la fuente de ingresos básica de la mayor parte de la gente, su sueldo o salario, no experimentara modificaciones excepto en unos pocos casos —la mayor parte antes de 1945— en que intervino el estado para proporcionar un

salario mínimo legal en industrias con sindicatos débiles, o implantar determinadas condiciones de trabajo, como por ejemplo vacaciones pagadas.
(Con anterioridad a la ley de vacaciones pagadas de 1938, se calculaba que
disfrutaban de vacaciones pagadas entre 4,5 y 7,52 millones de personas;
cinco años después eran quince millones y a partir de la guerra casi todos los
trabajadores británicos.) Pero esencialmente los salarios se fijaban a través de
la negociación colectiva entre patronos y sindicatos, y las intervenciones del
estado, excepto en épocas de crisis, se reducían precisamente a fomentar estos contactos. A partir del período 1890-1914 esas negociaciones se fueron
convirtiendo en acuerdos a escala nacional entre sindicatos nacionales y
asociaciones patronales de «industria», aunque las condiciones económicas
comunes, las fluctuaciones en el coste de la vida y la tendencia de cada trabajador a escoger las mismas condiciones que otros obreros comparables en
distintas industrias, tendió a focalizar todo el andamiaje de la estructura salarial. En la práctica los acuerdos se hicieron cada vez más imprecisos al irse
realizando a escala nacional. Además, los sindicatos nacionales y las organizaciones de patronos (estos últimos los mayores conservadores en la escena industrial entre la primera guerra mundial y principios de los 60), fa-
vorecieron, cada uno a su manera el mantenimiento de sistemas formales de
pagos de salarios que estaban a años luz de la realidad, de manera que la distancia entre los salarios mínimos negociados y la paga real se ampliaba considerablemente. En consecuencia las negociaciones *reales* que determinaron
qué estaban *realmente* dispuestos a conceder los patronos a sus trabajadores
tomaron cada vez más la forma de negociaciones extraoficiales y asistemá-
ticas entre los representantes de una empresa en concreto y un número cada
vez mayor de negociadores de base. Típico del carácter *laissez-faire* de las
relaciones industriales era que no se sabía casi nada de ellos —los cálculos
sobre un número total para 1959-1960 oscilan entre 90.000 y 200.000— excepto que aumentaban rápidamente. En la Amalgamated Engineering Union
aumentaron quizá en un 60 por ciento entre 1947 y 1961, teniendo en cuenta que la mitad de este incremento tuvo lugar entre 1957 y 1961.[22]

Así, pues, lo que hizo la intervención estatal fue estabilizar el *status quo*.
Complementó los ingresos de los obreros sin determinarlos (excepto para los
más pobres). Esta intervención proporcionó una base a partir de la cual cualquier grupo o individuo podía negociar, reconoció (y por lo tanto aceptó su
permanencia) las asociaciones patronales existentes, pero no influyó seriamente —excepto en breves incursiones en época de crisis— en los resultados
de los convenios o en la estructura del sistema salarial. En el fondo dejó la
cuestión al libre juego de la negociación y la tradición. El resultado fue un
complejo proceso de dejar las cosas al azar que hizo que el nivel salarial y
la forma en que quedó fijado disintiera cada vez más tanto de la teoría como

de las realidades de la estructura industrial. El pleno empleo, el aumento general del nivel de vida y la capacidad de las industrias prósperas de transferir los aumentos salariales al consumidor (al coste de legitimar ulteriores incrementos para alcanzar el coste de la vida) enmascararon las desventajas de este estado de cosas excepto para los economistas y para aquellos grupos de obreros mal pagados cuyos bajos salarios y nivel de vida, tendía a perpetuar. A principios de los 60 arreciaron las críticas, pero muchas de ellas adoptaron la forma negativa de oponerse a la negociación sindical,[23] lo que a su vez reflejaba la tradicional y errónea opinión de que los obreros tenían la culpa de las insatisfactorias condiciones de la economía. Y no era así. Las irracionalidades económicas de obreros y directivos eran las dos caras de la misma moneda. Puede afirmarse que el intento de limitar la presión de los sindicatos privó a la economía de un poderoso incentivo para la modernización industrial. Este sistema de relaciones industriales fue totalmente destruido bajo el mandato del gobierno conservador, en el período 1979-1997.

Los efectos planificadores de la acción estatal sobre la estructura de los negocios fueron escasos. A partir de 1945 Gran Bretaña creó un sector público sustancial y conservó la capacidad de determinar los movimientos generales de la economía. Sin embargo, con el desmantelamiento del magnífico mecanismo de la planificación de guerra y de la reconstrucción posterior a la misma, el estado perdió interés en ejercitar sus poderes hasta 1960, cuando el espectáculo del éxito económico francés volvió a espolearlo. Las industrias nacionalizadas (carbón, ferrocarriles y algunas otras formas de transporte y comunicaciones, y el acero que fue nacionalizado, desnacionalizado y vuelto a nacionalizar) fueron el resultado de una combinación de circunstancias,[24] pero cada una fue dirigida por separado, con la incertidumbre de si su objetivo era proporcionar un servicio al resto de la economía (y si era así cuál y a qué precio), obtener un beneficio como cualquier otro negocio, pasar pedidos a otras industrias británicas como, por ejemplo, la aeronáutica, o simplemente mantener su déficit lo suficientemente bajo como para evitar molestos debates en el Parlamento y en la prensa. La relación de las industrias nacionalizadas con las privadas de la competencia, basadas en los principios ordinarios de maximizar el beneficio, no estaba clara. Sus estrategias como compradoras de productos —y la dimensión de los pedidos del sector público hacía que dominara varias industrias— no se definieron. Naturalmente, su papel en la economía fue mucho menor del que les correspondía.[25] Y esto no sólo es válido para las industrias nacionalizadas, sino también para el conjunto de inversiones todavía más importantes controlado por las autoridades públicas.

Lo que sucedió fue que, excepto en tiempos de guerra, la teoría sobre la empresa pública al uso no la consideraba como un medio de asegurar el crecimiento económico. A Gran Bretaña, primera de todas las economías «desarrolladas», le era difícil pensar en términos tan naturales para las naciones atrasadas que trataban de alcanzar a las adelantadas, para las pobres que trataban de hacerse ricas, para las arruinadas que buscaban su reconstrucción, o incluso para aquellas con una continua tradición de avances tecnológicos. Los socialistas británicos consideraban al sector público como una máquina para obtener la redistribución de las rentas y un rasero de justicia social, o de forma más imprecisa (y en contraste con el capitalismo a la caza del beneficio) como a un «servicio público». (De hecho esto quería decir que el sector público debía producir los artículos y servicios más baratos posibles para «el público»; pero como que los principales consumidores de las industrias nacionalizadas eran los negocios privados, eso suponía otorgarles una subvención disminuyendo incidentalmente el incentivo para que se modernizaran.) Los hombres de negocios opinaban otro tanto, pero en términos distintos: su ideal de empresa pública era que *a*) no interfiriera en los negocios privados; *b*) no supusiera gastos para el contribuyente; *c*) proporcionara bienes y servicios por debajo de los precios de mercado; *d*) pasara pedidos de bienes y servicios a precios de monopolio y *d*) subvencionara o se hiciera cargo de los costes de investigación y desarrollo.[26] Estos objetivos eran incompatibles. Por último, el gobierno mismo consideraba tradicionalmente al sector público, como al gasto público, primariamente como a un estabilizador de la economía, es decir, un atenuador de las fluctuaciones a corto plazo. Una vez estuviera en posesión de una gran parte de la economía, no sólo podría estimular o desalentar los negocios privados mediante medidas fiscales y financieras, sino también dejar sentir su peso en otras instancias (es decir, en la práctica, recortar de vez en cuando la inversión civil pública). Pero aún no se consideraba a sí mismo, por lo menos durante la mayor parte del período inmediatamente posterior a la segunda guerra mundial, como el motor principal de la economía, aunque poco a poco se fue convenciendo de que debía hacer algo para asegurar un nivel de crecimiento más rápido.

Una razón de este fallo es que el gobierno apenas se consideraba a sí mismo como muy distinto de la industria privada, es decir, del puñado de corporaciones gigantescas económicamente decisivas, organizadas con frecuencia como la burocracia estatal, cuyos directivos se deslizaban con presteza en el servicio público en tiempos de crisis, del mismo modo que los funcionarios públicos retirados se refugiaban en los colosos que controlaban la economía.[27] No parecía tener importancia que un sector actuara sobre bases comerciales normales y el otro no, ni que un sector fuese nominalmente privado o nominalmente público, ya que los dirigentes de ambos sectores pensaban de modo similar, y seguían las indicaciones generales de los economistas del gobierno (quienes, a su vez, no eran muy distintos de cualesquiera otros economistas). Excepto por el ala izquierda del Partido Laborista, y otros socialistas, la nacionalización era considerada como algo irrelevante, y las industrias nacionalizadas ya existentes como meros accidentes históricos. En un momento dado, el liderazgo del Partido Laborista llegó a sugerir que el mejor camino que tenía el público para controlar el sector no nacionalizado podía ser comprar acciones del gobierno en las principales sociedades privadas. A los profanos podía parecerles paradójico que, durante las crisis financieras de 1964-1966, el gobernador del nacionalizado Banco de Inglaterra, en teoría portavoz del gobierno, actuara en la práctica como portavoz de la opinión de la *City* contraria al gobierno, pero era ésta una paradoja que nacía de forma natural de la fusión de los dos sectores, y la creencia de que la economía estaba realmente dirigida por el consenso de los dirigentes de cualquier tipo de empresa gigante.

Así, pues, la economía británica de principios de los años 60 descansaba en gran medida en las fuerzas de la evolución «natural« y espontánea, si bien canalizadas por la política estatal. Y ello tanto más cuanto que después de 1951 el gobierno se abstuvo deliberadamente de ejercer controles administrativos, excepto (en teoría) en las medidas tomadas ante las crisis a corto plazo. Desde entonces este estado de cosas mereció cada vez mayores críticas al tiempo que se evidenciaba la necesidad de recurrir sin demora a medidas mucho más sistemáticas de planificación y de racionalización para acabar con las irracionalidades y las ineficacias. Los resultados británicos eran mediocres comparados con baremos internacionales. El problema fundamental de la posición británica en la economía internacional no había sido resuelto.

El relativo declive de la economía británica, comparado con otros, se aceleró de forma notable en los últimos años de la larga prosperidad sin que nadie se percatara de ello. En los diez años que van desde 1963 a 1973 la producción industrial de Japón se multiplicó por 2.9, la de España por 2.5, la de Austria y Francia por cerca de 1.75. En Irlanda y Alemania occidental la economía creció en casi dos tercios, en Italia, Noruega, Suecia, Australia, Bélgica y Estados Unidos casi la mitad más, pero en Gran Bretaña apenas si creció en un cuarto. El final de la larga prosperidad iba a hacer imposible seguir ignorando la gravedad de los problemas de la economía británica.

NOTAS

1.   Las obras de Peter Donaldson, *Guide to the British Economy* (1965), y G. C. Allen, *The Structure of Industry in Britain* (1961), constituyen introducciones útiles. La de A. R. Prset, ed., *The UK Economy, A Manual of Applied Economics* (1966), es menos elemental. Para una visión más amplia, M. M. Postman, *An Economic History of Western Europe 1945-1964* (1967). Ver también figuras 1, 6-7, 10-11, 13, 15, 18-19, 22, 25-30, 32-37, 39, 50-52.

2. De las cien compañías industriales mayores que aparecen relacionadas periódicamente en *The Times*, las mayores de las recién llegadas parecen ser la Great Universal Stores (26ª), y la Rank Organization (47ª).

3. Producción de carbón en millones de toneladas:

1913 287	1954 224	1970 140
1939 231	1960 194	1980 107
1945 183	1964-5 193	1994-5 31

4. Tejidos en millones de yardas:

1913 8,050	1951 1,961	1985 620
1937 4,013	1951-60 2,100	1990 514
1945 1,847	1962 2,612	1995 361

5. Construcción de barcos (iniciados en miles de toneladas brutas):

1913 1,866,000	1970 1,297,000
1927-9 1,570,000	1980 431,000
1951-60 1,300,000	1990 134,000

6. Puede aducirse que exageraban la negrura de estas perspectivas, por lo menos en lo que se refiere a astilleros.

7. En esta época los mineros tuvieron también la seguridad de que los dirigiera el líder sindicalista más brillante y capaz de la Gran Bretaña del siglo xx, el comunista Arthur Hornter.

8. Sin embargo, el precipitado declive del carbón enfrentó a todos los países occidentales europeos, incluida Gran Bretaña, con problemas mucho más graves a mediados de la década de los 60.

9. Carbón, 1949-1962:

	1949	1962
Empleados (hombres)	720.000	556.000
Número de minas NCB (National Coal Board)	901 (1951)	669
Producción por turno de trabajo (cwt)	66	91

10. La producción y la segunda guerra mundial:

	1938	1944
Carbón (millones de toneladas)	227	193
Tejidos (millones de yardas)	4.103 (1937)	1.939
Buques iniciados (en miles de toneladas brutas)	1.057 (1937)	959
Acero crudo (millones de toneladas)	10,4	12,1
Electricidad (miles de kW)	24,6	38,8
Productos químicos (1958 = 100)	35,8	53,7 (1946)
Tractores (en miles)	10	28 (1946)

11. Ver G. Maxci y A. Silbertson, *The Motor Industry* (1959).
12. Exportaciones en % del PNB e índice de exportación de diversos países en 1965:

Países	Exportaciones en % del PNB	Índice (1958 = 100)
EE. UU.	3,9	153
Japón	10,1	294
Francia	10,8	196
Italia	12,7	278
Reino Unido	13,7	148
RFA	15,9	203
Suecia	20,2	190
Bélgica/Luxemburgo	36,4	210

(Fuente: *Guardian*, 22 de noviembre de 1967)

13. Situación relativa de la industria británica del motor. Producción en miles de unidades:

Países	1929	1937	1950	1955	1963
EE. UU.	4.587	3.916	6.666	7.920	9.100
Alemania	117	264	216	706	2.700
Francia	211	177	257	560	1.700
Italia	54	61	101	231	1.800
Reino Unido	182	390	523	898	2.000
Porcentaje del RU en el total	3,5	8	7	8,5	11
Porcentaje de RU en Europa	32	44	48	37,5	24

14. Aún en 1939 la Commonwealth poseía más del 30 por ciento del tonelaje mercante mundial y Gran Bretaña sola alrededor del 25 por ciento. En 1964, el porcentaje de la Commonwealth había descendido hasta 18 y el de Gran Bretaña a 14.

15. En 1962 un tercio de la inversión directa británica en el exterior iba a lo que se conocía eufemísticamente como los países «en vías de desarrollo», sin contar petróleo ni seguros.

16. En 1937 el gobierno disponía de unas seis libras en oro y divisas por cada cinco de «saldos en libras esterlinas» que los extranjeros podrían estar dispuestos a vender. En diciembre de 1962, por ejemplo, sólo disponía de una libra en reservas por cada cuatro de los saldos extranjeros en libras esterlinas.

17. Gran Bretaña gastó en defensa una proporción más elevada de su renta nacional que cualquier otro estado excepto la Unión Soviética y los Estados Unidos, y otros pocos que, como Egipto e Israel, creían estar permanentemente al borde de guerras locales.

18. Índices anuales medios de crecimiento del producto real:

242 INDUSTRIA E IMPERIO

Países	Período	Total	Per capita
EE. UU.	1954-1962	2,9	1,2
Bélgica		3,5	2,5
Francia		4,9	3,7
RFA		6,4	5,1
Italia		6,1	5,5
Países Bajos		4,3	2,9
Noruega		3,7	2,8
Suecia		3,7	3,1
Reino Unido	1953-1961	2,7	2,1
URSS		9,4	7,5
Checoslovaquia	1954-1962	6,2	5,3

(Fuente: *UN Statistical Yearbook*)

19. Sin embargo, la política gubernamental de rígidas restricciones a la inmigración, heredada del período de entreguerras, fue probablemente beneficiosa, mientras no se vio ésta contrarrestada por la libre entrada en el país —facilitada por su afiliación a la «Commonwealth»— de gran número de personas procedentes de las antiguas colonias y dependencias; hasta que —otra vez sin que nadie considerara las consecuencias económicas de esta actitud— se restringió severamente la inmigración de gentes de color en 1963.

20. Beneficiarios de seguros sociales (en millones):

	1914	1938
Pensiones de vejez	0,8	2,5
Seguro de paro	2,25	15
Seguro de enfermedad	13	20

21. Ésta era su distribución aproximada:

Paro . . . . 2,2 millones de demandas
Enfermedad . . . . 6,9 millones de demandas
Pensiones . . . . 4,2 millones de demandas
Viudez . . . . 0,4 millones de demandas
Subsidios por muerte . . . . 0,2 millones de demandas
Subsidios por maternidad . . . . 1,1 millones de demandas

22. R. C. sobre los sindicatos, Research Paper 1: *The Role of the Shop Stewards in British Industrial Relations* (1966), p. 5.

23. Como es usual en estos casos, los abogados lanzaron un ataque contra la condición legal de los sindicatos, y en 1966 un gobierno presa del pánico les ayudó abrogando temporalmente los convenios colectivos negociados libremente.

24. Por ejemplo, las industrias de la luz y el gas habían sido parcialmente públicas desde hacía mucho tiempo; el carbón fue nacionalizado porque había llegado a la bancarrota bajo la dirección de la empresa privada, y tanto los mineros como la opinión pública insistieron en que se nacionalizara; pero no se hizo lo mismo con el petróleo, ya que es de suponer

que Gran Bretaña no deseaba estimular a otros países a que nacionalizaran sus pozos de petróleo, de los que (a través del puñado de grandes corporaciones con las que el gobierno mantenía relaciones excelentes) obtenía valiosas divisas.

25.   Exceptuando quizá la BBC, no hay en Gran Bretaña innovadores tecnológicos o económicos que pueden compararse con la empresa pública continental (por ejemplo, la Renault y la Volkswagen en la industria del motor, los ferrocarriles estatales franceses y algunos otros, o la industria italiana del petróleo y del gas natural).

26.   Entre 1949 y 1958 las industrias nacionalizadas adquirieron alrededor de 12.000 millones de libras esterlinas de bienes y servicios al sector privado, y el gobierno probablemente otro tanto.

27.   Así por ejemplo, el director de Imperial Chemical Industries era en 1966 un ex funcionario de la administración, mientras que el experto nombrado para racionalizar los ferrocarriles nacionalizados era un ejecutivo de la Imperial Chemicals.

14. LA SOCIEDAD BRITÁNICA DESDE 1914[1]

En términos económicos, éste es un siglo de clarísima mejora en los niveles de vida. En términos sociales es un siglo de cambios excepcionales y desorientadores. Durante las guerras y las depresiones de entreguerras, los británicos no fueron muy conscientes de estos cambios seculares —tenían preocupaciones más acuciantes—, pero en la década de los 60, tras una serie de años pacíficos durante los cuales se alteraron más profundamente y con mayor rapidez que nunca las condiciones materiales y los hábitos sociales, las gentes cultas comenzaron a poner en tela de juicio sus valores tradicionales, y a plantearse la necesidad de una autocrítica. ¿Qué había sucedido? ¿Qué estaba pasando en el país?

A primera vista, el fenómeno más evidente era el declive internacional británico. A partir de 1931 Gran Bretaña dejó de ser el fulcro de la economía internacional y después de 1945 incluso dejó de ser un Imperio formal de tamaño considerable, a la vez que las comparaciones con otros países industriales eran cada vez más desfavorables para ella. Bien es verdad que el cambio en la posición internacional británica apenas si se dejó sentir en la vida del país. La vida de los negociantes dependía de los beneficios, y cualesquiera que fuesen sus fuentes de procedencia éstos eran notablemente pingües. Las vidas de los obreros dependían de su empleo y de sus salarios, y tanto el uno como el otro eran mucho más altos que antes. Las vidas de las clases profesionales e intelectuales dependían de su empleo y de sus objetivos, y ambos se ampliaron inconmensurablemente si se les coteja con los días que precedieron a la segunda guerra. El malestar que estalló hacia finales de los años 50, no se debía al descontento material, y mucho menos a problemas identificables con el ocaso de Gran Bretaña, sino al desmantelamiento de los valores que las generaciones anteriores habían considerado —sin demasiado seso— como inamovibles. Al parecer, el proverbial país del puritanismo se había convertido, cuando menos por lo que hacía a buena parte de sus ciudadanos más jóvenes, en un país de inusitada permisividad sexual. La nación que se jactaba de atenerse a una ley incorruptible se hizo célebre por la osadía e impunidad de los robos que en ella se cometían, y comenzó a sospechar de la integridad de sus policías. El país cuyos habitantes de clase obrera casi nunca habían cruzado el canal de la Mancha a no ser con el uniforme militar, envió todos los años a millones de ellos a las playas mediterráneas y a las pistas de esquí alpinas, recibió (con considerable reticencia) un aflujo modesto, pero a todas luces visible, de ciudadanos de color, y se lanzó a consumir *scampi*, comidas chinas de arroz con pollo y a trasegar vino en cantidades hasta entonces inéditas. O así parecía.

A partir de 1911 las estadísticas oficiales británicas, seguidas por los sondeos de mercado y de opinión, que adquirieron relevancia tras la segunda guerra mundial, dividieron a la sociedad británica en una jerarquía de cinco clases, y más tarde de cuatro: los conocidos ABs —la clase media profesional y de negocios; la clase media baja de administrativos: C1s; los obreros cualificados mejor pagados: C2s; y los obreros semicualificados o no cualificados: los DEs de los encuestadores. En el momento álgido de la larga prosperidad (1971), un 12 por ciento de la población fue clasificada como ABs, 20 por ciento como C1s, un 35 por ciento como C2s y un 33 por ciento como DEs-C2s y DEs, estaban en declive pero constituían aún la mayoría absoluta de la población británica. Esto iba a cambiar en las dos décadas siguientes.

Sin embargo, dentro de esta estructura social tras la segunda guerra mundial tuvieron lugar cambios sustanciales en el equilibrio entre los sexos; inicialmente sin llamar mucho la atención. El más importante de estos cambios fue el considerable aumento de la participación femenina en el trabajo físico remunerado, debido en parte al crecimiento del empleo pagado fuera del hogar. En el período de entreguerras constituían un poco más de un cuarto de la fuerza del trabajo, pero tras la segunda guerra mundial, crecieron de forma continuada de un tercio (en 1995) a la mitad; un crecimiento que aún hoy continúa. En la década de los 90 el declive de las industrias dependientes de la fuerza bruta hizo que la clase obrera fuera cada vez más femenina. El ascenso de una mujer en el mundo de las profesiones especializadas o las finanzas atraía mucha atención, especialmente tras la revitalización del movimiento feminista en los años 70. El progreso, pese a ir acelerándose, era lento. A mediados de los 90, incluso en la educación de segundo grado el número de mujeres estudiantes era ligeramente inferior al de los hombres.

Estos cambios en la estructura social de Gran Bretaña fueron difíciles de asimilar para los habitantes del campo. El «malestar» más agudo fue el que experimentaron las «clases medias», compuestas principalmente en esta época por gentes que vivían de un sueldo. El rico no tenía motivos de queja, aunque —como siempre— le parecía que los impuestos le agobiaban. Durante el período de entreguerras, no tuvo lugar ningún reparto notable en la propiedad y, desde entonces, ninguna redistribución digna de mencionar. Antes de la primera guerra mundial (hacia 1911-1913) el 5 por ciento de la población situado en la cúspide de la pirámide social poseía el 87 por ciento de la riqueza personal, el 90 por ciento de la base, el 8 por ciento; poco antes de la segunda (hacia 1936-1938) las proporciones correspondientes eran del 79 y el 12 por ciento, y en 1960 el 75 y el 17 por ciento.[2] En lo que atañe a rentas por *inversión*, el 1 por ciento situado en la cúspide aún recibía en 1954 alrededor del 58 por ciento del total. Gran Bretaña estaba muy lejos de ser una «democracia de propietarios». En el mismo ápice de la escala social, los inmensamente ricos aumentaron ligeramente, como también aumentó ligeramente su riqueza *per capita*, pero constituían un porcentaje algo menor que el número de propietarios y el valor total de la propiedad. Entre 1936 y 1938, 15.000 individuos poseían alrededor del 22 por ciento de toda la propiedad; después de la guerra, un 19 por ciento poseía casi el 15 por ciento, y a partir de 1948 la concentración volvió a reanudarse. El 40 por ciento de la población británica correspondiente a las capas sociales inferiores, que había compartido el 24 por ciento de los ingresos domésticos disponibles de la nación en 1979, vio como su porcentaje caía hasta un 18 por ciento en 1990-1991, mientras la parte correspondiente al 20 por ciento de las clases en la cúspide crecía del 35 por ciento al 43 por ciento.[3]

Se había realizado una modificación en las bases de la desigualdad en el contexto de una economía cambiante, cada vez más intervenida por el estado. Los que no supieron adaptarse a esta situación resultaron perjudicados, mientras que aquellos que supieron aprovechar las nuevas oportunidades prosperaron. En el período de entreguerras, cuando el ideal de un retorno a 1913 obsesionaba aún a los ricos y a quienes dirigían el estado, este cambio aún no era tan evidente como lo fue después de la segunda guerra mundial. Por ejemplo, en el terreno de la imposición: oficialmente los impuestos progresivos directos y otras tasas como los derechos sucesorios alcanzaron niveles altísimos que, en teoría, despojaban a los muy ricos de la mayor parte del excedente de sus rentas. En realidad se fueron configurando, bajo la mirada benevolente del estado, una serie de argucias legales para evadir los impuestos, que sirvieron para eximir a aquellos cuyos ingresos no procedían de sueldos o salario y tributaban según sus recursos. El más importante de estos sistemas de evasión fue, probablemente, la falta de imposición hasta 1962 para los intereses de capital, que supuso una serie de gangas para los propietarios de bienes raíces negociables en los largos años postbélicos de ininterrumpida revalorización del capital. Las nuevas fortunas más notorias de este período (es decir, la de los especuladores en bienes raíces) tuvieron esta base. Las «donaciones» de propiedades a los parientes sirvieron para eludir los derechos sucesorios. Y así sucesivamente.

Así, los que ya eran muy ricos siguieron gozando de la misma opulencia que antes, aunque su composición se alteró un tanto. La primera guerra mundial, paraíso de los especuladores, les hizo aún más ricos de lo que eran, aunque también (con la ayuda de la venta de títulos nobiliarios emprendida por Lloyd George) redujo *ad absurdum* su recompensa social tradicional: el ingreso en la aristocracia terrateniente. La depresión de entreguerras les afectó un tanto, aunque no lo suficiente como para crear una leyenda local comparable al mito americano del millonario que se arrojaba a la calle desde un balcón de Wall Street después del crac del 29. La segunda guerra mundial y la etapa laborista que le siguió inhibieron los despilfarros y asustaron a los millonarios. No recuperaron la confianza que les permitía alardear de su riqueza en público hasta la etapa conservadora de mediados de los años 50, al terminar la política oficial de austeridad relativa. Como hemos visto, es indudable que a lo largo de estos años los ricos se enriquecieron todavía más. Se les unió ahora un grupo relativamente nuevo, aquellos cuyos dispendios (que pagaban sus empresas bajo la etiqueta de «gastos comerciales») eran similares a los de los ricos, aunque fuesen distintos sus ingresos y sus recursos de capital. Estos advenedizos se dedicaban a la caza de la perdiz blanca en los marjales que adquirían las empresas para entablar fáciles contactos comerciales durante estas partidas de caza. Ellos hicieron las fortunas de los night-clubs y de los fabricantes de automóviles de lujo, y bebían Château Mouton Rothschild 1921 en lo que se disfrazaba formalmente como «comidas de trabajo» para ejecutivos.

La mayor parte de la «clase media» vivía por debajo de este nivel y les desazonaba (cosa que también les sucedía a algunos de los mismos ricos) aquel estado de cosas en que las recompensas materiales más elevadas no iban a parar a una nobleza tradicional o a las virtudes de la empresa y el trabajo duro, sino que dependían de lo que para los ingleses del siglo XIX no hubiera sido más que mentiras e inmoralidades. Sentían que su situación había empeorado considerablemente. En 1960 tal vez una cuarta parte de la población pertenecía a este grupo de trabajadores no manuales, asalariados y profesionales, que había crecido ininterrumpidamente durante lo que iba de siglo, sustituyendo poco a poco a las típicas clases «media» y «media baja» victorianas compuestas por tenderos, pequeños empresarios y gentes que vivían de sus «bienes gananciales» (por citar la clasificación del impuesto sobre la renta) y no de sueldos ni salarios. Tanto financiera como socialmente vivían de acuerdo con su nombre. Unos ingresos relativamente modestos (aunque dos o tres veces mayores que el promedio obrero) les aseguraban un grado de comodidad inconcebible entre el proletariado.[4] Un millar de libras al año podía llevar muy lejos a un hombre.

El techo de las aspiraciones de la clase media era vivir con modesto desahogo. En la jerarquizada sociedad británica la aristocracia terrateniente estaba completamente fuera de su alcance, y ni siquiera los millones de la plutocracia tentaban a las respetables clases medias. En la época eduardiana, un romántico ocasional como el tío Ponderevo de H. G. Wells, o un ocasional seminarista como John Buchan, podían soñar con atizarle a la olla de la riqueza y del prestigio social con el palo de los negocios o de las actividades profesionales —principalmente la abogacía— y desde luego muchísimos jóvenes emprendedores de las colonias soñaban con hacer dinero para hacerse dueños de Londres. Algunos, como lord Beaverbrook lo consiguieron. Pero la senda que conducía a las cumbres sociales era angosta: Oxford, el Colegio de Abogados, el Parlamento o Johannesburgo y la bolsa. Ni sir Thomas Lipton (comestibles y yates) ni lord Birkenhead (derecho, política y derroche) proporcionaban la dinámica adecuada para el ciudadano de la clase media. Lo que éste deseaba era conseguir una posición que le situara cada vez más por encima de las «clases bajas», amplias comodidades domésticas, educación para sus hijos, el sentimiento de pertenecer a «la espina dorsal del país», y tal vez una dosis adecuada de actividades religiosas y culturales. Pero por encima de todo, ansiaba la primera de estas condiciones.

En términos económicos hubo muchísimos empleados que no conocieron jamás esta superioridad sobre el proletariado, ya que sus ingresos no podían superar a los de la aristocracia del trabajo manual. Era su estilo de vida, su nivel social lo que les diferenciaba del obrero, y por ello eran siempre extremadamente sensibles a cualquier mejora para los de abajo que pudiera disminuir estas distinciones. En el período de entreguerras llegó a obsesionarles la idea de que las viviendas subvencionadas por el municipio podían proporcionar a los obreros cuartos de aseo, y su misma extendida creencia de que seguramente los utilizarían para apilar carbón, era más fruto de sus deseos que de la realidad. Es posible que algunas veces estos estratos marginales perdieron terreno, por ejemplo durante los períodos de inflación. Carecían de sindicatos (excepto los que trabajaban en los servicios públicos) y, para ser sinceros, sus conocimientos no eran mucho mayores que los de sus hijas taquimecanógrafas. A lo largo de los últimos 50 años estas gentes, apuradas y resentidas, han constituido el hosco ejército de los suburbios, incondicionales masivos de periódicos y políticos derechistas y antiobreristas.

En términos puramente financieros no parece que la situación de las capas medias menos marginales fuera a peor. Si tomamos al maestro de escuela primaria, nada privilegiado, como ejemplo de la clase media baja, es probable que su sueldo anual medio quedase rezagado con respecto al coste de la

vida durante la primera guerra mundial, se situara muy por delante al término de ésta, y se mantuviera estable hasta la segunda guerra mundial, época
en que su valor real se incrementó.[5] Los períodos anterior y posterior a la segunda guerra mundial pueden compararse más fácilmente a partir de las estadísticas correspondientes al impuesto sobre la renta, como en la tabla siguiente:[6]

1938-1939 Escala de ingresos brutos (en libras)	Número	1963 Escala de ingresos brutos (en libras)	Número
200-400	3.030.000	700-1.500	11.500.000
400-600	570.000	1.500-2.250	1.000.000
600-1.500............	459.000	2.250-5.000	510.000
Más de 1.500	158.000	Más de 5.000	100.000

Las cifras posteriores a la guerra deben ser divididas por 3,5 aproximadamente en concepto de devaluación de la moneda, pero aún así resulta evidente que eran más los que ganaban el equivalente de los ingresos de clase
media anteriores a la guerra y que probablemente habían aumentado los ingresos medios en las zonas medias de esta clase. Esto no se debió sólo a que
mejoraran los sueldos, sino sobre todo a una mayor promoción en nuevos
puestos de trabajo muy bien remunerados.

Pero aún así las quejas de estas capas medias «medias» no cesaron; al
contrario, en 1914 fueron aún mayores. Algunas razones lo explican. Una de
ellas era el creciente nivel impositivo, al que difícilmente podía sustraerse
una persona a sueldo. Los impuestos que debía pagar una familia compuesta por dos adultos y tres niños con unos ingresos de unas 1.000 libras, se duplicaron en términos monetarios entre 1913 y 1938, para hacerlo de nuevo
entre 1938 y 1960. Su tipo de gastos constituía otra razón. Siempre se incluía
en ellos una proporción relativamente gravosa de seguros, pago de escuelas,
compra de la casa, etc., que repercutió inevitablemente en la necesidad de
recortar otras necesidades, al menos durante una gran parte de la vida, excepto entre los más acomodados. Hasta que la clase media aprendió a utilizar los servicios sociales posteriores a 1945, y comenzó a beneficiarse de
ellos más que los obreros, el costo de sus gastos privados —en asistencia
médica y enseñanza— fue extremadamente oneroso.

La razón principal fue, sin embargo, que cada vez era más difícil mantener aquella superioridad visible y *cualitativa* sobre las «capas bajas» que era
la etiqueta real del status de clase media. En primer término, el servicio doméstico. Antes de 1914 tenerlo o no había definido virtualmente a todos

aquellos que, como mínimo, tenían humos de clase media, pero hacia 1931 sólo el 5 por ciento de los hogares británicos contaba con servicio residenciado, porcentaje que, en 1951 quedaría rebajado a la unidad.[7] El servicio doméstico, excepto la limpieza por horas, desapareció, hasta que en la década de los 50 resurgió a escala limitada en la figura de chicas extranjeras *au pair*. El monopolio de comodidades domésticas que tenía la clase media se desmoronó. En 1960 ni el teléfono o el automóvil, ni siquiera las vacaciones en el extranjero, subsistieron como símbolos seguros de un nivel social. Esto no significó que la clase media empleara su dinero en otros renglones, porque la necesidad de mantenerse al nivel de los vecinos, en una sociedad en la que la condición social se medía sobre todo en términos dinerarios, les hizo seguir gastando en bienes ostensibles. Algunos de éstos, por ejemplo, las diversiones, se hicieron cada vez más onerosas. Además, la sociedad de consumo sólo permitió a los muy ricos una clara diferenciación del resto de las personas por la visible calidad de sus pertenencias. La distancia que separaba a un ama de casa con refrigerador de otra que careciera de él era notable, pero la que existía entre la propietaria del refrigerador más barato y la que había comprado el más caro del mercado era sólo cuestión de pocas libras, fácilmente resuelta con la compra a plazos. Pero es que además esto también sucedía con el vestido, sobre todo con aquel gran igualador social: la ropa de vestir.

En cierta medida las clases medias reaccionaron después de la segunda guerra mundial con aquel último recurso del esnobismo, buscando la distinción en un desaliño «de categoría» (cosa que ya había hecho la pequeña nobleza rural para diferenciarse agresivamente de los *parvenus* comerciales con sus raídos trajes de mezclilla), o absteniéndose del consumo de productos para la masa. La creencia de que la clase media compraba menos aparatos de televisión que los obreros fue un mito, pero —característicamente— un mito muy extendido en los primeros días de este entretenimiento doméstico. Por el contrario, muchos de los gastos característicos de la clase media aumentaron de forma desproporcionada obligándoles a que parte de su vida fuese innecesariamente laboriosa. Con la manía de tener servicio propio, el ama de casa de clase media se resistía más que la mujer de clase obrera a adoptar aparatos que ahorraban trabajo, como las máquinas de lavar y, desde luego, desdeñaba los productos alimenticios preparados y empaquetados, que facilitaron la vida de las masas.[8] Pensando en la intimidad privada, las clases medias dudaban en beneficiarse de la revolución que significaron los viajes colectivos, que transformaron las vacaciones de las masas, y trataron de aferrarse a la antigua forma individualista de viajar, que era más cara y menos confortable. Es decir, todo un modo de vida se les había quedado anticuado, mientras que el medio más seguro de mantener un estilo de vida aparte, por ejemplo la actividad intelectual o cultural, no era del agrado de la mayor parte de la clase media. Sin embargo, los periódicos que trataban de atraerse a las clases medias en el período posterior a la guerra comenzaron a prestar marcada atención a la «cultura» y alimentar a sus lectores con reseñas bibliográficas, y páginas sobre actividades teatrales y artísticas en una extensión desconocida antes de la segunda guerra mundial.

Las clases medias más antiguas y mejor aposentadas hallaron también que su monopolio de posición social había sido socavado por el ingreso de los hijos de las clases medias más bajas (incluyendo en este caso la clase media baja) en el campo profesional. Antes de la segunda guerra mundial, la superación de unos exámenes y la experiencia profesional en vez del parentesco y el «carácter»; conocimientos en vez de «maña» no eran garantía de éxito, pero tras ella, adquirieron importancia. Las viejas «escuelas públicas» tuvieron que abandonar los monumentos conmemorativos de hechos de guerra o glorietas, por los laboratorios para poder competir con las *grammar schools* como viveros de científicos y técnicos. La condición establecida de pertenecer a la clase media ya no servía para adquirir automáticamente posiciones importantes, y cuando el sistema funcionaba, los gajes tenían que ser compartidos con los *parvenus* de las filas inferiores. Los viejos intereses, arraigados y a la defensiva, de la vieja elite —la *City*, la alta dirección industrial, la abogacía, la medicina y otras profesiones colegiadas y el Partido Conservador— resistieron cuanto pudieron con cierto éxito. A fines de los años 50 aparecieron incluso signos de una cierta reacción, pero la amenaza estaba allí e iba haciéndose cada vez mayor.

El malestar de las clases medias no se debía, pues, al empobrecimiento. Ni tampoco a alguna disminución en la diferenciación entre las clases, excepto en el aspecto superficial de que no siempre se les podía distinguir con tanta facilidad en público, sobre todo si eran jóvenes. El malestar se debía más bien al cambio experimentado por la estructura y función de los grupos medios en la sociedad británica. Era el doble malestar de quienes no se adaptaban rápidamente a él, y de quienes no hallaban lugar adecuado para sus talentos porque este cambio no se producía con la suficiente rapidez. Unos y otros se unían en su crítica a las clases trabajadoras.

Aunque a principios de la década de los 60 los obreros no nadaban en la «abundancia» ni mucho menos, y tal vez uno de cada diez pasaba estrecheces, el malestar que experimentaba la clase obrera no se debía a dificultades económicas. La mayor parte de los obreros ingleses estaban en mucha mejor posición que nunca en toda su historia y desde luego mucho mejor de lo que hubieran podido prever en 1939. En cambio, sus ingresos crecieron año tras año, a veces, como sucedió en los 70, a una velocidad de vértigo. Por primera vez la mayoría de ellos no tenía que desvivirse por las necesidades elementales diarias y el miedo al paro. Sólo les preocupaba el temor a la vejez, con su combinación de pobreza y sensación de vacío. Pero dos factores estaban cambiando su situación social tan profundamente —de hecho aún más— como la de la clase media.

El primero y tal vez el menos importante era la economía de producción en masa para el consumo que se basaba en el mayor poder adquisitivo de los obreros. Buena parte de su forma de vida, la «cultura tradicional de la clase obrera» que, como hemos visto, se desarrolló hacia fines del siglo XIX, reflejaba su aislamiento social. Los obreros habían sido los parias de la economía y de la política. La simple presencia en el Parlamento de un hombre tocado con la gorra de paño y hablando con acento obrero —Keir Hardie, en 1892— era suficiente para crear una conmoción que todavía hoy registran los libros de historia. Aunque los grandes negocios ya no les despreciaban como antes, la industria y el comercio que atendían a sus necesidades eran totalmente distintos de los que surtían a las clases medias (ni mencionemos a los nobles), a menos que compresen deliberadamente productos para la clase media. Los contactos entre la clase obrera y las clases altas (excepto en lo que se refiere al servicio doméstico) eran poco mayores que los existentes entre blancos y negros en los Estados Unidos de la época de entreguerras; y la afición de las clases altas por apadrinar boxeadores, jockeys, prostitutas y cafetinas no era mayor que la pasión de algunos blancos americanos por el jazz. El «mundo proletario» no era del todo un inframundo, ya que tenía su propia estructura social, que culminaba en aquella elite mixta de obreros cualificados, pequeños tenderos, pequeños empresarios, taberneros, maestros de escuela, etc., de las zonas industriales, que los últimos victorianos conocían como la «clase media baja». (No hay que confundirla con la *nueva* «clase media baja» de oficinistas, ni tampoco con los pequeños tenderos, de las zonas no industriales, que ni se confundían ni se identificaban con la aristocracia laboral.) Sin embargo, a juzgar por lo que el ciudadano de clase media sabía del mundo obrero o éste de aquél, las «dos naciones» podían muy bien haber vivido en continentes distintos.[9]

Virtualmente todas las instituciones del mundo de la clase obrera estaban separadas y se creaban dentro de él. Tenía que ser así. El mercado y las tiendas para proletarios (prestamistas incluidos), las secciones para la clase obrera de aquellos restaurantes divididos jerárquicamente, sus típicos periódicos que combinaban informes sobre las carreras, el radicalismo y la crónica de sucesos,[10] sus music-halls, sus equipos de fútbol y el propio movimiento obrero coexistieron con el mundo de clase media, pero sin formar parte de él. Entre 1880 y 1914 esta separación aumentó todavía más al crecer el tamaño de los talleres, disminuyendo el contacto con los patronos (o bien se hizo más difícil por el desarrollo de los mandos intermedios) y al trasladarse los no proletarios de las calles mixtas a suburbios habitados por una sola clase.

No se experimentaron muchos más cambios en el período de entreguerras. Los almacenes de calzado y ropa de confección como Woolworth, Boots y el Fifty Shilling Tailor apenas si podían asimilar la clase obrera al consumo de la clase media o incluso de la clase media baja, y las mejoras conseguidas en vivienda (el surgimiento de la «propiedad municipal») sólo sirvieron para intensificar las divisiones de clase en razón de su residencia. En gran parte de Gran Bretaña, la depresión ató a todos los que se vieron afectados por ella en un mal maridaje. Por una parte, una nueva conciencia de clase y el sentimiento de ser explotados, y, por la otra, el temor, agrandaron el cisma entre las dos naciones. Un rígido sistema educativo y una economía vacilante confinaron a los obreros y a sus hijos a su propio mundo. El joven proletario inteligente aún podía encontrar las mejores oportunidades para su talento en el seno del movimiento obrero —como Aneurin Bevan— o en la enseñanza escolar. Estaba a su alcance dar a su hijo enseñanza media, aunque la *Fisher Education Act* de 1918 no amplió suficientemente las posibilidades educativas.[11] En cambio una enseñanza universitaria —en 1938 había sólo unos 50.000 estudiantes universitarios, el 20 por ciento de ellos en Oxford y Cambridge— era casi impensable.

El cambio experimentado pocos años después de la segunda guerra mundial no se debía tan sólo a la «opulencia» de los nuevos productos de consumo duraderos. En comparación con otros países, su adquisición no fue desmedida, excepto en lo que se refiere a aparatos de televisión. (Así, por ejemplo, en 1964 había 37 coches por cada cien ingleses, frente a 50 en Alemania y 47 en Francia.) Tampoco se trataba de que más dinero, más comodidades domésticas y el posterior acceso a la propiedad de una vivienda desplazaran la vida de la clase obrera de lo público y colectivo (el *pub* o el partido de fútbol) hacia lo privado e individual, y por lo tanto hacia un modelo de vida asociado con la clase media baja. En la década de los 50, «Andy Capp», el tradicional personaje proletario de unos célebres *comics*, que se iba a la calle, frecuentaba el *pub* y oprimía a su mujer sólo se recordaba en plan de broma (aunque con cierta nostalgia).

Lo cierto es que una sociedad basada en el consumo de masas está dominada por su mayor mercado, que en Gran Bretaña era el de clase obrera. Con la democratización del la producción y de las formas de vida, desapareció gran parte del viejo aislamiento obrero; o, por mejor decir, se le dio la vuelta al patrón del aislacionismo. Los obreros no tuvieron ya que seguir aceptando productos o diversiones pensados esencialmente para otras gentes; para un idealizado «hombrecillo» pequeño-burgués (como el diario de mayor circulación entre las guerras, el *Daily Express*), para una versión degenerada de la función de tarde para clase media (como la mayor parte de la música popular),[12] o por un perceptor moralizante (como la BBC).

En adelante fue *su* demanda la que predominó comercialmente, incluso su gusto y estilo que presionaba contra la cultura de las clases no trabajadoras: de forma triunfante a base de una música *pop* enteramente nueva, con sabor a Liverpool, indirectamente en la moda por auténticos temas de clase obrera que se apoderó no sólo de la televisión, sino también del teatro, plaza fuerte burguesa, y de forma cómica en el gusto por aparentar acentos y comportamientos plebeyos que se hicieron de rigor en ambientes tan sorprendentes como los de los actores y fotógrafos famosos.[13] Ahora le tocó al mercado «A y B»[14] poner en marcha sus medios de comunicación de masas y sus instituciones comerciales y culturales separatistas: y ello de modo especial en los periódicos y revistas de «clase».

Los negocios tomaron sobre sí la tarea de llenar el mundo proletario. Era una época en que la pobreza aflojó su garra disminuyendo la necesidad de sostener una constante batalla colectiva contra el paro y las necesidades, y la política absorbió en su rutina al órgano más potente del separatismo de la clase trabajadora: el movimiento obrero. La segunda guerra mundial y los gobiernos laboristas de 1945-1951 demostraron que el trabajo ya no era un «extraño» ni siquiera en teoría. Su partido fue la alternativa de gobierno permanente, mientras que en el período de entreguerras sus períodos de gobierno habían sido raros y episódicos. Sus sindicatos estaban tan imbricados con los grandes negocios y el gobierno, que una actividad tan tradicional como la huelga se relacionaba muchas veces con una decisión no oficial o con una rebelión de la base sindical. Los aumentos salariales se convirtieron en consecuencias casi automáticas de las subidas de los precios o de las revisiones periódicas reguladas por mecanismos intangibles para los miembros del sindicato, cuya composición era ahora virtualmente automática. En consecuencia, y contrariamente a la mitología de clase media, Gran Bretaña no se vio muy afectada por las huelgas, mucho menos que otras economías industriales más dinámicas.[15] No se produjo tampoco una tendencia al incremento de las huelgas. Por el contrario, desde el punto máximo alcanzado poco antes y después de la primera guerra mundial, había tendido a disminuir muy notablemente.

A consecuencia de todo esto se produjo una notable conmoción en las instituciones de clase obrera tradicionalmente separatistas. El progreso secular del Partido Laborista en las elecciones nacionales se detuvo en 1951 y no volvió a recuperarse. El número de afiliados a los sindicatos se estancó. Los militantes más viejos se dolían —con razón— de que el fuego de la pasión en el movimiento se estaba consumiendo. Incluso un fenómeno tan poco político como el entusiasmo por el fútbol remitió. Como sucedió con la asistencia a los cinematógrafos, el fútbol alcanzó su punto álgido poco después de la segunda guerra mundial, y desde entonces fue disminuyendo firmemente. El periódico dominical «tradicional« de las masas urbanas, el *News of the World*, perdió su preeminencia; el diario de circulación masiva fundado y sostenido por el movimiento obrero desapareció. Los jóvenes intelectuales que descubrían «la cultura tradicional de la clase obrera» en su declinar durante los años 50, la idealizaron (indebidamente), pero sus elegías no sirvieron para devolverla a la vida.

Aunque había algo más grave: el cambio económico erosionó las bases mismas de la clase obrera tal como se las entendía tradicionalmente, es decir, hombres y mujeres que salían del trabajo con las manos sucias, la mayoría en minas, fábricas o que movían o se movían alrededor de todo tipo de máquinas. Tres tendencias avanzaron de forma inexorable a lo largo del siglo XX, sólo interrumpidas temporalmente durante las dos guerras: 1) el relativo ocaso de la «industria» comparado con los empleos del sector terciario, tales como el reparto, el transporte y otros servicios; 2) el relativo declive del trabajo manual en comparación con el de los empleados y trabajadores no manuales en el seno de cada industria; 3) la decadencia de las industrias características del siglo XIX con su elevada demanda de viejo trabajo manual.[16] Naturalmente que los obreros no manuales eran también obreros. En 1931 sólo un 5 por ciento de la población empleada eran empresarios o directivos (en 1951 sólo llegaban al 2 por ciento), y otro 5 por ciento correspondía a trabajadores por cuenta propia. El 90 por ciento estaba clasificado como «operarios». Además, y sobre todo después de la segunda guerra mundial, los obreros no manuales fueron anotando su realidad social y su comunidad de intereses con los manuales incorporándose a los sindicatos, que a fines de los años 50 mostraban una señalada tendencia a penetrar en aquel bastión de los obreros de manos encallecidas, el Trade Union Congress. Sin embargo, la diferencia entre «oficina» y «taller» era sustancial. En las horas de trabajo, y con frecuencia fuera de ellas, siguió siendo la distinción más visible entre las gentes.

La tecnología introdujo otra distinción cada vez más temida: a diferencia de la industria decimonónica, que ofrecía una demanda casi ilimitada para hombres y mujeres sin ningún tipo de especialización, excepto fortaleza y ganas de trabajar, la tecnología de mediados del siglo XX cada vez les necesitaba menos. Durante algún tiempo las actividades del sector terciario se convirtieron en refugio para los trabajadores no cualificados, pero hacia la década de los 50 la organización del trabajo en el sector comenzó a economizarlos (por ejemplo con los autoservicios y supermercados) o a sustituirlos por máquinas (como en la automación del trabajo burocrático rutinario), quizá con mayor rapidez que en la industria manufacturera. La demanda de personal especializado se incrementó de forma notable pero no necesariamente la especialización genérica flexible, o la adaptabilidad característica del trabajador ideal del siglo XIX —tanto de los obreros como de los administrativos—, sino una cualificación elevada que requería un determinado período de adiestramiento, inteligencia y, por encima de todo, *enseñanza* formal previa. La destreza manual no era ya suficiente. Esto se advertía sobre todo en el complejo de ocupaciones que, contrariamente a la tendencia general al estancamiento que experimentaba la fuerza de trabajo en la industria manufacturera, se fue extendiendo a lo largo del siglo: la construcción de maquinaria, metalurgia y electricidad. En 1911, el 5,5 por ciento de los obreros masculinos pertenecían a este sector; en 1950, el 18,5 por ciento; en 1964 casi uno de cada cinco de *todos* los ingleses empleados (hombres y mujeres).[17] Estas industrias requerían más obreros cualificados y personal de oficinas que la mayor parte de las otras.

Desgraciadamente, la clase obrera tradicional, y especialmente la cualificada y semicualificada que en 1964 constituía más de un tercio de ella, se encontraba en considerable desventaja en estas zonas intelectuales o semiintelectuales. Parte de culpa la tenía el acusado sesgo antiigualitario del sistema educativo británico, que no había podido paliar la Ley de Educación de 1944, y parte el círculo vicioso que daba automáticamente a los hijos de los pobres no escolarizados, peores oportunidades de educarse, recortando progresivamente sus posibilidades de beneficiarse de lo que la educación hacía asequible. En 1956 unos 134.000 niños obtuvieron su certificado general de enseñanza (puerta de acceso a las siguientes etapas educativas) en las *grammar schools* y unos 52.000 en las «escuelas públicas», que representaban un máximo del 7,5 por ciento de la población. Pero sólo 8.571 procedían de las escuelas «modernas» que enseñaban al 65 por ciento de escolares entre 10 a 15 años. Como que los exámenes y los certificados de educación formal eran cada vez más necesarios para acceder a trabajos mejor pagados y a posiciones de respeto y autoridad social, a buena parte de los ciudadanos británicos, y a la mayoría de los obreros, se les cerró el camino del ascenso social, y una considerable minoría ni siquiera podía esperar que sus hijos alcanzaran mejor posición social que ellos. Su suerte estaba echada antes de llegar a la pubertad. Con el tiempo obtendrían mejores salarios que sus padres, y nada más dejar el colegio ya obtendrían buenos salarios, por lo menos hasta que el matrimonio o los hijos redujeran de nuevo su nivel de vida. A corto plazo su situación podía ser mejor que la de aquellos cuya formación continuaba, pero pronto alcanzaban un techo y éste no era demasiado alto. No hay que extrañarse de que los adolescentes de este período gastaran, en proporción, más dinero en lujos de cualquier sector de la clase obrera. Placeres inmediatos era lo mejor que la sociedad les ofrecía a cambio de colocarles la etiqueta de la inferioridad permanente.

En el seno de la vieja clase obrera se desarrollaron dos tendencias opuestas. Por un lado, parte de ella —esencialmente el sector de obreros cualificados— se acercaba cada vez más en sus funciones, su estilo de vida, y sus posibilidades de movilidad social (o mejor los de sus hijos), a las capas de empleados y técnicos, mientras que, a su vez, amplios sectores de éstos se iban aproximando paulatinamente a la clase obrera (como demostraba su creciente actividad sindical). Todos los trabajadores, excepto los más desposeídos o más aislados, adoptaron con rapidez un estilo de vida basado en el consumo de los productos masivos, es decir, productos orientados hacia sus propias necesidades; pero este consumo reflejaba tan sólo determinados aspectos —aquellos que menos distinguían a los obreros como clase— de sus aspiraciones: el deseo de un nivel de vida material más elevado y de que los obreros y sus familias dispusiera de más bienes materiales. Éstos son los cambios a que se referían los sociólogos, estudiosos de los años 50, al hablarnos de *embourgeoisement* de la clase obrera, aunque los periodistas tendieron a interpretar torcidamente su significación política. Al igual que sucedió en la «opulenta» etapa posterior al cartismo, la mejora en los niveles de vida y la adopción de ciertas costumbres reservadas hasta entonces a la clase media, pudo haber limado el radicalismo de los movimientos obreros, pero no convirtió a los trabajadores en maquetas de ciudadanos de clase media. Por el contrario, mientras que en la Inglaterra victoriana la asimilación cultural había sido una corriente de una sola dirección (que fluía socialmente hacia abajo), en la Gran Bretaña de Isabel I corre en ambas direcciones.

Pero al mismo tiempo la distancia entre los obreros —sobre todo los no cualificados, sin ningún tipo de especialización— y el resto de la sociedad tendió a hacerse mayor. La diferencia entre trabajo manual y no manual experimentó otro tanto, hecho importuno, ya que el obrero «de manos limpias» había dejado de ser una rareza, o una simple continuación de la «gerencia», para convertirse en parte considerable de la fuerza de trabajo. Cuanto mayor era la «oficina», menos fácil era pasar por alto sus sustanciales diferencias con el «taller».

A la vieja aristocracia del trabajo su nueva situación le pareció especialmente irritante, aunque se les hizo más tolerable por las mejoras de sus perspectivas y, sobre todo, de las de sus hijos. Esta aristocracia del trabajo probablemente había alcanzado la cúspide de su orgullo y posición social a fines del siglo XIX, cuando representaba el techo indiscutible del «mundo de clase obrera», sus salarios estaban muy por encima de los salarios de los «jornaleros» y su posición no estaba amenazada aún ni por la otra aristocracia del trabajo encarnada ahora en los empleados de oficina, ni por la degradación a la condición de operarios semicualificados de máquinas especializadas, muchos de ellos reclutados entre las filas de obreros inexpertos e incluso de entre las mujeres. Ahora había perdido estas posiciones de privilegio. El dinámico y creciente complejo de las industrias de maquinaria y eléctricas reflejó sus problemas con particular claridad, porque aquí las necesidades y la estructura de empresas del siglo XX entraron en conflicto con la tozuda firmeza de orgullo y del privilegio artesanal decimonónicos: la destreza manual genérica chocó con la manipulación semicualificada de máquinas especializadas, los salarios tradicionales con la extensión del pago a prima, la independencia del artesano con la disciplina de la producción masiva o «dirección científica», y la supremacía del «mecánico» de clase obrera con el creciente número de oficinistas y técnicos. Desde la nueva era tecnológica, en la década de los 90, la manufactura del metal fue una línea frontal de la lucha de clases (como sucedió con el lockout nacional de 1897-1898); pero en momentos de cambio tecnológico inusitado, como ocurrió durante la guerra mundial con sus importantes adelantos en la producción masiva de armamento, fue *el* frente.[18] Las diferencias salariales entre trabajadores especializados y no especializados se redujeron después de 1914. Allí donde el especialista no pudo o no quiso adaptarse a la nueva estructura de trabajo y de salarios, se encontró ganando menos que el menos cualificado «peón de montaje». No es sorprendente que el batallador aristócrata del trabajo virara radicalmente hacia la izquierda. Todavía en los años 50 el cuadro comunista típico de clase obrera era un obrero metalúrgico —por lo menos una cuarta parte de todos los delegados a los congresos del partido eran normalmente maquinistas— y los principales portavoces de la izquierda en el Trade Union Congress representaban a corporaciones antaño tan conservadoras como caldereros, electricistas, fundidores y maquinistas unidos.[19] Es posible que hacia fines de nuestro período fuera aceptada la nueva estructura industrial, pero durante la mayor parte del siglo XX este radicalismo del aristócrata, del trabajo amenazado fue un factor capital en las relaciones industriales.

Y viceversa, los que carecían de especialización se beneficiaron de esos cambios, y sus sindicatos, constituidos la mayoría hacia finales del siglo XIX por los nuevos socialistas y con políticas extremadamente radicales, se orientaron con rapidez hacia la derecha al ser reconocidos oficialmente y al advertir que este reconocimiento les proporcionaba mayores ventajas de lo que podía haberles conseguido su desvalido poder de negociación.[20] En las industrias boyantes incluso podían ganar salarios muy elevados, si bien en las decadentes o mal organizadas sus condiciones eran, con frecuencia, pésimas. Sin embargo el círculo vicioso de la moderna sociedad industrial les oprimió más que a otros. En él los no privilegiados ven reforzada su falta de privilegio, los no educados encuentran en su falta de enseñanza una barrera permanente, los estúpidos, su estupidez fatal, y los débiles su debilidad duplicada. Con el declive de las viejas industrias manuales, no sólo los trabajadores no cualificados o exentos de especialización, sino también una vasta masa de trabajadores (principalmente hombres) que previamente habían encontrado empleos regulares, respetables, con buenos salarios, en la mina, el campo o en las fábricas, se unían, ahora, a un ejército de desprotegidos, y, también, paulatinamente de desorganizados. Precisamente a causa de que ahora la movilidad social era más bien fácil, por lo menos para los aplicados que pasaran los exámenes, los que no pudieron ascender por la senda «meritocrática» se vieron condenados a permanecer permanentemente en la cola, a menos que acertaran en las quinielas, se hicieron delincuentes o bien —la perspectiva más probable entre los jóvenes— ganaran el equivalente a los catorce resultados con los espectáculos o la música *pop*, terrenos que no requerían ya una cualificación previa. A lo largo de los prósperos años 50, una buena parte de los componentes de la clase obrera tenían la convicción de que su inferioridad quedaba ratificada oficialmente cuando tenían once años al ser excluidos de la enseñanza secundaria; quizá incluso que este hecho mismo reflejaba su propia inferioridad.[21] En cierto sentido este sentimiento de exclusión afectó a la mayoría de los obreros manuales, excepto a los nuevos superespecialistas y a la elite técnica. Pero aún era más trágico para una gran minoría de los que ocupaban los últimos peldaños de la escala social, aunque el mismo hecho de ser y parecer una minoría les frustraba todavía más. Su resentimiento no halló expresión política efectiva, y fue con frecuencia subpolítico, si bien entre los jóvenes afloró de vez en cuando en vagos movimientos temporales de protesta de masas contra el *status quo*, tales como la campaña en favor del desarme nuclear. Sin embargo, se intensificó notablemente una especie de conciencia de ser un marginado social, tal vez mejor expresada en la música *pop* con la que el joven proletario se descubrió a sí mismo en esta década, y que se convirtió muy pronto en el idioma común de toda la juventud. Sus dos fuentes de procedencia —los *blues* negros y la tradición de protesta de la canción popular— apelaban a los marginados y a los rebeldes. Sus estrellas, chicos de la clase obrera y, más tarde, chicas, preferiblemente de las zonas menos asimiladas a la clase media (como Bermondsey o la costa de Liverpool) permitieron al público identificarse con los incultos, los díscolos, los indignos de respeto que, sin embargo, habían hecho dinero y conseguido una fama pasajera.

Como modelo social básico de Gran Bretaña se aceptó generalmente la división entre dos clases. De hecho, sin embargo, la abundancia económica y el cambio tecnológico produjeron nuevos grupos y capas sociales cuyo comportamiento no permitía que se les identificara con ninguna de las dos: los «intelectuales» y los jóvenes. Ambos eran, en este sentido, fenómenos nuevos, si bien el origen de los «intelectuales» como grupo social puede remontarse al período anterior a 1914. El mismo crecimiento en el número de trabajadores «intelectuales» —que ganaban un sueldo, o venían a ser el equivalente no manual del trabajo ocasional— puso de relieve sus problemas colectivos. Su relativo alejamiento de las tareas de dirección y de gobierno y su falta de condición social tradicional, les hizo menos conservadores que a otros de su mismo nivel de ingresos.[22]

Estos «intelectuales» ya no se reclutaban exclusivamente entre las clases altas y media, y la afluencia masiva en la década de los 50 de los que procedían de los aledaños de las clases media baja y obrera produjo una serie de tensiones que se reflejaron en el «izquierdismo» cultural de los últimos años de esta década a veces un tanto superficial. Las universidades, que iban en aumento, concentraron su disidencia política. Por primera vez en la historia de Gran Bretaña los «estudiantes» se convirtieron en una fuerza política y en un grupo de tendencias claramente izquierdistas, si bien esto ya había ocurrido a escala reducida y local —más pequeña y más localizada de lo que admite la mitología histórica— a partir de mediada la década de los 30.

La «juventud» como grupo reconocible y no simplemente como un período de transición entre la niñez y la vida adulta, que debía recorrerse con la mayor rapidez posible, también apareció en los años 50; en el ámbito comercial con el «mercado de los jóvenes»; también en sus costumbres y comportamiento, y a nivel político en movimientos como la campaña en contra de las armas atómicas. Sin embargo, sus actividades políticas públicas quedaron reducidas principalmente a los jóvenes de clase media e intelectuales. Tanto la «riqueza» del obrero soltero como la expansión del sistema educativo, proporcionaron la base material para este fenómeno, pero lo que incrementó tan anormalmente la brecha generacional de este período fue probablemente el rapidísimo e inesperado cambio en el modelo social general. Algunos escritores, unas pocas organizaciones *ad hoc* que hacían campañas con frecuencia, y por supuesto los hombres de negocios —que prosperaban frecuentemente con el nuevo mercado recién descubierto— se acomodaron a estos cambios. A la sociedad y la política oficiales tanto el surgimiento de los intelectuales como el de los jóvenes les cogió por sorpresa. Por lo tanto, la mayor parte de sus actividades se realizaron, por lo menos inicialmente, fuera de las instituciones existentes, y por supuesto, fuera de la política, a menos que el rechazo de los partidos, movimientos y políticos establecidos sea considerado como una forma de compromiso político. Aunque la aparición de la juventud como grupo social concienciado no pasara de ahí, en la Gran Bretaña de principios de la década de los 60 supuso un cierto bullicio y alegría inesperados, muchas ingenuidades y un clima de excitación intelectual y cultural que no siempre produjo los debidos frutos.

NOTAS

1. Ver «lecturas complementarias», especialmente las obras de Mowat, Pollard, Taylor, Carr-Saunders, etc., Abrams, G. D. H. Cole. La obra de A. Marwick, *The Explosion of British Society 1914-1962* (1963) cubre todo el período; para los años de entreguerras ver Pilgrim Trust, *Men without Work* (1938), G. Orwell, *The Road to Wigan Pier* (1973) (impacto de la crisis), R. Graves y A. Hodge, *The Long Weekend* (1940); para información diversa, pero no inútil ver la obra de Allen Hutt, *The Postwar History of the British Working Class* (1937). Sobre el impacto de la guerra en el consumo, ver HMSO (Her Majesty's Stationery Office) *Impact of the War on Civilian Consumption* (1945). Sobre aspectos más recientes de la sociedad británica, ver el trabajo de D. Wedderburn, «Facts and Theories of the Welfare State» en R. Miliband y J. Saville, eds., *The Socialist Register 1965*, J. Westergard, «The Withering Away of Class: a Contemporary Myth» en P. Anderson y R. Blackburn, eds., *Towards Socialism*, y, en general, el semanario *New Society* proporciona una introducción conveniente a buena parte de la investigación descriptiva sobre la Gran Bretaña moderna. Ver también las figuras 2-3, 7-14, 37, 41, 44-52.

2. De un trabajo inédito de J. S. Revell, «Changes in the Social Distribution of Property in Britain in the 20th Century» (Cambridge, Department of Applied Economics, 1965).

3. *The Economist: Britain in Figures* (1997).

4. Así, por ejemplo, en 1937-1938 la familia de un empleado que ganara unas 400 libras anuales podía gastar en alimentación y vivienda el doble que la familia media obrera y un tercio más en calefacción e iluminación. Aún podía disponer de la mitad de sus ingresos para otras partidas, en las que podía gastar el triple que la familia obrera.

5. Sueldo medio anual de maestros varones (en libras):

1914	147	1928	334
1918	180	1933	296
1923	346	1938	331

6. *The Economist*, 23 de mayo de 1965.

7. El número de criadas por 1.000 familias había sido de 218 en 1881 y de 170 en 1911. Sin embargo, hay que advertir que el desempleo del período de entreguerras hizo que el declive en el servicio doméstico avanzara con lentitud. En cifras absolutas se incrementó en los 15 años posteriores a 1921.

8. En los años 50 y 60 se produjo una notable reacción contra el «comer» y en favor de la «gastronomía» (especialmente, y de entrada, en favor de la comida continental y exótica), y más tarde, contra los alimentos «preparados» y en favor de los «naturales». Los hábitos alimenticios fueron uno de los indicadores más firmes de la clase media, hasta que los proletarios con mayores posibilidades consiguieron alcanzarlos.

9. Recuerdo el paso de una a la otra, en 1940, en Cambridge (sólo una milla las separaba) recién salido del colegio universitario para ser aposentado en una calle obrera.

10. El viejo *News of the World* fue el que cosechó mayor éxito; *no* el mucho más joven *Daily Mail*, de Northcliffe (1896). El primer periódico moderno de circulación masiva diri-

gido a los obreros porque éstos eran el mayor «mercado» fue el *Daily Mirror*, y no antes de 1940.

11.   Los pagos en las escuelas secundarias subvencionadas por el estado no fueron abolidos hasta 1945.

12.   Buena parte de las canciones que fueron éxitos populares hasta mediada la década de los 50, habían aparecido originariamente en comedias musicales, o bien habían sido escritas para ellas: un género nada proletario.

13.   Coincidió, al menos por un tiempo, con una notable recesión en estos ambientes de la moda por la homosexualidad.

14.   De las cinco clasificaciones por ingresos, que se convirtieron en la biblia de los anunciantes, las dos primeras correspondían, más o menos, a las clases alta y media.

15.   En 1959 se perdió a causa de las huelgas alrededor de un décimo de un uno por ciento de días de trabajo. En 1950-1954, la pérdida de días de trabajo por 1.000 obreros era de un 15 por ciento menos en la República Federal Alemana, cuatro veces más en Bélgica, cinco veces más en Canadá y Francia, unas seis veces más en el Japón, Australia e Italia, y casi diez veces más en los Estados Unidos. Tan sólo los países escandinavos y los Países Bajos tuvieron mucha más tranquilidad en la industria que Gran Bretaña. *International Labour Review*, vol. 72 (1955), p. 87.

16.   Porcentaje de trabajadores administrativos, técnicos y empleados en general por cada 100 operarios productivos en algunas industrias:

	1907	1935	1951
Textil	3,5	6,7	10,6
Tratamiento de productos mineros no metalíferos	6,4	9,9	14,7
Manufacturas metálicas	5,9	10,8	19,0
Vehículos	7,6	13,8	22,1
Maquinaria y construcción naval	8,1	20,1	27,3
Madera y corcho	10,8	12,7	15,6
Confección	11,5	10,7	11,2
Piel	12,7	13,0	17,0
Papel, artes gráficas	13,4	21,7	27,8
Alimentación, bebida y tabaco	15,8	26,1	24,1
Químicas y similares	16,2	32,4	41,0

Fuente: J. Bonner en *Manchester School* (1961), p. 75

17.   Por el contrario, en los primeros años de este siglo casi uno de cada cinco de los trabajadores empleados había sido minero o agricultor; en 1964 todas las personas empleadas en la minería constituían menos del 3 por ciento de la fuerza de trabajo, y las empleadas en la agricultura (incluidos granjeros y pescadores) el 4 por ciento.

18.   Los movimientos antibelicistas en todos los países beligerantes en 1914-1918 tuvieron su base sindical en el descontento de los obreros metalúrgicos cualificados que trabajaban en las industrias de armamento, y sus cuadros industriales en los dirigentes de los talleres de maquinaria.

19.   Pero también a grupos tradicionalmente radicales de las industrias en declive como mineros y obreros portuarios. Sin embargo, comenzó a surgir una interesante «nueva izquierda» entre los crecientes sindicatos técnicos.

20.   La reincidencia del mayor de ellos, la Transport and General Workers' Union, en sus simpatías por el ala izquierda, a fines de los años 50, se debió mucho más al transporte en sí que al componente general de sus miembros.

21.   El importante papel que la petición de escuelas secundarias igualitarias desempeñó en este período en el movimiento obrero, no demasiado activo entonces, refleja esta preocupación.

22.   A esto se debe, sin lugar a dudas, que las facultades de Ingenieros, Medicina y Derecho proporcionaran muchos menos estudiantes políticamente disidentes que las de Ciencias Naturales y éstas menos a su vez que las de Letras y Ciencias Sociales.

15. LA OTRA GRAN BRETAÑA[1]

Hasta aquí nos hemos ocupado de analizar la historia económica de Gran Bretaña como un todo, sin dedicar especial atención a Escocia y País de Gales, y ninguna a Irlanda, que, por supuesto, no forma parte de Gran Bretaña.[2] Excepto para zonas marginales y escasamente pobladas como las Highlands escocesas, la historia económica de Gran Bretaña desde la Revolución industrial ha sido sólo una, aunque por supuesto con variantes y especializaciones regionales. Por otra parte, Escocia y Gales son en lo social y por su historia tradiciones y a veces instituciones, enteramente distintas de Inglaterra, y por tanto no pueden incluirse sin más dentro de la historia de ésta o aún menos —lo que es habitual— dejar de prestarles atención. Este capítulo no va a analizarlas a entera satisfacción de galeses o escoceses, pero puede servir por lo menos para recordar a los ingleses que Gran Bretaña es una sociedad multinacional, o una combinación de distintas sociedades nacionales. Este capítulo estudiará también brevemente las migraciones masivas hacia Gran Bretaña, y dentro de ella, pero no las de Irlanda, lugar de origen de las más nutridas de estas migraciones, ya que Escocia y Gales han formado parte de la economía británica desde hace mucho tiempo, pero Irlanda no. Era una economía de tipo colonial y sigue siendo una economía aparte.

El País de Gales fue asimilado oficialmente a Inglaterra en 1536, hecho que no influyó considerablemente en las relaciones de los dos países, que eran débiles, ni en su importancia en la economía inglesa, que era despreciable. Bajo la capa de instituciones inglesas y de una clase inglesa (o anglicanizada) de terratenientes, los galeses llevaban la vida de un campesinado de subsistencia, atrasado, en un país pobre y de difícil acceso, oficialmente conformes con cualquier religión o gobierno porque ambos habían de estar igualmente alejados de su lengua y de su forma de vida. La unión con Inglaterra les privó de lo poco que tenían de clase alta, y produjo el populismo característico de la sociedad galesa donde la escala de riqueza iba desde los pobres hasta los muy pobres, y las clases sociales desde los campesinos y pequeños tenderos hasta los jornaleros. En cierto sentido, éste siguió siendo el modelo de desarrollo económico galés que explica el inextinguible radicalismo de su política. La industrialización, o cualquier otro cambio económico, fue algo que se impuso a los galeses y no algo realizado por ellos; cuando surgió una empresa galesa, la primera previsión del empresario galés fue tratar de asimilarse al único patrón de clase alta que conocía, el inglés. Los Powells, reyes del hierro y el carbón, se anglicanizaron tal como habían hecho antes, en sus posesiones, los Williams-Wynns. La industrialización significaba tan sólo que los galeses iban a añadir unas pocas ciudades a lo que había sido hasta entonces una sociedad no urbana,[3] y una extensa clase de proletarios a una clase decadente de campesinos y pequeño-burgueses.

Hacia 1750 habían empezado a estrecharse los lazos que unían las colinas galesas con el resto de Gran Bretaña, principalmente a causa del desarrollo del ganado para la venta en el extranjero (los granjeros tendían a pagar sus arrendamientos con el producto), pero también debido a la modesta explotación de los depósitos minerales que constituyen la principal fuente de riqueza del Principado. Desde el punto de vista inglés estos progresos aún no tenían gran importancia, excepto quizá por lo que se refiere al cobre y al plomo, pero para Gales mismo el cambio fue notable. Supuso el nacimiento de una nación galesa consciente de sí misma surgida de un campesinado tradicional que hablaba en galés. Su síntoma más evidente fue la conversión en masa de los galeses a las religiones no oficiales, o sea a varias ramas del protestantismo no conformista, algunas de ellas, como el metodismo calvinista del norte de Gales, de espíritu claramente nacionalista y concienciadas en el interés por la cultura y el pasado galeses. El inconformismo democrático y descentralizado que, a partir de 1800, pasó a ser la religión de la mayoría de los galeses trajo consigo tres consecuencias extraordinariamente importantes: un notable desarrollo de la educación, una amplia difusión de la literatura galesa, y la creación de un mercado de líderes sociales y políticos nativos capaz de absorber a los elementos dispersos de la pequeña burguesía galesa: predicadores y religiosos. Al mismo tiempo, aportó una serie de ambiciones sociales como alternativa a las económicas. De ahí que la típica esperanza del joven galés no fuera hacerse rico, sino culto y elocuente. A diferencia de los escoceses, los galeses proporcionaron a la economía industrial inglesa pocos capitales de industria y de las finanzas —el más eminente de todos ellos, Robert Owen de Newtown (1771-1858) era un capitalista totalmente atípico—, pero numerosos predicadores, periodistas y, con el tiempo, maestros y funcionarios. El movimiento obrero galés habría de proporcionar un marco semejante de líderes surgidos de la clase obrera industrial, y también una contribución humana notable a la sociedad inglesa, aunque su principal impacto fuera del Principado no se dejara sentir hasta el presente siglo.

En esta pobre, lejana y atrasada región, la Revolución industrial apareció en la forma general de un mayor imbricación en la economía nacional e internacional, y en la forma específica de una industria pesada: hierro, cobre y más tarde, sobre todo, carbón. Es curioso que se empobreciera, aunque ello no supuso la quiebra de la sociedad agraria. Gales siguió siendo, en su mayor parte, un país de pequeñas granjas familiares, aunque de aparceros más que de propietarios. No surgió una clase considerable de jornaleros agrícolas, y los que existían no eran mucho más pobres que los agricultores quienes se empleaban con frecuencia en las nuevas industrias como trabajadores temporeros o bien buscaban algún otro tipo de ingresos complementarios. Las conmociones agrarias —especialmente los grandes disturbios de Rebecca, en 1843— eran movimientos generales de todos los grupos rurales (bajo el liderazgo de pequeños agricultores) contra una clase de terratenientes, extraña o alienada, y frecuentemente absentista, que poco adoptaban de la economía capitalista excepto el feliz descubrimiento de que debían elevar periódicamente los arrendamientos. Por otra parte, sus estériles montañas salvaron al campo galés de las principales fluctuaciones de la agricultura inglesa. No podía aumentar notablemente la producción de cereal en períodos de auge de los precios, ni tenía tampoco que contraerlos en época de crisis. Su típica agricultura mixta, que prestaba especial atención a la ganadería y a los productos lácteos, constituyó una base perfectamente estable para la economía rural. Por ello la «gran depresión» de la agricultura decimonónica se dejó sentir mucho menos, prácticamente sólo en forma de presión sobre los arrendamientos. Sin embargo, los galeses sufrieron las penurias similares y más constantes de la pequeña economía campesina: la pobreza, la superpoblación y la necesidad de tierras para cultivar que la emigración pudo paliar, pero no resolver. En la década de 1840 la parte central de Gales comenzó a perder población y lo mismo sucedió en todo el Gales rural durante la década de 1880.

Sin embargo, la agricultura estaba dejando de ser la ocupación característica de los galeses. El desarrollo del Principado se realizaba con el crecimiento de la industria en los tres condados de Carmarthen, Glamorgan y Monmouth,[4] especialmente en los dos últimos. De 1801 a 1911 la población de Gales aumentó entre tres y cuatro veces (de menos de 600.000 a más de dos millones), pero casi la totalidad de este incremento benefició a los condados industriales que, hacia la primera guerra mundial, contaban con bastante más de las tres cuartas partes de la población total.[5] Este considerable aflujo de población no sólo procedía de la migración en el interior de Gales y el crecimiento demográfico local, sino también de la inmigración e obreros ingleses y, en menor medida, irlandeses. Una de las consecuencias de la industrialización fue el declive de la lengua galesa. El País de Gales que hablaba en galés se fue reduciendo a poco más que un anexo montañoso y agrícola al sur industrial: el Gales campesino y pequeño-burgués frente al bloqueo proletario gigante (sobre todo, mineros). Ni siquiera el constante apoyo que dio al galés el sistema educativo estatal en el siglo xx pudo detener su decadencia. Hasta mediados del siglo xix ésta no fue tan alarmante y en el condado de Carmarthen, cuya industria crecía más lentamente, el galés conservaba cierta fuerza. Pero en la segunda mitad del siglo xix, cuando los yacimientos de carbón entraron en un período de expansión desbocada, el País de Gales fue transformado, o mejor dicho, dividido en dos sectores culturalmente iguales (no lingüísticamente), que cada vez tenían menos en común, excepto el hecho de no ser ingleses. Las dificultades de comunicación entre ellos —el lugar que tiene más fácil acceso de todo Gales es la ciudad inglesa de Shrewsbury— hizo que esta división fuese aún más profunda.

El País de Gales apenas si participó en las industrias características de la primera fase de la industrialización, especialmente los tejidos. Su aportación se realizó en el terreno de las industrias pesadas, que no conocieron plenamente su esplendor hasta la segunda mitad del siglo xix; en primer lugar el hierro (y el plomo y el cobre, menos importante), más tarde, y sobre todo, el carbón. El hierro dominó la primera parte del siglo hasta el punto de que para la Gran Bretaña industrial y para el mundo industrial Gales se asociaba primordialmente con las grandes forjas y fundiciones de Dowlais y Cyfartha, y sus dueños de origen inglés Crawshays y Guests. El carbón, sobre todo el exportable «carbón de vapor» requerido por el desarrollo del barco de vapor y la supremacía marítima británica, dominó completamente el gran «boom» galés de 1860-1914. Las industrias pesadas, con sus hornos al rojo vivo, rodeadas de montañas de escorias, y las largas hileras de barracas empizarradas que se encaramaban, serpenteando, por las laderas de los pelados valles, constituyeron el típico paisaje de pesadilla que vio transcurrir la vida de los galeses entre el pozo de mina y la capilla. La industria del hierro prosperó, fluctuó, y a mediados de siglo se estancó. El carbón fluctuó, pero su impulso fue lo suficientemente extraordinario como para enmascarar la fragilidad de una región basada en un solo producto y en una sola ocupación. Esta circunstancia no se puso de relieve hasta después de la primera guerra mundial, y entonces el sur de Gales quedó abandonado a su suerte durante una generación, mientras que aquellos de sus habitantes que no habían emigrado —los tres condados perdieron población en términos absolutos a partir de 1921— se consumían de tedio entre las pilas de escoria. Los años siguientes a la segunda guerra mundial supusieron una diversificación de la economía local y cierta prosperidad, pero no es probable que ningún galés olvide los años de entreguerras.

La vida galesa, aislada por la geografía, por la cultura, y confinada a los villorrios de los valles donde se solió ubicar la industria, apenas si se vio contaminada por las más amplias corrientes de Gran Bretaña hasta fines del siglo XIX, aunque se vinculó a ellas a través del liberalismo y del inconformismo. Incluso aquella forma nacional de la vida de clase obrera, el fútbol, se detuvo en los valles, que prefirieron el rugby, deporte con mayores exigencias musculares. La cultura galesa siguió su andadura, cada vez más formalizada en los *eisteddfodau* nacionales y locales (festivales de canciones competitivas, poesía, etc.) con sus ritos nacionales —casi todos inventados— de culto pseudodruida. Incluso el movimiento obrero galés, que es lo mismo que decir el movimiento minero, tuvo escasos contactos con el resto de la nación hasta la huelga minera de 1898. La revitalización nacional del trabajo en 1889 hizo que Gales se aproximara a Gran Bretaña, en parte gracias a la influencia nacionalizante de los socialistas que constituían el núcleo de sus líderes. Entre esa fecha y 1914 los dos países estrecharon sus contactos a partir de la militancia común de sus alas izquierdas, y de la creciente importancia de las nacionalidades anticonservadoras en el Partido Liberal británico después de su escisión en 1886. La carrera política y el triunfo del candidato galés Lloyd George simbolizan un aspecto de esta convergencia; la elección del líder socialista Keir Hardie en un distrito electoral galés, el otro.

La catástrofe de entreguerras continuó este proceso, que se vio acelerado por el desarrollo de los medios de comunicación de masas nacionales, como la prensa, la radio y el cinematógrafo, y todavía más después de la segunda guerra mundial por la creciente prosperidad que aportaron los productos estandard de consumo y la televisión. El colapso del liberalismo transfirió la lealtad de la mayor parte de los galeses a los laboristas (con un notable impacto de la extrema izquierda —sindicalistas revolucionarios y comunistas— que proporcionó los líderes militantes de los mineros). La depresión y la formación educativa desparramaron por todo el país a los galeses en proporción hasta entonces desconocida: el maestro, el funcionario y el político o el sindicalista galeses sustituyeron al lechero o al pastor no conformista como representantes característicos de la nacionalidad galesa en Inglaterra. Y a su vez, el turismo y las vacaciones llevaron a los ingleses en cantidades hasta entonces insólitas al corazón mismo del País de Gales. Además, después de la segunda guerra mundial las diferencias económicas entre Inglaterra, una economía diversificada, y Gales, un anexo minero de ésta, disminuyeron. Estas convergencias no se vieron contrarrestadas por la creciente autonomía cultural y administrativa de Gales que la presión política galesa consiguió en este siglo XX.

El caso de Escocia, aunque en algunos aspectos comparable al de Gales, es mucho más complejo. Cuando fue unida a Inglaterra en 1707 contaba con una sociedad establecida, toda una estructura de clases propia, un estado en marcha cargado de tradición histórica y un armazón institucional totalmente independiente —sobre todo en derecho, administración local, educación y religión— que conservó tras la unión. A diferencia de Gales, que desarrolló un dualismo por medio de la industrialización parcial, fue siempre una sociedad dual, compuesta, a grandes rasgos, por las Lowlands feudales y las Highlands tribales, que cubrían la mayor parte de su territorio, aunque tan sólo una pequeña parte (en 1801 alrededor de un séptimo) de su población. Además, a diferencia de Gales, las Lowlands escocesas tenían un sistema económico separado y dinámico, aunque deliberadamente buscaba sus oportunidades —y las encontró— en una vinculación mayor a los extensos mercados de Inglaterra, convergiendo rápidamente con la economía inglesa, de la que iba a constituir un sector muy dinámico.

Comparada con Inglaterra, toda Escocia era un país atrasado y, sobre todo, pobre. En 1750 los escoceses prósperos comían con mayor sencillez, estaban peor alojados, y poseían menos ajuares (excepto quizá por lo que hace el abundante lino producido en Escocia) que los ingleses de posición social más modesta, y apenas había ricos —en términos de sus vecinos del sur— fuera de las reducidas filas de la aristocracia terrateniente, aunque el comercio y la industria iban a producirlos muy pronto. La «carestía», escaseces periódicas de alimentos y hambres que azotaron a los países subdesarrollados antes de la época de la industrialización, hacía mucho tiempo que había desaparecido de Inglaterra. En las Lowlands era todavía una realidad a mediados del siglo XVIII, o, por lo menos, constituía un recuerdo recentísimo. En términos económicos, Escocia carecía de capital, y por ello tenía que ingeniar un medio mucho más eficiente de movilizar y distribuir capital que Inglaterra, por no hablar ya de un espíritu ahorrativo mucho más acusado (lo que aún se refleja en los familiares e injustos chistes sobre la avaricia de los escoceses). De hecho, el sistema bancario escocés era superior al inglés y Escocia fue una adelantada en la creación de bancos por acciones y en la constitución de sociedades de inversión popular. El país, débilmente poblado, no tenía suficientes trabajadores y tendía constantemente a perder parte de ellos que marchaban hacia el mundo exterior mejor pagado. No obstante, la pobreza y el atraso aseguraron que esta carestía de trabajo (que fue remediada con el tiempo por una inmigración en masa, mucho mayor, en términos relativos, que la que afluía a Inglaterra, procedente principalmente de Irlanda) no produjese salarios anormalmente elevados. Así, pues, Escocia conservó las ventajas del que producía a bajo costo. En tercer lugar, Escocia era demasiado pequeña y demasiado pobre para proporcionar un buen mercado interior. Su crecimiento económico tenía que depender de la explotación del mercado inglés, mucho mayor, y todavía más del mercado mundial al cual tenía acceso a través de la conexión inglesa. Por lo tanto, la industria escocesa se desarrolló esencialmente como un productor a bajo costo de artículos de exportación, cosa que le valió su inusitado esplendor en el siglo XIX y principios del actual: y, al revés, la llevó al colapso en el período de entreguerras.

Pero si es cierto que todas las zonas de Escocia del XVIII eran pobres, no todas progresaron económicamente. Las Highlands, y en menor medida la península agraria de Galloway en el extremo sudoeste, caminaron hacia un estado de crisis económica y social permanente, similar a la de Irlanda, incluso en las catástrofes paralelas de hambres y emigración masiva. En realidad, coexistían en Escocia dos polos opuestos en la vida económica y social: una sociedad que adoptó y utilizó el capitalismo industrial con gran rapidez y éxito, y otra para la que era no ya desagradable, sino incomprensible. La base de la sociedad de las Highlands era la tribu (el clan) de campesinos de subsistencia o de pastores asentados en una zona ancestral bajo el jefe de su clan familiar, a quien el viejo reino escocés había tratado (erróneamente) de asimilar a un noble feudal, y a quien la sociedad inglesa del XVIII (aún con menor tino) había tratado de asimilar a un terrateniente aristocrático. Esta asimilación otorgó a los jefes el derecho legal —pero inmoral, según las costumbres del clan— a hacer lo que quisieran con sus «propiedades» y les arrastró a una costosa competición tras el nivel de la vida aristocrática británica, para la que ni tenían suficientes recursos ni sentido financiero. La única forma de aumentar sus ingresos era destruir las bases de su sociedad. Desde el punto de vista del miembro del clan, su jefe no era un terrateniente, sino el caudillo de su tribu a quien debía lealtad en la paz y en la guerra y quien, a su vez, le debía donaciones y protección. Por el contrario, la posición social del jefe en la sociedad de las Highlands no dependía del número de acres que poseyera en brezales y bosques, sino del de los hombres armados que pudiera reunir a su entorno. Así pues, los jefes se encontraron con un doble dilema. Como «viejos» jefes les interesaba multiplicar el primitivo campesinado de subsistencia en un territorio cada vez más congestionado; como «nuevos» terratenientes nobles tenían que explotar sus propiedades con métodos modernos, lo que venía a significar que o bien cambiaban los aparceros humanos por ganado (que exige poca mano de obra), o bien vendían sus tierras, o ambas cosas. De hecho hicieron todo esto en etapas sucesivas, primero multiplicando y empobreciendo cada vez más la aparcería y después forzando a los campesinos a la emigración masiva.

La lejanía, aislamiento, y hasta después de la rebelión de 1745, virtual autonomía de las Highlands y las islas mantuvo el proceso bajo un cierto control. La rápida industrialización tanto de Inglaterra como de las Lowlands encaró a esta arcaica economía con la brutal elección entre la modernización y la ruina. Escogió la ruina. Pocos de sus jefes, como los Campbells, duques de Argyll, cuya política familiar había sido desde hacía mucho tiempo la de una alianza sistemática con las progresivas Lowlands, trataron de combinar la modernización con cierta preocupación por la sociedad tribal. La mayoría de ellos no hicieron otra cosa que aumentar sus ingresos lo mejor que pudieron, cambiando la rústica sencillez de sus colinas por los placeres más costosos y sofisticados de la vida aristocrática urbana. En 1774 Breadalbane rentaba 4.900 libras esterlinas; en 1815, 23.000. Como en todas partes, los años de apogeo de fines del XVIII y las guerras napoleónicas pospusieron la catástrofe. Durante este período las costas e islas más remotas encontraron también un recurso económico pasajero en la manufactura del *kelp* (una ceniza alcalina extraída de algas yodíferas) para la que existía una demanda industrial. Después de las guerras comenzó la época de las calamidades. Los terratenientes ambiciosos o arruinados comenzaron a «limpiar» sus tierras de los miembros de su clan, que no entendían lo que pasaba, esparciéndolos en calidad de emigrantes por todo el mundo desde los barrios pobres de Glasgow hasta los bosques canadienses. El ganado lanar hizo bajar a la gente de sus colinas con lo que se constituyó una población cada vez más nutrida, que dependía sobre todo de las patatas para su subsistencia, gentes que llegarían a la pobreza extrema al congestionarse los valles. El fracaso del cultivo de la patata a mediados de los años 40 produjo una versión en miniatura de la tragedia irlandesa del mismo período: el hambre y una emigración masiva que condujeron a una despoblación progresiva interrumpida hasta hoy. Las Highlands se convirtieron en lo que ya han sido desde entonces: un hermoso desierto. En 1960 una zona más extensa que los Países Bajos estaba habitada por una población más o menos igual a la de Portsmouth.

Las Lowlands no sólo se adaptaron al desarrollo económico, sino que lo recibieron con alborozo y quisieron dirigirlo. A mediados del siglo XVIII los primeros terratenientes escoceses que querían «prosperar» comenzaron a importar expertos agrícolas ingleses, herramientas y técnicas para mejorar la explotación agrícola escocesa. Hacia principios del siglo XIX la agricultura progresiva era casi una especialidad escocesa. Los escritores del norte (que monopolizaron la literatura del progreso rural) censuraron a los ingleses por su lentitud en adoptar la mecanización mientras que los personajes de Jane Austen, terratenientes del sur, discutían si sería sensato alquilar los servicios de uno de los directores agrícolas escoceses célebres por su eficiencia. Los economistas escoceses desde el gran Adam Smith (1723-1790), dominaron la ciencia más característica de la era de la industrialización. Los filósofos escoceses fueron el blanco de los vituperios proferidos por los radicales populistas y de la ironía de los conservadores ingleses. Los escoceses desempeñaron un papel excepcional en la historia de la invención y de las innovaciones técnicas: James Watt con la máquina de vapor, Mushet y Neilson en la industria del hierro, Telford y Loudon Macadam en el transporte, Nasmyth y Fairbairn en la construcción de máquinas. Los triunfantes escoceses no iban a acaparar las más elevadas jerarquías de los negocios y del gobierno hasta fines del siglo pasado y principios del actual, si bien las empresas ultramarinas, en lo material y en lo espiritual, eran ya terreno escocés antes de 1850: Jardine Matheson fue un pionero y dominó el comercio con el Oriente Lejano, Moffatt y Livingstone se hicieron célebres con sus misiones en el corazón del África negra.

No era cosa fácil dirimir hasta qué punto el calvinismo escocés, o quizá con mayor exactitud el sistema educativo democrático y casi universal que creó, tiene que ver con esa extraordinaria disposición de los escoceses de las Lowlands para la sociedad industrial. La cuestión forma parte del problema aun más amplio y siempre fascinante e importante de las relaciones entre el protestantismo y el capitalismo, o, más genéricamente, entre ideología y economía, que tanto se ha debatido desde Karl Marx y Max Weber. No vamos a sumergirnos en él ahora y aquí, pero sería difícil sostener que el notable éxito de los escoceses en el siglo XIX —que de ningún modo quedó sólo confinado al de negociantes o técnicos— no tuviera nada que ver con el sistema institucional que se había dado el país con la Revolución de 1559, realizada bajo la bandera de Calvino y John Knox. No importa cómo se la defina; lo evidente es que *no* fue una «revolución de clase media», y lo que iba a convertirse en clase media y empresaria escocesa en los siglos XVIII y XIX tendió a aplacar considerablemente su celo teológico, dejando que las clases menos favorecidas bebieran la ginebra en las regiones más atrasadas. Además, es indudable que el surgimiento de una jerarquía social independiente de los viejos terratenientes tiene algo que ver con la «gran ruptura» de la iglesia escocesa (la *Kirk*) en 1843. Muy pocos terratenientes se integraron en la nueva iglesia libre, cuyos vínculos (por lo menos en las Lowlands) la unían a un liberalismo muy crítico de la nobleza terrateniente. Además, la ideología característica del capitalismo industrial (y también de aquellos de sus críticos que aceptaron el industrialismo)[6] fue el racionalismo deísta o agnóstico que recibió el mundo de los grandes profesores del «renacimiento escocés» del siglo XVIII, que enseñaba en Edimburgo y Glasgow: David Hume, Adam Smith, Ferguson, Kames y Millar.

Sin embargo, es cierto que Escocia obtuvo tres consecuencias de su revolución calvinista de indudable valor en la sociedad industrial. La primera fue un sistema educativo notablemente democrático que permitió al país echar mano de una amplia reserva de capacidad, abrió el camino al talento con mucha mayor amplitud que en Inglaterra e hizo hincapié —ayudado quizá por el intelectualismo de la disputa calvinista— en el pensamiento sistemático. El zagal que llegaba a ser un ingeniero importante (Thomas Telford, 1757-1834), aunque no tan común en Escocia como quiere el mito, era menos infrecuente que en Inglaterra. La segunda consecuencia de la revolución calvinista fue la ausencia de una «ley de pobres» como la inglesa; hasta 1845 el cuidado de los pobres permaneció en manos de la comunidad local organizada (a través de la iglesia escocesa), lo que contribuyó a evitar a la Escocia rural y de pequeñas ciudades —o sea el 87 por ciento de la población en 1801 y todavía el 80 por ciento de la década de 1830—[7] la desmoralización que sufrieron tantas partes de Inglaterra. Con el crecimiento de las ciudades y de la industria, el sistema se fue al traste y la clase obrera escocesa no sólo fue mucho más pobre que la inglesa (siempre lo había sido), sino también sucia y miserable en las grandes viviendas pétreas de sus ciudades. La tercera consecuencia es que el ideal calvinista de perfección a través del trabajo tal vez contribuyó a aquella notable competencia técnica de los escoceses de las Lowlands, que iban a hacer de las riberas del Clyde el gran centro de la construcción naval y llenar los barcos de vapor del mundo de maquinistas escoceses. Escocia fue ciertamente una de las pocas economías atrasadas que alcanzó a las adelantadas no sólo en cuanto a la industria, sino también en *talentos* industriales numerosos y de gran capacidad.

No hay modo de saber en qué proporción estos efectos se debieron al calvinismo, en qué parte al atraso de la sociedad escocesa, que le ahorró algunas de las desigualdades e ineficiencias de otras más avanzadas, y en qué parte a una combinación de ambas. Pero sus resultados están fuera de toda discusión. Pocas zonas del mundo, si es que hay alguna, habrán contribuido proporcionalmente más al industrialismo que Escocia.

Un país pobre pero en desarrollo que adquirió pujanza económica por medio de los mercados exteriores que le proporcionó su unión con Inglaterra y cuyas ventajas supo explotar: ésta es, en esencia, la historia económica de la Escocia moderna. Dio a los escoceses dinamismo económico, pero también una gran inestabilidad, excepto en la agricultura. La pobreza del suelo y la crudeza del clima protegió al agricultor escocés de los excesos de la especialización en cultivos cerealícolas de la que fue periódicamente víctima el agricultor inglés, como sucedió tras las guerras napoleónicas y también después de la década de 1870. Se dedicó fundamentalmente a la explotación agraria mixta, con cierta preferencia por la ganadería y beneficiándose prácticamente sin interrupción de la acelerada demanda de alimentos de las ciudades inglesas, demanda que los ferrocarriles le permitió atender satisfactoriamente. Durante los períodos de depresión en la agricultura inglesa, como sucedió después de 1873 y en el período de entreguerras, los escoceses solían desplazarse hacia el sur para poner en explotación, con beneficios, granjas inglesas abandonadas por los nativos.

La industria y el comercio escoceses siguieron, en cambio, un camino más peligroso. Su historia es la de una sucesiva concentración en productos o mercados especializados, de sucesivos esplendores seguidos por colapsos que el país pudo sobrellevar gracias a que hasta después de la primera guerra mundial siempre aparecía algún campo nuevo y más amplio dispuesto para ser conquistado por los escoceses. El comercio del tabaco, que hizo las fortunas de la Glasgow del siglo XVIII, fue la primera de estas actividades prósperas, pero sufrió un colapso con la guerra de independencia americana y, aunque rebrotó algún tiempo después, nunca volvió a ocupar su antigua importancia en la economía escocesa. El algodón —pionero de la industrialización como en Inglaterra— llegó más tarde. Se desarrolló alrededor de Glasgow, el gran centro del comercio de exportación y reexportación y vínculo comercial escocés con el mundo, y a partir de la habilidad y experiencia de los escoceses en la industria del lino, el tejido básico del país. Al haberse concentrado específicamente en productos de fina calidad, a esta industria no le fue posible, tras las guerras napoleónicas, sostener la competencia de productos más baratos en los mercados ultramarinos de Sudamérica que hasta entonces había monopolizado Gran Bretaña, y a diferencia de lo que sucedió en el Lancashire, el algodón escocés no estaba en situación de extender las exportaciones de productos más bastos a los mercados de Oriente recién abiertos. La industria se fue estancando y, con el tiempo, casi desapareció.

Afortunadamente, a partir de las décadas de los años 30 y 40 del siglo pasado el país descubrió una base alternativa para sus industrias: hierro y carbón. (Las dos estaban estrechamente vinculadas, ya que la industria escocesa del carbón dependía del fuerte consumo de carbón realizado en las forjas.) En 1830 Escocia se anotó el 5 por ciento de la producción británica de hierro, y en 1855 ya producía una cuarta parte. Esta industria aumentó sobre todo con las exportaciones; alrededor de dos tercios de su producción se cargaba en barcos y entre 1848 y 1854 el 90 por ciento del lingote de hierro exportado desde Gran Bretaña procedía de Escocia. (A partir de entonces la parte norte de Inglaterra comenzó a competir.) Es verdad que lo que los escoceses (y los británicos en general) estaban haciendo en esos dorados años medio-victorianos era construir en gran medida la futura potencia industrial de los competidores extranjeros de Gran Bretaña, pero cuando, a consecuencia de ello, la industria del hierro escocesa experimentó un relativo declive, apareció otro nuevo campo de expansión: la construcción de barcos y las industrias subsidiarias de acererías y motores marinos. Desde 1870 hasta el fin de la prosperidad tras la primera guerra mundial, éstas fueron las bases principales de la economía escocesa. En el año tope de 1913 se construyeron en el Reino Unido casi un millón de toneladas de barcos: de ellas, 756.976 fueron botadas en el Clyde.

Se ha dicho que si bien estos progresos ofrecieron muchas oportunidades para algunos escoceses (a veces ciertos ingleses resentidos sólo veían el Imperio británico como un sistema para proporcionar trabajo y beneficios a sus vecinos del norte), no sucedió lo mismo con Escocia. Y es cierto. Los índices salariales escoceses se mantuvieron en conjunto muy por debajo de los niveles a todo lo largo del siglo XIX. Las industrias en crecimiento de los años medios victorianos tenían tradición de trato duro y compulsión (hasta 1799 los mineros escoceses eran siervos), y en consecuencia reclutaban su mano de obra entre gentes no encuadradas en sindicatos, y desvalidas, especialmente irlandeses e inmigrantes de las Highlands no habituados ni a unos ingresos decentes ni a la vida urbana e industrial. La vivienda de los escoceses era, y sigue siendo, no sólo mala, sino mucho peor que la de los ingleses. Además la mugre y suciedad, compañeras de la expansión industrial, que era repugnante en los poblados mineros semi-rurales, comenzó a hacerse peligrosa en los cubículos algo mejores, pero todavía tremendos de los grandes y sombríos bloques de viviendas que emergían entre la neblina y el humo de Glasgow, ciudad donde vivían en 1914 uno de cada cinco escoceses. Las instituciones tradicionales de la Escocia preindustrial tales como el sistema educativo, perdieron su eficacia en la sociedad industrial y perecieron en la década de 1840, que contempló el fin del viejo sistema de beneficencia y la ruptura de la iglesia escocesa. Del mismo modo que en Inglaterra, fueron sustituidas con el tiempo por las instituciones informales de la vida de clase obrera (la pasión de los escoceses por el fútbol y sus éxitos es sintomática),[8] las instituciones formales de partidos y movimientos de masas y las disposiciones estatales en materia de bienestar social. Pero durante los años transcurridos entre las décadas de 1830 a 1880, no había gran cosa con que llenar las vidas de los escoceses, excepto trabajo y bebida. Incluso la organización del trabajo fue mucho más débil y menos estable que en Inglaterra. Si los años medios victorianos fueron un período sombrío en la vida social de los ingleses pobres, en Escocia fue una época negra.

Con el fin del siglo, los escoceses, afirmados esta vez por industrias de base especializadas recuperaron su identidad. Por primera vez el movimiento obrero escocés no sólo consiguió una seria influencia sobre su clase obrera, sino que estableció una cierta hegemonía sobre los ingleses. Keir Hardie se convirtió en el líder del socialismo británico (y su Partido Laborista Independiente tenía su base más firme en el Clyde), James Ramsay MacDonald llegó a ser primer ministro laborista[9] y las riberas del Clyde fueron durante la primera guerra mundial sinónimo de agitación revolucionaria. Ellas contribuyeron a dar al Partido Laborista de después de 1918 una tendencia izquierdista y al Partido Comunista un sólido núcleo de dirigentes. El colapso de la industria escocesa en el período de entreguerras detuvo este desarrollo e hizo que el país mirara a su interior. Esto puede apreciarse visiblemente en los fenómenos marginales de una cultura nacionalista escocesa, que trataba de crear una literatura en el idioma artificialmente arcaico de «lallans», inaccesible a la mayoría de los forasteros y desde luego también para muchos escoceses.[10] La crisis de entreguerras fue ciertamente, una experiencia traumática para el país. Por primera vez desde el siglo XVIII, dejó de ser la punta de lanza de una economía industrial mundial. La excitación de la expansión dinámica había disimulado la falta de independencia, y, lo que es más importante, la erosión y el colapso de sus instituciones nativas, especialmente de su sistema educativo y de su religión. Una vez más Escocia iba en busca de sí misma; y a pesar del resurgimiento posterior a 1945 (menos notorio que en Gales) las dudas e incertidumbres no se desvanecieron.

Como ya debe haber quedado claro, ni Gales ni Escocia, pese a contar, sin duda, con sentimientos nacionales intensos, aunque complejos, habían desarrollado en los años 60 un nacionalismo político del tipo al que estamos acostumbrados en el siglo XX. Más bien han intentado expresar su separatismo y aspiraciones nacionalistas a través de movimientos y partidos radicales y laboristas del Reino Unido, cuyo carácter se vio afectado y en parte transformado por ellos. Los partidos nacionalistas independientes que se desarrollaron en ambos países durante la depresión de entreguerras permanecieron marginados de sus vertientes políticas respectivas. Sin embargo, desde mediados de los 60 la desilusión que despertaron los gobiernos laboristas de esa década condujo por primera vez a una fuga masiva de votantes del laborismo hacia el nacionalismo escocés y galés; en el caso de Gales esto sucedió más rápidamente en la zona de habla galesa. A finales del siglo, sólo existe una fuerza minoritaria en ambos países, pareja al descenso de una demanda de independencia total. Ambos países aceptaron un sistema de autodeterminación a finales de 1990, con asambleas nacionales electas, cuyos poderes son más modestos en Gales que en Escocia.

Quedan, finalmente, los irlandeses en Gran Bretaña. Expelidos por la pobreza y el hambre de su isla, los irlandeses se congregaron en una Gran Bretaña por la que habían sido conquistados y a la que habían sido unidos en 1801 contra su voluntad, no porque les gustase, no porque aquél era el lugar más cercano adonde ir. Emigraron primero en calidad de jornaleros estacionales para la cosecha, como obreros portuarios en las ciudades de la costa, o, simplemente, como pobres en sus variadas formas. Más tarde fueron a Inglaterra en busca de cualquier trabajo que les ofrecieran, y como que no poseían especialidades muy relacionadas con la vida industrial o urbana excepto, tal vez, cavar zanjas, se empleaban en aquellos menesteres que requerían espaldas fuertes y voluntad y capacidad de trabajar hasta el límite. El trabajo de esta clase era abundante, ya que la sociedad industrial no sólo necesitaba trabajo regular rutinario, sino también obreros impetuosos y con nervio. Los irlandeses fueron estibadores en los muelles y cargadores de carbón, integraron las cuadrillas para los astilleros y la construcción, trabajaron en las industrias del hierro y del acero, y en las minas, y cuando los ingleses o los escoceses no querían determinados trabajos, o ya no podían vivir de ellos, los irlandeses aceptaron lo que nadie quería: ser tejedores a mano o peones. Los irlandeses fueron, en mayor medida que nadie, los soldados de la reina (es característico de los imperios que conviertan a sus víctimas en sus defensores) y sus hermanas se convirtieron en las sirvientas, niñeras y prostitutas de las grandes ciudades. Sus salarios eran los más bajos que se pagaban, vivían en los peores barrios, y los ingleses y escoceses les despreciaban como a semibárbaros, desconfiaban de ellos por católicos y les odiaban por constituir una mano de obra depreciadora de sus salarios.

Aparte de su lengua (si es que aún hablaban irlandés), aquellos emigrantes no llevaban otra cosa consigo que justificara la emigración a la Inglaterra o Escocia del siglo xix como algo más sensato que ir a China. Formaban parte de un campesinado empobrecido, degradado, cuya sociedad natural propia había sido oprimida por varios siglos de dominio inglés y reducida a fragmentos de viejas costumbres, ayuda mutua y solidaridad de parentescos, ensamblados por una «forma de vida» genéricamente irlandesa (fiestas religiosas, canciones, etc.), por el odio a Inglaterra y por un clero católico de hijos y hermanos de campesinos. En el último tercio del siglo xix los irlandeses adquirieron una cohesión adicional con la aparición de un movimiento de independencia nacional. El sector escocés de Liverpool —una ciudad en la que el 25 por ciento de la población en 1851 había nacido en Irlanda— eligió para miembro del Parlamento a un nacionalista irlandés durante muchos años, aunque la mayoría de los inmigrantes votaron por los liberales como partido del Irish Home Rule y, después que fueron vencidos, por los laboristas como partido de la clase a que pertenecían casi todos ellos.

En parte porque traían con ellos las costumbres de un campesinado al borde de la indigencia y desanimados por el sistema terrateniente irlandés de ahorros o inversión, en parte porque entraron en las ocupaciones que menos tenían que ver con las rutinas industriales, les costó mucho trabajo adaptarse a la sociedad industrial, si bien su aspecto externo, su dominio del inglés y —después del período inicial— la adopción de las ropas habituales de la clase obrera urbana, les hicieron mucho menos «visibles» como extranjeros que grupos posteriores de inmigrantes tales como judíos, chipriotas, latinoamericanos o asiáticos. Al principio vivían en los barrios pobres de Liverpool como habían vivido en los chamizos de Munster, y aún generaciones después los irlandeses eran mayoría en aquellos barrios decadentes y socialmente desorganizados que se desarrollan con tanta frecuencia en la periferia de las grandes ciudades. Para ingleses y escoceses, y especialmente para sus clases medias, los irlandeses no eran más que gentes sucias e ineficaces, semiextranjeros indeseables sujetos a ciertas discriminaciones. Sin embargo, su contribución a la Gran Bretaña decimonónica fue capital. Los irlandeses dotaron a la industria de su vanguardia móvil, sobre todo en la construcción donde siempre se habían congregado, y en las industrias pesadas que necesitaban de su fuerza, su brío y su prontitud para prestarse a trabajar con los máximos esfuerzos. Proporcionaron a la clase obrera británica una punta de lanza de radicales y revolucionarios, con un núcleo de hombres y mujeres no comprometidos ni por tradición ni por el éxito económico a la sociedad existente a su alrededor. No es casual que fuese un irlandés, Feargus O'Connor, quien más se acercase a líder nacional del cartismo y otro irlandés, Bronterre O'Brien, su principal ideólogo; como tampoco lo es que un irlandés escribiera «The Red Flag», himno del movimiento obrero británico, y la mejor novela de la clase obrera británica, *The Ragged-Trousered Philanthropists*.

La inmigración irlandesa alcanzó su ápice en las décadas posteriores a la «gran hambre» de 1847, para declinar a partir de entonces, si bien la extensión de la minoría irlandesa es posible que pueda calcularse mejor por el tamaño de la población católica romana en Gran Bretaña —en Escocia es aún del 15 por ciento— que por los censados como nacidos en Irlanda. Sin embargo, con el fin de la emigración en masa a los Estados Unidos, volvió a florecer el movimiento hacia Gran Bretaña, que en los últimos 30 años se ha convertido en el mayor receptáculo de la emigración irlandesa. En 1971, de acuerdo con los datos del censo, había en Gran Bretaña 957.830 personas nacidas en Irlanda, es decir, el equivalente al 25 por ciento de la población de Irlanda o de un tercio de la población de la República irlandesa.[11] El flujo se ha dirigido menos a los centros tradicionales de inmigración irlandesa, las riberas del Clyde y del Mersey, y cada vez más a las florecientes zonas de la Inglaterra central y meridional y hacia Londres. La mayoría de irlandeses siguen encontrando trabajo en la construcción —casi una quinta parte—, seguida por las industrias del metal (13 por ciento). El servicio doméstico y ocupaciones similares (niñeras) dan trabajo a la mayoría de las mujeres. Sin embargo, el relativo atraso de la economía irlandesa ha ido produciendo también una emigración de profesionales atraída por las mayores oportunidades de Gran Bretaña. El 12 por ciento de los médicos británicos son de origen irlandés.

Decir que esta emigración ha sido asimilada sería engañarse. Sin embargo, cada vez ha sido más aceptada gracias a su invisibilidad, sobre todo si se la compara con los nuevos emigrantes de la década de los 50, mucho más obviamente reconocibles. La separación política de Irlanda y Gran Bretaña. En 1921 ha eliminado también una razón capital por la que ingleses y escoceses tenían que mantener una actitud de cautela hacia Irlanda y los irlandeses. Poco a poco las tensiones entre las comunidades se han ido reduciendo. Cuando en 1964 el Partido Laborista obtuvo sus mayores adhesiones a nivel nacional en Liverpool y sus alrededores se debió en parte a que muchos de sus trabajadores no irlandeses y no católicos se decidieron a votar por un partido muy identificado en el pasado con la comunidad irlandesa local.

El desarrollo de los acontecimientos —el conflicto entre nacionalistas y unionistas del Ulster (con las consiguientes acciones terroristas del IRA en tierra británica, que causaron sustanciales daños materiales), y el espectacular crecimiento económico de la República Irlandesa tras unirse a la Comunidad Económica Europea a mediados de los 70— ha cambiado la situación de los irlandeses en Gran Bretaña a finales de siglo. Gran Bretaña e Irlanda permanecen tan inseparables como antes, pero la distancia económica ente los dos países ha disminuido considerablemente.

NOTAS

1. Ver las notables obras citadas en «lecturas complementarias», 3 y 4, y la de John Jackson, *The irish in Britain* (1961). Sobre la inmigración de color ver R. Glass, *Newcomers* (1960). Los libros de A. H. Dodd, *The Industrial Revolution in North Wales* (1953) y A. H. John, *The Industrial Development of South Wales* (1950) son estudios útiles. El de Cecil Woodham Smith, *The Great Hunger* (1962) es una lectura esencial sobre los irlandeses en Gran Bretaña y en cualquier otro lugar. Para un excelente relato sobre la historia de Irlanda ver R,F, Foster *Modern Ireland 1600-1972* (1988) y J.J.Lee, *Ireland 1912-1985* (1989). Sobre Gales, además del volumen citado en el Capítulo 13, Nota 1, ver D. Smith (ed.), *A People and a Proletariat* (1980) y A.V. John (ed.), *Our Mothers' Land: Chapters in Welsh Women's History 1830-1939* (1991). Además de los volúmenes sobre Escocia citados en las lecturas complementarias y en el capítulo 13, Nota 1, están R,M, Devine y R, Mitchinson (eds.), *People and Society in Scotland*, Vol.2:1830-1914 (1994) y C. Harvie, *No Gods and Precious Few Heroes: Scotland 1914-1980* (1981). Acerca de la inmigración y de la sociedad británica ver también Colin Holmes, *John Bulls's Island* (1988).

2. Su unión política con Gran Bretaña entre 1801 y 1922 no le hace más parte de la economía británica que lo que la unión de Argelia con Francia hizo a Argelia más parte de ésta. Sin embargo, omitir Irlanda sería omitir los seis condados que, a partir de 1922, decidieron mantener sus vínculos con Gran Bretaña. Esto es inevitable aunque sea de lamentar. La his-

toria económica de Irlanda no puede incluirse en este libro, y la historia económica de Irlanda del Norte desde 1922 no puede recibir en él un tratamiento extenso. No obstante, algo habrá que decir sobre los irlandeses en Gran Bretaña.

3. Antes de la Revolución industrial, Swansea, la mayor ciudad, tenía 10.000 habitantes (1801); Cardiff, 2.000.

4. Los condados tradicionales de Gales fueron reorganizados en la década de los 70: Carmathen se convirtió en parte de Dyfed, Glamorgan se dividió en tres condados y Monmouth fue rebautizado como Gwent.

5. Crecimiento de la población de Gales (en millares):

	1801	1851	1911
Gales y Monmouth	577	1.163	2.027
Glamorgan y Monmouthshire	111	389	1.517

6. El profesor J. Harrison ha puesto de relieve que el pensamiento de Robert Owen debe mucho a la filosofía escocesa que asimiló durante su estancia en New Lanark.

7. Es decir, los escoceses que no vivían en Glasgow, Edimburgo, Dundee y Aberdeen.

8. La función de los equipos de fútbol era organizar a la comunidad (masculina) de clase obrera, normalmente alrededor de dos clubs locales, en rivalidad permanente: la mayoría de las ciudades industriales crearon *dos* equipos fuertes y en competencia. En Escocia (como en Liverpool) esto tomó la forma especial de equipos asociados específicamente con los inmigrantes irlandeses (católicos) y los escoceses nativos (protestantes): en Glasgow, Celtic y Rangers; en Edimburgo, Hibernians y Hearts of Midlothian.

9. A partir de la década de 1890 los nobles y caballeros escoceses rompieron también el monopolio de primeros ministros ingleses, e incluso un comerciante en hierros de Glasgow, Bonar Law, nombrado primer ministro de Gran Bretaña en 1922, ayudado por las actividades del escocés expatriado, Max Aitken, lord Beaverbrook.

10. Sin embargo, la pérdida de confianza en el Partido Laborista, que había sucedido a los liberales como partido a elegir en la franja céltica, produjo lo que parecía a mediados de la década de los 60 —por primera vez— un apoyo electoral fundamental tanto para el nacionalismo galés como para el escocés.

11. Dos séptimos de los inmigrantes de 1951 procedían de Irlanda del Norte, que aún forma parte del Reino Unido.

16. UN CLIMA ECONÓMICO MÁS RIGUROSO[1]

Los beneficios de la gran prosperidad económica internacional que reinó entre 1950 y 1973 (la «edad de oro» de la economía internacional) fueron más débiles y mermaron más rápido en Gran Bretaña que en el resto de los países industrializados de occidente. A mediados de los 60, bastante antes de que se produjera la crisis económica internacional provocada por el encarecimiento de los precios del petróleo (1973), la economía británica ya atravesaba por serias dificultades.

Estas dificultades se reflejaron sobre todo en un descenso de la competitividad en el comercio de ultramar, un ritmo de crecimiento económico lento, sucesivas crisis en la balanza de pagos (a partir de mediados de los 50 —en 1950, 1957, 1961 y 1964-1967) y la devaluación de la libra esterlina en 1967. La caída del porcentaje británico en las exportaciones mundiales de productos acabados se agudizó durante los años del «boom» económico (desde 25,4 por ciento en 1950 a un 16,5 por ciento en 1960 y un 10,8 por ciento en 1970), aunque después se ralentizó, antes de estabilizarse a mediados de los 80 (con un 9,1 por ciento en 1979 y un 8,6 en 1990). Entre 1957 y 1967 la tasa de crecimiento del Producto Interior Bruto británico sólo llegaba a las dos terceras partes de la tasa media de los otros países occidentales industrializados, miembros de la Organización para el Desarrollo y la Cooperación Económica (OCDE), a la mitad escasa de las tasas de crecimiento de Francia y Alemania y a menos de un tercio de las de Japón.

Los problemas de los principales componentes de la balanza de pagos de los años 60 ilustran muy bien las serias dificultades que experimentó la economía británica ya antes de 1973. Ante la generalización del débito entre 1961 y 1964-1968, el gobierno tuvo que incrementar los préstamos a corto y medio plazo. La economía británica continuó padeciendo un déficit comercial sustancial, pero a mediados de los años 60, este déficit era ya lo suficientemente grande como para no poder ser compensado con los habituales excedentes de las «ganancias invisibles». Así, por ejemplo, en 1965 la balanza comercial (o «visible») presentaba un déficit de 281 millones de libras, mientras que la balanza «invisible» contaba con un superávit de 153 millones de libras. En la década anterior los precios de los productos británicos destinados a la exportación habían crecido cerca de un 2 por ciento anual, (sus principales competidores industriales habían crecido un escaso 1 por ciento anual), pese a que, al parecer, el cumplimiento de las fechas de entrega, calidad y diseño no eran ninguna maravilla. Además, en una época de pleno empleo y gran gasto consumista, muchos fabricantes podían fijar buenos precios para sus productos en el mercado interior. Esta demanda interna también llevó a una aceleración de las importaciones. Además, los precios interiores, que habían crecido en un 3,1 por ciento por año en 1960-1964, crecieron en un 3,4 por ciento por año en 1968-1973, mientras que los ingresos semanales medios crecieron en estos períodos de un 5,2 por ciento a un 6,3 por ciento, y hasta un 11,4 por ciento por año.

La balanza de pagos británica dependía en gran medida del comercio «invisible». En 1965 los pagos «invisibles» ascendían a un 325 del total (frente a un 18 por ciento en 1938). La mayor contribución al excedente neto del rubro «invisible» procedía de la inversión británica en ultramar, cuando los créditos que llegaban a Gran Bretaña excedían a los débitos que salían para retribuir las inversiones privadas en Gran Bretaña en 447 millones de libras esterlinas. La otra gran contribución procedía de otras actividades, como servicios bancarios, «royalties» y educación, que representaban unas ganancias netas de 176 millones de libras. Hacia 1965 las ganancias de la actividad marítima británica, antaño masiva, que habían representado 134 millones de libras netas en 1952, mermaron hasta 2 millones (y a partir de mediados de los 50, Gran Bretaña pasó a ser comprador neto de servicios marítimos).

Las ganancias «invisibles» procedentes de intereses, beneficios, dividendos y otras actividades se vieron contrarrestadas por el déficit de las arcas gubernamentales. Éstas sufrieron entre 1952-1955 un déficit medio de 94 millones de libras, que en 1965 ya era de 446 millones (muy cerca de los excedentes netos procedentes de la inversión en ultramar). Tal y como hemos apuntado en un capítulo anterior («La larga prosperidad»), si se hubiera reducido considerablemente el gasto militar total británico se habrían eliminado muchos de los déficits que ahora afectaban a la balanza de pagos. En 1967 y 1968 el gobierno laborista de Harold Wilson anunció una reducción rápida y sustancial de los compromisos militares al este de Suez, con el consiguiente descenso del gasto en actividades militares en la región: de 103 millones de libras en 1967 a 74 millones en 1970 y a 33 millones en 1973. Sin embargo, en 1970 estos recortes fueron contrarrestados por un aumento del gasto militar en otras zonas, en especial en la Europa occidental (que creció de 107 millones en 1967 a 150 millones en 1970 y 279 millones en 1973). La crisis de la libra esterlina en tanto que una de las mayores reservas monetarias del mundo se puso de manifiesto en 1967 con su devaluación (pasó de una paridad con el dólar norteamericano de 2,80 a 2,40, esto es, una reducción del 14,3 por ciento). Esta fragilidad de la divisa británica repuntó en junio de 1972, cuando, después de que el gobierno conservador de Edward Heath dejara flotar la cotización de la libra, se devaluó cerca de un 7 por ciento y siguió descendiendo en su valor relativo durante todo ese año. La flexibilidad en el cambio se mantuvo en Gran Bretaña hasta 1990. En esto, como en muchas otras cosas, Gran Bretaña fue pionera de la futura crisis de la economía internacional. El potencial británico sobre la economía había disminuido desde la primera guerra mundial, mientras que la capacidad de liderazgo económico de los Estados Unidos se debilitó considerablemente a principios de los años 70. El dólar norteamericano, la otra gran reserva monetaria, siguió el camino recorrido por la libra esterlina: dejó de ser convertible en oro en agosto de 1971, y se devaluó en esa misma fecha y en febrero de 1973. Hacia 1973 el sistema financiero internacional, configurado a finales de la segunda guerra mundial, estaba en crisis, con tipos de cambio flotantes y sin un valor fijo para el oro.

Los años 70 y 80 supusieron un desafío aún mayor para los sistemas y los supuestos económicos posteriores a la segunda guerra mundial. Keynes había sido el principal arquitecto del orden económico internacional, ratificado en Bretton Woods, que se había desmoronado en 1971-1973. Sus ideas, o al menos una simplificación de ellas, se habían convertido en la nueva ortodoxia de la era del cuasi-pleno empleo y de los florecientes estados del bienestar. La mayoría de los responsables de la política económica de los años 50 y 60 partía de lo que se suponía eran propuestas keynesianas. Así, en 1972-1974, el primer ministro conservador Edward Heath dio por sentado, como casi cualquier político del partido laborista, que permitir el crecimiento del desempleo sería catastrófico tanto social como políticamente y que tal crecimiento debía ser evitado mediante la intervención gubernamental para revitalizar la demanda en la economía.

Los problemas que experimentaron las economías norteamericana y británica a partir de finales de los 60 minaron las recetas keynesianas y dieron cierta credibilidad a las opiniones de Milton Friedman y otros economistas monetaristas. En concreto, la «estanflación», la situación en la que una economía sufre un aumento de la inflación y del desempleo a la vez que un estancamiento económico, superaba las predicciones de la economía keynesiana o de cualquier otro sistema económico de la época.

Los monetaristas se oponían a las acciones de revitalización de los gobiernos en una economía marcada por el aumento del paro. Consideraban que
a largo plazo, el incremento del dinero inyectado en el sistema haría crecer
la inflación sin ayudar a la creación de empleo. Por contra, aducían que existían niveles de desempleo naturales en la economía, superiores a los que
consideraban que se habían mantenido «artificialmente» durante los años 60,
y que esos niveles sólo disminuirían si se eliminaban los impedimentos a
que actuaran las fuerzas del libre mercado (en especial la actividad de los
sindicatos y el subsidio al desempleo). Al igual que con otros problemas de
la economía, la respuesta básica era tener fe en el equilibrio natural de un
mercado libre sin trabas. Junto a tales puntos de vista había el de los que pro-
ponían una «economía parcialmente intervenida»; en la que se recortaran los
impuestos para restaurar los incentivos al trabajo y revitalizar, así, el crecimiento económico. Para los realmente ricos y la clase media que pagaba impuestos, estas escuelas de pensamiento ofrecían argumentos que explicaban
por qué no había que ayudar a los pobres desde los impuestos, por qué los
salarios de los trabajadores peor pagados debían reducirse aún más, por qué
los sindicatos de trabajadores organizados debían ser aplastados, por qué se
debían recortar los impuestos. En Gran Bretaña esto podía aparecer
como «un retorno a los valores victorianos», o al menos a las condiciones de
la primera mitad del período victoriano, que ayudó al auge del movimiento
laborista de las últimas dos décadas del siglo XIX.

Los gobiernos británicos de los 70 se enfrentaron a unas condiciones
económicas internacionales muy distintas de las de los 50 y 60. En primer
lugar, hubo una disminución del crecimiento porque variaban determinados
factores (la recuperación de los países destrozados por la guerra tras el conflicto, la puesta al día en tecnología y métodos de organización más recientes, por parte de economías industriales lentas, la transferencia de trabajo
agrícola hacia sectores más productivos) y declinaba el ritmo de las innovaciones tecnológica y científica. En segundo lugar, hubo menos inversión, debido a la pérdida de confianza en un crecimiento económico continuado que
produjo la «estanflación» y al creciente respaldo político a las teorías monetarias. En tercer lugar, ya se ha dicho, se había producido el colapso del sistema financiero de postguerra (Bretton Woods). En cuarto lugar, se produjeron las tremendas conmociones que sacudieron la economía internacional al
aumentar los precios del petróleo en 1973 y 1979 (y con posterioridad la crisis de la deuda latinoamericana en 1982).

Los gobiernos conservador y laborista de los 70 se las tuvieron que ver
con los problemas económicos internacionales y nacionales del momento.
El gobierno de Edward Heath ensayó un período de libre mercado entre
1970 y 1972, pero tuvo que enfrentarse a graves problemas económicos (in-

cluyendo los provocados por el descontrol del mercado libre, especialmente en los mercados monetarios), con lo que regresó a una política económica más paternalista y keynesiana en 1972-1974. Los gobiernos de Wilson y Callaghan decretaron regulaciones industriales y medidas para el bienestar social como parte del «Contrato Social» firmado con el TUC (Congreso de Sindicatos), aunque desde febrero de 1976, trataron de reducir el porcentaje del gasto público en la producción nacional. A esto le siguió, en el verano de 1976, una obligada «Declaración de Intenciones» monetarista al Fondo Monetario Internacional (IMF) para conseguir un préstamo de casi 4 billones de dólares. A mediados de los años 70 los dirigentes del partido laborista habían perdido la fe en el sistema económico keynesiano, aunque carecían de una alternativa seria con que hacer frente a las circunstancias adversas de la economía.

El sistema del estado del bienestar en su conjunto, no ya sólo el subsidio de desempleo, sufrió una presión cada vez mayor. Conforme los ritmos de crecimiento económico se ralentizaban, el gasto público (seguridad social, sanidad, vivienda y educación) vino a ser considerado como un lastre para la economía, mientras el nuevo consenso económico lo denunciaba como primer causante de la desaceleración económica. Aunque ciertos defensores del mercado libre establecían una relación de causa a efecto entre el incremento del gasto social y la caída de las tasas de crecimiento que se produjo a finales de los 60 y durante la década de los 70 en los países de la OCDE, otros podían aducir que en etapas de mayor gasto social, como habían sido los 50 y principios de los 60, se había producido un rápido crecimiento económico. En efecto, los casos de éxito económico, post-1945, de Alemania Occidental y Japón mostraban grandes niveles de gasto social durante los períodos de mayor crecimiento de sus economías. Como en muchas otras cosas, el crecimiento del gasto social británico era inferior a la media de países de la OCDE (de 5,9 por ciento frente a un 8,4 por ciento anual en 1960-1975 y de un 1,8 por ciento frente a un 4,8 por ciento en 1975-1981).

Durante la «edad de oro», unos niveles altos de crecimiento económico con unos niveles relativamente bajos de gasto en el desempleo aportaron cada vez mayor bienestar a las poblaciones británicas y a las de otros países industrializados. Los reveses económicos internacionales sufridos a partir de principios de los 70, que fueron ostensiblemente graves en una economía que funcionaba relativamente mal como la británica, rebajaron la capacidad, o al menos la voluntad, de los países para mantener aumentos rápidos y constantes en el gasto social. Sin embargo, las altas tasas de desempleo, una población envejecida y unos tratamientos médicos más caros (en parte gracias al desarrollo de nuevas tecnologías y medicamentos) ejercieron una dura presión sobre los recursos. En términos reales, el gasto total en bienestar del Reino Unido llegó hasta casi un 37 por ciento entre 1973 y 1988. Como porcentaje del Producto Interior Bruto alcanzó un máximo de 25,5 en 1976-1977 y cayó a un 23,2 en 1987-1988, cuando el gasto público decreció respecto al máximo alcanzado tras la guerra; de casi un 50 por ciento en 1975 hasta apenas un 39 por ciento en 1988 (antes de volver a crecer hasta un 42 por ciento en 1992). Sin embargo, para muchos beneficiarios, como los desempleados, los pensionistas o los pacientes que aguardaban un tratamiento médico de carácter no urgente, en los 80 el sistema del bienestar se estaba deteriorando. A partir de 1975, el sector más pobre de la sociedad, aquel que dependía de la «renta social», se empobreció, lenta pero inexorablemente, en relación con los más acomodados o ricos (ya se mida antes o después de la tributación), mientras què desde 1949 hasta 1975 la desigualdad en los ingresos se fue reduciendo muy lentamente.

La capacidad de negociación de los sindicatos también fue cuestionada seriamente a partir de mediados de los 60. Sin duda, mientras la inflación crecía durante los 50, el gobierno empezó a tomar conciencia de la presión que el aumento de salarios ejercía sobre los precios en un período próximo al pleno empleo. Al libro blanco del gobierno conservador *The Economic Implications of Full Employment*, publicado en marzo de 1956, le siguieron una serie de congelaciones de salarios y políticas de contención de precios e ingresos que duraron los 23 años siguientes. La legislación sindical fue vista, en parte, como una alternativa a las políticas de precios e ingresos. En 1969 el gobierno laborista de Harold Wilson presentó ciertas propuestas —*In Place of Strife*— que habrían supuesto la aprobación de algunas de las reformas perfiladas por la Royal Commission on Trade Unions and Employers Associations (1965-1968), presidida por Lord Donovan, así como otras cuestiones controvertidas, como la obligatoriedad del voto para organizar huelgas y pausas de conciliación. La Ley de Relaciones Industriales del gobierno Heath, de 1971, rechazó esta aproximación voluntarista al pasado, incluyendo el Informe Donovan, a favor de una tentativa por crear una estructura legal general para las relaciones industriales. Los sucesivos gobierno laboristas de Wilson y Callaghan revocaron la ley de 1971 y legislaron para dotar a los sindicatos de las condiciones en que se habían desempeñado casi siempre desde la Ley de Disputas Sindicales de 1906, así como algunas de las reformas, inocuas para los sindicatos, sugeridas en el Informe Donovan. El malestar industrial de 1978-1979 (el «Invierno del Descontento») asociado con una revuelta de los trabajadores del sector público contra las disposiciones sobre precios e ingresos del gobierno laborista, cada vez más rígidas, dio a Margaret Thatcher la ocasión política de apuntar a los sindicatos como una prioridad legislativa, y, tras las elecciones que le dieron la victoria en 1979, para acabar adoptando una postura férrea frente a las huelgas del sector público y el sindicalismo en general. Entre 1980 y 1992 los gobiernos de Thatcher y Major pusieron en práctica una serie de medidas legislativas que restringían la actividad de los sindicatos y eliminaban las dotaciones de la «red de seguridad» que protegía a los trabajadores con salarios más bajos. Sin embargo, pese a que estas medidas decantaron la balanza de las relaciones industriales en detrimento de los sindicatos, impidiendo su efectividad en negociaciones colectivas, la denominada «doma de los sindicatos» no fue exclusiva de Gran Bretaña. En el clima económico más duro de los 80, el sindicalismo también perdió posiciones en otros países de la OCDE, en muchos casos sin una legislación equivalente a la británica de 1980-1993.

Entre 1979-1994, la afiliación sindical en el Reino Unido cayó cerca de un 37,7 por ciento: de 13.289.000 afiliados a 8.278.000, siendo en el sector privado donde se registró una mayor pérdida. En 1995 la densidad de afiliados (la proporción de empleados en los sindicatos de todos los legalmente elegibles) en el sector privado era sólo de un 21,3 por ciento, mientras que en el sector público era de un 61,4 por ciento. El descenso de afiliados era menor entre los trabajadores no manuales y las trabajadoras; en 1994 el número de trabajadoras afiliadas incluso aumentó un 1 por ciento mientras que el número de afiliaciones masculinas descendió un 8,7 por ciento. Hacia 1994 la proporción de mujeres afiliadas era de un firme 42,5 por ciento que iba en aumento.

Mientras que el descenso en las afiliaciones era algo común en las economías industriales de los 80 y los 90, no era propio de Gran Bretaña tener una gran incidencia huelguística; es decir, que las huelgas no constituyeron *una* (ni mucho menos *la*) «enfermedad inglesa». Los niveles de actividad huelguística en los países industriales tienden a crecer o a disminuir de acuerdo con los cambios substanciales que se producen en la economía internacional. En los años 60, el Reino Unido era el séptimo país industrializado en lo referente a la media de días perdidos pro cada mil trabajadores empleados en minería, manufacturas, construcción, transporte y comunicación; en los 70 era el sexto y en los 80 el tercero (pese a que en los 80 se dispone de datos comparables para todas las industrias, siendo en éstos el quinto peor país). Sin embargo, en este ranking, el nivel de días perdidos en los 70 estaba más cercano al de las naciones más afectadas, en un momento en el que dichos niveles eran altos. En los 70 el total de días perdidos en el Reino Unido en los sectores referidos era de un 78 por ciento respecto a la media de los seis países más afectados, mientras que en los 60 había sido de un 31 por ciento. Incluso en los 80, menos propensos a las huelgas, el total de días perdidos en los referidos sectores era un 121 por ciento de la media de los seis países más afectados (o respecto a los datos de todas las industrias, de 85 por

ciento de esa media). Se puede opinar sobre los beneficios económicos de-
rivados de los enfrentamientos industriales durante el gobierno Thatcher,
incluso a medio plazo, pero no puede asegurarse que Gran Bretaña se
convirtiera en los 80 en una «zona libre de huelgas» comparada con otras
naciones industriales.

Los primeros 70 también asistieron a la desregularización financiera. En
1971 el Banco de Inglaterra llevó a cabo un paquete de reformas del sistema
monetario, resumidas en un documento titulado *Competition and Credit
Control*. Estas reformas acabaron con la fijación de los tipos de depósito y
crédito por la cámara de compensaciones principal de Londres, que era favorable a dejar los niveles de los tipos a la acción de mercados competitivos
más amplios. El Banco de Inglaterra también dejó claro que no actuaría a
favor de un mercado de depósitos débil. La liberalización de las restricciones en los préstamos llevó a un período de bonanza, con un crecimiento de
los préstamos bancarios, que, sólo en 1973, crecieron cerca de un 33 por
ciento, lo que obligó al Banco de Inglaterra a intervenir rápidamente para
evitar un hundimiento financiero mayúsculo.

Durante el último cuarto del siglo xx, las nuevas condiciones de mercado llevaron a realizar cambios drásticos en la banca, las actividades de las
sociedades de préstamo inmobiliario y los mercados monetarios británicos.
La revolución de la tecnología de la información transformó tanto la actividad de la banca como la de la economía bursátil. Desde complejos cálculos
financieros a la más trivial tarea de oficina, todo pudo hacerse a gran velocidad, lo que facilitaba que bancos y sociedades de préstamo inmobiliario am-
pliaran sus actividades. De forma similar, pudo consultarse en pequeñas
pantallas de ordenador un abanico de complejos indicadores financieros, ac-
tualizados minuto a minuto, al tiempo que lejanas entidades bancarias y co-
rresponsales de ultramar podían contactar instantáneamente gracias a los
nuevos medios de comunicación. Como consecuencia de ello, los bancos y
los agentes de bolsa de los 80 pudieron competir saltándose fronteras, gracias a la internacionalización de los servicios financieros. Además, conforme los mercados se fueron relacionando más y más, la capacidad del gobierno para ajustar los tipos de interés a medio plazo se fue debilitando.

En Gran Bretaña los bancos se vieron sometidos a la presión tanto de la
banca internacional como de las sociedades de préstamos inmobiliarios, que
no tenían restricciones sobre los intereses que pudieran pagar sobre pequeños
depósitos, ni se veían obligados a mantener liquidaciones con el Banco de Inglaterra. A partir de los 60, con un rápido crecimiento de los negocios en moneda extranjera —sobre todo en dólares americanos—, un montón de bancos
abrió sus sucursales en Londres; su número pasó de 77 en 1960 a 255 en 1976
y 360 en 1981. El más veloz de los crecimientos en las transacciones en mo-

neda extranjera fue el de los euro-dólares (y otras «euro-monedas»). A partir de finales de los 50, fue creciendo el número de dólares norteamericanos en bancos no-americanos, especialmente en Londres, para evitar las restricciones de la legislación de la banca norteamericana y para sacar provecho de unos tipos de interés más elevados; siendo, éstos, negociables entre prestamistas y prestatarios extranjeros. Se ha estimado que la parte británica de estos negocios alcanzaba los 2 billones de dólares en 1960, 38 billones en 1970 y 67 en 1976. A esto hay que añadir unos enormes beneficios procedentes de países de la OPEP tras el importante aumento del precio del petróleo en 1973 y 1979, que inyectaron miles de millones de «petrodólares» al mercado.

Las medidas sobre la Competencia y el Control de Créditos de 1971 dieron plena libertad a los bancos para fijar sus tipos y competir con las sociedades inmobiliarias y los bancos extranjeros de cara a nuevos depósitos. Los bancos ofrecían constantemente nuevos productos financieros. En consecuencia, las sociedades inmobiliarias, enfrentadas a una competencia más efectiva por parte de los bancos, buscaron más poderes a través de la Ley de las Sociedades Inmobiliarias de 1986, que incluía el préstamo para fines no relacionados con la vivienda y permiso para convertirse en bancos por consenso de sus miembros. Los últimos 80 fueron notables por las fusiones de sociedades inmobiliarias, mientras que los 90 lo fueron por sus conversiones en bancos. Esos cambios pudieron ofrecer mayores perspectivas de beneficios, pero no más sucursales ni empleados.

El fin del control de cambios en 1979 dio a las empresas mayores opciones de financiación y estimuló la inversión directa en ultramar. Las empresas podían conseguir préstamos del extranjero con la misma facilidad que en casa y podían emplear los beneficios retenidos en ultramar. Tras la abolición del control de cambios, los fondos de inversión inmobiliaria y los fondos de pensiones se invirtieron masivamente en ultramar para diversificar aún más sus valores. La inversión en el extranjero se elevó desde menos de 1 billón de libras en 1979 a 3,3 billones en 1983, y 22,3 en 1986 antes de su posterior fluctuación.

Los propios mercados monetarios también estaban sujetos a un cambio esencial que, tal vez, llegó justo a tiempo. El viejo estilo de club de caballeros que imperaba en la bolsa londinense fue barrido por el «big bang» del 27 de octubre de 1986, cuando en un mismo día se produjeron cambios de enorme magnitud. Estos cambios se produjeron como consecuencia de una completa revisión de la actividad bursátil, después de que la Oficina de Comercio Justo (durante el gobierno de James Callaghan) hubiera remitido el libro de normas de la bolsa al Tribunal de Prácticas Restrictivas. Como resultado, la Bolsa reconoció que si se pretendía competir en el mercado internacional, era necesario realizar algunos cambios, como admitir empresas mayores, con suficientes reservas de capital como para sobrevivir a los malos tiempos, y hacer un uso efectivo de la nueva tecnología. Se constituyó un nuevo organismo: La Bolsa Internacional del Reino Unido e Irlanda, que mezclaba los marchantes de eurobonos con los antiguos agentes de bolsa. Hacia 1990 este nuevo cuerpo facturó 1.640 billones de libras al año, siendo de procedencia extranjera casi la mitad de los 600 billones de transacciones accionariales.

A finales del siglo xx el sector de actividades financieras y de negocios creció firmemente como contribuyente al conjunto del Producto Nacional Bruto británico, elevándose desde un 3,9 por ciento en 1954 a un 6,5 por ciento en 1964, 11,1 por ciento en 1974, 13,2 por ciento en 1984 y 19,2 por ciento en 1994. Sin embargo, en los 90 la competitividad británica en las actividades financieras, como en muchos otros casos, no era tan clara.

Finalmente, el primero de junio de 1973 Gran Bretaña entró, tras años de intentarlo, en la Comunidad Económica Europea. El gobierno de Harold Macmillan presentó una solicitud de ingreso en 1961, pero por razones, en primer lugar, de política internacional y, en segundo, de política interior, el ingreso británico no tuvo lugar hasta 11 años después. Esto simbolizó la desvinculación del comercio británico de la Commonwealth y el acercamiento a las economías industriales de Europa. Asimismo señaló la consciencia de que Gran Bretaña ya no volvería a ser una gran potencia ni el centro de un gran imperio, sino que adquiría su significado principal como estado europeo.

Las relaciones económicas entre Gran Bretaña y la Commonwealth siguieron siendo importantes en algunas áreas, pero en otras empezaron a declinar. Además, los intereses de países como Australia o Nueva Zelanda basculaban cada vez más hacia el comercio con las boyantes economías asiáticas, mientras que la economía canadiense siguió vinculada a la de los Estados Unidos. La inversión y el comercio británicos en Sudáfrica, antigua posesión del imperio, siguieron siendo importantes después de 1973. El valor de las exportaciones a Sudáfrica creció entre 1970 y 1980 de 332,2 millones de libras a 1,002 millones, pese a que disminuyó en la proporción de exportaciones del Reino Unido, descendiendo desde el 4,1 por ciento a un 2,1 por ciento. Sin embargo, esta era un área en la que Gran Bretaña disponía de un excedente comercial; las importaciones aumentaron de 258,4 millones de libras a sólo 756,5 millones (descendiendo proporcionalmente de un 2,8 por ciento a un 1.5%) en el mismo período. Hong Kong siguió siendo un importante centro de actividades bancarias y de finanzas internacionales, unida a Gran Bretaña hasta julio de 1997.

El comercio del Reino Unido con los países de la Comunidad Económica Europea ya empezó a crecer a finales de los año 60 y el ingreso reforzó esta tendencia. Durante los 5 años del período inicial de transición (1973-1978), cuando las barreras comerciales aún no se habían eliminado, las empresas del Reino Unido incrementaron su participación en el mercado alemán cerca de un 60 por ciento, en el italiano casi un 40 por ciento y en Francia cerca de un 30 por ciento, mientras que los países de la CEE aumentaron su participación en el mercado británico cerca de un 70 por ciento. A pesar de la revalorización de la libra, en los cinco años siguientes la participación de las empresas británicas en los mercados alemán e italiano creció un 17 por ciento y en el francés un 10 por ciento, mientras que las importaciones de la CEE incrementaron su participación en el mercado del Reino Unido en un 60 por ciento. La interdependencia comercial entre el Reino Unido y la CEE creció durante los 80 tanto como durante los 70. En 1973, el 35 por ciento de las exportaciones («visibles») británicas se realizaron a la Comunidad; hacia 1979 esta cuota alcanzó el 45 por ciento y en 1991 el 57 por ciento; a su vez, la participación de la CEE en las importaciones («visibles») británicas creció desde un 38 por ciento, en 1973, hasta un 48 por ciento, en 1981, y un 52 por ciento en 1991. De este modo la industria del Reino Unido pudo competir con cierto éxito en la CEE en un momento en que las condiciones comerciales en el mundo eran duras, especialmente en comparación con el período comprendido entre 1950 y 1973.

Mientras que los fabricantes consiguieron ampliar su participación en los mercados comunitarios, la Política Agrícola Comunitaria resultaba demasiado costosa para el Reino Unido. Antes de unirse a la CEE, el Reino Unido se beneficiaba de las compras a bajo precio a los países productores de la Commonwealth, que eran, además, por lo general, más bajos que los de la CEE, al operar bajo las Leyes Agrícolas de 1949 y 1957, un sistema de apoyo agrícola para proteger a los granjeros. Un análisis de la Comisión Europea de 1994 cifró en millones de Ecus los efectos de los ingresos reales, siendo éstos de 3.820 millones de beneficio para los productores, de 4.313 millones de pérdidas para los consumidores y de unos costes presupuestarios de 2.513 millones, con lo cual el Reino Unido se situaba en el segundo puesto de mayores pérdidas netas (después de Alemania y seguida muy de cerca por Italia). A finales de los 90 la Política Agrícola comunitaria tenía ya los días contados.

El ingreso en la CEE no fue el único cambio substancial que se produjo en los 70. El Reino Unido se convirtió en un importante productor de petróleo durante toda una década a partir de finales de los 70. La producción de petróleo del Mar del Norte creció de 12 millones de barriles anuales en 1965 a 603 en 1980 y a 953 en 1985. En 1985, la producción sumaba un 4,6 por ciento de la producción mundial total. En relación al Producto Nacional Bruto británico, el petróleo contribuyó en un 1,8 por ciento en 1978, un 3,7 por ciento en 1980, un 6,2 por ciento en 1982, un 7,2 por ciento en 1984 y un 6,7 por ciento en 1985. Insufló vigor a la balanza de pagos, pero al hacerlo contribuyó a los problemas de la competencia de la industria manufacturera británica ya que también jugó un papel en el aumento del valor de la libra. El gobierno recaudó algunos de los beneficios del petróleo a través de impuestos; a mediados de los 80, en la cúspide de los ingresos del Mar del Norte, éstos representaban un 9 por ciento de la recaudación impositiva. Sin embargo, los beneficios del petróleo del Mar del Norte no se tradujeron directamente en una inversión adicional en las industrias manufactureras como mucha gente esperaba.

La CEE no fue el único obstáculo con que se enfrentó el gobierno británico para llevar a cabo políticas económicas independientes. También se vio notablemente limitado por el poder de las multinacionales, que podían desplazar sus fianzas y sus puestos de trabajo de un país a otro. Estas corporaciones transnacionales tenían su base en un país, habitualmente Estados Unidos, y diversas filiales en muchos otros. En 1950 las corporaciones estadounidenses de este tipo contaban con 7.500 filiales en otros continentes; 16 años más tarde el número se multiplicó de la noche a la mañana hasta 23,000. En 1980 más de un tercio de las filiales dispersas por el mundo estaban asociadas a compañías con base en EUA y más de una quinta parte a compañías británicas. Durante los años 70 el ritmo de crecimiento internacional de inversión extranjera directa realizado por estas corporaciones era del orden de 15 por ciento anual, con un total que se triplicó a lo largo de esa misma década.

Durante los 60 y los 70, tales corporaciones mostraron una tendencia a realizar la mayor parte de sus ventas en los mercados transoceánicos. Durante los 70, esta proporción creación desde un 30 hasta un 40 por ciento pese a que en el caso de los Estados Unidos se equilibrara en los 80, cuando la mayor parte del dinero fluía en el inmenso mercado interior norteamericano, en un momento de ralentización del crecimiento económico mundial. En 1980 tres cuartas partes de las empresas de ultramar afiliadas a corporaciones transnacionales con base en el Reino Unido operaban en países desarrollados: un 35 por ciento en Europa y 14 por ciento en Norteamérica (siendo el Sur y el Este de Asia las zonas en desarrollo con mayor número de filiales —un 10 por ciento del total, frente al 8 por ciento de África). A partir de los 80 existió un considerable flujo de inversión directa en ultramar en otros sectores, como el de servicios, especialmente financieros, publicidad y transporte. En el caso del Reino Unido, la parte dedicada a servicios en su inversión extranjera directa creció de un 20 por ciento a un 35 por ciento entre 1981 y 1984. Lo mismo sucedía en el caso de las exportaciones británicas; a principios de los 80 las corporaciones transnacionales eran responsables de más del 80 por ciento, con más de un 30 por ciento concentrado en corporaciones extranjeras.

El nivel total de la inversión británica en ultramar creció rápidamente durante los 80 y los 90. En 1985, la inversión británica total en ultramar (directa e indirecta) sumaba 593,6 billones de libras, en 1990 era de 909 billones y en 1994 de 1.400 billones. En 1985-1987 la parte británica del total de la inversión directa en el extranjero de los países de la OCDE fue de un espectacular 23,4 por ciento (compárese con el 25,3 por ciento de Estados Unidos o el 16,2 por ciento del Japón). Este nivel se siguió manteniendo muy alto, si bien no alcanzó de nuevo tamaña proporción en relación a la inversión total de la OCDE. En lo referente a la inversión extranjera, Gran Bretaña continuó siendo un lugar atractivo para los inversores extranjeros. En los 50 y los 60, cuando la inversión norteamericana era mayor, el país ofrecía el atractivo de contar con cada vez más consumidores de alto poder adquisitivo, de haber eliminado aranceles a la importación y otras restricciones, y de ofrecer un considerable ahorro en los costes de transporte. A partir de 1973, el ingreso en la CEE constituyó un atractivo añadido para los inversores de muchos países. En el cuarto de siglo que siguió a 1970 destacó la substancial inversión japonesa, no sólo bancaria o en seguros sino en vehículos de motor, equipo electrónico y eléctrico y otros productos manufacturados. En 1985-1987 el porcentaje británico referido al total de la inversión extranjera directa en los países de la OCDE era de un 15 por ciento.

En los años 90 los activos británicos en el extranjero eran enormes, pero estaban compensados por los activos de origen extranjero invertidos en Gran Bretaña. A principios de los 80, los activos netos británicos aumentaron considerablemente, desde 12,4 billones de libras en 1979 hasta 98,5 en 1986. A principios de los 90 la balanza fluctuaba a un nivel mucho más bajo (con una media de poco menos de 5 billones de libras anuales en 1990-1994).

En términos de balanza de pagos británica, en los años 90, los ingresos procedentes de la salida de capital a largo plazo no fueron suficientes para contrarrestar la afluencia de capital a corto o el déficit comercial. Mientras la banca británica hacía buenos negocios con moneda extranjera, contraía a la vez considerables deudas. En 1995 los bancos con base en el Reino Unido habían acumulado un exceso de pasivos sobre los activos extranjeros de 90 billones de dólares (a comparar con los pasivos de los bancos estadounidenses, de 282 billones de dólares, o de los bancos japoneses, de 376 billones). Esto significaba una amenaza en potencia si a los prestamistas extranjeros se les ocurría retirar grandes cantidades de depósitos a corto plazo (como ocurrió a mediados de los 60).

En lo referente al comercio de manufacturas británicas, durante los años 80 surgieron serias dudas sobre su capacidad para desempeñar un papel importante en la economía. Entre 1973 y 1989 el Reino Unido se desindustrializó más rápidamente que cualquier otro país de la OCDE, con excepción de

Bélgica (pese a que Francia le iba a la zaga). En 1973 un 42,6 por ciento del empleo británico estaba concentrado en la industria; hacia 1989, estaba por debajo de un 29,4 por ciento; mientras que el porcentaje del valor aportado por la industria a la economía cayó de un 38,4 a un 29,5 por ciento. Comparado con 15 países de la OCDE, el Reino Unido sufrió una caída en el empleo industrial dos terceras partes mayor que la media, mientras que la caída del valor aportado por la industria a la economía fue de un tercio por encima de la media.

El cierre de gran número de industrias durante la primera etapa del gobierno de Margaret Thatcher (1979-1990) obligó a satisfacer la demanda del consumidor recurriendo a importar en un porcentaje todavía mayor que antes. A partir de los años 80 se produjeron pérdidas reales en los ingresos a causa del deterioro de las condiciones comerciales y de la caída del tipo de cambio. A finales de los años 90 una base industrial más pequeña y una balanza de pagos escuálida impidieron un crecimiento económico sostenido.

La política económica del gobierno Thatcher acentuó el desastre de los cierres de industrias, la reorganización industrial y los despidos, que estuvieron a la orden del día en todas las economías industriales durante el clima económico más duro que siguió a la «edad de oro». En términos internacionales, a finales de los 70 y los 80, una competitividad más dura y un desempleo cada vez mayor, crearon un clima en el que el trabajo en general, y los sindicatos en particular, se debilitaron. En Gran Bretaña, en los 80 y principios de los 90, este proceso se aceleró y extremó a causa de la política del gobierno. La legislación sobre los sindicatos perjudicó a éstos en las negociaciones colectivas, y el gobierno determinó no intervenir para impedir que empresas, o incluso industrias enteras, fueran a la bancarrota. En el caso de la industria del carbón, ésta fue desarticulada y esquilmada premeditadamente por la política gubernamental. Del mismo modo, los subsidios estatales iban desapareciendo. Así, el apoyo financiero del Departamento de Industria para las regiones, para la industria en general y sectores específicos como el aeroespacial, la construcción naviera y la industria del acero, se vio reducido (a precios de 1988-1989) de 2.707 millones de libras en 1981-1982, a 2.053, millones en 1986-1987 y a 1.050 millones en 1990-1991. Paralelamente, la privatización del sector público llevó a menudo a una maximización de los beneficios a través de una reducción del trabajo con poca inversión nueva. En el caso del transporte, la privatización gradual desembocó en la inexistencia de una autoridad central que coordinara los distintos medios logísticos y en un empeoramiento de los servicios a las comunidades rurales. A mediados de los 90 muchos comentaristas que habían mostrado cierta simpatía por las medidas económicas del gobierno Thatcher empezaron a denunciar que la política del *laissez-faire* estaba yendo demasiado lejos.

Durante los años 80 y principios de los 90 la industria británica se caracterizó por una insuficiente inversión en investigación y desarrollo y en la formación tanto de directivos como de la fuerza de trabajo. En los 50 Gran Bretaña gastaba más que nadie en Europa occidental en investigación y desarrollo, pese a que buena parte de él se dirigiera hacia proyectos de defensa y de potencia nuclear. Durante los 80 Gran Bretaña invertía menos en investigación y desarrollo que USA, Japón, Alemania o Francia y su posición relativa se deterioró tras 1979 (invirtiendo 15 por ciento menos que la media en 1980 y un 22 por ciento menos en 1985). Tampoco había la suficiente inversión en maquinaria y tecnología. La desregularización del sector de actividades financieras promovió una oleada hostil de ofertas de compra de empresas británicas; lo que se interpretó de un modo desalentador para las inversiones a largo plazo y realzó la tendencia a los cortos plazos en la industria.

En lo referente a la preparación vocacional, Gran Bretaña permanecía muy por detrás de sus competidores. Un informe de 1987 de la Oficina de Desarrollo Económico Nacional exigía multiplicar por diez la formación en gestión y administración de empresas. En 1988-1989, un momento de repunte económico, se puso de manifiesto la escasez de preparación, cuando el nivel de desempleo se mantenía en el 6 por ciento. Un 60 por ciento de las empresas de ingeniería encontraron problemas a la hora de conseguir trabajadores cualificados para ocupar algunos puestos, a la vez que otros sectores de la industria manufactura presentaban problemas similares.

Hacia 1990 muchos de los centros de preparación cualificada que antes de 1979 financiaba el gobierno, fueron privatizados y después abandonados. La mayoría de Departamentos de Preparación Industrial (establecidos en 1964) fueron abolidos en 1981-1982, y su desaparición eliminó el principal soporte de las 700 Asociaciones de Grupos de Preparación (que proporcionaba apoyo a las pequeñas compañías); hacia 1990 quedaban menos de la mitad. En 1990, los centros de capacitación *(skillcentres)*, que habían resultado importantes en diversos sectores, como la formación de albañiles, y que alcanzaron su momento álgido en la década de 1980 (cuando una plantilla de 300 miembros instruía a más de 30.000 personas), fueron privatizados. Sin embargo, debido a que una considerable proporción de los fondos procedía del gobierno, y al verse éstos reducidos de acuerdo con la política gubernamental, que mantenía que «los empresarios deberán aceptar que la inversión principal debe proceder de ellos», la mayoría de los centros de capacitación tuvo que cerrar en el espacio de tres años. A finales de los 90, las dimensiones alcanzadas por el problema de la falta de preparación cualificada en relación a los competidores industriales del Reino Unido, ya no pudieron ocultar por más tiempo que la base de una formación profesional no podía recaer mayoritariamente en los empresarios, sino que debía intervenir el estado, y que dicha actividad exigía adoptar la postura de otros países.

Sin embargo, en la reducida base manufacturera de los 80 y los 90 existían algunas firmas británicas que eran competitivas en las líneas de la alta tecnología que se estaban desarrollando internacionalmente. Entre 1979 y 1988 su aportación a la industria del Reino Unido creció de un 15 por ciento a un 19,7 por ciento, un aumento que se comparaba favorablemente con el de Alemania, Japón y Estados Unidos. Sin embargo, a excepción de la industria aeroespacial, la buena respuesta de este sector, en relación con el resto de sectores de la industria británica, disminuyó a partir de 1990.

La industria aeroespacial se benefició del gasto gubernamental en defensa, especialmente a principios de los 80. En las últimas tres décadas del siglo xx Gran Bretaña ha sido un importante exportador de armas: a finales de los 70, llegó a ser el cuarto en el *ranking* mundial. En 1974 la industria aeroespacial (aviación y mísiles dirigidos) constituía el 28 por ciento de los 179 millones de libras de exportación armamentística. En 1989 la proporción se elevó a un 75 por ciento de 2.408 millones de libras. Además, el comercio de las armas dio lugar a un excedente en la balanza comercial (140,5 millones de libras en 1974, 1.736 millones en 1989), aunque no dejara de ser un rubro conflictivo, en especial por lo que se refiere a la distribución de minas antipersona.

A finales de 1990 las condiciones de trabajo se deterioraron considerablemente. La internacionalización de los mercados llevó a los industriales a buscar mano de obra barata para realizar trabajos no cualificados. La producción de juguetes, por ejemplo, se trasladó de las Midlands a Corea del Sur, Taiwan, las Filipinas y, después, a China. En Gran Bretaña, el adverso clima económico de los primeros 80 alentó a los patronos a recurrir a la mano de obra eventual, normalmente la menos cualificada. La obtuvieron ofreciendo a los trabajadores contratos temporales o subcontratándolos. Hacia 1986 casi un tercio de los empleados podían considerarse como parte de esa «fuerza de trabajo flexible». Las proporciones más altas de tales trabajadores correspondían a la agricultura, hostelería, distribución, construcción, reparaciones y actividades comerciales o profesionales.

Al igual que en otros países industrializados, la expansión del empleo temporal estuvo asociada a una mayor participación de la mujer en la fuerza de trabajo. Entre 1971 y 1989 el número de trabajadores a tiempo parcial aumentó un 50 por ciento y en 1989, de los 5,2 millones de trabajadores a tiempo parcial un 83 por ciento eran mujeres. A mediados de los 90 sólo una cuarta parte de la fuerza de trabajo era eventual, con un 45 por ciento de los puestos ocupados por mujeres. El trabajo temporal convino a muchas mujeres en lo referente a horarios, no siendo así en las pagas. Los pagos por horas de dichos trabajos solían ser bajos y en los 80 y 90 casi dos tercios de los trabajadores a tiempo parcial, trabajaban 16 horas semanales o menos, de manera que no estaban cubiertos en caso de baja por maternidad, despido o despido improcedente (que requerían cinco años de trabajo continuado y de un mínimo de 18 horas por semana para cobrar subvención). Los trabajadores a tiempo parcial solían ocupar los puestos de más bajo nivel y dentro de este tipo de trabajo la discriminación contra las mujeres estaba a la orden del día, cuando no había más remedio que regularizar el empleo.

Curiosamente, otra característica de los 80 y los 90 fue que la gente cada vez debía trabajar más horas. En 1994 cerca de un 20 por ciento de la fuerza laboral trabajaba 6 o 7 días a la semana, y casi un 40 por ciento 5 días a la semana. En una franja laboral más amplia, el trabajo a jornada completa se intensificó por la reducción del número de empleados, lo que hizo aumentar, en consecuencia, el *stress* y, en algunas ocupaciones, el número de accidentes laborales.

La creación de una «fuerza de trabajo flexible», junto con un alto índice de desocupación en los 80 y los 90, llevó a una mayor diferencia de ganancias e ingresos en Gran Bretaña. Las desigualdades crecieron rápidamente desde finales de los 70 hasta los 90. Entre 1979 y 1987, después de la fiscalidad, los ingresos del 10 por ciento de la clase social privilegiada aumentaron hasta un 22 por ciento en términos reales, mientras que el 10 por ciento de los desfavorecidos sólo mejoró en un 5 por ciento. En los 80 y los 90 la pobreza se hizo más visible, con el retorno de un gran número de indigentes durmiendo en las calles.

A finales de los 90 los parámetros de la acción del gobierno británico se fueron limitando. Los principales partidos políticos se comprometieron a frenar los niveles de gasto público. La política financiera de la CEE, claramente orientada a mantener la estabilidad de los precios, provocó un impacto deflacionario al aplicarse, a mediados de los 90, a distintos países comunitarios.

A finales del siglo xx, ya no es imaginable una Gran Bretaña en solitario. La política británica no puede determinar por sí sola su destino económico o social. Ahora Gran Bretaña forma parte efectiva de una economía europea y de una economía mundial todavía mayor.

Notas

1. Además de los volúmenes incluidos en las lecturas complementarias y el Capítulo 13, Nota 1, ver N.F.R. Crafts y N. Woodward (eds), *The British Economy since 1945* (1991), A. Maddison, *The World Economy in the Twentieth Century* (1989) y E.J. Hobsbawm, *The Age of Extremes* (1994). Ver también los esquemas 1, 2, 3, 4, 6-8, 12-14, 17, 19-21, 23-6, 31-40 y 45-52.

CONCLUSIÓN

¿Cómo debemos contemplar la Gran Bretaña de los 90?

A finales del siglo xx Gran Bretaña era un país con una población del orden de los 60 millones, más o menos del mismo tamaño que Francia o Italia, pero considerablemente menor que Alemania. Comparada con la media global es bastante notable, pero no deja de estar cerca del tamaño demográfico más bajo de los 25 estados con 50 o más millones de habitantes, en los que viven las tres cuartas partes de la población mundial. En los últimos años 80, su economía contribuyó con apenas un 4 por ciento al producto interior bruto mundial, algo menos de una sexta o séptima parte de la participación norteamericana, un tercio de la del Japón y dos tercios de la de Alemania. En otras palabras, a principios de los 90, su PNB ocupaba el sexto puesto tras USA, Japón, Alemania, Francia e Italia.

Sin embargo, el PNB por persona ocupaba el decimoséptimo lugar. En renta *per cápita*, la Gran Bretaña estaba muy por debajo de Austria, Bélgica, Dinamarca, Finlandia, Francia, Alemania, Italia, Luxemburgo, Países Bajos, Noruega, Suecia y Suiza, por referirnos sólo a estados europeos. En otras palabras, sólo estaba por encima de Turquía, Grecia, Portugal y —por poco— Irlanda y España. Los británicos tenían una esperanza de vida inferior a la de Grecia, Islandia, Italia, Países Bajos, Noruega, Suecia, Suiza y España. Su mortalidad infantil era superior a la de todos los países, salvo Bélgica, Grecia, Italia, Portugal, España y Turquía.

Gran Bretaña había sido desindustrializada sin piedad. En los 25 años que siguieron a 1970 el porcentaje de su fuerza e trabajo empleada en la manufactura descendió hasta poco menos de la mitad. Tal vez era el destino necesario de una economía que había dependido demasiado de las industrias del siglo xix, aunque ello no explicaría por qué el país no volvió a poseer una industria nacional del motor y por qué producía poco más del 10 por ciento de los coches fabricados o montados en la comunidad europea, o lo que es lo mismo, un tercio de la producción alemana, la mitad de la francesa y menos que Italia y España, según cifras de 1993 (en 1963 había realizado un 24 por ciento de la producción Europea; ver p. 400). La isla que, en palabras de Aneurin Bevan, estaba hecha de carbón y rodeada de peces, producía menos del 2 por ciento de la producción mundial de carbón (pero estaba entre los 10 productores de petróleo más importantes del mundo), contaba con menos de un 1 por ciento de las capturas mundiales, y hacía el número 27 de las naciones pesqueras. Britannia, que había gobernado los mares, ocupaba ahora el vigésimo cuarto lugar en la lista de países navieros. Apenas un 1 por ciento de los barcos del mundo navegaba bajo pabellón británico. De entre los puertos comerciales del mundo, el más grande de Gran Bretaña, Londres, ocupaba el número 29, muy por debajo de Rotterdam, Amberes y Marsella, así como de Hamburgo y Le Havre, por mencionar sólo a sus rivales europeos (1993). Sin embargo, Heathrow era el quinto aeropuerto del mundo y en lo referente al tráfico internacional de pasajeros y a las ventas en los «duty-free» superaba a todo los demás, pese a quedarse muy por detrás de Los Ángeles, Frankfurt, Nueva York, Miami, Tokio-Narita y Hong Kong en lo que al flete aéreo se refiere.

A diferencia de Alemania, Italia, y para este caso Suiza, Gran Bretaña permitió que sus industrias manufactureras se diezmaran. Ya no volvería a pertenecer al grupo de los diez estados europeos que obtenían de la industria más del 30 por ciento de su PNB. Doce de los 19 países europeos de la OCDE, con Alemania a la cabeza, empleaban en la industria una mayor proporción de su fuerza de trabajo. Gran Bretaña siguió siendo un importante exportador (muy por detrás de Alemania y Francia, pese a que probablemente aún por delante de Italia), aunque algo premioso, a excepción de la exportación de armamentos, políticamente dependiente, que aumentó de forma masiva. Aún y así, entre 1983 y 1993, 13 países aumentaron sus exportaciones más rápidamente que Gran Bretaña.

Sin embargo, la situación británica, pese a no ser impresionante, no era esencialmente distinta de la de las otras economías europeas de su generación. Todas continuaban siendo extremadamente ricas para la media mundial. La unión europea (más Suiza) contaba con 13 de los veinte países más ricos del mundo (según el PNB *per capita* de 1993)[1] y esta área de más de 350 millones de habitantes constituía, por lo tanto, la mayor acumulación de bienestar material humano del globo: mayor que las únicas dos regiones comparables, Norteamérica (290 millones) y Japón (102 millones). A menos que la región experimente una regresión absoluta —una contingencia poco probable, aunque, a la luz de los desastres sociales sucedidos en otras partes del mundo, no impensable— la situación de sus habitantes seguiría siendo la envidia de cuatro de cada 5 seres humanos. Económicamente, incluso a sus partes más pobres, como Gran Bretaña, les aguarda un futuro razonablemente cómodo. Esto seguiría siendo así aunque «las nuevas economías industriales» salvaran la distancia en ingresos que a mediados de los 90 aún mantenía al PNB *per capita* de sus habitantes bastante por debajo del de los viejos países industriales.[2] Sería así aun cuando muchas de las industrias de producción y servicios europeas emigraran a países como la India y China, contra cuya mano de obra barata, pese a la retórica acerca de la presión del mercado mundial, la Unión Europea no puede ni ha intentado seriamente competir. En pocas palabras, la economía británica a finales del milenio no era ni la campeona de liga, ni se enfrentaba al desastre.

En otros aspectos era también como otras pequeñas o medianas «economías de mercado desarrolladas» europeas. Al igual que ellas, Gran Bretaña tenía sus raíces en las revoluciones industriales anteriores a 1914, aunque en su caso se remontaban a un pasado más remoto que las de otros países. La agricultura británica perdió su importancia económica antes que otras economías industrializadas enraizadas en el siglo xix, pero en los años 90 éstas ya la estaban alcanzando. Todo pasó de la producción a los servicios, que entonces representaron cerca de los dos tercios del PNB británico, al igual que en otros muchos países. Todo tuvo que ajustarse a las transformaciones de la producción industrial y la organización y a la suerte cambiante de las industrias más antiguas. Todo tuvo que hacer frente al surgimiento, en los años 70, de la nueva economía transnacional —ante la dinámica imprevisible de monedas y pagos— y a los azares de las problemáticas décadas que siguieron a la era dorada de la gran prosperidad. Al igual que en otros países europeos, en los 80 reapareció dramáticamente el desempleo masivo. En Gran Bretaña su impacto fue en ocasiones mayor y en ocasiones menor al que tuvo en otros países, pero su alcance ha quedado enmascarado por una sucesión de modificaciones en las estadísticas oficiales y la tendencia a clasificar a los parados en edad de trabajar, y especialmente a los jóvenes, bajo otros rubros. Cualesquiera que sean los detalles concretos de esta cuestión tan debatida, a mediados de los 90, y pese al descenso del paro, el mercado laboral dejó de proporcionar trabajo a casi una cuarta parte de la población británica en edad de trabajar: 2,9 millones de hombres y 4,9 millones de mujeres. Como hemos visto, además, una cuarta parte de los trabajadores británicos ocupaban puestos de trabajo temporales (un 8 por ciento de hombres y un 45 por ciento de mujeres).[3]

Durante los primeros años de la nueva era de turbulencias económicas, la mayoría de gobiernos europeos reaccionó tratando de seguir los viejos caminos en la medida que eso era posible. Sin embargo, a partir de 1979, los gobiernos conservadores británicos divergieron del resto al optar, antes que en ningún otro lado y con una convicción ideológica apasionada, por una política radical de *laissez-faire* económico que rompió deliberadamente con el consenso político, económico y social que durante tantos años habían compartido los partidos Conservador y Laborista. Eso tuvo escasos efectos a largo plazo en la economía británica, que continuó con su relativo declive, pese a que (al igual que todas las otras economías comparables) continuó creciendo. El impacto inmediato en la faz económica del país fue probablemente más espectacular, ya que el celo teológico de los políticos e ideólogos librecambistas de los años 80 y 90, la prioridad dada a la consecución de beneficios a corto plazo y el holocausto industrial de los primeros años de la era Thatcher abrieron una profunda sima en la vida británica, en las instituciones y en las costumbres y valores públicos y comerciales; probablemente mayor que la de otros países. Sin duda, esta actitud significó un deliberado ataque a mucho de lo que, durante un siglo y medio, se había considerado como caracteríticamente británico, tanto dentro como fuera del país, y no menos por los partidos Conservador y Laborista en su actitud durante los tres primeros cuartos del siglo xx.

Sin embargo, como hemos visto, la economía británica había dejado de actuar aisladamente. A finales del siglo xx el país lleva un cuarto de siglo en la Comunidad Económica Europea (ahora «Unión Europea»). El futuro exacto que aguarda a esta Unión es algo incierto y controvertido para la política británica y para la de otros países miembros pero, cualquiera que sea la retórica de los políticos, nadie piensa seriamente en un futuro económico para Gran Bretaña fuera de ella, ni tampoco concibe la inminente transformación del país en provincia de una entidad paneuropea política e institucionalmente homogeneizada. La diversidad lingüística del continente lo ha hecho difícil. (Esta es una razón por la que, a pesar de que ahora existe una mayor libertad para buscar empleo en otros lugares de la Unión, sorprendentemente, apenas si hay una pequeña migración permanente en su interior).[4] Dentro de la Unión, la Gran Bretaña sigue disfrutando de la ventaja de que habla y escribe naturalmente la lengua de la comunicación global y —tal vez el último vestigio de sus tiempos de hegemonía mundial— de que posee la herencia de Londres, que hace de ella (junto a Nueva York y Tokio) una de las tres «ciudades globales» genuinas, centros de finanzas y comunicaciones en la nueva economía mundial transnacional. Por otro lado, la fuerza de trabajo británica tiene menor formación que la de otros países y, gracias a la desindustrialización y a la atrofia de la formación profesional, está menos cualificada.

La lengua, la historia y una larga tradición de puente hacia Europa para los Estados Unidos —centrada en la cultura de evasión global moderna (del *ragtime* al *rock*, de Hollywood al vídeo o a los multimedia)— también constituyen una ventaja para Gran Bretaña dentro del marco más amplio de Europa. El panorama cultural de Gran Bretaña, cuyo vigor ya fue destacado en la primera edición de este libro, se ha seguido ampliando. Por otro lado la considerable potencia de la investigación científica británica, uno de los activos más importantes para cualquier nación en el siglo XX, presenta signos de debilidad, pese a que la aportación científica británica siga siendo superior al resto de países de la UE y segunda en el mundo —aunque a gran distancia tras Estados Unidos. Sin embargo, países más pequeños —Suecia, Suiza, Israel, Dinamarca o Canadá— publicaron más material científico por habitante que Gran Bretaña o que los Estados Unidos.[5]

Los acontecimientos que se sucedieron en la economía mundial y en Europa a partir de los años 70, y en la política británica a partir de 1979, cambiaron profundamente la forma de vida de la gente de Gran Bretaña a finales de siglo. Sin embargo muchos de los cambios que se han producido en la vida del pueblo británico siguen tendencias que estaban presentes desde hacía mucho tiempo. Probablemente a la etapa conservadora sólo pueden atribuírsele tres cambios importantes: el gran aumento del acceso a la propiedad de sus hogares (*Social Trends* registró una alza de apenas la mitad en 1981 a casi tres cuartas partes en 1995), un crecimiento substancial en el número de trabajadores autónomos (que crecieron entre 1970 y 1995 desde menos de un 8 por ciento hasta un 13 por ciento de la fuerza de trabajo) y el notabilísimo aumento de la desigualdad social y económica, que invirtió las tendencias de la generación posterior a la segunda guerra mundial. En 1982 un 8 por ciento de los británicos tenía unos ingresos por debajo de la mitad de la media, diez años después ya era un 20 por ciento. En el otro extremo, el 5 por ciento de los más ricos disponía de más de la mitad de los bienes muebles del país (además de la vivienda), es decir, más que el 95 por ciento restante junto.[6] Sin embargo, a finales de siglo, una considerable mayoría de británicos tenía mayor bienestar material que antes, y en la mayoría de los casos mucho mayor. La proporción del ingreso británico destinado a la alimentación (el índice más claro de pobreza primaria), cayó por debajo de la mitad entre 1963 y 1994. Entre 1972 y 1995 la proporción de hogares británicos con teléfonos y calefacción central se dobló con creces. Si lo que los políticos denominaban la «sensación de bienestar» no llegó a aparecer ni tan siquiera en los tiempos de prosperidad económica, fue porque el precio de la prosperidad era, y según nos dijeron los ideólogos debía ser, el fin de un empleo para toda la vida y las expectativas seguras, incluso para las clases medias.

Para la mayor parte, sin embargo, la escena británica reflejaba tendencias independientes de los cambios en la política de los gobiernos. Las mujeres representan cada vez más una mayor parte de la fuerza de trabajo —se espera que a principios del siglo XXI constituyan casi la mitad— aunque esa tendencia no es más que la continuidad de la que siguió a la segunda guerra mundial. Tanto las mujeres como los hombres viven más tiempo —en 1994 la esperanza de vida era de 74 y 79 años respectivamente— aunque esta tendencia no haga más que continuar el crecimiento estándar de la esperanza de vida en dos años por década. La población británica ha envejecido, aunque lejos del panorama apocalíptico pintado por los políticos en el sentido de que este envejecimiento llevaría al país a la bancarrota (sin embargo el número de personas dependientes por cada cien personas en edad de trabajar parece que va a descender en los próximos 50 años.) Los británicos son ahora gentes más solitarias, ya que un 28 por ciento de los hogares (frente a un 18 por ciento en 1971) está compuesto por personas solas: los ancianos y los viudos, los jóvenes que permanecen solteros por más tiempo, los divorciados. Por esta razón —y porque en tantos hogares todos los adultos trabajan— a partir de 1993 los británicos, a quienes seguían apasionando los animales de compañía, tuvieron por primera vez más gatos que perros (los primeros necesitan menos cuidados). Una sensación de mayor inseguridad ciudadana ha hecho que, por término medio, las madres británicas inviertan casi 3 horas por semana en llevar a los niños al colegio en coche, y desde los años 70 ha descendido en un 25 por ciento la distancia que los británicos entre cinco y quince años recorren a pie. Pero todas estas curvas han ido creciendo durante mucho tiempo.

El aumento de jóvenes e intelectuales, los nuevos grupos sociales, apreciado en los años 50 (ver pp. 329-330), se ha seguido produciendo. Y lo mismo ha sucedido con la presencia e importancia de las mujeres como grupo social, que la versión de los años 60 de este libro no tuvo en cuenta. Los jóvenes y los intelectuales (también jóvenes) tiene al menos una cosa en común: se han mantenido durante mucho tiempo fuera del mercado de trabajo; los estudiantes, cuyo número se multiplicó en los 90 por una decisión política conservadora, porque estudian a tiempo completo; los no estudiantes porque se han visto afectados por el impacto desproporcionado del paro juvenil. (En 1993, el 21 por ciento de los hombres y el 13,4 por ciento de las mujeres con menos de 25 años estaban parados.) Por otro lado, la importancia cada vez mayor de las mujeres en el mercado laboral —como asalariadas o retribuidas por horas— reforzó y transformó su posición y, especialmente, la de madres con hijos jóvenes. En la fuerza de trabajo empleada cada vez es mayor el número de mujeres, y aún lo es más en los sindicatos. La familia (compuesta o no de pareja) dependiente de un solo sueldo se ha ido haciendo cada vez menos común. Por esa razón, tras un largo período de declive, ha recobrado fuerza el servicio doméstico, sobre todo en la versión de canguros y niñeras que cuidan a hijos de parejas cuyas dos partes trabajan.

¿Qué sentían los habitantes del Reino Unido al mirar al futuro a finales del siglo xx? viven en un país que ahora es menos importante en el mundo y muchos de ellos sienten que han perdido los puntos de referencia y buscan, sin descubrirlos, otros nuevos. Sienten, aunque sea vagamente, que Gran Bretaña ya no puede seguir siendo como antes, pero no saben qué es lo que se debe hacer. Esto tal vez explique la paradoja de que el partido conservador fue capaz de gobernar ininterrumpidamente el país por espacio de 18 años desde 1979, de forma opuesta al conservadurismo tradicional, instrumentando un programa de convulsión institucional constante, sin igual en todo el siglo. Los conservadores llegaron al poder ofreciendo un cambio radical que por sí solo frenaría el lento declive británico. Y hasta que llegó la crisis económica de principios de los 90, incluso una parte de esa mayoría de electores que siempre había rechazado votar por ellos, se preguntó si, pese a toda la dureza y la inhumanidad de sus propuestas, no estarían en lo cierto.

A mediados de los 90 el grueso de los electores británicos llegó a la conclusión de que los conservadores no tenían razón. En 1997 votaron en consecuencia. Los cambios políticos de primer orden no suelen ocurrir a menudo: la primera edición del presente libro acababa con el retorno del gobierno laborista en 1964 tras un largo período en la oposición, pero al mirar atrás no resulta una fecha de particular importancia en la historia económica de Gran Bretaña, ni significó ruptura alguna. Las elecciones de 1997 serán consideradas, en cambio, como el fin de una era de forma más clara y dramática, porque confirmaron el fracaso de un proyecto de 20 años, el más ambicioso del siglo, para frenar el lento declive de Gran Bretaña.

¿Serán contempladas como el inicio de una nueva era en la historia de la economía británica? La respuesta nos la dará el siglo xxi.

NOTAS

1.   Kuwait y los Emiratos Árabes Unidos han sido omitidos, al ser considerados más como grandes corporaciones que como países.

2.   A excepción de la pequeña ciudad-estado de Singapur (cerca de 3 millones).

3.   *Social Trends* 1997, aparecido en el *Financial Times*, 30/I/97, p. 14

4.   Según la media de los países miembros de la Unión Europea a mediados de los 90 no más de un 1 por ciento de la fuerza de trabajo consistía en inmigrantes de otros países miembros.

5.   Artículo en *Science* de Sir Robert May, citado en el *Guardian*, 7/2/97. (NB: el número de citas extraídas de artículos científicos británicos han caído un 25 por ciento, el *Independiente*, 7/2/97).

6.   *Social Trends*, 30/1/93.

DIAGRAMAS

Quienes escriben en el terreno de la historia económica y social se ven sometidos a la presión de las demandas rivales de la prosa y de los números. No es tarea fácil incluir una selección suficiente de datos cuantitativos en un texto sin hacerlo ilegible. Por ello, he recurrido a este apéndice constituido por una serie de diagramas. Algunos de ellos ofrecen información que cubre el período analizado en el libro y que no puede incluirse cabalmente en ninguno de los capítulos cronológicamente limitados, o que no darían rendimiento adecuado en el caso de ser repartidos entre distintos capítulos. Otros ilustran casos concretos con mayor detalle de lo que es posible en el texto. Otros recogen un material indudablemente importante para la historia económica o social de Gran Bretaña en el período siguiente a 1750, pero habrían entorpecido la línea de exposición argumental que había elegido. Las notas a final de cada capítulo remiten a los diagramas que pueden consultarse con provecho en relación con cada capítulo. Estos diagramas están concebidos como ayudas visuales y no pueden sustituir a las fuentes estadísticas en que se basan, algunas de las cuales se mencionan en la nota sobre «lecturas complementarias».

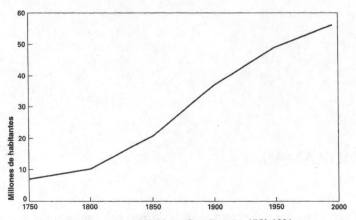

FIGURA 1.   La población en Gran Bretaña, 1750-1991.
(Fuente: 1801-1991, *Annual Abstract of Stadistics 1997*, p. 8.)

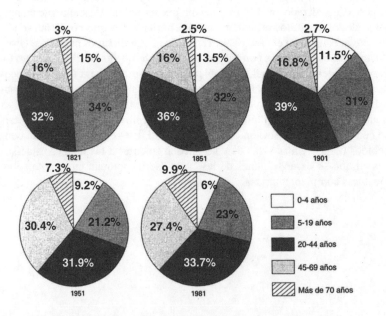

FIGURA 2.   Composición por edades de la población británica en distintas épocas.
(Fuente 1981, *Annual Abstract of Statistics 1995*, pp. 7-8; *Oficina del Censo
de Población y material de investigación.*)

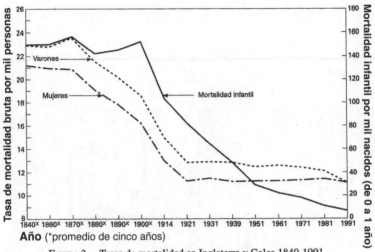

FIGURA 3.   Tasas de mortalidad en Inglaterra y Gales 1840-1991.
(Fuente: 1951-1991, *Annual Abstract of Stadistics 1997*, p.39-40.)

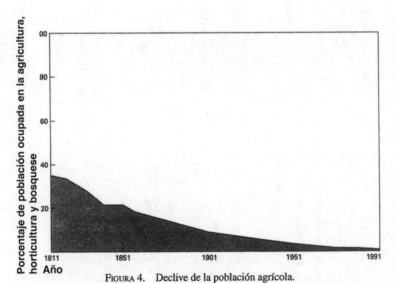

FIGURA 4.   Declive de la población agrícola.
(Fuentes 1951-1991, B.R. Mitchell, *British Historical Statistics*, CUP, 1988,
pp. 105, 107, 215. *Annual Abstract of Statistics 1985, pp. 10 7-8;*y 1997,
p. 124; estas cifras corresponden a Gran Bretaña.)

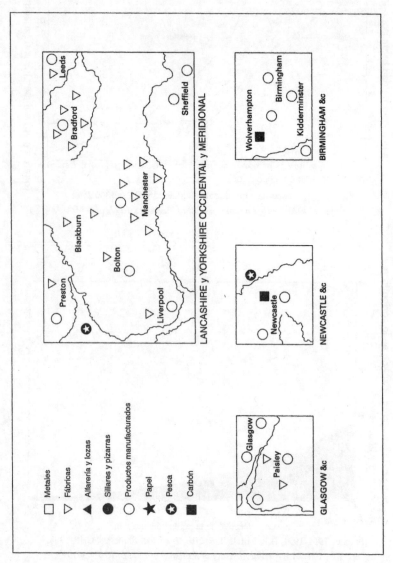

FIGURA 5a. La inglaterra Industrial en 1851.

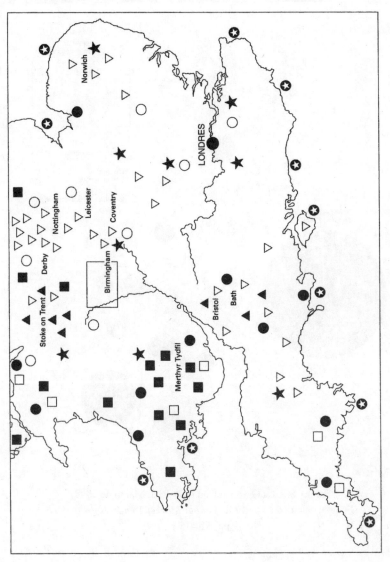

FIGURA 5b. La inglaterra Industrial en 1851.

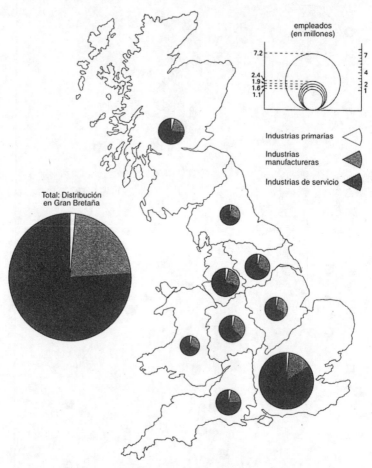

empleados
(en millones)

Industrias primarias
Industrias
manufactureras
Industrias de servicio

Total: Distribución
en Gran Bretaña

FIGURA 6.   La Gran Bretaña Industrial, Marzo de 1997.
(Fuente: calculado a partir de *Labour Market Trends*, Agosto 1997,
pp. 514-15.)

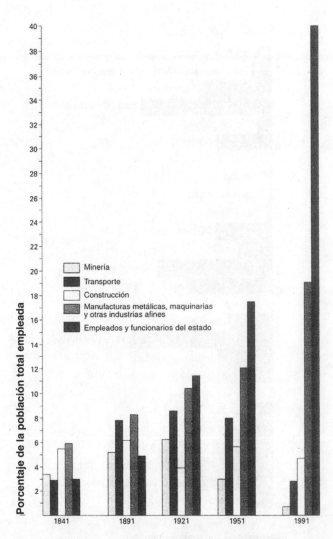

FIGURA 7.   Algunas ocupaciones británicas 1841-1991.
(Fuentes: B.R. Mitchell, *British Historical Statistics*, pp. 104-105. *Annual Abstract of Statistics 1985, p.128;* También *Labour Gazzette,* Mayo 1992, pp.58, SII-I3 y *LabourMarket Trends,* 1997, S9 y 10. Debe tenerse en cuenta que las categorías han cambiado con el tiempo, especialmente los trabajadores no manuales.)

314 INDUSTRIA E IMPERIO

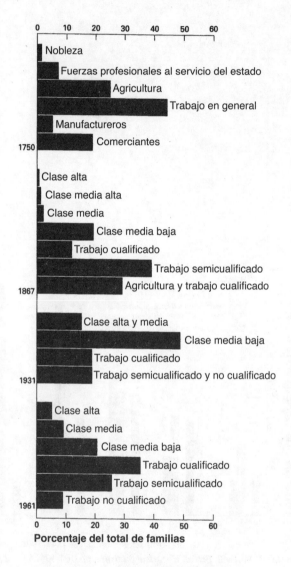

Figura 8a. Estructura social, 1750-1961.
(Fuentes: *para 1750, Joseph Massie; para 1867; Dudley Baxter; para 1931 y 1961, D. C. Marsh.*)

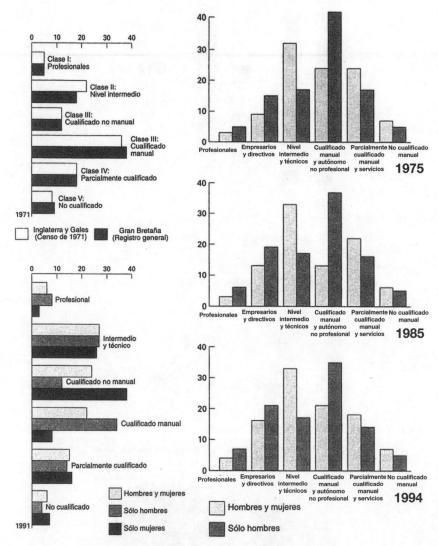

FIGURA 8b.   La clase social en Gran Bretaña, 1971-1994.
(Fuentes, 1975, 1985, 1994, *Living in Britain:Results from the 1994
General Household Survey*, Oficina de Estadística Nacional, 1996, p. 195;
1991, *Force Survey 1990 y 1991*, HMSO, 1992, p. 27.)

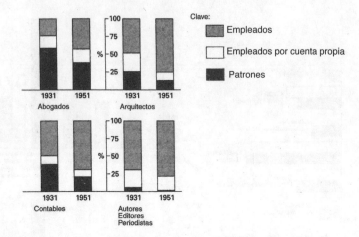

FIGURA 9.   Transformación de las profesiones de clase media, 1931-1951.

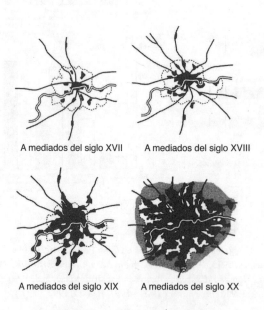

FIGURA 10.   El crecimiento de Londres.

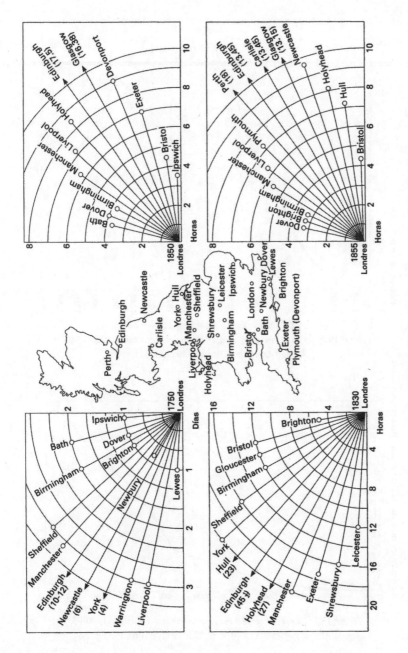

FIGURA 11.   La revolución de la velocidad: duración de algunos viajes.

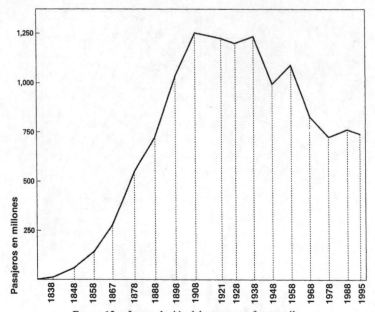

FIGURA 12.   La revolución del transporte: ferrocarriles.
(Fuentes: 1938-95, B.R. Mitchell, *British Historical Statistics*, 1988, p.548-9;
Annual Abstract of Statistic 1997, p. 231.)

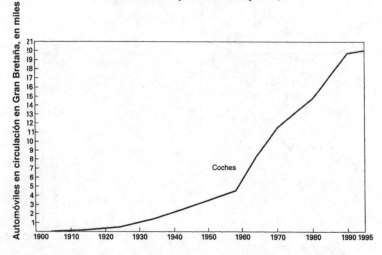

FIGURA 13.   La revolución del transporte: coches. (Fuentes: 1970-95,
Annual Abstract of Statistics 1974, p. 228; 1992, p. 190; 1997 p. 224.)

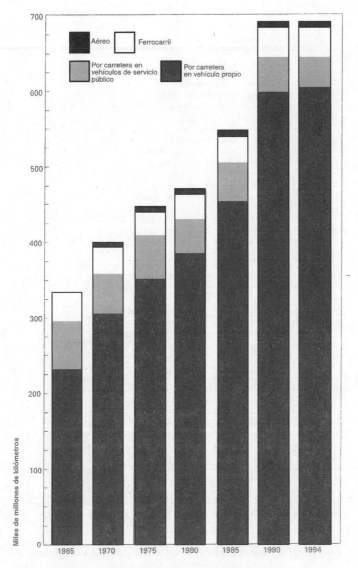

Figura 14.   Transportes de pasajeros en Gran Bretaña entre 1965-1994.
(Fuente: *UN, Statistical Yearbook*, 41, 1996.)

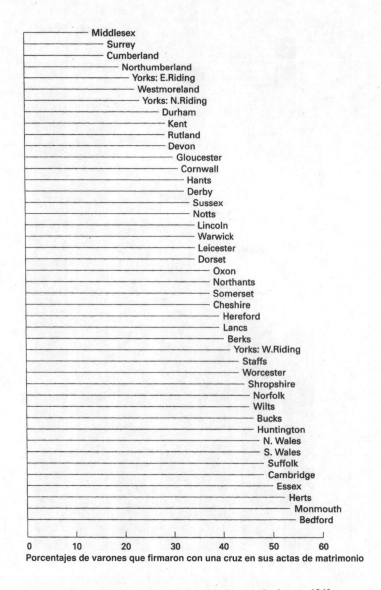

Porcentajes de varones que firmaron con una cruz en sus actas de matrimonio

FIGURA 15.   Comunicación: analfabetismo en Inglaterra, 1840.

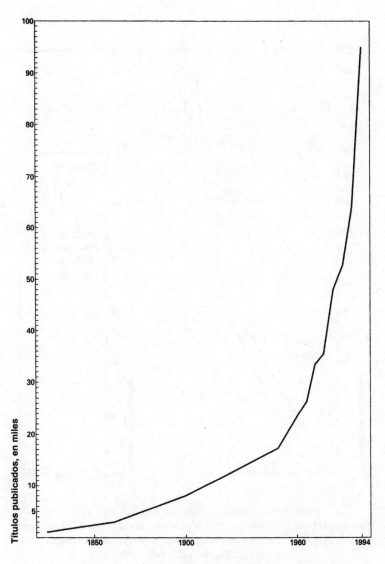

FIGURA 16.   Comunicación: libros.
(Fuentes: 1950-94, *UNESCO Statistical Yearbooks 1963-96*, excepto 1990,
de *Bookseller* por aquel entonces el Reino Unido no formaba parte de la UNESCO.)

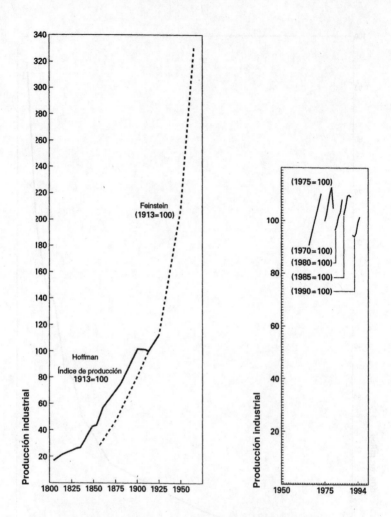

FIGURA 17a.   Producción Industrial Británica, 1811-1965.
(Fuentes: 1811-1925, W. Hoffman; 1938-60, *London and Cambridge Economic Service*;
1855-1965, C.H. Feinstein, *National Income Expenditure and Output
of the United Kingdom 1855-1965, CUP*, 1965.)

FIGURA 17b.   Producción Industrial Británica, 1966-95.
(Fuente: *Annual Abstracts of Statistics*.)

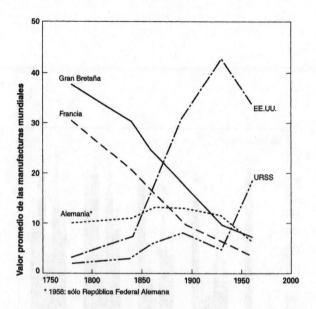

* 1958: sólo República Federal Alemana

FIGURA 18.   Producción industrial británica en porcentaje de la total mundial,
1780-1958. (Fuentes: Mulhall, Sociedad de Naciones, Naciones Unidas.)

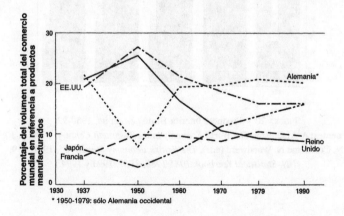

* 1950-1979: sólo Alemania occidental

FIGURA 19.   Proporciones del comercio mundial en referencia a productos manufacturados,
1937-90. (Fuente: N.R.Crafts, *Can De-Industrialisation Severely Damage Your Wealth?*
1993, p.20; gráfico en Maizels, 1963, *Brown & Sheriff,*
1979, CSO, 1991.)

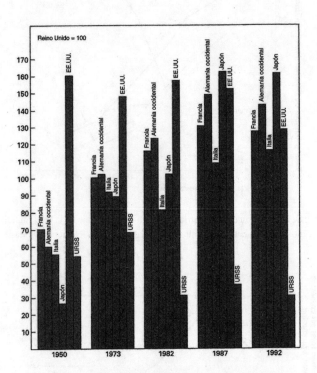

FIGURA 20.   Producto Interior Bruto *per capita*, 1950-92.
(Fuentes: A. Maddison, *The World Economy in the Twentieth Century*, 1989, p. 19;
N. Crafts and N. Woodward (eds), *The British Economy Since 1945*, 1991, p. 9;
UN, Statistical Yearbook 1985/1986, 1987, 1993 y *1994*.)

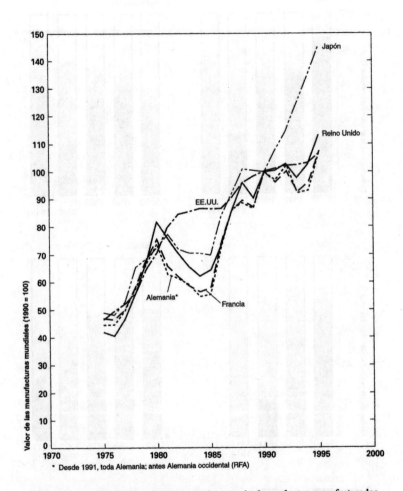

FiGURA 21.   Competitividad británica en el comercio de productos manufacturados,
1974-95. (Source: Office of National Statistics, *Economic Trends 1997*, p. 156, gráfico
en base a datos del IMF.)

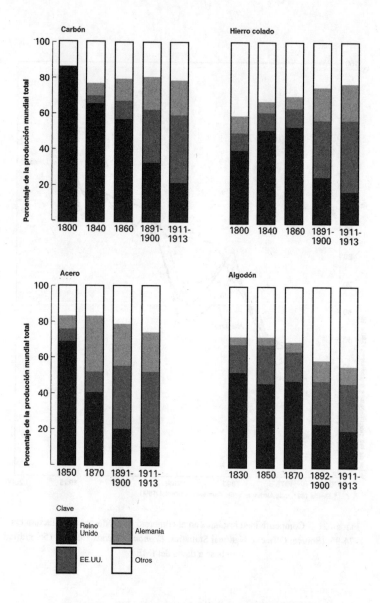

FIGURA 22.   Gran Bretaña en la industria mundial: el siglo XIX.

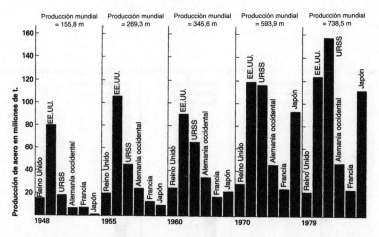

FIGURA 23a. Gran Bretaña en la industria mundial, 1948-79. Hierro
(Fuentes: 1970, 1979, *UN, Yearbook of Industrial Statistics 1978*,
pp. 471-2 y 1982, pp. 481-83)

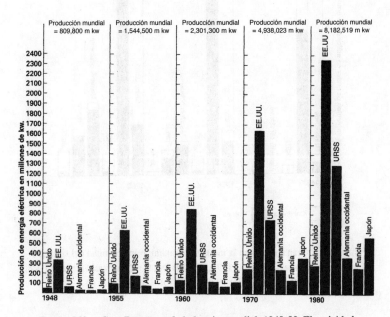

FIGURA 23b. Gran Bretaña en la industria mundial, 1948-80. Electricidad.
(Fuentes: 1970, *UN, Yearbook of Industrial Statistics 1978*, vol. 2 pp. 696-8;
1980, 1982, vol. 2 pp. 703-05.)

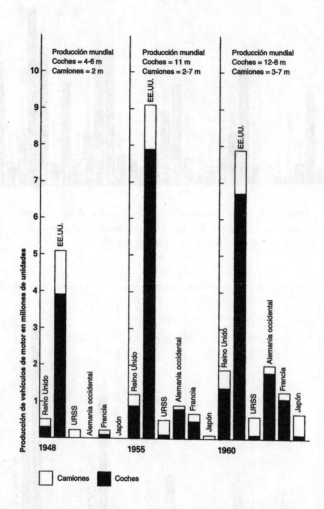

FIGURA 23c.   Gran Bretaña en la industria mundial: primera mitad del siglo xx.
Vehículos automóviles. (Fuentes: 1970, *UN, Yearbook of Industrial Statistics 1978*,
vol. 2, pp. 667, 671; 1980, 1982, vol. 2, pp. 763, 767.)

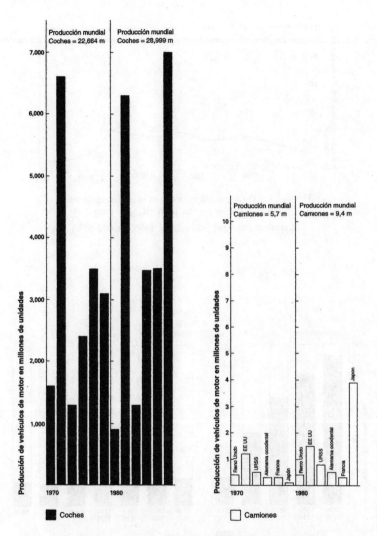

FIGURA 23*d*.   Gran Bretaña en la industria mundial: 1970-80.
Vehículos automóviles. (Fuentes: 1970, *UN, Yearbook of Industrial Statistics 1978*,
vol. 2, pp. 667, 671; 1980, 1982, vol. 2, pp. 763, 767.)

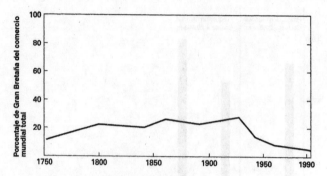

FIGURA 24.   Participación británica en el comercio mundial,
en distintos períodos, 1750-1990. (Fuente: 1990, *UN,
Statistical Yearbook*: *41st edition,* 1996, pp. 692-677.)

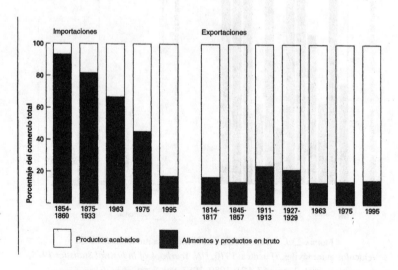

FIGURA 25.   Comercio británico por grupos de mercancías, 1814-1995.

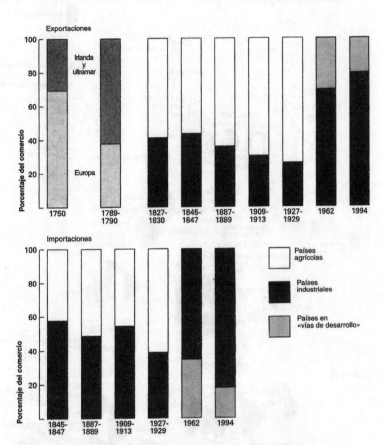

Figura 26.   El modelo de comercio británico 1750-1994.
(Fuente: 1994, C. J. Green, "*La balanza de pagos*" en Artis, ed.,
The UK Economy, 14th edition, 1996.)

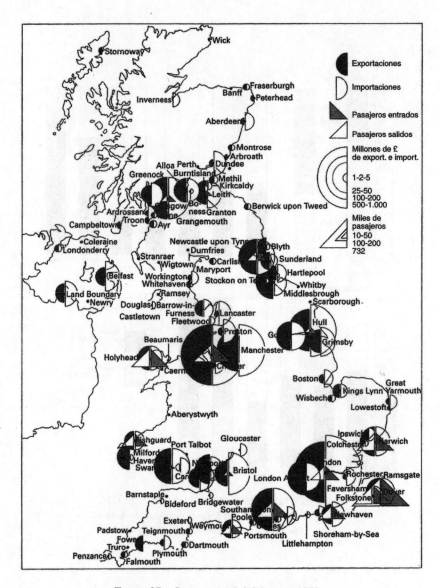

FIGURA 27.   Los puertos británicos en 1960.

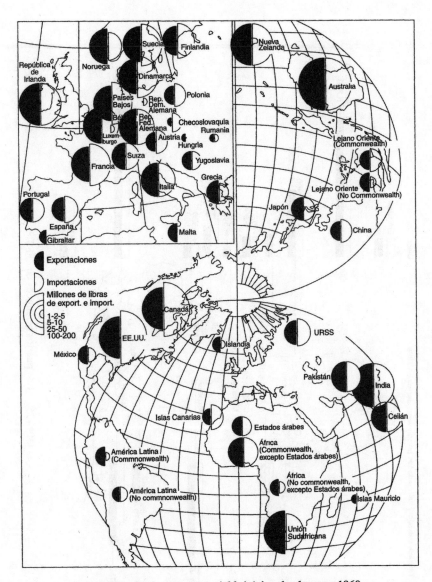

FIGURA 28.   El sistema comercial británico de ultramar, 1960.

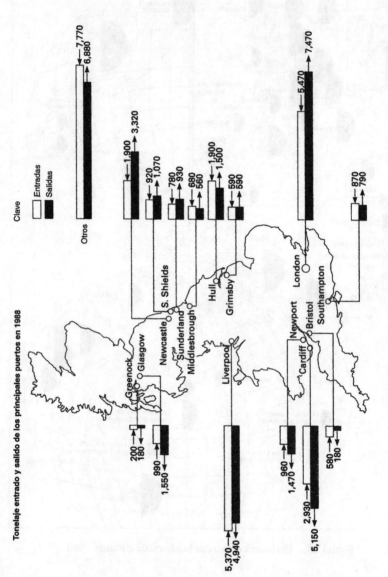

FIGURA 29.   Los puertos británicos en 1888.

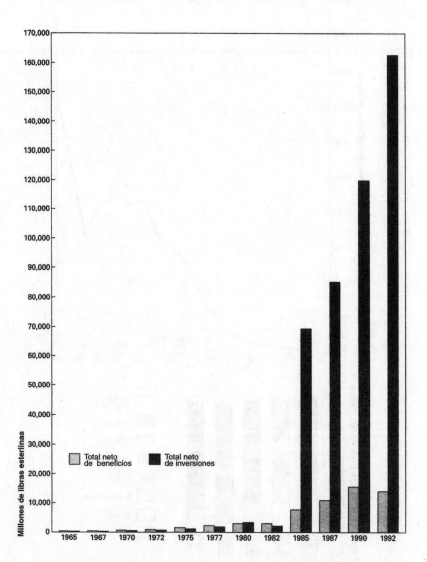

FIGURA 30.   Inversión directa saliente realizada por compañías del Reino Unido
(Los datos de 1965 a 1983 excluyen a las compañías petrolíferas).
(Fuentes: *Business Statistics Office, Business Monitor 1979*, pp. 6-7,
1986, pp. 10-11, 1991, p. 15.)

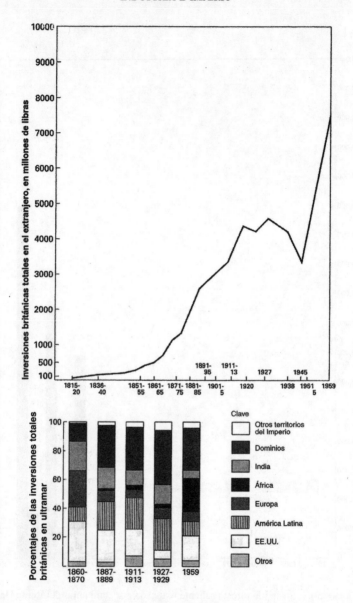

FIGURA 32a.   Distribución geográfica de las inversiones extranjeras británicas.

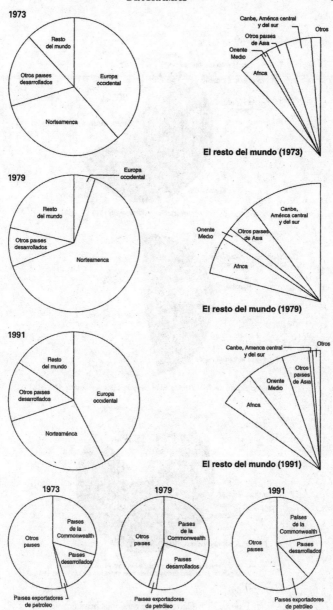

FIGURA 32b.   Inversiones directas netas a ultramar por empresas del Reino Unido
(excluyendo empresas petrolíferas).
(Fuentes: *Business Statistics Office, Business Monitor 1979*, p. 22, 1991, pp. 22-23.)

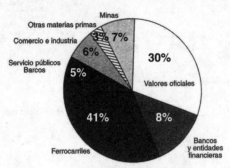

Inversión en ultramar en 1913

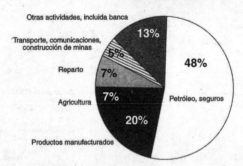

Inversión directa del Reino Unido en el extranjero por la industria, 1958-1961

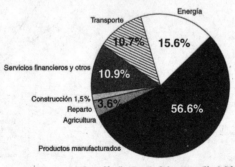

**Inversión directa neta de las compañías británicas
según la actividad industrial de sus afiliados de ultramar, 1991**

FIGURA 33.   Cartera de inversiones británica.
(Fuente: 1991, *British Statistics Office, Business Monitor 1991.*)

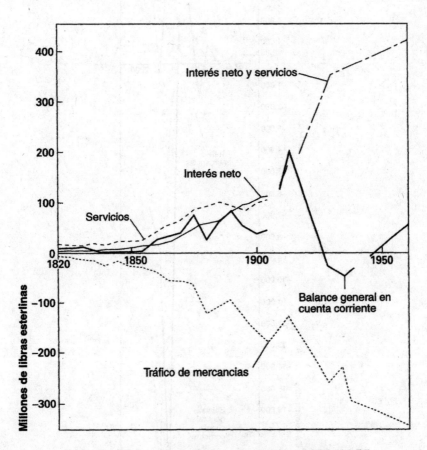

FIGURA 34*a*.   La balanza de pagos, 1820-1955.

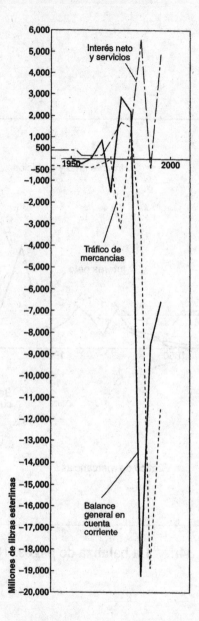

Figura 34b.   La balanza de pagos, 1955-95.
(Fuentes: 1955-1995, *The Economist*, *Pocket Britain in Figures 1997*, pp. 94-95.)

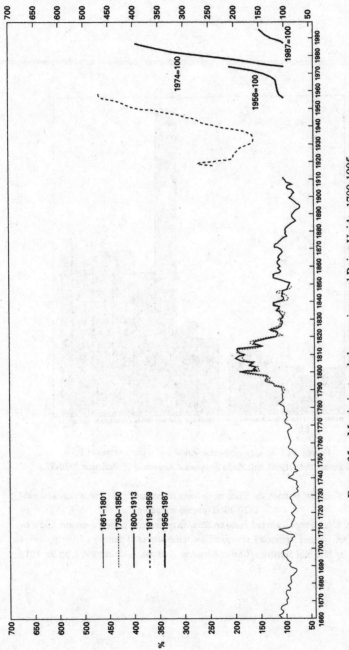

FIGURA 35. Movimientos de los precios en el Reino Unido, 1700-1995.
(Fuentes: 1660-1959, P.Deane and W.A. Cole, *British Economic Growth 1688-1959, CUP, 1962, figura 7, 1959-95, Annual Abstracts of Statistics 1964-97.*)

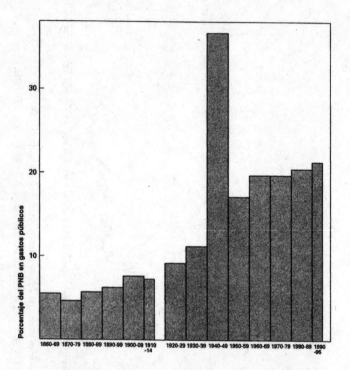

FIGURA 36.   El gasto gubernamental como porcentaje del PNB.
(Fuente: 1960-1990, calculado de *Annual Abstracts of Statistics 1970-97.*)

FIGURA 37*a*.   Proporción del gasto en defensa respecto al gasto gubernamental total,
1820-1960 (página siguiente).
FIGURA 37*b*.   Proporción del gasto en defensa respecto al gasto gubernamental total,
1960-1996 (página siguiente). (Fuentes: *Annual Abstract of Statistics 1970*, pp.249-48;
Office of National Statistics, United Kingdom National Accounts 1997, pp.98, 101.)

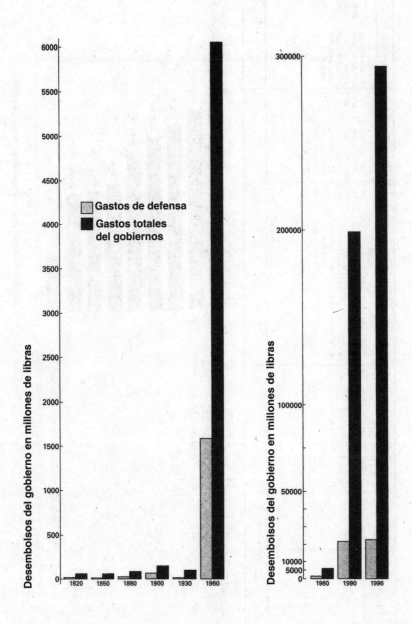

	1900	1910	1925	1935	1955	1975	1994
Partidas	Asistencia a los pobres 8,4 (Pobres / Pensiones de vejez / Hogar)	Asistencia a los pobres 12,4 / Pensiones 8,5 / Hogar 0,6 / Seguro de enfermedad etc.	Asistencia a los pobres 31,4 / Pensiones 94,8 / Hogar 18,1 / Paro 16,9 / Seguro de enfermedad etc. 21,1	Asistencia a los pobres 34,3 / Pensiones 98,0 / Hogar 42,3 / Paro 73,9 / Seguro de enfermedad 25,7	Asistencia nacional 114,4 / Pensiones 94,1 / Hogar 83,5 / Seguro nacional 493,2 / Servicio nacional de la salud 445,5 / Ayudas familiares 94,1	Beneficios de la Seguridad Social 9.749 / Hogar 4.694 / Comedores de beneficencia 15 / Servicio nacional de la salud 1.095 / Asistencia social 5.470 / Educación 7.021	Beneficios de la Seguridad Social 89.411 / Hogar 5.298 / Asistencia social 8.059 / Servicio nacional de la salud 5.470
Total en millones de libras	8,4	21,5	182,3	274,2	1324,8	28.044	177.879

FIGURA 38. Principales partidas en el gasto de la seguridad social, 1900-1994.

(Fuentes: 1975, 1994, *Annual Abstract of Statistics 1985*, p.43, 1997, p. 47.)

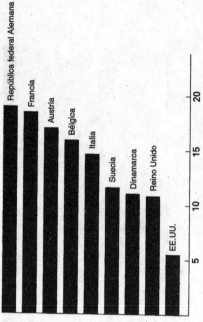
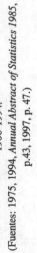

Porcentaje de la renta nacional gastado en seguros sociales

República federal Alemana
Francia
Austria
Bélgica
Italia
Suecia
Dinamarca
Reino Unido
EE.UU.

FIGURA 39. Porcentaje de la renta nacional invertido, en seguridad social en varios países (década de 1950).

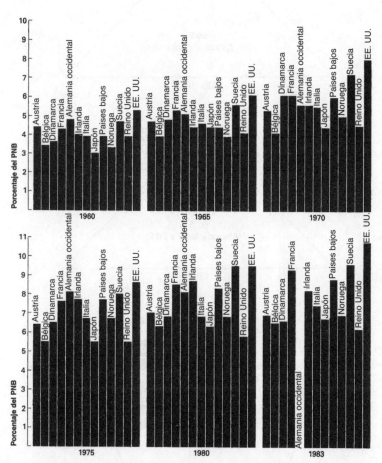

FIGURA 40.   Gasto en salud como porcentaje del PNB, 1960-1983
(Fuente: A.H. Halsey, ed., *British Social Trends Since 1900*, 1988, p. 458.)

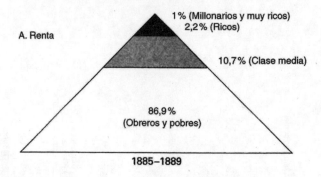

A. Renta

1% (Millonarios y muy ricos)
2,2% (Ricos)

10,7% (Clase media)

86,9%
(Obreros y pobres)

1885–1889

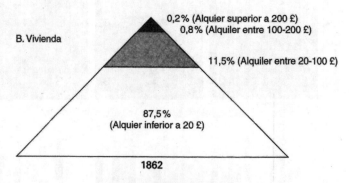

B. Vivienda

0,2% (Alquier superior a 200 £)
0,8% (Alquiler entre 100-200 £)

11,5% (Alquiler entre 20-100 £)

87,5%
(Alquier inferior a 20 £)

1862

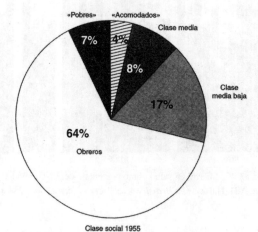

«Pobres»   «Acomodados»
Clase media

7%   4%   8%

Clase
media baja

17%

64%

Obreros

Clase social 1955

FIGURA 42a.   Ricos y pobres en 1955.
(Fuente: Social Class 1955, Informe Hulton.)

Porcentaje de la riqueza poseída por

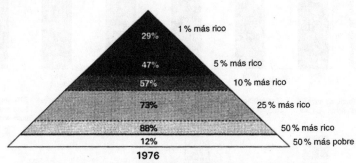

1976

Total de la riqueza calculable económicamente (280 millones de libras)

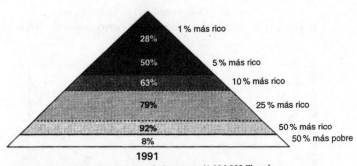

1991

Total de la riqueza calculable económicamente (1.694.000 libras)

FIGURA 42*b*.   Distribución de bienestar en el Reino Unido, 1976 y 1991:
bienestar económicamente calculable (incluyendo vivienda).
(Fuente: *Social Trends 1994*, p.78, esquema de *Inland Revenue.*)

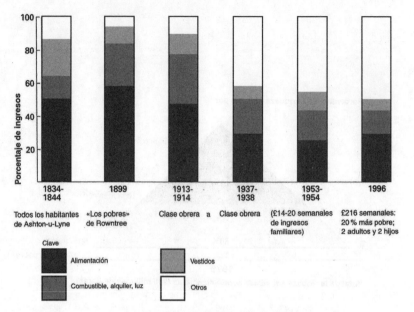

FIGURA 43.   Gastos familiares de los trabajadores.
(Fuentes: 1996, *Office of National Statistics*, *Family Spending*, 1996, p. 70.)

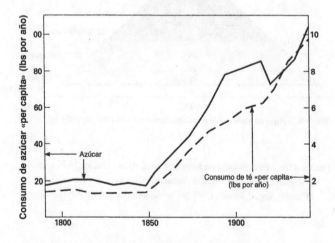

FIGURA 44.   Consumo de té y de azúcar.

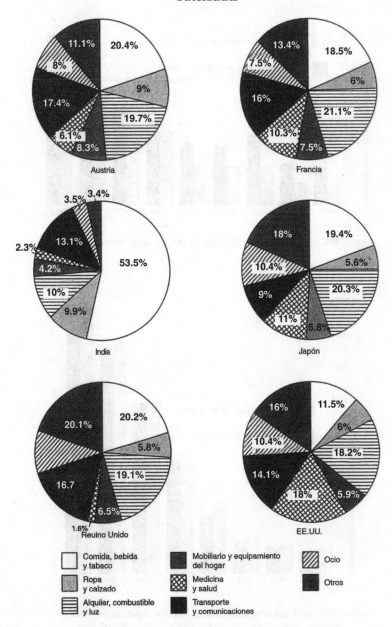

FIGURA 45. Consumo privado según tipos y propósitos en 1993.
(Fuente: *UN, Statistical Yearbook: 41st edition, 1996.*)

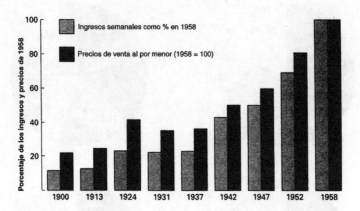

FIGURA 46a.   Ingresos semanales medios y precios al por menor, 1900-1958.

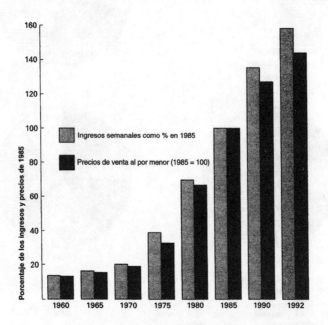

FIGURA 46b.   Ingresos semanales medios y precios al por menor, 1960-1992.
(Fuentes: *Office for National Statistics, Economic Trends 1993*,
pp. 138-139 y 1997, pp. 161-69.)

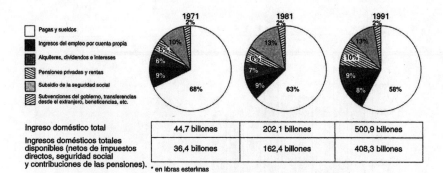

□ Pagas y sueldos

■ Ingresos del empleo por cuenta propia

▨ Alquileres, dividendos e intereses

▨ Pensiones privadas y rentas

▨ Subsidio de la seguridad social

▨ Subvenciones del gobierno, transferencias desde el extranjero, beneficencias, etc.

	1971	1981	1991
Ingreso doméstico total	44,7 billones	202,1 billones	500,9 billones
Ingresos domésticos totales disponibles (netos de impuestos directos, seguridad social y contribuciones de las pensiones).	36,4 billones	162,4 billones	408,3 billones

* en libras esterlinas

FIGURA 47.   Ingreso doméstico total en el Reino Unido, 1971-91.
(Fuente: *Social Trends* 24, 1994, p. 68 del *Central Statistical Office*.)

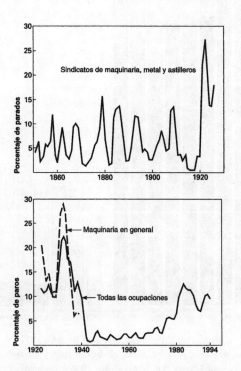

FIGURA 48.   Desempleo 1860-1994. (Fuentes: 1961-1994, B.R. Mitchell,
British Historical Statistics, 1988, p. 124; *Social Trends* 1994, p. 82 y 1996 p. 93.)

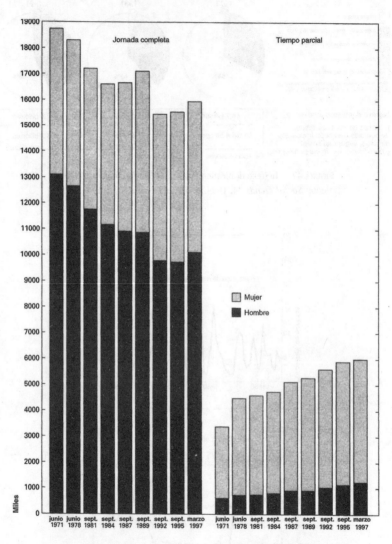

FIGURA 49.   Empleados en Gran Bretaña, 1971-97.
(Fuentes: *Employment Gazette, November 1989 y November 1992;*
Labour Market Trends, November 1996 y September 1997.)

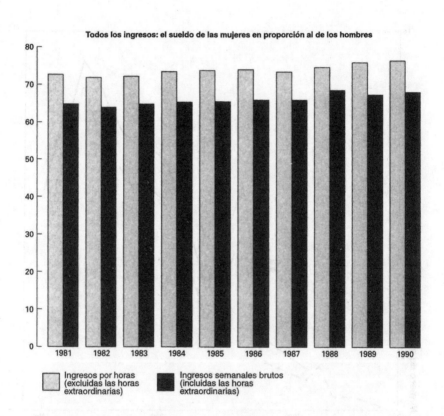

Todos los ingresos: el sueldo de las mujeres en proporción al de los hombres

Ingresos por horas
(excluidas las horas
extraordinarias)

Ingresos semanales brutos
(incluidas las horas
extraordinarias)

FIGURA 50.   Comparativa entre distintos tipos de sueldos, 1981-90.
(Fuente: *«New Earnings Survey»,* redactado por la *Equal Opportunities Comission,*
en *Pay and Gender in Britain,* 1991, p. 3.)

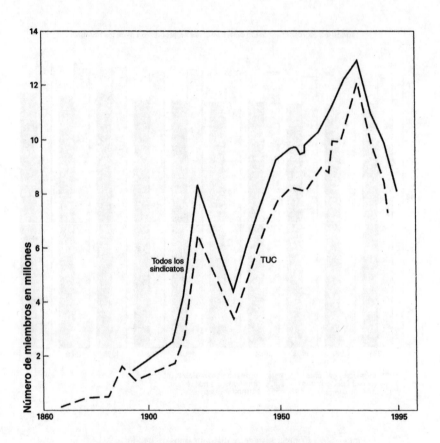

Figura 51.   Afiliaciones a sindicatos, 1860-1995.
(Fuentes; 1945-95, *Department of Employment, Abstract of Labour Statistics 1878-1968*, 1971; *Ministry of Labour Gazette; Employement and Productivity Gazette; Department of Employment Gazette; Labour Market Trends* y *Trades Union Congress Reports*.)

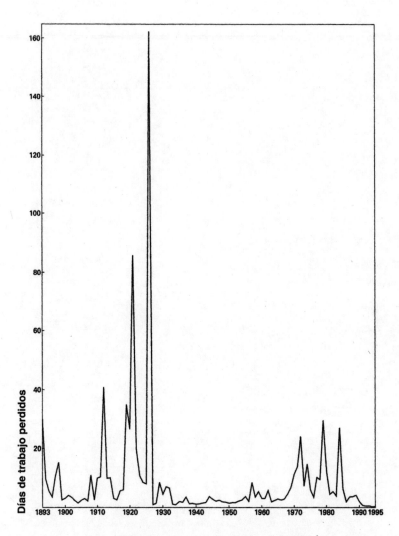

FIGURA 52.   Días perdidos por huelgas, 1890-1995.
(Fuentes: *Ministry of Labour Gazette; Employement and Productivity Gazette;*
Department of Employment Gazette y *Labour Market Trends.*)

LECTURAS COMPLEMENTARIAS

Estas notas destinadas a lecturas complementarias pretenden señalarle al lector algunos de los libros más importantes y accesibles sobre historia social y económica británica desde 1750. Los estudiantes con acceso a las bibliotecas académicas deberían consultar publicaciones como *Economic History Review*, el *Journal of Economic History*, *Social History*, *Business History Review*, *Labour History Review*, y el *Journal of Transport History*. Las publicaciones de la serie Economic History Society «Studies in Economic and Social History», publicadas anteriormente por Macmillan y ahora por Cambridge University Press, son valiosas introducciones a dichas materias.

1. FUENTES

La manera más sencilla de acceder a los datos principales es B.R. Mitchell, *British Historical Statistics* (1988), que pueden ser suplementadas con C.H: Feinstein, *National Income, Expenditure and Output of the United Kingdom 1855-1965* (1972), el *Annual Abstract of Stadistics* y el *Britain, An Oficial Handbook* de la Oficina Central de Información, el *Labour Market Trends* del Departamento de Empleo y las diversas e inestimables publicaciones de las Naciones Unidas y sus agencias especiales. Para las cifras comparativas, ver las publicaciones del Banco Mundial, como el periódico *World Development Report* y *World Atlas*. Para la estadística social, ver D.C.Marsh, *The Camping Social Structure of England and Wales 1871-1951* (1958) y A. H.Halsey, *British Social Trends since 1900* (1988). En lo referente a los años más recientes están *British Social Attitudes* publicado por el Plan de Investigación Social y Comunitario.

Hay ahora múltiples atlas de historia económica y social, incluyendo a J. Langley y R. Morris, *Atlas of Rural Protest in Britain* (1983) –que sólo llega hasta 1900–, A. Charlesworth, D. Gilbert, A. Randall, H. Southall y C. Wrigley, *An Atlas of Industrial Protest in Britain 1750-1990* (1996) y, para los últimos años, D. Dorling, *A New Social Atlas of Britain* (1995). F. D. Klingender, *Art and the Industrial* Revolution (1968) es una guía sobre iconografía.

2. HISTORIA GENERAL BRITÁNICA

Acerca de la historia británica a partir de 1750 ver, entre muchos, Paul Langford, *A Polite and Comercial people: England 1727-1783* (1989); Asa Briggs, *The Age of Improvement 1780-1867* (1959); A.J.P. Taylor, *English History 1914-1945* (1965) y K. O. Morgan, *The People's Peace:British History 1945-1989* (1990). Peter Clark, *Hope and Glory:Britain 1900-1990* (1996) es el primer volumen «moderno» de una nueva Historia de Gran Bretaña de Penguin. También son importantes T. C. Smout, *A Century of the Scottish People 1830-1950* (1986) y K. O. Morgan, *Rebirth of a Nation: Wales 1880-1980* (1982).

3. HISTORIA ECONÓMICA BRITÁNICA EN GENERAL

Los mejores puntos de partida son R.Floud y D.McLoskey (eds), *The Economic History of Britain since 1700* (3 vols, segunda edición 1994), Martín Daunton, *Progress and Poverty: An Economic and Social History of Britain 1700-1850* (1995), Roderick Floud, *The people and the British Economy 1830-1914* (1997) y S. Pollard, The Development of the British Economy 1914-1990 (1992). Para una perspectiva comparativa ver Angus Maddison, Dynamic Factors in Capitalist Development: A Long-run Comparative View (1991). Sobre tecnología, ver David Landes, *The Unbound Prometheus* (1969). P. Deane y W.A. Cole, *British Economic Growth 1688-1959* (1962) sigue siendo una buena síntesis.

Sobre la Revolución Industrial, una buena introducción actualizada es Pat Hudson, *The Industrial Revolution* (1992). Importantes estudios que incluyen a Joel Mokyr (ed.) , *The British Industrial Revolution: An Economic Perspective* (1993), G.N. von Tunzelman, *Steam Power and British Industrialization to 1860* (1978), E.A. Wrigley, *Continuity, Chance and Change: The Character of the Industrial Revolution in England* (1988), L.S. Pressnell, *Country Banking in the Industrial Revolution* (1956), F.Crouzet (ed.), *Capital Formation in the Industrial Revolution* (1972), N.R.F. Crafts, *British Economic Growth During the Industrial Revolution* (1985) y C.A.Whatley, *The Industrial Revolution in Scotland* (1997).

4. Historia Social

El trabajo más camplio en este campo es F.M.L. Thompson (ed.), *The Cambridge Social History of Britain 1750-1950* (3 vols, 1990). Desde la primera edición, E. P. Thompson, *The Making of the English Working Class* se ha convertido en un clásico, tal y como se predijo. Debería complementarse con E.J. Hobsbawm, *Worlds of Labour* (1984) y *Labouring Men* (1964). Y ver Elizabeth Roberts, *A Woman's Place: An Oral History of Working Class Women 1890-1940* (1984) y J. Bourke, «Housewifery in Working Class England 1860-1914» (en *Past an Present* 143, 1994). F.M.L.Thompson, *English Landed Society in the Nineteenth Century* (1963) y Mark Girouard, *The Victorian Country House* (1979) son excelentes. En referencia a las clases medias W.D. Rubinstein, *Men of Property: The Very Wealthy in Britain since the Industrial Revolution* (1981), E.J. Hobsbawm, Capítulo 13 de *Age of Capital 1848-1875* (1973) y Capítulo 7 de *Age of Empire* (1987) y Leonore Davidoff, *Family Fortunes: Men and Women of the Engish Middle Class 1780-1850* (1992). Entre las visiones más amplias se incluyen José Harris, *Private Lives, Public Spirits: Britain 1870-1914* (1994) y R.I. McKibbin, *Classes and Cultures: England 1918-1951* (1998) y volúmenes anteriores, como J.F.C.Harrison, *The Early Victorians 1832-51*, Geoffrey Best; *Mid-Victorian Britain* (1971) y J.F.C. Harrison *Late Victorian Britain 1875-1901* (1991).

Debo recomendar encarecidamente a Asa Briggs, *Victorian Things* (1988) y Cyril Ehrlich, *The Piano: A History* (1990), pero no más que las maravillosas novelas, reportajes y memorias del siglo xix. De entre ellas destacamos John Galt, *Annals of the Parish*, que versa sobre la Escocia de 1760-1820, Frederick Engels, *The Condition of the Working Class in 1844*, Charles Shaw, *When I Was a Child*, M.K.Ashby, *The Life of Joseph Ashby of Tysoe* (1961), sobre la pobreza rural, y R.Tresell, *The Ragged-Trousered Philanthropists*, sobre los trabajadores eduardianos.

ÍNDICE ONOMÁSTICO

Tocqueville, Alexis de, 78
Tokio-Narita, 300, 302
Tonypandy, 21 n.1
Tooting, 148
Trade Union Congress, 223, 255, 258
Trafalgar Square, 21 n. 1
Transport and General Workers' Union, 223, 263 n. 20
Treasury Mind, 151
Trollope, Anthony, 74
Tudor, 201, 220
Turquía, turcos, 114, 299
Tyne, riberas del, 63, 140

Ulster, 279
Unilever, 221
Unión Europea (UE) 15, 305 n. 4
Ure, Andrew, 60
Uruguay, 130, 136 n. 9

Valencia, 49
Verulam, conde de, 176
Vickers, 172 n. 14
Victoria, reina, 221
Volkswagen, 243 n. 25
Voltaire, 26

Walkers, 46
Wall Street, 247
War Agricultural Committees, de los condados, 180
Warwick, 90
Warwickshire, 165

Wat, James, 44, 55, 63, 272
Waterloo, 61, 62, 65, 149
Waugh, Evelyn, 179
Weber, Max, 272
Wellington, duque de, 79, 149
Wells, H.G., 248
Wendeborn, 25, 28
West Country, 25, 75
Westinghouse, 160
Westminster, 201, 221
Westminster, banco, 190, 201
Westmorland, 181 n. 4
West Riding, 109
Wheattone, sir Charles, 154, 159
Whitworth, 172 n. 14
Wilkinson, 46
Wilson, George, 76, 122
Wilson, Harold, 86 n. 9, 282, 285, 286
Wiltshire, 90, 181 n. 4
Williams,Wynns, 265
Wimbledon, 148
Woods, Bretton, 283, 284
Woolwich, arsenal de, 46
Woolworth, 194, 253
Worcestershire, 65

Yale, invención de la cerradura, 156
Yates, 57
York, 142, 148
Yorkshire, 25, 35, 85, 90, 140, 197
Young, Arthur, 92

Zeiss, 154

ÍNDICE